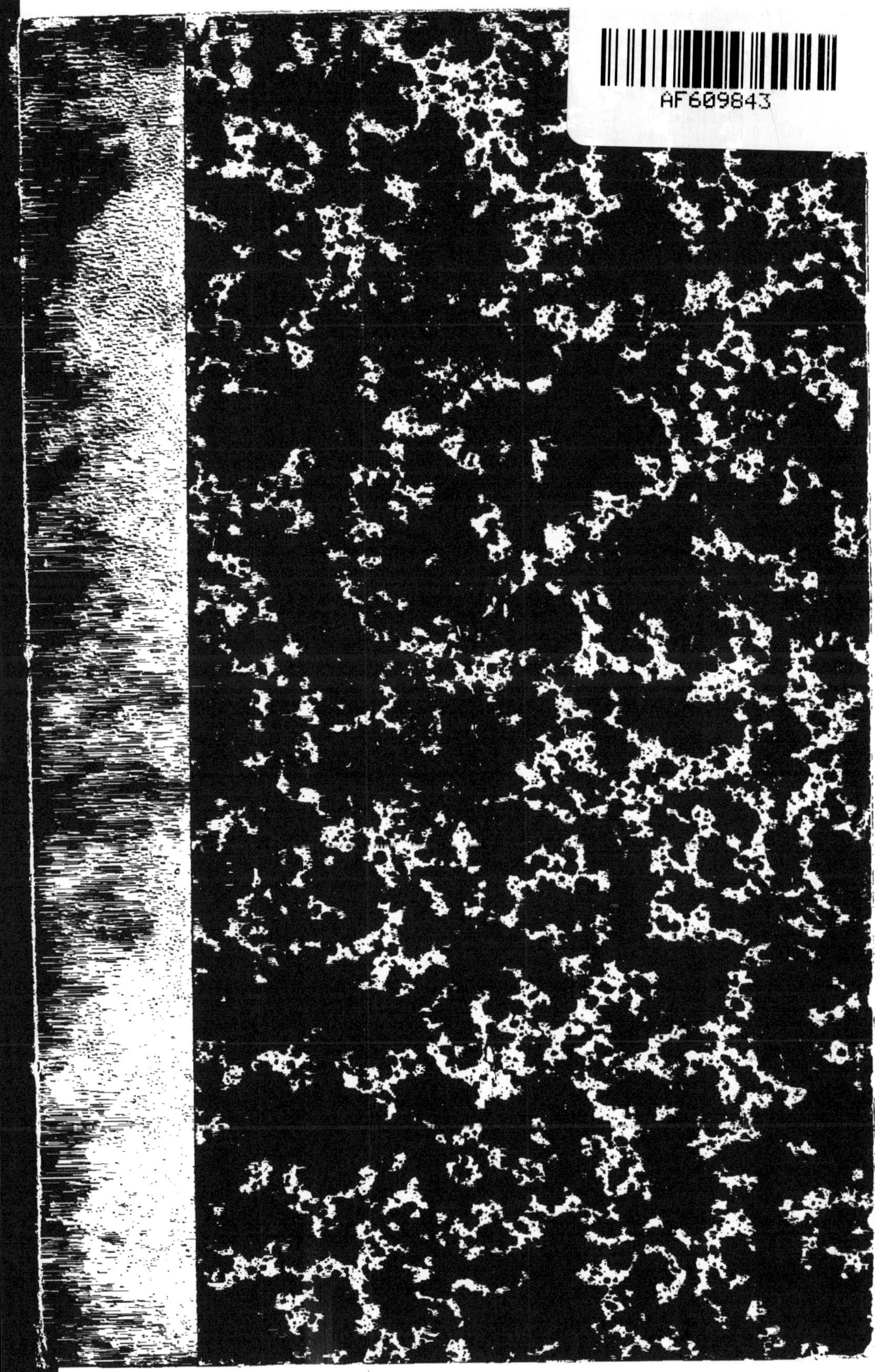

HORTICULTURE

VÉGÉTAUX
D'ORNEMENT

TEXTE

PARIS - IMPRIMERIE Vᵉ P. LAROUSSE ET Cⁱᵉ
19, RUE MONTPARNASSE, 19

HORTICULTURE

VÉGÉTAUX
D'ORNEMENT

PAR MM.

A. DUPUIS

Professeur d'histoire naturelle,
ancien professeur de botanique et de sylviculture
à l'Institut agronomique de Grignon,
membre de plusieurs Académies
et Sociétés savantes, etc.

*Pour la description et la culture particulières
à chaque plante d'ornement.*

F. HÉRINCQ

Botaniste attaché au Muséum d'histoire naturelle,
rédacteur en chef de l'Horticulteur français,
auteur de plusieurs ouvrages d'horticulture,
membre de plusieurs Sociétés savantes,
etc.

*Pour les notions générales d'horticulture
d'ornement.*

DONNANT

DES NOTIONS GÉNÉRALES SUR L'HORTICULTURE FLORALE,
LA CULTURE ET LA DESCRIPTION
PARTICULIÈRE A CHAQUE PLANTE D'ORNEMENT

PARIS

ABEL PILON ET Cie, ÉDITEURS

33, RUE DE FLEURUS, 33

AVERTISSEMENT DE L'ÉDITEUR.

La culture des fleurs et des végétaux d'ornement, à l'absence, à la durée desquels l'art cherche vainement à suppléer pour la parure des femmes et l'éclat des appartements, est d'un si vif et naturel attrait qu'il n'est pour ainsi dire personne qu'elle ne tente et qu'elle ne charme. Celui à qui le sort a refusé, nous ne dirons pas un parc, un grand jardin, mais seulement un petit parterre, cherche modestement à s'en dédommager, en jetant quelques graines ou en élevant une plante de prédilection dans un vase, sur sa fenêtre; la vue et l'odeur d'une fleur que l'on aime répandent parfois un parfum de bonheur aussi vrai, aussi bien senti dans la mansarde du pauvre, que la splendeur d'une vaste serre dans l'habitation du riche. Il n'est donc pas étonnant que tout ce qui se rapporte à la propagation du goût de l'horticulture florale et ornementale soit recherché, ait du succès.

Mais, dans cet ouvrage, qui se rattache à un plan plus vaste, il ne s'agissait pas seulement d'inspirer, de féconder ce goût; il importait encore de donner, sans affectation, aux lecteurs, des notions suffisantes d'horticulture aux points de vue pratique et botanique. Pour atteindre ce double but, nous nous sommes adressé à des hommes connus à la fois par des travaux remarquables sur l'horticulture et par de profondes études botaniques, MM. Dupuis et Hérincq. Celui-ci, qui a été l'élève de prédilection de M. Gaudichaud, le collaborateur de M. Decaisne pour les figures du *Bon Jardinier*, de M. Duchartre pour le *Manuel général des Plantes,* qui est aujourd'hui l'attaché de M. Brongniart au *Muséum d'histoire naturelle de Paris,* et qui, après avoir été l'un des collaborateurs les plus assidus de la *Revue horticole,* dirige habilement l'*Horticulteur français* depuis sa fondation, nous a fourni d'excellentes notions générales sur la culture des végétaux d'ornement; celui-là, qui professe depuis longtemps la botanique, qui compte à bon droit pour un érudit dans la science horticole et qui passe en revue, chaque semaine, dans la presse périodique, tous les écrits, toutes les expositions d'horticulture, nous a donné la description et la culture particulières à chaque plante d'ornement. Ces deux auteurs, si justement estimés, se complètent l'un par l'autre, et leur livre sera recherché à la fois des hommes de théorie et des hommes de pratique. Nous nous abstiendrons d'entrer dans les détails de la manière dont ils ont conçu et exécuté leur travail, l'un et l'autre ayant eu soin de s'expliquer à ce sujet en entrant en matière.

L'intéressant et gracieux atlas iconographique qui accompagne le volume d'horticulture ornementale et florale, relève encore le mérite de leur ouvrage; il le poétise pour ainsi dire, en réparant, par la charmante exécution du dessin et par l'éclat varié des couleurs, le laconisme forcé d'un texte consacré à enseigner techniquement la culture des fleurs.

HORTICULTURE

BOTANIQUE ET PRATIQUE.

VÉGÉTAUX D'ORNEMENT.

NOTIONS GENERALES

D'HORTICULTURE ORNEMENTALE ET FLORALE

PAR M. HÉRINCQ.

Il y a des principes fondamentaux pour le jardinage en général, qui appartiennent aussi bien à l'horticulture potagère qu'à l'horticulture d'agrément. Ils ont plus naturellement leur place en tête de la première que de la seconde. Aussi voulons-nous nous borner à présenter ici, en fait de théorie préliminaire, ce qui est le plus spécial à l'horticulture ornementale et florale.

Après un rapide exposé de ce que nous entendons par un jardin d'agrément, et par l'art de le tracer et de le former, nous parlerons des semis et de leurs différents modes, des repiquages, des bouturages, des marcottages, des couchages, des greffages, mais seulement en ce qui concerne les végétaux d'ornement ; nous dirons quelque chose de la manière de mettre et d'entretenir les plantes en pots et en caisses; nous donnerons des notions sur les serres ; enfin nous terminerons par un calendrier des travaux d'horticulture florale et ornementale, qui ne sera, comme tout notre travail préliminaire d'ailleurs, que l'introduction à l'œuvre intelligente et détaillée de notre savant et consciencieux collaborateur M. A. Dupuis.

DES JARDINS D'AGRÉMENT.

L'art des jardins de luxe et d'agrément varie comme le goût de chaque pays, comme l'époque même où l'on vit, comme le climat, comme le sol, comme les mouvements, les accidents de celui-ci, comme le lieu, comme l'étendue ou les bornes du lieu, comme ses perspectives, son horizon plus ou moins rapproché; l'art est de tout approprier au goût, à l'objet principal, à l'emplacement; de sauver le peu d'étendue du terrain par des massifs et des sinuosités, de faire paraître assez grand ce qui est étroit, et aussi de ne pas décourager le regard par des perspectives sans limites, de ne pas oublier qu'un jardin, même un parc d'agrément, plaît justement parce que, sans les trop apercevoir, on y sent des bornes, parce qu'on est comme invité à tout parcourir, à tout goûter, à tout aimer, dans cet abrégé de la nature végétale cultivée. L'infini n'appartient pas aux jardins; il appartient à la grande nature dans laquelle la main de l'homme est un accessoire à peine aperçu. Si je veux cela, je vais en Suisse, sur les bords du Rhin, dans l'Auvergne, dans les Pyrénées, en bien d'autres lieux grandioses encore; mais, si je veux me délasser seulement de mes travaux, promener quelques courts loisirs, distraire mes chagrins sous des ombrages choisis, dans des allées qui plaisent à mes regards sans fatiguer mes pas, je demande à un jardin, à un parc, d'être assez habilement conduit et ménagé pour me procurer des jouissances faciles, sans que je me sente trop soudainement arrêté par une limite mal dissimulée, ou trop entraîné devant moi par des sortes de routes fatigantes, même pour les yeux. Celui qui me ramène à mon point de départ, dans un parc d'agrément, sans que je m'en aperçoive pour ainsi dire, me semble avoir atteint l'art suprême.

Les Anglais et les Allemands passent pour avoir connu et apprécié cet art les premiers en Europe, les Anglais surtout; mais on prête à ceux-ci plus de mérite rétrospectif qu'ils n'en ont eu en effet. L'art de Kent a produit plus de parcs monotones et ennuyeux peut-être, quoi qu'on en ait dit, que celui de Le Nôtre. Est-il quelque chose de plus ridicule, de plus absurde et de plus accablant, que ces grands parcs en façon de prairies, tenant, pour ainsi dire sans interruption, les uns aux autres, éloignant, isolant les rues et les quartiers, comme à Londres par exemple, de manière à exiger qu'on fasse de vrais voyages pour se rendre à ses affaires, ou chez ses amis ? Connaît-on quelque chose de plus faux que cette nature de convention, parsemée d'animaux malpropres, au milieu d'une cité de marchands, il est vrai, mais de marchands qui ne se livrent pas au commerce des bestiaux, comme on pourrait le croire? Là, toutes les perspectives sont choquantes, tous les horizons mal amenés et répulsifs. Au moins, l'art de Le Nôtre était noble, majestueux; tout, dans ses jardins, dans ses parcs, ramenait l'œil et même les pas à l'objet principal; ses grandes lignes avaient une raison d'être; ce n'est pas lui qui aurait planté, comme autour d'un chalet, de petits fouillis d'arbrisseaux devant le principal palais d'une capitale telle que Paris, et mis quelques buissons de Lilas sous de colossales masses de pierre destinées à être largement découvertes, de la base au sommet. Le Nôtre était un grand architecte des jardins, fait pour marier son art à celui de son contemporain Mansard, l'architecte par excellence des palais et des châteaux. C'eût été une véritable cacophonie de planter un parc de Saint-James ou de Kensington devant le palais italien de Versailles. Les Allemands ont montré plus de goût que les Anglais dans leurs jardins ou leurs parcs paysagers; ils ont su tirer en général un excellent parti des anciens boulevards de leurs villes pour en faire de sinueuses, ombreuses et agréables promenades. Quand le goût des jardins paysagers, que l'on appelait alors des jardins anglais, passa en France, il se perfectionna, prit des formes plus modestes peut-être, mais infiniment plus gracieuses; il n'a fait que gagner depuis : on en peut juger par les bois de Boulogne et de Vincennes, les jardins publics de Bordeaux, de Nantes, celui de Monceaux à Paris, le tour de ville d'Amiens, et par de nombreux parcs ou jardins particuliers.

Ce n'est pas qu'il n'y ait de sages observations à faire sur quelques parties de ces superbes parcs et jardins. Par exemple, dans le parc de Vincennes, on est effrayé de l'étendue des pelouses sans ombrages et de l'isolement mesquin de certains arbres ou groupes d'arbres;

on se demande, avec inquiétude, au mois de juillet, si ces rares et pauvres oasis ont pour but de vous faire savoir que vous avez sous les yeux, et sur la tête exposée aux dangers d'une insolation, une représentation calculée du Sahara.

Heureux celui qui a de l'eau courante dans son parc d'agrément! Mais, pour l'odorat et la salubrité, mieux vaut s'abstenir que de ménager, en guise de rivière ou de ruisseau, des sinuosités perfides d'eau croupissante et infecte. Des pentes habilement conduites, des pelouses glissant en quelque sorte du fond des massifs ou paraissant se perdre dans leurs pénombres, se nuançant çà et là de riches corbeilles de fleurs ; des bouquets variés de verdure ; de gracieux et florescents arbrisseaux ou arbustes paraissant s'abriter sous des arbres au port élevé et majestueux ; de premiers plans sombres projetant leurs silhouettes sur des fonds clairs, ou de premiers plans d'arbres aux feuillages gracieux et doux, ressortant sur des fonds sombres; ici des groupes d'aspects analogues, là des arbres différenciés par leur origine, leur nature, leur physionomie; en tel endroit l'harmonie, en tel autre les contrastes; partout l'art se dissimulant sous la simplicité; le goût s'indiquant sans ostentation ; des détails qui vous arrêtent un instant comme pour vous reposer; un ensemble plus fait pour plaire souvent, puisqu'on doit le voir chaque jour, que pour surprendre un moment: voilà ce qu'un ingénieur dessinateur de jardins et de parcs d'agrément sait faire, mieux que ne sauraient l'exprimer tous les discours, en se servant de la nature sur laquelle il travaille, et en l'aidant au besoin. Il en est de cet art comme de celui de la peinture, comme de la poésie : ce n'est point d'après un thème convenu, disposé à l'avance, qu'il se produit d'une manière attrayante : c'est par l'inspiration que fait naître la situation elle-même. Arrière le crayon qui copie ou imite! Qu'il cède la place à celui qui crée et invente! Nous ne donnerons ici ni tracés de parcs ou de jardins, ni modèles de ce qui, bien placé en tel endroit, le serait au plus mal en tel autre.

Donnerons-nous une théorie des parterres, des ronds, des carrés et des ovales? Pas davantage, Dieu merci! Les formes des parterres sont aussi passagères que la mode, et les couleurs qu'on y rassemble ou qu'on en exclut dépendent du caprice d'un printemps d'amateur.

Celui-ci vous prêchera les corbeilles à couleur unique, celui-là les corbeilles à couleurs variées ; l'un vous conseillera une guirlande, une couronne de telle nuance autour d'un fond, d'un ensemble rouge, bleu, etc. ; l'autre vous engagera à faire une marqueterie qui satisfera son œil et pas le vôtre. Autant vaut aller, aux approches de la belle saison, choisir une robe chez un marchand de nouveautés; les goûts et les choix n'y sont pas plus diversifiés. Mais, dans les parterres, comme chez le marchand de nouveautés, si vous êtes de bon goût, vous aurez un art de choisir qui plaira, sinon au plus grand nombre, au moins à ceux qui ont des penchants, des habitudes de distinction; vous satisferez ceux auxquels l'amour-propre est flatté de plaire.

Nous ne parlerons pas non plus en détail des rochers, des kiosques, des fabriques de toutes sortes dont on peut orner les parcs et les jardins d'agrément. Il nous suffit d'indiquer, dans le cours de ce volume, les plantes propres à embellir ou avoisiner ces divers genres d'ornement, qui dépendent essentiellement du caprice, des goûts du maître du lieu, et aussi des fantaises du jour. Il fut un temps, qui n'est pas bien loin encore de nous, où l'on conseillait de placer ici des temples de l'Amour, du Repos, de la Solitude, du Silence; des imitations étriquées des monuments antiques, des cénotaphes, vous rappelant un père, un frère, un ami, ou, à défaut, un chien fidèle, et même un perroquet : c'étaient les grands jours de Delille et de la Malmaison. La mythologie sentimentale ayant beaucoup perdu, on s'est jeté ensuite dans le romantisme. Mais il était plus difficile de construire des palais aériens pour les djinns et les péris, que des maçonneries pour les divinités terrestres du paganisme ancien. Sous le prétexte que le goût de l'architecture gothique avait été inspiré par la nature, par les sombres ramifications des arbres du Nord, en opposition aux colonnes antiques sorties, d'un seul jet, de l'arborescence droite et nue des palmiers méridionaux, on eut recours aux fantaisies moyen âge; on se prit aussi d'une belle passion pour les chalets suisses, que l'on planta à tort et à travers, sous les arbres, sur les pelouses, sans se rendre compte du climat, de la situation, du pays, ni du lieu. La fureur du chalet n'est pas encore tout à fait éteinte, et menace de durer plus longtemps que ne dura celle du kiosque chinois qui, sous le premier empire, faisait tinter, du matin au soir, autant de sonnettes au bruit argentin, que les troupeaux partant de la bergerie, ou y revenant. Tout cela, nous le répétons, n'est que mode, fantaisie, caprice, et ne peut être développé complaisamment que dans un ouvrage mensuel, ou annuel, essentiellement mobile et passager. Nous avons hâte d'entrer dans notre plan, qui est l'enseignement de la culture des plantes d'agrément.

MULTIPLICATION DES PLANTES PAR GRAINES.

SEMIS.

L'étude de la botanique apprend que chaque graine des végétaux phanérogames renferme en elle-même une plante organisée qui n'attend plus que l'occasion et le lieu pour se développer et devenir à son tour un végétal donnant des graines; chaque graine, à proprement parler, renferme un monde où l'œil de l'observateur trouve et admire le génie sublime qui a présidé à la création universelle. Après l'air, l'eau, la chaleur, il faut compter, parmi les principaux instruments que cet incompréhensible génie a élus pour servir à la reproduction des plantes, l'intelligence et la main de l'homme qui éliminent les graines impropres à la reproduction, choisissent et secondent celles qui y sont propres.

Choix et préparation des graines. — En effet, il faut savoir distinguer les graines qui sont vides, celles qui n'ont pas atteint leur développement complet, celles qui sont moisies, trop vieilles, enfin qui sont avariées de quelque manière que ce soit. Il n'est pas rare d'être déçu, à cet égard, dans les acquisitions que l'on fait; bien des fois, faute d'une vérification préalable, on se trouve avoir acheté des paquets de graines vides de produits, sans qu'il y ait trop de la faute du marchand, obligé de se confier à des fournisseurs plus ou moins négligents dans la récolte et le triage des semences; car, à Paris surtout, les marchands grainiers ne produisent pas eux-mêmes toutes les graines qu'ils mettent en vente. La parfaite maturité des graines peut se reconnaître à leur plénitude, à leur pesanteur, à leur couleur, à la physionomie des organes qu'elles renferment et de l'état duquel on s'assure en en ouvrant quelques-unes. Il est des personnes qui jugent de la valeur des graines en les jetant dans l'eau, reconnaissant qu'elles sont bonnes si elles vont au fond du vase, qu'elles sont mauvaises si elles surnagent. Il faut frotter dans les mains d'abord, puis mêler dans de la cendre ou du sable fin, pour qu'elles ne se pelotonnent pas, les graines à aigrettes, celles qui sont velues ou membraneuses, avant de les semer. S'il s'agit de graines très-fines, on les prépare en les mêlant à de la terre sèche tamisée, pour que le semis se fasse d'une manière égale. En général, les graines dépourvues d'enveloppes, comme celles des œillets, des balsamines, n'exigent point de préparation pour le semis.

Stratification des graines. — Il est des semences qu'il importe de stratifier. L'opération de la **stratification** consiste à placer, lit par lit, dans du sable ou de la terre en pot, même en pleine terre, les graines que l'on veut conserver. La terre et le sable qu'on emploie, ne doivent être ni trop secs ni trop humides. Trop sec, le terrain absorberait l'humidité des graines; trop humide, il les ferait pourrir, ou exciterait leur germination à une époque peu favorable à la végétation du jeune plant. L'opération se fait peu de temps après la maturité des semences, et les vases qui renferment celles-ci doivent être placés à l'abri de la pluie et des fortes gelées. Aux premiers jours printaniers, les semences sont extraites des vases et mises en pleine terre. La stratification se pratique pour toutes les graines qui perdent promptement leurs propriétés germinatives, et aussi pour hâter la germination de certaines semences, particulièrement des noyaux. On l'emploie encore pour assurer la conservation des graines qui pourraient s'avarier par un long séjour hors de terre, telles que celles du Thé, du Café, des Clématites, et de quelques Ombellifères, comme les Férules, etc.

Germination des graines. — On n'a encore que des données fort incomplètes sur la durée germinative des graines, et les expériences faites sur des semences de céréales trouvées dans les silos des Anciens n'ont pas apporté de preuves suffisantes et assez générales pour qu'on en fasse un principe de la science. La chimie végétale pourra seule un jour peut-être éclaircir ce problème. Beaucoup de graines dont le germe est accompagné d'un corps corné, comme les Rubiacées, perdent leurs qualités germinatives peu de temps après leur maturité; d'autres renferment une huile essentielle qui, se corrompant promptement, réagit sur le germe et le stérilise bientôt; telles sont les semences des Lauriers et des Myrtes. Il est des graines, comme celles des Nerpruns, sortes d'osselets très-durs, qui se raccourcissent à mesure qu'ils sèchent, de manière que, si l'on attend le printemps pour les mettre en terre, ces graines restent une année entière sans lever; on remédie à cet inconvénient en les semant immédiatement, ou en leur faisant subir l'opération de la *stratification* avant de les semer. Plusieurs graines de plantes vivaces, telles que celles des Fraxinelles, des Rosiers, etc., doivent être semées dès qu'elles sont arrivées à leur entière maturité; car, si l'on attend au printemps, il est rare qu'elles lèvent, tandis que, si on les sème en automne, elles lèvent au retour de la belle saison. Il est des plantes qui sont connues pour conserver leurs facultés germinatives pendant plus de cent ans. Telles sont les Nymphéacées, parmi lesquelles on compte le Nélumbo brillant (*Nelumbium speciosum*), l'une des plus belles plantes de tout le règne végétal, qui croît spontanément dans les lacs et les eaux courantes des parties chaudes de l'Asie et de l'Égypte.

Des divers modes de semis. — C'est au moyen des semis que l'on obtient les variétés des plantes, et c'est aussi par ce moyen que l'on se procure, avec le plus de chance de succès, des végétaux d'une belle venue. Pour réussir, les semis, suivant l'épaisseur et la dureté, ou la délicatesse et la ténuité de leurs enveloppes, suivant le sol, le climat, etc., se font dans des conditions essentiellement différentes. Les graines doivent être d'autant moins recouvertes qu'elles sont plus fines ; celles qui sont d'une extrême ténuité, comme la Campanule, le Réséda, le Pavot, ne doivent pas même l'être du tout, à moins qu'on ne les saupoudre de la manière la plus légère de peur que le moindre souffle ne les emporte du lieu où l'on veut les fixer. En raison de leur finesse même, les semences ont besoin que la terre qui les reçoit soit plus travaillée et plus friable. Celles qui demandent à être le moins enfoncées, germent le plus promptement, en raison de la double et plus immédiate influence de l'air et du soleil. Toutefois, il faut éviter pour les semis qui ont à peine besoin d'être recouverts, que la terre où on les fait ne se dessèche; s'il en était autrement, les graines ne germeraient pas, ou, si elles avaient commencé à germer, elles ne se développeraient pas. Ce n'est point dans la terre forte, c'est dans une terre douce et légère que les végétaux font le plus de chevelu. Il s'ensuit que, si l'on sème en vue de repiquer ou de replanter, opération qui aura d'autant plus de succès que l'individu sera plus garni de chevelu, il faut généralement jeter ces graines dans une terre légère, douce, fertile, friable et un peu humide. Si les plantes ne doivent pas être relevées, ces conditions ne sont pas de rigueur; il importe seulement que le sol ait été bien remué, bien défoncé, pour faciliter le développement des racines. Il est toujours nécessaire que les terres destinées à recevoir des semis soient bien ameublées. Les graines, suivant leur nature, leur origine indigène ou exotique, demandent un sol d'une température plus ou moins chaude; s'il en est qui germent à très-peu de degrés au-dessus de zéro, il en est d'autres qui exigent jusqu'à 30 degrés et plus de chaleur pour se développer. En thèse générale, les semences provenant de pays froids et tempérés-froids, ne demandent à la terre, pour germer, qu'une chaleur de 10 à 13 degrés centigrades; celles provenant des contrées tempérées-chaudes, demandent au sol une chaleur qui varie de 15 à 19 degrés; celles des régions tropicales exigent de la terre où on les veut faire germer de 22 à 30 degrés et même au delà.

Aujourd'hui, il n'y a, pour ainsi dire, plus d'époques déterminées pour les semis, tant la culture forcée et les moyens factices ont suppléé la nature, surtout pour ce qui est des fleurs. On peut néanmoins admettre encore certaines règles générales. Ainsi, l'on fait les semis à des époques calculées pour que la plante dont la durée végétative est connue, puisse en parcourir le cycle avant que le froid vienne l'arrêter dans son essor. Ce qui détermine l'époque des semis, c'est le plus ou moins de rapidité de la germination; c'est-à-dire que l'on peut semer pendant une période plus longue les plantes dont la germination est plus rapide. Certaines plantes d'origine étrangère, quoique parfaitement naturalisées chez nous, ont néanmoins conservé une susceptibilité qui empêche de les semer trop tôt ou trop tard, parce que, dans les deux cas, l'humidité est assez grande pour qu'elles pourrissent avant de sortir de terre. Beaucoup peuvent passer l'hiver dans la terre sans périr; si on les sème en automne, on obtient des individus plus vigoureux, plus beaux et plus précoces. Il faut, toutefois, se garder de faire ces semis trop longtemps avant les froids, de peur que les tiges florifères ne sortent trop hâtivement de terre et ne soient saisies par les gelées. Bien des semis de végétaux annuels se font au printemps. La plupart des graines de végétaux bisannuels et des végétaux vivaces sont susceptibles d'être semées en été. On fait aussi des semis d'automne pour les plantes vivaces et surtout pour les arbres, arbrisseaux et arbustes qui peuvent supporter les rigueurs de l'hiver. Dans les terres chaudes, en général, on sème de très-bonne heure; dans les terres à la fois chaudes et sèches, on sème également de bonne heure, et l'on enterre assez profondément pour ne pas exposer les jeunes plants à l'action destructive du hâle; dans les terres humides et froides, on sème plus tard et l'on enterre moins les graines, qui pourriraient si elles étaient trop recouvertes.

Les semis se font **à la volée, en planches, en rayons** ou **lignes, en pleine terre à l'air libre, en pochets, potets, poquets, potelots,** ou **fossettes,** cinq termes plus ou moins barbares qui ont la même signification; en **pépinière, seules à seules** à distances déterminées, **en terrines, en pots, en caisses, sur couche sourde, sur couche chaude, sous châssis, sous bâches, sur couche à l'air libre.**

Semis à la volée. — Dans les jardins, on sème les gazons **à la volée.** Pour cela, on porte dans un tablier serré autour des reins les graines que l'on veut jeter sur un sol préparé à les recevoir; on parcourt, à pas mesurés, l'espace à ensemencer, prenant de la main droite les graines pour les répandre par un mouvement vif et saccadé d'avant en arrière, et ouvrant légèrement les doigts pour qu'elles tombent le plus également possible. On avait imaginé des *semoirs*, instruments qui paraissaient devoir répandre les semences avec plus d'uniformité; mais, pour une raison ou pour une autre, c'est encore à la main que les semis s'opèrent généralement. Après le semis à la volée, il faut herser la terre avec la fourche ou le râteau, la fouler légèrement pour recouvrir les graines, étendre quelquefois un peu de terreau de fumier, et, si la saison l'exige, donner de légers bassinages pour activer la germination.

Semis en planches, semis en rayons ou **lignes**. — Ils sont plus particuliers à l'horticulture légumière qu'à l'horticultnre florale. On sème en planche, à la volée, pour repiquer en pépinière et faciliter la mise en place plus tard, dans les plates-bandes et corbeilles, certaines plantes, comme les Giroflées, les Digitales, etc. On sème pour les laisser en place, en les distribuant avec le plus de régularité possible, certaines plantes qui ne se repiquent pas, telles que les Pieds d'Alouette, les Pavots, les Silènes à fleurs pendantes, les Eschscholtzia, etc.; nous n'avons donc pas besoin d'en parler ici.

Semis en pochets, potets, fossettes, bassins, etc. — Ils tirent leur dénomination multiple, mais qui ne change pas de signification, de ce que, pour les faire, on creuse, avec la binette, de petites fosses ou pochets circulaires ou carrés, disposés en lignes ou en échiquier, au fond desquels on met un certain nombre de graines. Après quoi, on rabat assez de la terre déplacée pour couvrir convenablement ces graines; et, quand les tiges sont suffisamment sorties, on remplit la fossette, on égalise le sol, si même on ne le butte un peu. Dans les jardins de botanique, du temps de Thoüin, on semait ainsi toutes les graines de plantes qui n'avaient pas besoin du secours de la couche pour lever et pour fournir leur végétation sous notre climat. Aujourd'hui, pour le même objet, on creuse des sortes de **bassins** de 30 centimètres de diamètre, dont la profondeur varie suivant la grosseur ou la ténuité des graines; on recouvre avec une terre légère bien tamisée, et, pour éviter le dessèchement de la terre par la chaleur à la suite des arrosages, on répand dessus une faible couche de terreau, laquelle peut en outre favoriser la germination en conséquence de sa couleur brune, couleur qui a, comme on le sait, la propriété d'absorber et de retenir le calorique.

Semis seules à seules, par lignes, à distances déterminées. — Ils s'appliquent aux grosses graines, telles que celles de marronniers d'Inde, et d'un grand nombre d'arbres fruitiers ou forestiers. Il n'est pas utile d'en parler plus longuement dans ce volume.

Semis en pépinière. — Ils se font à la volée, ou seules à seules, généralement pendant l'automne. Ils s'appliquent le plus ordinairement aux pepins et aux noyaux. Cependant, on fait aussi des pépinières en pleine terre pour les plantes annuelles d'ornement, et alors il faut faire choix d'un sol léger, bien ameubli, dans une exposition chaude, et le recouvrir de terreau, quelquefois même, si le temps est trop sec, de mousse, plus particulièrement de celle de l'espèce des sphaignes, si l'on peut s'en procurer, hachée menu, et qui, répandue légèrement sur les semis, a le mérite de les défendre contre les averses et de garantir les jeunes plants de l'ardeur trop grande du soleil.

Semis en terrines, en pots, en caisses. — Bien que Thoüin y ait apporté une distinction, ils se font à peu près de la même manière et ont à peu près le même objet. Dans les jardins des fleuristes, on sème en terrines sur couches, sous châssis ou sous cloche, des graines de plusieurs espèces de plantes, dont la germination a besoin d'être avancée. Il est utile de mettre au fond de la terrine une couche de gros sable pour que les eaux aient un écoulement plus facile. Quand il s'agit de semis de graines très-fines et aimant l'humidité, il ne faut pas que la terrine soit percée : on la dépose dans un vase où il y a assez d'eau pour l'atteindre au quart environ de sa hauteur et s'infiltrer par les pores. Ce moyen est recommandé pour les semis de Rhododendrons, de Lobélies, de Pétunias, de Bruyères, etc.

Semis en pots. — Ils conviennent à un petit nombre de graines de plantes exotiques, exigeant une température autre que celle du pays où on les fait. On les pratique durant une grande partie de l'année, mais principalement au printemps. Thoüin prétendait que le moment le plus favorable est celui où les premiers bourgeons du Tilleul commencent à s'ouvrir. « Cette opération, dit le même auteur, l'une des plus importantes pour la tenue et l'augmentation des richesses végétales d'un jardin botanique, mérite quelques développements. Un jardinier soigneux et prévoyant n'attend pas le moment des semis, pour faire toutes les dispositions préliminaires qui doivent assurer la réussite de son opération. Elles consistent : 1° à éplucher les graines, les disposer en un ordre méthodique, en faire le catalogue, etc.; 2° à préparer les diverses terres dont il prévoit qu'il aura besoin pour effectuer ses semis; il faut qu'il se précautionne de cet objet essentiel longtemps (plusieurs années même) auparavant, parce que les terres composées sont d'autant meilleures qu'elles sont anciennement préparées; 3° à construire des couches sourdes, des couches chaudes, raviver son tan, préparer des châssis, etc. Toutes choses ainsi disposées, et le moment favorable pour semer étant venu, on doit y procéder sans interruption. Le semeur se place dans un lieu renfermé, à l'abri du vent et de la pluie. Il a autour de lui des pots qui doivent recevoir ses semis; sur une table placée à hauteur d'appui, se trouvent accumulées les diverses sortes de terres qu'il compte employer pour recouvrir ses semences, après les avoir répandues à la surface de la terre dont les pots sont remplis. A côté de lui est le tiroir où sont rangés les sachets de graines qu'il doit semer. Il répand ces graines à la pincée, le plus également possible; il les recouvre avec la terre qui leur convient, et de l'épaisseur qui est nécessaire à leur prompte germination; il bat ensuite cette terre légèrement avec le dos de la main, et l'opération est finie. Les vases dans lesquels on a nouvellement fait les semis doivent être placés bien horizontalement les uns à côté des autres, et arrosés, ou plutôt bassinés avec un arrosoir à pomme dont les trous soient très-fins. On passe rapidement l'arrosoir sur les pots, de manière à produire une pluie fine qui imbibe la terre sans la battre et sans la faire couler hors du pot; on répète cette opération quotidiennement trois ou quatre fois pendant les cinq ou six jours qui suivent l'exécution du semis. Lorsqu'on a une assez grande quantité de pots avec des semis pour garnir une couche, un châssis ou une bâche, on les y range sans retard. »

En général, les semis des plantes bulbeuses peuvent se faire aussitôt après les récoltes des graines, en pots, en terrines, ou en pépinière. Dans tous les cas, ils aiment une terre légère et sableuse, comme la terre de bruyère. Si l'on adopte le semis en pot ou en terrine, il faut arroser légèrement et aussi souvent qu'il paraît utile de le faire.

Les semis de plantes aquatiques se font ordinairement dans un pot ou dans une terrine percée, remplie de terre franche ou argileuse. Les graines sont répandues à la surface de cette terre, puis recouvertes d'une couche de 2 à 3 millimètres de sable fin ; après quoi, l'on arrose. Cette première opération faite, le vase contenant les graines est déposé dans un autre vase de plus large circonférence où l'on met de l'eau en telle quantité qui convient à l'espèce aquatique, qu'elle soit *flottante*, c'est-à-dire soulevée du fond des eaux et développant ses feuilles et ses fleurs à la surface de l'onde, comme le Nénuphar, la Mâcre, etc.; qu'elle soit *émergée*, c'est-à-dire qu'elle ait le pied dans l'eau et la tige hors de l'eau, comme la Massette, le Jonc-Fleuri, etc.; ou qu'elle soit *amphibie*, c'est-à-dire se développant indifférement le pied dans la terre mouillée, ou dans l'eau même, comme le *Polygonum amphibium*, le Plantain d'eau (*Alisma plantago*), etc. Les *graines des plantes flottantes* seront, en général, semées aussitôt après leur maturité, et mises à 2 ou 3 centimètres *au-dessous* du niveau de l'eau ; si on ne peut les semer immédiatement, on les conservera dans de l'eau, ou dans du sable mouillé. Les *graines de plantes émergées* peuvent être déposées à plusieurs centimètres *au-dessus* du niveau de l'eau du second vase, et il n'est pas besoin que ce second vase baigne plus que le fond de celui qui contient les semences. La plupart des espèces de *graines de plantes amphibies* sont susceptibles d'être semées aussi bien en pépinières à l'ombre que dans des vases.

Semis en caisse. — Ils se pratiquent plus particulièrement pour des arbres et arbustes étrangers qui demandent des soins spéciaux ; tels sont certains végétaux résineux, les Sapinettes du Canada, les Cèdres du Liban, quelques espèces de Genévriers, etc. On établit au fond de la couche un lit de menus plâtras, on couvre ce premier lit d'une couche de terre franche qu'on affermit avec le poing, et on remplit le reste de la caisse jusqu'à 2 pouces de son bord supérieur de terre préparée et convenable pour le semis qu'on se propose de faire ; la caisse est ensuite placée à l'exposition qui convient à la germination des graines, et, à l'automne, on la couvre de litière, on la met au midi, ou on l'entre dans l'orangerie, suivant la délicatesse et l'état des jeunes plants.

Des couches pour semis. — On distingue cinq espèces de couches pour les semis : la **couche sourde,** la **couche chaude,** la **couche sous châssis,** la **couche sous bâche** et la **couche à l'air libre.**

Couche sourde. — Elle s'établit dans une fosse d'environ 1 mètre de profondeur, et de 1^{m},32 à 64 cent. de largeur, sur une longueur déterminée par le besoin. On la compose de toutes sortes de matières susceptibles de fermentation, telles que des tontures de buis, d'ifs, de marc de raisin, de pommes, ou d'olives, de tannées, de diverses sortes de fumiers, ou tout simplement de balayures de chantiers de bois, ou des rues, aussi bien que de tous les détritus provenant des nettoyages des jardins. Il convient de mélanger ces substances, de manière que la couche ne procure qu'une faible mais durable chaleur, et de l'élever au-dessus du niveau du terrain. On la couvre d'environ 19 centimètres de terreau. C'est dans ce lit de terreau qu'on enterre les pots de semis nouvellement faits. On les y place bien horizontalement les uns à côté des autres, et on comble exactement avec du terreau les intervalles qui pourraient encore les séparer.

Couche chaude sans châssis. — Elle se distingue de la précédente en ce qu'elle est formée de fumier lourd et de litière, et qu'elle est établie à la surface du sol, et non dans la terre. On lui donne ordinairement 1^{m},3/4 environ de longueur, sur 1^{m} de largeur, et une longueur à volonté. Ses bords sont formés de bourrelets de fumier moelleux, mêlé avec les 2/3 à peu près de litière triturée. La partie du milieu est formée, lits par lits, des mêmes substances, auxquelles on ajoute du fumier vieux, à demi consommé. Chaque lit, auquel on donne de 20 à 25 cent. d'épaisseur, doit être affermi par un piétinement. Lorsque la couche est arrivée à sa hauteur, on la règle, c'est-à-dire qu'après avoir marché sur elle à plusieurs reprises dans toute son étendue et l'avoir ainsi tassée, on remplit avec du fumier lourd les endroits qui se trouvent être relativement bas; on l'unit, en un mot. Si le fumier employé à la formation de la couche n'était pas assez humide pour entrer promptement en fermentation, ou si l'on avait besoin d'une plus grande chaleur que celle que l'on peut attendre du fumier, on l'arroserait abondamment : un arrosoir maraîcher par 32 centimètres carrés suffit à peine pour l'imbiber. Quand la couche a été ainsi arrosée, on la laisse reposer pendant 12 à 15 heures; alors, elle entre en fermentation et fournit dans toute sa longueur une chaleur très-active. On marche de nouveau sur la couche qui s'affaisse sensiblement; on l'égalise encore avec du fumier lourd, en ayant soin toutefois de la tenir un peu bombée dans son milieu. Cette opération faite, on *terreaute* la couche, c'est-à-dire qu'on la couvre dans toute sa surface d'une épaisseur de terreau d'environ 16 centimètres. On la garnit sur-le-champ de pots de semis, dont elle est destinée à protéger et activer la germination. Certaines personnes attendent quelques jours après la confection de cette sorte de couche pour y planter leurs pots de semis, dans la crainte que la trop vive chaleur de son premier feu n'échauffe trop les graines et que, par suite, celles-ci ne lèvent point. MM. Decaisne et Naudin (*Manuel de l'amateur des jardins*) sont de cet avis, et disent qu'il faut attendre, suivant l'expression usitée, que la couche ait jeté *son feu*, ce qui arrive d'ordinaire au bout de six à huit jours, plus ou moins... Thoüin repoussait cette opinion en ce qui concerne la *couche chaude sans châssis*, comme absolument puérile ; « elle n'aboutit, assurait-il, qu'à faire perdre une chaleur précieuse qui, dirigée sur des semences placées à très-peu de distance de la surface, ne peut leur nuire, et convient au contraire à leur prompte germination ; la preuve s'en tire tout naturellement, ajoute le même auteur, de la grande quantité de graines de plantes adventices contenues dans le terreau qui recouvre la couche, et qui, bien qu'elles soient beaucoup plus exposées à la chaleur de cette couche que celles semées dans les vases, ne lèvent pas moins abondamment. » Mais une précaution nécessaire, et même indispensable, est d'arroser souvent, et en forme de pluie fine, les pots de semences nouvellement placés sur la couche ; de les tenir dans une humidité constante, et cela jusqu'à l'époque où les germes sont sortis de terre. Alors, on modère les arrosements, et on ne les administre que quand les plantes l'exigent. La chaleur et l'humidité sont les deux principaux moteurs de la germination des graines.

On emploie avec succès, sous notre climat, les couches chaudes pour faire lever les graines des végétaux qui croissent naturellement dans les pays situés en-deçà des tropiques.

Couche sous châssis. — Elle convient aux semis de plantes exotiques. Les châssis sont placés sur des couches ne différant guère que par leurs dimensions de celles qui viennent d'être décrites. Les caisses ou cadres des châssis, vulgairement appelés *coffres* par les jardiniers parisiens, n'ont ordinairement que 1^{m},32 cent. de largeur sur une longueur de 2 ou 3^{m}; on donne en plus aux couches qui doivent les supporter 16 cent. environ sur la largeur. On les borde de gros bourrelets de paille, et on les termine par un autre bourrelet isolé, d'environ 10 cent. de hauteur, que l'on place à l'endroit où doit être posée la caisse du châssis. Le derrière de cette caisse étant plus haut, par conséquent plus lourd, et devant faire tasser davantage la couche de ce côté, le bourrelet qu'on place dessous doit être plus élevé de 5 à 6 centimètres à peu près que celui qui porte le devant. D'ailleurs, le reste de la couche est construit avec la même nature de fumier, pratiquée, piétinée, arrosée, terreautée comme la couche chaude précédemment décrite. Lorsque la couche est faite et réglée, on place dessus la caisse ou le cadre des châssis, et on enfonce dans le terreau qui la recouvre les pots de semis qu'elle est destinée à recevoir. Quand il s'agit de couches sous châssis, Thoüin est d'avis, avec tous les auteurs, qu'il faut laisser passer, pendant cinq à six jours, le premier coup de feu, avant de placer les *panneaux vitrés* qui leur servent de toitures mobiles, parce qu'agissant dans une atmosphère circonscrite et abritée du contact de l'air ambiant, ce premier feu pourrait échauder les graines et détruire leurs germes. Les châssis ont reçu, de nos jours, plusieurs perfectionnements dans les détails desquels il serait d'autant plus oiseux d'entrer ici, qu'on les a vus à toutes les expositions et qu'on les voit dans tous les jardins. Après quinze jours de construction, lorsque la chaleur de la couche commence à s'affaiblir, on la ravive à l'aide de réchauds qu'on pratique tout autour. Ces réchauds se font avec du fumier moelleux mêlé avec de la litière; on les place contre le mur le long des parois extérieures de l'ancienne couche et dans toute sa circonférence. On élève les bords supérieurs au niveau du châssis, et, après les avoir bien affermis et arrosés, on les couvre de quelques centimètres de terreau, pour concentrer davantage la chaleur qui pénètre promptement l'épaisseur de l'ancienne couche, y rétablir la fermentation et développer en elle une nouvelle vigueur. Vient-elle à s'abaisser au-dessous du degré convenable, on renouvelle les réchauds autant de fois qu'il est besoin pendant le courant des saisons où les semis doivent rester sous les châssis. On sème dans les pots, placés sous une couche chaude et sous châssis, les graines des plantes annuelles dont on veut accélérer la végétation, afin de jouir plus tôt de leurs produits d'utilité ou d'agrément. Les fleuristes de Paris élèvent sous châssis les plantes annuelles et bisannuelles destinées à l'ornement des parterres. Chez les amateurs et dans les jardins de botanique, les châssis sont affectés à l'éducation des graines de plantes qui croissent sous les tropiques ou dans leur voisinage. Quand les graines sont germées, et aussi souvent que la température le permet, il faut soulever le châssis au moyen de sa crémaillère, pour donner, dans une certaine mesure, de l'air aux plantes, empêcher qu'elles ne s'étiolent, et aussi pour prévenir une chaleur par trop ardente dans la couche. C'est dans le même but qu'on jette quelquefois de la litière sur le vitrail ou qu'on le barbouille de blanc d'Espagne, quand les rayons du soleil dardent avec trop de force.

Il est des personnes qui n'abandonnent pas encore l'usage d'une couche quand elle a donné les principaux résultats qu'on en attendait, et qui lui demandent des résultats secondaires en la *remaniant.* Cette opération consiste à la démolir et à la reconstruire avec les mêmes matériaux, mais remués, mélangés; quelquefois on est obligé de remplacer les parties de fumier trop décomposées avec du fumier neuf. Il en est aussi qui font servir les parties les moins détruites des *couches chaudes* à la formation des *couches sourdes*.

Couche sous bâche. — Elle peut être considérée comme la transition entre les châssis et les serres. Les bâches sont généralement formées de planches fixées sur des montants enfoncés en terre. Quand elles n'ont d'autre objet que d'abriter les semences ou les végétaux d'un froid trop vif, on se borne à les entourer de feuilles ou de fumier ;

mais, si on les destine à *forcer* les plantes, on les entoure de réchauds formés avec du fumier et des feuilles que l'on a soin de remuer tous les quinze jours et de renouveler quand ils ont perdu leur chaleur. Il y a aussi des bâches *fixes* à murs de briques, que l'on divise en *bâches fixes à couches*, en *bâches fixes à air chaud* et en *baches fixes à thermosiphon*, ou à *eau chaude*. Mais, comme ces sortes de bâches sont employées, non pour les semis, mais pour la reprise des boutures, il en sera mieux parlé ailleurs. Il en est de même des *bâches à élevage* et des *bâches à fructification*. Les semis qui se font sous des bâches se placent sur des couches chaudes, construites, soit en fumier de cheval, soit en tan sortant de la fosse des corroyeurs, soit en sciure de bois, etc., suivant que l'on est plus à même de se procurer l'une ou l'autre de ces différentes matières; la tannée toutefois est préférable au fumier, en ce qu'elle procure une chaleur plus douce, plus égale, de plus longue durée et plus humide. Lorsque la tannée est trop sèche, on peut, sans inconvénient, construire la couche, partie en fumier, partie en sciure de bois ou en tan. Dans ce cas, le lit de fumier doit occuper le fond de la fosse, et remplir environ les deux tiers de la profondeur. C'est sur des couches ainsi formées que l'on peut placer, dès la fin de l'hiver, les pots de semis de végétaux de la zone torride dont les graines sont dures, coriaces, et qui ont besoin de rester plusieurs mois en terre pour entrer en germination. Il est prudent de retarder au moins jusqu'à la mi-mars le semis des graines de plantes annuelles des mêmes climats, qui lèvent dans l'espace de quinze à vingt jours, parce qu'il serait à craindre que, dans la saison humide qui suit immédiatement l'hiver, et quand le soleil ne se montre encore que rarement, le jeune plant ne fondît et ne mourût.

Couche simple à l'air libre.—Elle convient en général aux semis des plantes rustiques et indigènes, ou des plantes étrangères parfaitement acclimatées. Il est même des plantes annuelles de climats très-chauds, qui, étant semées en plein air, aux approches de l'été, supportent parfaitement ce plein air, et fournissent leur végétation complète, comme dans leur pays naturel; tels sont les Amarantes-crêtes-de-Coq, les Calendrinia à grandes fleurs, etc.

Expositions propres aux semis. On sème à l'exposition du levant beaucoup de graines d'arbres de l'Amérique septentrionale, qui croissent sous d'épaisses forêts et que l'ardeur de l'exposition du midi pourrait incommoder et faire mourir; telles sont les différentes espèces de Gentianes, de Ronces, de Spirées, etc. On place aussi sur des couches exposées au levant les pots, les terrines, les caisses de semis de graines qui, croissant à l'ombre des arbres d'où elles sont sorties dans les pays plus chauds, demandent à être préservées du grand soleil. En général, les graines très-fines, comme celles des Lobélies, de plusieurs espèces de Campanules, de Millepertuis, etc.; qui ne sont recouvertes que d'une ligne de terre très-légère, réussissent infiniment mieux à cette exposition qu'à toute autre. Elle convient plus particulièrement aux semis de graines des plantes des climats chauds, qu'on les fasse en pleine terre, ou dans des pots. Mais il faut proportionner les arrosements, les rendre plus fréquents et plus abondants à cette exposition qu'à toute autre.

Nous avons déjà indiqué qu'il était quelquefois nécessaire de préserver les semis, quand ils sont germés, d'une ardeur excessive du soleil, soit en blanchissant les vitres, soit en les couvrant de litière. Il est des cas, en effet, où les semis, même ceux de plants de la zone torride, ont besoin d'être défendus, après leur germination, des rayons du soleil du midi, pour que le jeune plant ne grille pas. On se sert, à cet effet, de toiles, de canevas, de paillassons à claire-voie, etc. C'est surtout lorsque les rayons du soleil passent entre des nuages groupés et discontinus, que cette précaution est nécessaire.

L'exposition du nord est affectée plus particulièrement aux semis de graines des végétaux des pays plus septentrionaux que celui où on les fait, que ce soit en pleine terre ou dans des vases. Cette exposition peut être donnée aussi aux semis des graines de plantes des hautes montagnes, et, à la rigueur, aux semis des graines de plantes de la zone torride qui croissent sous d'ombreuses forêts; mais ces dernières, devant être tenues à une température chaude, en rapport avec celle de leur pays d'origine, ce n'est que dans une serre chaude ou sous une bâche qu'on peut les cultiver à l'abri du soleil et à l'exposition du nord.

Pour faciliter la germination, il est bon de tenir tous les semis en général, et quelle que soit leur exposition, dans l'obscurité complète, à l'aide de paille ou paillassons, que l'on enlève aussitôt qu'apparaissent les premières feuilles, qui s'étioleraient par le défaut de lumière.

Il est des plantes qui végètent plus particulièrement au milieu d'un air stagnant, épais, et qui contient du gaz azote et du gaz hydrogène dans une proportion plus considérable qu'il ne s'en trouve dans les lieux très-élevés. Ces plantes doivent être cultivées dans des endroits bas, humides, circonscrits par des abris environnants, où il se trouve des matières en décomposition, susceptibles de fournir du gaz. Si elles sont originaires des climats chauds, il convient alors de les tenir dans des serres chaudes, où les mêmes gaz se trouvent dans les proportions convenables, et où l'air atmosphérique ne puisse avoir de courant établi que quand il en est besoin. Il n'en est pas de même des plantes qui croissent sur les hautes montagnes dans un air pur, subtil et froid. Il est difficile, dit Thoüin, à qui nous avons emprunté une partie de ses idées pratiques sur les semis, de les cultiver et de les acclimater dans les jardins.

REPIQUAGE DES SEMIS.

Les végétaux qui n'ont pas été semés en vue d'être laissés sur place doivent subir l'opération du repiquage, laquelle consiste à éloigner les jeunes plants les uns des autres, en les transportant de leur lieu natal à un autre, quand ils sont en état d'être levés, pour qu'ils se développent à l'aise, et à les mettre soit en pleine terre et en place définitive, soit en pépinière d'attente en plein air, soit encore, si cela est nécessaire et suivant le but qu'on se propose, sous des châssis et même en terrines ou en pots.

Les plants seront retirés du lieu du semis, avec leurs racines à nu s'ils sont de nature rustique, et en motte si leur délicatesse l'exige; ce dernier mode, quand il peut être employé, est d'ailleurs toujours le meilleur.

Il ne faut pas attendre que les plants soient trop vieux ou trop forts pour les lever; car, d'une part, ils reprendraient avec plus de peine, et, d'autre part, on en obtiendrait des résultats moins flatteurs.

Il importe de mesurer les distances à conserver entre les plantes repiquées, suivant la dimension présumée que doit prendre chacune d'elles, soit souterrainement, soit aériennement.

Les végétaux dont la reprise présente le plus de difficultés, ceux auxquels on ne veut pas consacrer longtemps avant leur floraison une place définitive dans les jardins, ou ceux que les horticulteurs destinent au commerce, sont mis préalablement en **pépinières d'attente.** Pour les premiers, la pépinière en plate-bande dans une terre bien choisie, autrement le repiquage à faible distance les uns des autres, dans de bonnes conditions de sol et d'emplacement, facilite la naissance et le développement du *chevelu*, qu'il ne faut pas confondre avec la racine proprement dite. Le chevelu est ce qui sert à la nutrition des plantes, tandis que la grosse racine ne sert qu'à les fixer dans le sol; les arbres, même les plus gros, ne vivent que par leurs chevelus ou radicules. Pour les végétaux que l'on ne veut pas mettre à destination fixe trop longtemps avant leur floraison, comme les Balsamines, les Reines-Marguerites et en général tous les végétaux annuels qui fleurissent en automne, il n'y a aucun inconvénient à les laisser en pépinière jusqu'à ce qu'ils montrent leurs boutons à fleurs, et alors on les transporte en motte. On repique de la même manière, en ne les mettant en place que vers la fin de l'automne, les plantes vivaces et bisannuelles, comme les Roses-Trémières, les Digitales, etc., qui ne fleurissent que la seconde année. Quant aux horticulteurs faisant le commerce des plantes d'ornement, le principal but qu'ils se proposent généralement par le **repiquage en pépinière**, c'est de faire occuper le moins de place possible à leurs plantations; un autre objet encore qu'ils peuvent avoir en vue, comme bien des amateurs, pour la simple satisfaction de leurs yeux, c'est de mieux étaler, en les rassemblant, les nuances variées de la même plante pour séduire l'acheteur. Mais, s'il s'agit d'arbustes et d'arbrisseaux en pépinière, on ne les laisserait pas sans inconvénient toujours resserrés dans un espace étroit, et il convient, quand le plant a pris assez de force, de le transporter à destination. Les arbrisseaux en touffe ont généralement beaucoup plus de chevelu que les arbres, ce qui assure leur reprise; par la cause contraire, celle des arbres est plus pénible et demande des soins plus attentifs; mais ces soins ont plus de rapport avec le replantage qu'avec le repiquage proprement dit, et trouve plus naturellement sa place dans l'horticulture fruitière et dans l'arboriculture.

Si l'on veut obtenir des résultats plus prompts ou si les plants exigent des soins plus grands, on fait le repiquage sous châssis, ce qui demande une attention et des précautions particulières. Il importe, dans ce cas, d'empêcher que l'humidité ne soit trop grande sous le châssis, surtout pendant les gelées et dans les mois pluvieux; de n'arroser, en conséquence, qu'avec beaucoup de circonspection, de s'en abstenir même à la rigueur tout à fait, dans des temps de gelées, quand on traite des végétaux à feuilles épaisses ou charnues. On aura soin aussi de prendre les précautions nécessaires pour que les plants sous châssis ne soient pas exposés aux coups de soleil. Les plants résultant de semis stratifiés se lèvent ordinairement dans les premiers jours du printemps pour être repiqués un à un en pépinière, et en laissant les enveloppes si elles tiennent encore aux plantes. Sous le nom d'*écourtement* ou de *décurtation*, les jardiniers ont l'habitude de pratiquer alors une opération qui consiste à enlever avec l'ongle du pouce la pointe de la racine principale, autrement dit le pivot qui tend à s'enfoncer perpendiculairement dans la terre, dans le but d'activer le développement des racines latérales. Cette opération correspond à celle de l'*habillage* que l'on donne aux racines des arbres que l'on transplante. Les plants d'arbres et d'arbrisseaux que l'on cultive en serre ont naturellement besoin d'être traités sous châssis ou sous cloche. On les repique dans des pots ou dans des terrines, en ne les serrant pas trop, et, quand ils ont acquis une certaine force, on transplante et l'on isole chacun de ces plants dans un nouveau pot, jusqu'à ce qu'il ait acquis la proportion voulue pour être mis en caisse.

Quant au repiquage considéré dans sa généralité, il doit se faire en terre meuble, sur laquelle on aura soin d'étendre une bonne couche de paille ou de tiges d'ajoncs, de genêts de bruyères et même de feuilles d'arbres, pour maintenir l'eau des arrosements et empêcher l'évaporation de l'humidité pendant les chaleurs. On doit, autant que possible, choisir un temps couvert et la fin du jour pour faire les repiquages. Est-il nécessaire de rappeler ici que cette opération se fait à l'aide d'un plantoir et en pratiquant dans le sol ameubli un trou naturellement conique, par suite de la forme de l'instrument; que dans ce trou on pose le plant; que l'on rabat ensuite la terre autour des racines, en ayant soin de laisser le moins de vide possible; que, pour déterminer un contact plus intime, on soulève doucement le plant, ce qui contribue à tasser la terre dans le trou; et qu'enfin, lorsqu'on a des repiquages considérables, il importe d'arroser au fur et à mesure du travail pour ne pas laisser les plantes se dessécher?

Ce serait faire double emploi, même sous la forme de généralités, que de parler ici des repiquages spéciaux aux végétaux annuels, bisannuels, vivaces, ou autres. On trouvera cela amplement et en détail dans le traité de la **Culture particulière à chaque plante d'ornement** qui suit ces **Notions générales.**

Il ne faut pas confondre l'opération des repiquages avec celles de l'empotage, du dépotage et du rempotage, desquelles il sera question plus loin. Il n'est ici traité que des opérations qui sont les premières conséquences de la levée des semis.

MULTIPLICATION PAR CAIEUX, PAR BULBILLES, PAR YEUX, PAR DRAGEONS, PAR ŒILLETONS, PAR ÉCLATS, ETC.

Le semis n'est pas le seul mode de multiplication des plantes, car les végétaux ont des organes doués d'une vitalité persistante, répandue dans toutes leurs parties. Tantôt ce sont des **bulbes** ou **oignons**, d'autres fois ce sont des **bulbilles**, des **tubercules**, des **rhizomes**, des **drageons**, **œilletons**, etc., qui offrent des moyens naturels de reproduction où l'art de l'horticulteur tient peu de place; tantôt ce sont les **éclats** qui présentent des moyens déjà artificiels; tantôt ce sont les **marcottes** et les **boutures** qui peuvent être, à juste titre, considérées comme des opérations se rattachant d'une manière plus intime à cet art. L'homme doit souvent préférer ces moyens particuliers, soit pour conserver le type de la variété qui l'intéresse le plus, soit pour accélérer ses jouissances, les plantes ainsi obtenues arrivant plus vite au *maximum* de leur croissance, que celles procréées de graines.

Reproduction par les bulbes ou oignons. — Les **bulbes ou oignons**, qui sont de véritables *tiges souterraines*, ayant un bourgeon central, comptent, comme il vient d'être dit au nombre des moyens naturels de reproduction des plantes. Quand les oignons ont parcouru une certaine période, il se forme à l'aisselle de leurs écailles, ou, si l'on aime mieux, autour de la partie qui émet les racines et qu'on appelle *le plateau*, de jeunes **bulbes** connus en horticulture sous le nom de **caïeux** (pl. LI, fig. 6), de la même nature que les oignons eux-mêmes et qui peuvent en être détachés, lorsqu'ils sont mûrs, ce qui se reconnaît à l'entier dessèchement des feuilles des plantes auxquelles ils appartiennent; on les met en terre de bonne heure, c'est-à-dire au moins un mois avant les gros oignons, pour éviter leur dessèchement qui est en général très-facile, et, au bout de trois ou quatre ans, ils donnent à leur tour des fleurs. Les oignons qui ont fleuri, qui ont été altérés par une blessure, passent pour donner plus de caïeux que ceux qui ne se sont pas trouvés dans ces conditions. Il est même des espèces, jusqu'à des variétés d'une même espèce, qui donnent plus de **caïeux** que d'autres, sans qu'on en connaisse la cause. Les terrains peu fertiles et les années sèches paraissent les plus favorables à la production des **caïeux**. C'est avec ceux-ci qu'on multiplie les belles variétés de Tulipes, de Jacinthes, de Narcisses, de Glaïeuls, de Crocus, etc.

Reproduction par bulbilles. — Certaines plantes, telles que plusieurs espèces de Crinoles et de Pancratiers, portent, soit à l'aisselle de leurs feuilles, soit à la place ou au milieu des fleurs, soit dans l'intérieur des capsules ou péricarpes, des graines qui se transforment souvent en **bulbilles** charnues, ou petites bulbes, véritables graines ou bourgeons prolifères, que l'on appelle aussi **soboles**. Ces **bulbilles** se plantent et se cultivent comme des caïeux, et reproduisent la plante comme le font toutes les graines.

Reproduction par yeux de tubercules. — Les **tubercules**, qui sont des *bourgeons souterrains*, renflés par suite d'une sorte d'état maladif provenant de l'absence de lumière, sont caractérisés par la présence de gemmes reproductives, symétriquement disposées, de chacune desquelles gemmes la position est marquée par un petit enfoncement appelé **œil.** Chaque œil, comme dans l'*Helianthus tuberosus*, étant susceptible de reproduction, l'on peut diviser le tubercule en autant de fragments qu'il a d'**yeux**, et de chaque fragment, devenu ainsi une bouture, sortira une plante nouvelle. Il est des tubercules, comme ceux des Dahlias, qui n'ont de bourgeons qu'au sommet et qu'il faut, en conséquence, diviser de manière à laisser à chaque portion la partie supérieure appelée *collet,* laquelle est le point de départ de la tige, cela pour ne pas supprimer le *bourgeon terminal.*

Reproduction par drageons, surgeons, rejets ou stolons. — Ces quatre termes ont à peu près la même signification. On nomme ainsi des branches, des tiges encore cachées sous le sol ou à peine sorties de terre, que produisent la plupart des plantes vivaces. Ce sont, en apparence, des racines longues qui tracent à quelque profondeur sous terre, et qui, véritables tiges en réalité, donnent naissance à des bourgeons reproducteurs. Quand les drageons ont poussé des racines indépendantes de celles auxquelles ils se rattachent encore, on les appelle **drageons enracinés** ou **plants,** ce dernier nom donné à toute jeune plante herbacée ou ligneuse provenue de graine pendant tout le temps qu'on la tient en pépinière. Quand les *drageons* sont pourvus d'une suffisante quantité de *chevelu* pour assurer leur reprise, on les sèvre ou on les isole, c'est-à-dire qu'on les sépare de la souche-mère pour les replanter. Le temps le plus propice à cette opération pour les plantes qui se dépouillent annuellement de leurs feuilles est celui du repos de la végétation, c'est-à-dire la fin de l'automne et le commencement du printemps. Pour séparer les *drageons* des végétaux toujours verts, certains horticulteurs opèrent au printemps, d'autres préfèrent l'automne. La plantation des *drageons* diffère peu de celle des jeunes plants. On les place de la même manière en pleine terre ou dans des pots, suivant le climat plus ou moins chaud d'où ils sont originaires. Des détails plus amples sur ce genre de reproduction auront mieux leur place dans l'arboriculture que dans ce volume.

Reproduction par œilletons ou rejetons. — On donne le nom d'**œilletons** et de **rejetons** à des corps charnus, véritables bourgeons, de forme ronde ou ovale, qui croissent sur les tiges souterraines des plantes vivaces, et qui paraissent destinés par la nature à les remplacer lorsqu'elles sont épuisées par une longue végétation, ou par une fructification abondante. On les sépare avec un instrument tranchant, et, en les mettant en terre, on obtient de nouvelles plantes. On préfère les œilletons dont le talon est garni d'un peu de chevelu; toutefois ils reprennent en général, quoique dépourvus de cette condition, s'ils sont d'une certaine grosseur. Les **œilletons** peuvent être assimilés aux **drageons** lorsqu'ils ont donné naissance à une jeune tige. Comme ils sont généralement très-tendres et se flétrissent facilement, on les plante sur-le-champ pour mieux assurer leur reprise.

Reproduction par éclats ou divisions de rhizomes et de racines. — Les rhizomes, qui sont des touffes de tiges souterraines, simples et obliques, comme dans les Fougères mâles; perpendiculaires, comme dans les Primevères; horizontales, comme dans les Trèfles d'eau, et généralement cylindriques, se terminent par des bourgeons. On divise la touffe de rhizomes en autant de fragments qu'elle a de *bourgeons terminaux*, ou, pour employer l'expression usitée en horticulture, on en fait des **éclats** avec la main ou avec un instrument tranchant, et chaque **éclat**, remis en terre, donnera à son tour une tige. La plupart des plantes à racines vivaces se reproduisent par **éclats**. Il se forme, à la base de la plante, un amas toujours croissant de racines produisant chacune une tige, et, lors de la séparation, qui doit avoir lieu en automne ou au printemps, on a soin, comme il a déjà été dit, de laisser un morceau de la souche ou de la racine portant du chevelu attaché au *bourgeon terminal*.

Reproduction par griffes et pattes. — En horticulture, on désigne sous le nom de **griffes** certaines souches fasciculées ou grumeuses, certaines *racines tubéreuses* à divisions cylindriques ou coniques, allongées ou terminées en pointes, unies par la base, divergentes au sommet, ayant quelque ressemblance de forme avec des doigts ou des griffes d'animaux, comme dans les Renoncules. Ces **griffes** peuvent se multiplier par fragments.

Les jardiniers donnent le nom de **pattes** aux tiges souterraines des anémones. Ces pattes exigent aussi que l'on ait soin de laisser un *œil* à chaque fragment destiné à être replanté et à reproduire.

MULTIPLICATION PAR MARCOTTAGE ET COUCHAGE.

Toute la théorie des **marcottes** repose sur un fait démontré par les belles expériences de Hales, de Duhamel du Monceau et de plusieurs autres auteurs, savoir, que les branches des végétaux peuvent produire des racines. Les **marcottes** sont en effet des *rameaux de plantes*, qui, enfoncés dans la terre, sans être séparés de la plante-mère (ce en quoi elles diffèrent des *boutures* que l'on en détache préalablement) forment de nouveaux végétaux aussi complets que celui qui leur a donné naissance (1).

Marcottage naturel et spontané. — Il est des plantes d'ornement, telles que certaines Renoncules, les Verveines, les Violettes, qui se reproduisent, comme les Fraisiers, par *coulants*, *filets* ou *stolons* : c'est-à-dire qu'il s'échappe du pied mère un filet ou tige grêle portant, de distance en distance, à ses *articulations* ou *nœuds*, des *bourgeons*, et que chaque bourgeon séparé et replanté, souvent même

(1) *Marcotte*, *marcotter*, que l'on a longtemps écrit *marquote* et *marquoter*, paraît venir du latin *mergus* qui, dans Columelle, a cette signification. Le père Tachard, dans le *Dictionnaire français-latin, à l'usage du duc de Bourgogne*, 1689, fait venir *marcotte*, qu'il écrit *marquote*, du mot *malleolus* employé par Cicéron (*vineam malleolis frequentare*). On voit qu'il s'appliquait spécialement à la reproduction de la vigne. Voici quelle explication la Quintinie donnait du *marcottage*, au temps de Louis XIV : « *Marquote* et *marquoter* se disent de la vigne, des figuiers, des coignassiers, etc., auxquels en couchant les branches de ces arbres cinq ou six pouces avant dans la terre, elles y prennent racine, et cela s'appelle *marquoter*, et pour lors cette branche devenue enracinée et séparée de l'arbre auquel elle tenait, s'appelle une *marquote*, et, sur le Rhône, une *barbade*, et est propre à faire un arbre de l'espèce dont elle est. On *marquote* aussi des fleurs, et surtout des OEillets, en y faisant une petite entaille au-dessous du nœud, et remplissant cette fente d'un peu de terre fine, et l'entourant toute de deux ou trois pouces de même terre, soit dans un cornet de fer-blanc attaché en l'air par les branches qui sont trop hautes pour être couchées, soit dans le pot ou en pleine terre, dans lesquels sont les pieds qui ont les branches assez basses. » (*Explication des termes les plus usités du jardinage.*) — Duhamel du Monceau (*Explication de plusieurs termes de botanique et d'agriculture*) se borne à dire : « *Marcotter, faire des marcottes;* c'est une opération par laquelle on parvient à faire produire des racines à une branche qu'on ne sépare pas de l'arbre qui la porte. »

se plantant naturellement sans le secours de la main de l'homme, dans son contact avec la terre, donne naissance à une nouvelle plante.

Marcottes artificielles en général. — Les *marcottes* étant, comme on l'a dit, des rameaux d'une plante, qu'on enfonce dans la terre, d'une manière ou d'une autre, sans les détacher de la plante mère avant qu'ils aient pris des racines, la manière d'obtenir de bons résultats varie suivant les facilités et les difficultés qu'offrent les végétaux à se multiplier de cette sorte; elle consiste à déterminer au moyen de l'humidité, de la chaleur, d'une terre convenablement préparée, d'incisions, de ligatures, etc., les rameaux marcottés à donner du chevelu et à donner ainsi de nouveaux êtres doués de toutes les qualités de leur souche (pl. LI).

Marcottage simple, provignage ou couchage. — Le moyen le plus simple d'obtenir des **marcottes,** qui, dans ce cas, s'appellent aussi **couchages et provignages,** de l'usage qu'on en fait pour la multiplication des vignes (1), c'est de coucher en terre, à 8 ou 10 cent. de profondeur au plus, une branche dans toute la partie destinée à être souterraine, que l'on fixe ordinairement au sol soit en l'enterrant assez pour qu'elle tienne, soit au moyen d'un crochet de bois, en ayant soin de relever et laisser sortir du sol l'extrémité de cette branche pour que le mouvement vital ne soit pas interrompu. On doit conserver au moins un ou deux *yeux* à l'extrémité aérée. Les principes de cette manière de marcotter sont à peu près les mêmes que ceux que l'on donnera tout-à-l'heure pour le *marcottage* ou *provignage par cépée.*

Marcottage ou couchage en serpenteau ou continu. — Cette opération se pratique de la même manière que la précédente, sauf que, voulant obtenir de la même branche plusieurs marcottes à la fois, on fait décrire à cette branche, hors de terre et sous terre, des inflexions semblables aux mouvements d'un serpent, de manière que chaque partie enfoncée puisse prendre du *chevelu*, et que chaque partie laissée à l'air soit garnie d'un ou deux *yeux.* Ce mode de **marcottage ou de couchage,** qui donne autant d'individus susceptibles d'être séparés qu'il y a de parties enracinées, s'applique particulièrement aux

(1) *Provigner*, c'est-à-dire *propager la vigne* (*vitem propagare*), d'où est venu le substantif *provin* (en latin *propago*).

plantes sarmenteuses, telles que les Clématites, les Aristoloches, les Glycines, etc.

Marcottage par buttes, par cépées ou touffes de jeunes tiges. — Cette manière de marcotter, qui s'applique aux arbres et arbustes, et qui est éminemment propre à regarnir des clairières dans les parcs d'agrément, n'est qu'une modification du **marcottage simple** ou **provignage**, mais elle a de plus que celui-ci l'avantage de donner à la fois un grand nombre de branches susceptibles de s'enraciner et provenant d'une même souche. Elle consiste, en thèse générale, à couper, au ras du sol, un arbre ou un arbuste que l'on veut multiplier, et à le *butter*, c'est-à-dire à le couvrir d'une terre limoneuse ou peu grasse, prenant aisément l'humidité et la gardant longtemps. Il ne tarde pas à sortir du *collet* des rejetons que l'on enlève au fur et à mesure qu'ils ont pris des racines. Les détails sur le **marcottage par cépée** ont aussi mieux leur place dans l'Arboriculture que dans ce volume. Disons seulement quelque chose ici des moyens recommandés par Thoüin, pour regarnir les clairières de *peu d'étendue* dans les parcs d'agrément, au moyen d'un certain genre de *cépage* qui, en outre, se rapporte à un certain nombre d'arbres et d'arbustes dont les tiges, d'une consistance plus ferme que d'autres, ont besoin d'une opération particulière pour produire des racines. Elle consiste à *courber* ces branches dans la terre, au lieu de se contenter de les butter et de les laisser dans la position verticale qu'elles prennent au sortir de la souche. Lorsque, sur la lisière ou dans l'intérieur d'une clairière, il se trouve des espèces d'arbres ou d'arbustes composés de jeunes branches vigoureuses et flexibles, on ouvre de petites tranchées d'environ 25 à 30 cent. de largeur sur 32 cent. de profondeur, et dans une longueur déterminée par celles des branches auxquelles elles sont destinées; puis on infléchit les branches avec précaution pour ne pas les éclater de leurs souches, et on les couche dans ces petites tranchées, en laissant sortir de terre les extrémités des branches d'environ 16 cent.; on rogne de 1 cent. et 1/2 à 2 cent. à peu près le bout de ces extrémités, afin d'arrêter la séve par en haut et de la déterminer à se reporter par en bas pour qu'elle donne naissance à des racines; on entoure les branches couchées de plaques de gazon, de feuilles en pourriture, et l'on remplit le reste des tranchées de terre que l'on foule et affermit; on évite de laisser sur la souche des branches verticales qui emporteraient au détriment des branches courbées, une notable partie de la séve, laquelle a une plus grande propension à monter qu'à descendre. Il faut toutefois observer que c'est un danger pour les arbustes faibles de coucher toutes leurs branches. Quand les branches sont enracinées, on les sépare de leurs souches, on débarrasse celles-ci de la terre dont on les avait couvertes, et bientôt on voit naître de toutes parts des rameaux vigoureux qui garnissent les clairières, là surtout où des plantations de nouveaux arbres ne feraient que languir faute d'air et d'espace.

Marcottage en l'air ou **avec supports.** — Il est des végétaux, comme les Œillets, dont la tige articulée est trop rigide ou trop fragile pour pouvoir être abaissée et enfoncée en pleine terre; il y a des branches d'arbres même qui, trop distantes du sol, ne peuvent être courbées au degré nécessaire. Dans ces cas, on emploie des pots ou autres vases, que l'on élève, au moyen de supports, à la hauteur voulue, après y avoir pratiqué un orifice, soit au côté, soit au fond. On introduit par cet orifice la branche que l'on veut marcotter, dans le vase que l'on remplit de terre de bruyère entretenue dans un état d'humidité modérée, pour faciliter l'émission des racines sans avoir à redouter la pourriture. On peut voir à la planche LI de l'Atlas afférent à ce volume (fig. 1, 2 et 3) des exemples de **marcottages en l'air** qui en diront plus que toutes les descriptions que l'on ferait. On emploie aussi, pour le même objet, des cornets en plomb, des sortes d'entonnoirs de fer-blanc s'ouvrant au moyen de charnières, des vases de verre composés de plusieurs morceaux réunis avec des bandes de plomb comme les vitraux d'église, pour examiner le travail des racines qui s'étendent contre les parois, et jusqu'à des cornets de carton mince ou de papier fort, ce qui peut se faire quand il s'agit de marcottes promptes à donner des résultats, comme celles des Œillets. Dans tous les cas, on ne saurait trop le redire, la partie de la branche destinée au marcottage doit être tenue dans une terre constamment humide et recouverte de mousse à cet effet. Duhamel du Monceau a imaginé fort ingénieusement d'entretenir l'humidité de la terre des marcottes placées dans des pots, des caisses, des entonnoirs, etc., en suspendant auprès de chacun de ces réceptacles un pot entretenu plein d'eau, et dans lequel on trempe par un bout une lisière de laine dont l'autre bout est posé sur le vase à marcotte, ce qui fait l'office d'un siphon.

Marcottage par cépée en l'air. — On peut marcotter **par cépée** les branches d'un arbuste en caisse ou en pot, au moyen d'une terrine suffisamment large, ayant au fond une ou plusieurs ouvertures, et soutenu à l'aide de montants au-dessus de la caisse ou du pot qui contient la souche-mère. On introduit, par l'orifice ou par les orifices de la terrine ainsi suspendue, une ou plusieurs des tiges s'élançant de la caisse ou du pot; on fait subir une courbure aux rameaux que l'on veut marcotter; on recouvre de terre de bruyère, entretenue à l'état humide voulu, les endroits de ces courbes auxquels on demande des racines, et l'on tient relevées et hors de terre les extrémités des branches. Thoüin a donné des exemples intéressants de cette manière de marcotter. (Voir pl. LI, fig. 3 de l'Atlas afférent à ce volume.)

Marcottage par incision. — Ce genre de marcottage est des plus usités, et se fait de beaucoup de manières : par **incision en fente simple,** qui consiste à fendre ou inciser la branche dans son milieu, avec la pointe d'un canif, et à introduire entre les parties séparées un petit corps étranger, tel qu'un caillou, pour les maintenir écartées; par **incision** dite **à talon,** qui consiste à pratiquer une **incision horizontale,** devant pénétrer jusqu'à moitié du diamètre de la branche, puis à détourner la pointe de l'instrument et à fendre en deux en remontant; — **par amputation,** qui se pratique comme celui par incision à talon, mais en enlevant entièrement le morceau incisé; — par **incision** dite **compliquée,** qui consiste à entailler *horizontalement* la branche jusqu'au milieu de son diamètre, et à pratiquer sur cette entaille *deux fentes perpendiculaires* que l'on maintient écartées à l'aide de corps étrangers. On peut donner à l'incision, suivant les cas, diverses formes, celles d'un triangle ou d'un Λ renversé, celles d'un ⊥ ou d'un ᛉ également renversés, ou enfin la forme d'un anneau (pl. LI).

Nous allons donner plusieurs descriptions de **marcottages par in-**

cision, d'après des auteurs ou des horticulteurs d'une expérience incontestée. (Outre les exemples donnés dans l'Atlas se rapportant à ce volume, on trouvera représenté un **marcottage par incision** dans l'Atlas d'horticulture potagère et fruitière.)

« On emploie, dit Thoüin, ce genre de marcottage, qui convient aussi aux Œillets, etc., pour déterminer la production des racines aux branches des arbustes et des arbres qui résistent aux procédés du marcottage simple par *provins* et par *cépées*. Voici la manière d'opérer :

« Ordinairement on choisit un rameau de l'avant-dernière pousse. Au petit gonflement qui marque son extrémité et le commencement de la dernière pousse, on fait une *incision horizontale*, qui coupe la branche jusque vers le milieu de son diamètre ; ensuite, en remontant vers le haut de la branche, on fait une autre *incision perpendiculaire* d'environ 2 à 3 centimètres de long, qui aboutit, par sa partie inférieure, à l'incision horizontale. Il est très-utile de se servir, pour cette opération, d'un canif à lame fine et bien tranchante. Ces deux opérations faites, on courbe la **marcotte**; alors la portion de la branche que l'on a séparée par un bout de la partie du rameau qui tenait au pied de celle-ci, s'ouvre et forme un angle aigu ayant la figure d'un λ renversé. Pour que cette ouverture se maintienne dans son écartement, quelques personnes y mettent de la terre, d'autres une petite cale de bois, d'autres enfin un petit caillou. Quand les marcottes sont susceptibles de reprendre dans le courant d'une année, la terre seule est suffisante ; mais, quand elles doivent rester deux à trois ans sur leurs pieds, comme cela arrive quelquefois, le caillou est préférable; dans ce cas, la cale de bois doit être proscrite, par la raison qu'en se pourrissant, elle pourrait vicier les plaies de la branche, et occasionner la mort de celle-ci. Cette précaution de mettre un corps étranger dans la fente a pour but d'empêcher ces deux parties de se rapprocher, ce à quoi elles ont de la propension. La marcotte, ayant été préparée ainsi, est *courbée en anse de panier*, et enfoncée de 11 à 22 centimètres, suivant la force de la branche, soit en pleine terre, soit dans un *pot à marcotte* ou un *entonnoir*, d'après sa position. Cette branche est retenue et fixée à sa place par un ou deux petits crochets de bois fichés en terre. L'extrémité de la branche marcottée doit être relevée et maintenue *perpendiculairement*, soit par la pression qu'on donne à la terre, soit par un tuteur auquel elle est attachée. Il est des personnes qui coupent les feuilles aux branches marcottées; cette précaution, qui semble être inutile, ne paraît pas non plus nuisible, puisque les branches effeuillées reprennent très bien. La terre qu'on emploie pour marcotter doit être très-substantielle, fine, extrêmement douce au toucher; elle doit s'imprégner aisément de l'humidité, et la conserver longtemps sans se putréfier. On emploie souvent de la terre limoneuse pure; d'autres fois on se sert de terreau de saule sans mélange. Mais, quelle que soit la nature de terre dont on fasse usage, il est nécessaire d'en couvrir la surface d'un léger lit de mousse, qui la tienne fraîche et la garantisse des rayons d'un soleil trop ardent. (Pour parvenir à entretenir une humidité constante dans la terre des marcottes, ici Thoüin recommande l'espèce de siphon imaginé par Duhamel du Monceau, duquel il a déjà été question.) La saison la plus favorable à la réussite de cette sorte de marcotte, est le printemps, lorsque la séve est sur le point de monter dans les branches des végétaux. Elle offre deux chances également favorables à courir. La première, c'est l'ascension de la séve qui, rencontrant sur son passage, pour monter à l'extrémité de la branche marcottée, une longue plaie, la cicatrise, y forme des mamelons qui, par la suite, deviennent des racines, mais seulement dans la partie où il n'y a pas solution de continuité. La seconde chance est celle de la séve descendante : celle-ci, en revenant vers les racines, trouve la portion qui a été séparée du reste de la branche, et qui n'y tient que par le haut; elle cicatrise les bords de la plaie, y produit des mamelons, et, se trouvant arrêtée comme dans une bourse, sa propension la détermine à y produire des racines. Lorsque les marcottes sont assez pourvues de racines pour se suffire à elles-mêmes, on les sépare, comme dans les autres cas, en coupant la branche *au-dessous* de la partie marcottée. Ces jeunes plants doivent être mis à l'ombre pendant quelques jours, favorisés par une douce chaleur, et traités comme des végétaux délicats, jusqu'à ce qu'ils aient acquis de la force. Que, pour vouloir multiplier trop abondamment une plante unique, ajoute Thoüin dans ce passage, on se garde bien de la surcharger de marcottes. C'est ici le cas de dire que trop d'ambition nuit ou peut nuire à la fortune. En effet, les *incisions* faites sur un grand nombre de branches d'un même pied, le fatiguent beaucoup. La séve, se portant avec affluence pour cicatriser les plaies, lorsque celles-ci sont trop multipliées, se dissipe en pure perte pour la végétation de l'individu; les feuilles, n'étant plus alimentées par leur nourriture quotidienne, tombent, et la mort, non-seulement des marcottes, mais même de la souche, en est souvent la suite. »

Voici maintenant la manière de **marcotter par incision** les Œillets, d'après Loiseleur-Deslongchamps :

« Les marcottes d'Œillets se font, dit cet auteur, dans une seule saison, au milieu de l'été, ordinairement depuis le 15 juillet jusqu'au 15 août, époque où la plupart des Œillets qu'on a laissés à eux-mêmes fleurissent naturellement. Pour faire cette opération, l'on se sert d'un très-petit couteau à lame étroite ou tout simplement d'un canif (on a recommandé depuis, avec raison, l'instrument appelé coupe-cors). On *incise sur un nœud* de jeunes rameaux placés à la base des tiges qui portent ou doivent porter fleur, et, le plus près possible du pied (pl. LI, fig. 5), *on coupe ce nœud* à peu près à moitié, puis, tournant la lame de l'instrument de manière que le tranchant soit dirigé en haut, on fend le jeune rameau de bas en haut, sans atteindre le nœud suivant; ensuite on incline cette petite branche sur la terre, en tenant la partie fendue écartée en dehors; on la maintient fixée sur la terre avec un petit crochet qu'on y enfonce, et l'on recouvre le tout de terre légère et bien meuble. On procède ainsi tout autour de chaque pied, jusqu'à ce qu'on ait fait de toutes ses branches autant de marcottes, excepté d'une ou deux, qu'on réserve pour former les tiges de l'année suivante. Après avoir fait les marcottes, on taille leurs feuilles, en en retranchant une partie (M. Gauthier-Dubos, de Pierrefitte, pense, au contraire, que cette suppression n'est pas indispensable, et peut même être nuisible, dépassant l'indifférence complète que manifeste Thoüin à cet égard). Si les branches à marcottes sont situées trop haut, et si l'on ne veut pas les risquer en boutures, on se sert de *petits pots fendus d'un côté* ou d'*espèces d'entonnoirs de fer-*

blanc, de plomb, etc. (ce qui correspond aux godets de plomb laminé, recommandés par M. Gauthier-Dubos), qu'on fixe ensuite à la hauteur convenable, et l'on y fait des marcottes. Lorsqu'on a fait des marcottes d'un pied d'Œillet, il faut avoir soin de porter à l'ombre, pendant cinq à six jours, le pot dans lequel il est planté, et, selon que le soleil sera ensuite plus ou moins ardent, ne l'y exposer de nouveau qu'avec précaution, d'abord le soir ou le matin seulement. Il est aussi nécessaire d'arroser les pots modérément tous les deux jours. Toutes ces précautions assurent la reprise des marcottes. Quand on marcotte des pieds d'Œillets plantés en pleine terre, il faut choisir de préférence un temps couvert, ou, lorsque le temps est constamment beau, les mettre à l'abri du grand soleil, au moyen de paillassons. Du 15 au 30 septembre, selon que les marcottes ont été faites plus tôt ou plus tard, on les sèvre de leur mère et on les place chacune dans un pot. Si l'on a un certain nombre de marcottes mal enracinées, il faut, lorsque les variétés le méritent, placer les pots dans lesquels on les aura plantées, sur une couche modérément chaude, et couvrir chaque pot d'une cloche. »

Thoüin recommande l'*incision en forme* de ⊥ renversé pour les Œillets, et en général pour toutes les plantes à tiges articulées, parce que le bourrelet qui se trouve à leur articulation favorise l'émission et l'extension des racines.

M. Gauthier-Dubos, cultivateur renommé d'Œillets, dit qu'il emploie des godets de plomb laminé pour la multiplication de ses marcottes d'Œillets; ce plomb n'a pas plus d'épaisseur qu'une forte feuille de papier; il est coupé par bandes sur 4 centimètres de large, et taillé en triangle sur 11 centimètres; contourné dans les doigts, il forme le cornet voulu. Avant de le poser, on supprime toutes les feuilles de la partie inférieure de chaque marcotte. L'incision se pratique sur un nœud ni trop dur ni trop tendre, à distance convenable; on maintient les marcottes avec du fil, et, avec un coupe-cors, on commence la coupe *verticalement*, à 2 ou 3 millimètres *au-dessous* du nœud que l'on a choisi, en remontant la lame, de 8 millimètres, au centre; ensuite on coupe, en travers, la portion du *talon en forme de sifflet*, en enlevant *un tiers de la partie du nœud* (pl. LI, fig. 5 de l'Atlas afférent à ce volume). C'est dans ce *talon* que se développent les racines; on dispose les godets de plomb autour de chaque marcotte *incisée*, en croisant l'un sur l'autre les deux côtés; ensuite on replie chaque corne, l'une en dedans, l'autre en dehors. Le *talon de la marcotte* doit être placé au centre du godet, qui sera maintenu par une épingle courte et déliée, entrée dans la base du godet et de la branche marcottée. La terre doit être tamisée et très-sèche, afin qu'elle s'introduise facilement dans le fond du godet; quand on met cette terre, on entr'ouvre tant soit peu le réceptacle, en inclinant la marcotte. On arrose en forme de pluie très-fine, pour que la terre des godets ne soit pas entraînée; il faut bassiner ainsi trois à quatre fois par jour durant les grandes chaleurs; une journée de dessèchement suffirait pour tout compromettre. Huit jours après le marcottage, le bourrelet est formé, et la racine est prête à se développer. Un mois suffit ordinairement pour que les marcottes soient tout à fait enracinées; on peut alors les sevrer. C'est ordinairement en septembre que commence le sevrage des marcottes faites en juillet. Avant de détacher la marcotte, on s'assure, en déployant avec précaution le godet, si elle est suffisamment garnie de racines; si elle n'en a pas assez, on en est quitte pour replier le godet et le visiter de nouveau en octobre. C'est là, dit M. Gauthier-Dubos, un des avantages du godet, car cet examen n'est pas aussi facile à faire pour les marcottes de pleine terre. D'un autre côté, ajoute le même horticulteur, les marcottes faites dans les feuilles de plomb peuvent s'expédier facilement, à de grandes distances, dans leurs cornets. La transplantation des marcottes sevrées se fait d'ordinaire en octobre, sous le climat parisien, lequel ne permet pas de livrer les Œillets à la pleine terre pendant l'hiver, sans risquer de les perdre. Au moment de la mise en pots, on développe avec précaution le godet, puis on coupe le *talon* ou partie non enracinée de la marcotte le plus près possible des racines, pour que la plaie causée par l'épingle qui maintenait le plomb en forme de cornet, puisse être enlevée; sans cela il y aurait à craindre que la plante ne fût exposée à périr des suites de la cicatrice. La transplantation doit être faite en pots de 8 à 10 centimètres de diamètre, et dans une terre franche (ou terre à blé), plutôt sableuse qu'argileuse; toute terre qui serait compacte, qui se tasserait et qui ferait pâte, doit être exclue; on arrose ensuite suivant le besoin.

Le même horticulteur recommande plusieurs autres modes de marcottages pour les Œillets, mais toujours avec l'*incision* indiquée pour les marcottes en godets, entre autres pour les Œillets cultivés en pleine terre. Dans ce cas, dit-il, si les marcottes sont trop élevées au-dessus du terrain pour qu'on puisse les coucher sans danger, on met, au pied, de la terre préparée et dont on forme une espèce de petit monticule disposé en plate-forme à rebord, ou sorte de petit bassin, de façon que l'eau des arrosements ne soit pas perdue, et c'est dans cette terre qu'on fait les marcottes. On se procure de l'osier fendu que l'on coupe par longueurs de 10 à 12 centimètres, pour incliner le *talon* de la marcotte en terre; on ploie en deux cet osier comme crochet que l'on fiche en travers ou à cheval sur la marcotte pour la maintenir; on rehausse légèrement, avec de la terre, la partie couchée et fendue de la marcotte; on arrose aussitôt après l'opération, et on continue, suivant le besoin, les arrosements de manière à entretenir la terre légèrement, mais constamment humide.

Marcottage par anneau cortical, par décortication annulaire ou **par circoncision.** — Ce genre de marcottage consiste à enlever dans la circonférence de la branche qu'on veut marcotter un anneau d'écorce (pl. LI, fig. 4) de la largeur de 3 à 12 millimètres, suivant la grosseur de cette branche, l'état de l'écorce et la force de l'individu. Non-seulement il est nécessaire au succès de l'opération d'enlever l'épiderme de l'écorce dans la largeur de l'anneau, mais il faut même que l'on supprime la couche la plus interne, ou autrement le *liber* dans son intégrité, et que l'aubier se trouve à nu. L'instrument avec lequel on opère doit trancher net et sans déchirure. On commence par décrire deux cercles autour de la branche dont on veut enlever l'*anneau cortical;* ensuite on fait, dans la largeur de l'anneau, une incision *perpendiculaire;* enfin, avec la pointe de l'instrument, on enlève un des bouts de la bande d'écorce qui a été coupée, et on la tire dans toute sa circonférence. Lorsque l'arbre ou l'arbuste est en séve, cet enlèvement se fait avec la plus grande facilité; mais il est plus naturel et plus sûr encore d'attendre le moment qui précède l'époque de la descente des faisceaux radiculaires, autrement dit du développement des bourgeons; ces faisceaux, trouvant un obstacle insurmontable, s'arrêtent sous la partie de l'écorce qui forme la lèvre supérieure de la plaie, y établissent un bourrelet qui commence à se montrer entre l'aubier et les dernières couches du liber; ce bourrelet s'augmente aisément, et donne naissance à des mamelons qui, par leur prolongement, deviennent des racines. On emploie le moyen de la *décortication annulaire* sur les branches gourmandes d'arbres ou d'arbustes qui emportent la séve, pour ne pas perdre ces branches, et en faire, au contraire, des arbres utiles et francs de pied. Il est des arbres à écorce mince et à bois dur, dont il faut laisser l'*incision* libre jusqu'à ce que le bourrelet soit formé; il en est d'autres, au contraire, dont l'écorce est épaisse et le bois d'une consistance tendre, qu'il faut préserver du contact de l'air. Les *incisions* faites sur les branches de ces derniers, dit Thoüin, doivent être renfermées sur-le-champ dans des pots ou entonnoirs à marcottes. Les soins qu'exigent ces marcottes, la nature de la terre qui leur convient, et leur culture journalière, sont les mêmes que pour les autres sortes de marcottes; on doit seulement, dit encore Thoüin, assujettir les rameaux à des tuteurs qui les préservent d'être brisés par les vents.

Marcottage par torsion. — Il consiste à oblitérer plus ou moins complétement les faisceaux ligneux de l'écorce, en tordant la branche à l'endroit où on veut lui faire pousser des racines. On emploie ce procédé pour les plantes sarmenteuses qui ont une écorce mince et fibreuse.

Marcottage par ligature ou strangulation. — Il se fait en serrant ou ligaturant la branche, à l'aide de ficelle cirée ou d'un fil de fer, vers le milieu de la courbure et *au-dessous d'un œil*, pour arrêter la descente des faisceaux radiculaires, de manière à faciliter l'émission des racines au point voulu. Thoüin rejette le fil de laiton dans cette opération, son oxyde, dit-il, étant mortel pour presque tous les végétaux. C'est ordinairement sur de jeunes rameaux, de la dernière ou de l'avant-dernière pousse, que l'on fait les *strangulations* ou *ligatures*, qui, selon Thoüin, doivent serrer l'écorce sans trop la comprimer, et encore moins en couper l'épiderme. « Il vaut mieux, ajoute-t-il, laisser au grossissement insensible et progressif de l'écorce le soin de former le bourrelet, que de le déterminer subitement par une pression trop forte, qui obstruerait entièrement les canaux de la séve. D'ailleurs, ce bourrelet se forme assez promptement; il est même à craindre qu'ayant bientôt dépassé la *ligature*, il ne la recouvre, et que, se joignant à la partie inférieure, il ne s'y soude, et ne rende, par ce moyen, la *ligature* inutile. Pour remédier à cet inconvénient, il est des horticulteurs qui donnent à leur ligature 4 à 5 lignes de large, en multipliant autour de la branche les tours de leur corde ou de leur fil de fer. D'autres emploient un moyen différent : ils établissent leur *ligature en forme de spirale* dans une longueur d'environ 2 pouces (à peu près 4 à 5 centimètres). Le premier tour du bas et celui du haut doivent être un peu plus serrés que les autres, et disposés horizontalement. La *ligature* étant faite, on passe un *pot à marcotte* ou un *entonnoir* dans la branche *ligaturée*, et on fait en sorte que la *ligature* se trouve au milieu du vase, que l'on remplit de terre préparée, recouverte de mousse. C'est plus particulièrement, dit encore Thoüin, pour cette sorte de marcotte, qu'il convient de faire usage du vase suspendu rempli d'eau et de la lisière de laine, servant de siphon, pour entretenir la terre dans un état constant d'humidité. » Thoüin recommande le printemps, de préférence à toute autre saison, pour faire cette opération, « parce qu'on a, dit-il, quatre chances à courir pendant un été, les deux séves montantes et les deux séves descendantes; » mais c'est une erreur de l'ancienne école, ce n'est ni la séve montante, ni la séve descendante qui donne naissance aux racines; les racines des marcottes sont dues aux faisceaux radiculaires qui, descendant des bourgeons, au développement du printemps, forment d'abord un bourrelet, d'où sortent ensuite des racines, lorsqu'on entoure ce bourrelet de terre. Si, en visitant ces sortes de marcottes, on ne leur trouve que de faibles racines, il est convenable de les laisser, comme les autres, attachées à leurs mères pendant l'hiver, et de ne les sevrer qu'au printemps. Dans ce cas, on supprime les arrosements d'hiver, et, si les marcottes sont en plein air, on les entoure de paille pour les préserver du danger des fortes gelées.

Résumé de la manière de sevrer les marcottes. — On a pu voir, par tout ce qui précède, que l'on appelle **sevrage** l'opération qui consiste à séparer les marcottes de la souche-mère et à les laisser vivre de leur propre fonds. Le **sevrage** se fait généralement en automne, quand la végétation est suspendue, et après qu'on s'est assuré si les branches enterrées ont donné suffisamment de *chevelu* pour être séparées sans inconvénient de leur souche et vivre désormais sans le secours de la plante-mère. Dans le cas où le *chevelu* paraît insuffisant, on attend à l'année suivante pour les séparer. L'*amputation* se fait en général au point où commence la courbure qui passe sous la terre. S'il s'agit de garnir des clairières, comme il va être exposé tout-à-l'heure, on laisse les marcottes en place; autrement, suivant leur objet ou leur nature, on les lève pour les transplanter soit isolément, soit en pépinière en pleine terre, soit pour les mettre en pots, en caisses, ou pour les remiser, pendant l'hiver, en serres ou sous châssis. Les marcottes d'arbres et arbustes à feuilles persistantes ont besoin d'abris durant la saison des froids, sous le climat parisien ou sous tout autre climat à peu près analogue, et plus nécessairement encore sous une température plus septentrionale.

MULTIPLICATION PAR BOUTURAGE.

La **bouture** (1), qui tient une si grande place dans l'horticulture d'ornement, diffère de la **marcotte** en ce que le rameau ou le fragment de rameau auquel on veut faire produire des racines est, préalablement à toute autre opération, *complétement retranché de la plante-mère,* et placé *isolément* en terre pour ne chercher de vie qu'en lui-même. L'idée de faire des **boutures** fut, sans doute, comme un grand nombre de découvertes précieuses, le produit du hasard. Des pieux plantés en terre formèrent des arbres; des tuteurs donnés à des plantes se couvrirent de feuilles. C'était là le **bouturage** assurément le plus

(1) En latin *talia, clavola* et *clavula*. Autrefois on appelait aussi *bille* la branche coupée par les deux bouts pour être plantée. « En Bourgogne, dit Duhamel du Monceau, on appelle *billon* un sarment taillé court, qu'on nomme ailleurs *courgeon*. »

simple, c'est encore celui que l'on appelle **bouturage en plantard** ou **en plançon,** deux expressions qui ont la même signification, quoique certains lexicographes désignent par *plançon* la branche coupée pour être plantée, mais ne l'étant pas encore, et par *plantard* cette même branche, mais alors qu'elle est plantée. Ce genre de bouturage qui consiste, comme l'on voit, à fixer dans la terre une branche en forme de pieu, est très-propre à multiplier les arbres aquatiques, tels que le saule, le peuplier. Nous ne reviendrons pas sur ce mode tout primitif de reproduction. Peu à peu la philosophie éclaira le sujet, et les expériences de Duhamel du Monceau, entre autres, levèrent le voile dont la nature semblait se couvrir pour nous dérober le secret d'une opération aussi importante. Des observations successives apprirent en effet que des branches *privées de leur écorce* mises en terre ne donnaient aucune production; qu'une branche privée de la *moitié* de son écorce et enfoncée dans la terre, ne produisait des racines que dans la partie pourvue d'écorce, qu'il se formait une *tumeur* sur les bords de cette écorce, et que cette *tumeur* ou boursouflement que l'on appelle *bourrelet* donnait naissance aux racines qui s'échappaient. On reconnut aussi que la partie de la branche qui était hors de terre devait avoir des bourgeons. On conclut de ces observations qu'il fallait pour le succès des boutures : 1° que la partie de la branche mise en terre fût revêtue d'écorce; 2° que cette écorce tuméfiée formât un *bourrelet ;* 3° que la partie de la branche qui était hors de la terre fût pourvue de bourgeons. La théorie du **bouturage** repose aujourd'hui sur ce principe, que toutes les parties d'une plante présentant du tissu cellulaire sont susceptibles de donner naissance à une plante nouvelle. Néanmoins l'application en est beaucoup plus compliquée que celle du marcottage. S'il est vrai que nombre de végétaux, comme les Saules, les Peupliers, les Paulownias, les Asiminiers ou Anones, les Iteas, les Sumacs, les Lilas ou Syringas, les Lyciums, les Ailantes, vulgairement appelés Vernis du Japon, etc., se multiplient par **tronçons** dont on se borne à mettre un bout dans la terre en laissant l'autre exposé à l'air libre, et qu'avec ce procédé si simple on voie bientôt naître, entre le bois et l'écorce, des bourrelets ou mamelons celluleux d'où sortiront des rameaux ; s'il est vrai encore que les végétaux d'une texture molle et herbacée, comme les Oxalis, les Dahlias, les Angéliques, etc., reprennent **par boutures** avec une facilité merveilleuse, il est d'autres plantes qui exigent, pour se multiplier de cette sorte, une étude sérieuse et des soins minutieux. Il est même des végétaux que l'on n'a pu réussir encore à reproduire par le **bouturage**.

Les **boutures** sont dites **boutures en plantard** ou, comme on l'a déjà vu, **en plançon, boutures simples, boutures à bois de deux ans, boutures à talon, boutures à crossette, boutures en rameaux, en ramée, en fascines** ou **fagots, boutures avec bourrelet par étranglement** ou **par incision, boutures aquatiques**. On dit aussi **boutures à l'air libre, boutures forcées, sous cloche** ou **sous châssis, boutures de racines, de rhizomes, boutures de caïeux** ou **oignons, boutures de feuilles, de rameaux feuillés, boutures par gemmes**, etc.

Bouturage simple à l'air libre. — Le bouturage le plus simple, et qui a beaucoup de rapport avec celui en plantard, se fait à l'**air libre**, s'applique aisément à un grand nombre de végétaux, et sert à multiplier une partie des arbustes d'ornement. Voici comment on procède. On détache des branches ou rameaux, dont le bois est suffisamment parfait, ou, en terme d'horticulture, *aoûté* (1); on coupe ces branches en tronçons de 15 à 20 centimètres de longueur; la longueur dépend, en général, de la distance des yeux qui doivent être, autant que possible, au nombre de quatre à six par tronçon; il faut avoir soin de pratiquer la section inférieure bien nettement et immédiatement *au-dessous* d'un *œil* ou *bourgeon*. Les tronçons sont ensuite enterrés verticalement, au quart, dans du sable frais ou de la terre légèrement humide et pulvérulente, à l'abri du vent et du soleil; dès la fin de mars ou au commencement d'avril et jusqu'au mois de septembre, on plante ces *tronçons*, ou autrement dit **ces boutures**, au plantoir, dans une terre bien préparée et dans une exposition ombragée, en laissant deux ou trois *yeux* au-dessus du sol. On couvre

(1) *Aoûté*, c'est comme si l'on disait *perfectionné par la séve d'août*. (Duhamel du Monceau, *Physique des Arbres*.) Avant Duhamel La Quintinie avait dit : « *Branche aoustée* est celle qui sur la fin de l'esté cesse de pousser, et s'endurcit. » (*Explication des termes les plus usités du jardinage*.)

le terrain d'un lit de détritus de couche, et l'on entretient l'humidité par de légers bassinages.

Bouturage à talon (pl. LI). — Il se pratique avec une jeune branche de l'année précédente, que l'on éclate en la tirant de haut en bas, ou que l'on coupe de telle sorte qu'elle emporte avec elle le *nœud* ou *empâtement* qui l'unissait à la tige ; cet empâtement, appelé *talon* (1), renfermant beaucoup de tissu cellulaire très-favorable au développement des racines, il est aisé de comprendre que ce genre de bouturage, surtout quand on opère en éclatant et par voie de déchirure, nuit singulièrement aux tiges-mères ; aussi n'en doit-on user que le moins possible. Il convient à la multiplication des bois durs, soit de pleine terre, soit de serre. On le fait généralement au printemps. On met les boutures en pleine terre, ou sur couche et sous cloche, suivant leur nature. Il est bon d'abriter même celles qui ne craignent qu'un peu de froid, comme les **boutures a talon** de Jasmins, de quelques Rosiers, etc.

Bouturage à bois de deux ans et à crossette (pl. LI). — Il prend sa double dénomination de ce qu'il se fait avec de jeunes branches sur lesquelles se trouvent des portions de *bois de deux ans* et à la partie inférieure desquelles on conserve des *tronçons de ce bois* qui y forme une sorte de *petite crosse*. Le bois le plus ancien ne doit former, selon Thoüin, que le quart de la longueur de celui de l'année précédente, et la longueur de la **crossette** ne doit pas dépasser 40 centimètres environ. On se procure des **crossettes** pendant l'hiver, lors de la taille des arbres. On choisit, autant que possible, des rameaux venus sur des branches vigoureuses, et on les coupe ou on les éclate le plus près possible de la tige, de manière à emporter avec elles le *nœud* ou *empâtement* qui unit chacune d'elles à la tige, comme cela se pratique dans le **bouturage à talon** avec lequel le **bouturage en crossette** a beaucoup d'affinité (pl. LI, fig. 11). Les **crossettes** se lient par bottes, et on les garde enterrées dans une cave jusqu'à ce que les gelées soient passées ; alors on les plante en sillons dans une plate-

(1) La Quintinie (*Explication des termes les plus usités du jardinage*) définissait ce mot ainsi : « *Talon d'une branche* est la partie basse, c'est-à-dire la partie la plus grosse d'une branche coupée. »

bande exposée au levant et dans une terre fraîche et bien meuble, à la distance de 16 à 27 centimètres les unes des autres. Quand la plantation est finie, on remplit les sillons avec du terreau ou du fumier consommé, et l'on arrose au besoin. Telles sont les recommandations de Thoüin pour le **bouturage à crossette** au moyen duquel, dit cet auteur, on multiplie un grand nombre d'arbres et d'arbrisseaux, principalement ceux dont le bois tient un terme moyen entre la mollesse et l'extrême dureté. Il est principalement en usage dans la viticulture; mais il convient aussi à certains rosiers et à la plupart des plantes vivaces sarmenteuses et drageonnantes. Thoüin établit quelque distinction entre le **bouturage à bois de deux ans** et celui **à crossette.** On emploie le premier, selon lui, à la multiplication des arbres et des arbustes au printemps, et l'on place les branches sur lesquelles se trouve une portion de bois de deux ans et de l'année précédente, en pleine terre et au nord.

Bouturage en rameaux. — Il se fait, dit Thoüin, avec une jeune branche ramifiée, enterrée dans toute sa longueur, excepté le gros bout qui s'élève de 2 pouces (environ 5 centimètres) hors de terre. On doit la mettre au printemps en terre fraîche et en exposition chaude, et, pour les plantes d'orangerie, sur couche sourde. Ce genre de bouturage est favorable pour multiplier certaines espèces d'arbres et d'arbustes qui se dépouillent de leurs feuilles, comme le Grenadier, etc.

Bouturage en ramée. — Il se pratique au moyen de grandes branches avec tous leurs rameaux propres à fournir des pépinières de certains arbres, à garnir des berges, à affermir et à exhausser les terrains. Il n'est pas du domaine de ce volume où nous nous bornons à l'indiquer. Il en est de même du **bouturage en fascine ou en fagots,** qui a à peu près le même objet.

Bouturage avec bourrelet. — Il se pratique de deux manières, **par étranglement ou par incision.** Dans le premier cas, on détermine le *bourrelet* sur la branche destinée à multiplier, au moyen d'une *ligature* de fil de fer. Dans l'autre cas, le *bourrelet* est déterminé par une *incision annulaire* pratiquée, en juin, immédiatement *au-dessous* d'un *œil* de chacune des branches qu'on voudra bouturer l'année suivante. Aussi bien pour la **bouture par étranglement** que pour celle

par incision, les branches, préparées comme il vient d'être dit, seront coupées à 1 ou 2 cent. *au-dessous* de la *ligature* ou de l'*incision*, et on les mettra en terre pour que le bourrelet s'amollisse; au printemps, on élaguera tout ce qui sera *au-dessous* du bourrelet; chaque branche sera raccourcie de 4 à 6 yeux, puis plantée à demeure.

Bouturage à un seul œil. — Depuis quelque temps on parle de la multiplication de la vigne par **bouture à un seul œil.** Ce procédé n'est pas nouveau en horticulture d'ornement, où on l'emploie depuis longtemps pour la multiplication des Rosiers de Bengale et de beaucoup d'autres végétaux ligneux (pl. LI, fig. 10).

Bouturage de racines et de rhizomes (pl. LI). — Il est certains végétaux qui reprennent par la division des racines coupées en tronçons et qui peuvent être bouturées, soit à l'air libre, soit sur couche. On a cru pendant longtemps que les racines n'émettaient pas de bourgeons, aussi le **bouturage par racines** était-il inusité. Aujourd'hui, il est très-recherché pour la multiplication des arbres à racines très-charnues, comme les Paulownia, les Aralia, etc. Il est plusieurs plantes « dont les racines drageonnent comme les tiges elles-mêmes, dit M. Decaisne, lorsqu'elles sont voisines de la surface du sol, et quelques autres chez lesquelles ces mêmes organes donnent naissance à des bourgeons *adventifs* lorsqu'ils ont été artificiellement séparés du tronc. Beaucoup de plantes herbacées vivaces présentent le même phénomène; aussi leur applique-t-on, de même qu'aux végétaux ligneux, ce mode particulier de multiplication, avec cette seule différence que, pour elles, l'opération se fait ordinairement au printemps, tandis que, pour les derniers, l'automne est la saison à préférer. » Le **bouturage de rhizomes,** qui ne sont que des tiges souterraines, donnant naturellement naissance à des bourgeons, à des pousses aériennes, est par suite plus généralement praticable que celui *par racines*, quoique la manière de les mettre à exécution l'un et l'autre soit de la même simplicité. On divise *racines* ou *rhizomes* en tronçons de 8 à 10 cent. de longueur, et on les recouvre complétement de terre, de manière toutefois que l'extrémité supérieure ne reçoive qu'une légère couche de 3 à 6 centimètres. Quoiqu'il y ait des espèces bouturées qui développent leurs bourgeons en tous sens, on aura soin, en général, de déposer les boutures de ce genre dans leur sens naturel, l'extrémité qui était la plus voisine de la souche en haut et l'autre extrémité en bas. Les **boutures de racines** et **de rhizomes** ne demandent pas d'autres modes de traitement que les **boutures de branches** et **de rameaux**; il faut cependant distinguer, comme dans ces dernières d'ailleurs, celles qui se contentent de la pleine terre, comme dans les Paulownia, les Maclura, les Calycanthus, les Néfliers du Japon, etc., et celles qui, étant d'orangerie ou de serre chaude, demandent à être faites en pots ou terrines, sous châssis ou en serre. Plusieurs arbres verts, tels que les Araucaria et plusieurs des Podocarpus de la Nouvelle-Zélande, réussissent à l'aide de tronçons de racines.

Il est généralement admis que les Dahlias obtenus *de bouture* donnent de plus belles fleurs que les Dahlias obtenus par les *tubercules divisés*. Aussi est-ce le procédé dont usent les horticulteurs parisiens. On place d'abord les tubercules sur une couche chaude, afin de leur faire produire des bourgeons; on éclate ou l'on coupe ceux-ci dès qu'ils ont pris un développement de 3 à 5 centimètres, puis on les dispose séparément dans de petits godets; on les prive d'air en les tenant en serre chaude ou sous cloche ombrée. Bientôt leur reprise est effectuée et leur accroissement exige qu'on les mette dans des vases un peu plus grands. Insensiblement on habitue les jeunes sujets à l'air, on les dépote et on les plante en pleine terre, où ils font l'ornement des jardins.

Bouturage aquatique. — Il consiste à prendre une branche propre à être bouturée, faite en bois *aoûté*, et à la mettre *dans de l'eau pure*, soit à l'air libre, soit sous enveloppe protectrice. Il ne tarde pas à se développer, à la base de la partie immergée, des racines qui atteignent en peu de temps une longueur considérable, et propagent la vie dans les bourgeons supérieurs. On a fait ainsi avec succès des boutures d'arbrisseaux, les uns à fruits, les autres de simple agrément, comme les Groseillers, les Framboisiers, les Myrica, les Lauriers-Roses (pl. LI, fig. 8), les Jasmins. Mais ce ne peut être qu'une affaire de curiosité, un passe-temps d'amateur.

Bouturage forcé, sous cloches ou sous châssis. — Le **bouturage forcé** se fait *sous cloches* ou *sous châssis*, soit dans la terre même qui couvre la couche, soit dans des vases remplis de terreau auquel on mêle de la terre de bruyère, chaque vase ne contenant, autant que possible, qu'une seule espèce de plantes. Ce mode de multiplication, qui s'applique aux Verveines, aux Héliotropes, aux Pelargonium, aux Ageratum et aux plantes d'orangerie qui ne réussiraient que difficilement en pleine terre, peut se faire dès février et mars. Les boutures de Bruyères et autres plantes à petites feuilles et à bois sec doivent être faites en terrines remplies de sable blanc et pur, ou dans du terreau de bruyère bien tamisé. Les boutures doivent être nettement coupées; il n'est pas nécessaire que ce soit immédiatement *au-dessous* d'un nœud, comme on le recommandait autrefois; mais on leur conservera, autant que possible, la tête (pl. LI). Après avoir élagué les feuilles de toute la partie qui doit être mise en terre, on les dispose dans les terrines, en les exposant convenablement. On arrose ensuite en forme de pluie très-fine; puis on enterre le vase dans le terreau d'une couche chaude, à 15 ou 18 degrés centigrades, et l'on couvre d'une cloche ou d'un panneau vitré. Il faut défendre les boutures des trop grandes ardeurs du jour et des trop grandes fraîcheurs de la nuit, en couvrant les cloches ou les châssis de paillassons ou de toiles. On devra entretenir la terre en état constant d'humidité, par des bassinages modérés, mais dispensés avec intelligence (1). Tant que les boutures ne seront pas prises, ce qu'on reconnaîtra à l'absence de

(1) « L'entretien des boutures, dit Duhamel Du Monceau, parlant des *boutures en général*, consiste à leur faire de petits et fréquents arrosements, toujours en forme de pluie, afin qu'en même temps qu'on humecte la terre, on entretienne toujours la mousse humide. Si l'on fait attention que, tant que les boutures n'ont point de racines, elles sont réduites à subsister de la séve qu'elles contiennent et de l'humidité qu'elles aspirent, on sentira combien il est important de les préserver d'une trop grande transpiration, et de les entretenir dans une atmosphère humide; ainsi, quand il tombe de l'eau, lorsque le temps est couvert, et pendant toutes les nuits, on doit seulement se contenter de laisser seulement les boutons à l'abri des paillassons qui les garantissent au midi ; mais quand il fait bien chaud, un beau soleil, ou un grand vent, on les doit couvrir de paillassons que l'on accotera contre ceux qui étaient attachés à demeure à des pieux. Toutes ces boutures périssent, ou parce qu'elles se dessèchent, ou parce qu'elles pourrissent avant d'avoir produit des racines: c'est pour prévenir leur dessèchement que je recommande qu'on les garantisse du soleil du midi, qu'on les entoure de mousse humide, qu'on couvre la terre de litière, qu'on leur fasse de fréquents arrosements, enfin qu'on les garantisse d'un soleil trop vif et d'un vent un peu fort. » (*Physique des arbres,* 2e partie, livre IV, ch. V.) Ce que Duhamel disait des *boutures en général* peut s'appliquer en partie à chacune de celles dont nous nous occupons.

végétation dans les bourgeons, on s'abstiendra de leur donner de l'air, afin d'y concentrer la vie et de provoquer l'émission des racines; mais dès que les bourgeons commenceront à pousser, indice certain de la production des racines, on donnera un peu d'air durant les heures les plus tièdes de la journée, en soulevant les cloches ou les châssis, l'objet quelconque, fût-ce un simple verre, un petit pot, leur servant d'abri, ce qui imprimera plus d'activité à la végétation. Les boutures les plus rapprochées des parois du vase paraissent être les plus promptes à prendre des racines, ce que l'on explique par l'oxygène de l'air qui, pénétrant par les porosités de ces vases, se trouve être ainsi plus immédiatement en contact avec les racines dont il hâte le développement; c'est ce qui a engagé des horticulteurs à préférer des pots de petite dimension pour le bouturage. Pour ralentir l'évolution anormale des bourgeons, on préserve ceux qui se développent trop vigoureusement en relevant les boutures avec leurs mottes; puis on les repique séparément dans des pots que l'on enfonce dans le terreau de la couche, et, dès ce moment, les jeunes plantes n'exigent plus d'autres soins que ceux qui sont communs à tous les végétaux. Quand elles ont acquis assez de force, on les repique en pleine terre. Il est plus sûr de faire les boutures d'arbres verts sous cloche ou sous châssis qu'à l'air libre. Les procédés de l'*incision* et de la *strangulation* sont applicables, quand besoin est, aux *boutures forcées* comme aux boutures *à l'air libre*.

On subdivise le **bouturage pourvu de feuilles**, en **bouturage de feuilles détachées** et en **bouturage de rameaux feuillés**.

Bouturage de feuilles détachées. — Ce qui prouve la puissance de la vitalité dans les organes appartenant au règne végétal, c'est que l'on est parvenu, au moyen du *bouturage étouffé*, c'est-à-dire *sous cloche*, à reproduire des plantes non-seulement avec des tronçons de tiges munis de bourgeons, mais encore avec de simples *feuilles* et même des *fragments de feuilles*. Les premiers essais en ont été faits, sur des feuilles d'Oranger, par Mandirola, horticulteur italien. En général, la feuille doit avoir son *pétiole;* il est pourtant quelques espèces qui n'en ont pas besoin, et dans les feuilles desquelles *le limbe seul*, et même une *section de limbe*, peuvent produire des racines et des bourgeons multiplicateurs. Il ne faut pas perdre de vue, en effet, que la plus petite portion d'un végétal est, anatomiquement parlant, le type réduit du végétal lui-même; par conséquent, toutes les fois qu'un fragment de plante présente, dans sa structure, du tissu cellulaire, il peut produire un bourgeon, et naturellement un individu nouveau. Les plantes du grand groupe des Monocotylédones, entre autres les Liliacées, se reproduisent très-facilement par les feuilles. On plante les feuilles par leur extrémité inférieure, en pot ou en terrine, dans de la terre de bruyère; on les couvre d'une cloche pour les tenir dans des conditions convenables de chaleur et d'humidité. Bientôt il se forme des *racines* à l'extrémité de la partie enterrée, et des bourgeons se montrent ordinairement près de la base du pétiole, quelquefois sur le limbe même de la *feuille*. On obtient des *bourgeons adventifs* de la tige des espèces du genre *Lilium*, de la feuille et même des *écailles des bulbes*, lesquelles écailles sont, à vrai dire, de véritables feuilles (pl. LI, fig. 6). Ce procédé est applicable à toutes les plantes bulbeuses, et le succès est d'autant plus assuré que les feuilles sont plus charnues, par conséquent plus riches en parenchyme, c'est-à-dire en tissu cellulaire. Il est utile toutefois de faire remarquer que les *écailles des bulbes*, étant fort aqueuses de leur nature, ne doivent être soumises qu'à une terre assez légèrement humide pour qu'elles ne pourrissent pas. Le *bouturage de feuilles détachées* est aujourd'hui fort en usage pour multiplier un grand nombre de végétaux exotiques, dont les graines ne parviennent pas à maturité dans nos contrées, ou pour propager des variétés qui ne donnent pas de rameaux suffisants. Les *Gesneria*, les *Ligeria*, les *Gloxinia* (pl. LI, fig. 12), et autres espèces de la famille des Gesnéracées, se multiplient parfaitement de feuilles (pl. LI, fig. 12). C'est le seul mode de multiplication des Begonia à feuilles panachées (pl. LI, fig. 16).

MULTIPLICATION PAR GREFFAGE.

Le mot **greffe** appliqué aux plantes vient du grec γράφειν, écrire, parce que la **greffe** qu'on insère sur le sujet ressemble, en quelque sorte, au poinçon ou style dont les Anciens se servaient pour écrire, et que les Latins appelaient *graphium*. Le **greffage**, néologisme consacré depuis peu, est l'opération par laquelle on détache une petite branche, un bourgeon, ou une bande d'écorce munie d'un œil, de l'arbre qu'on veut multiplier, pour les substituer à la tige ou aux branches de l'arbre qu'on veut **greffer**. L'arbre, sans cesser d'être Prunier ou Amandier dans ses racines et dans sa base, devient, par le fait de cette opération, ou un Pêcher ou un Abricotier dans la partie supérieure de la tige et dans ses branches. On donne le nom de **greffe** à la portion de la plante qu'on unit à la tige d'une autre plante, et le nom de **sujet** à la partie de la plante qui reçoit la **greffe** (1).

L'opération de la **greffe** a pour objet de transporter sur un tronc sauvage ou sur une plante de peu de valeur un fruit meilleur ou une fleur plus belle. Cette opération ne paraît pas avoir été connue, du moins théoriquement, des Perses, des Égyptiens, ni des Grecs. La première description s'en trouve dans les *Géorgiques* de Virgile (2). Il faut croire néanmoins que la nature apprit, de bonne heure, aux hommes l'art de **greffer**. Des branches d'arbres différents, soudées entre elles dans les forêts; des feuilles **greffées** les unes sur les

(1) Autrefois, dans certaines provinces, on se servait des mots *enter* pour *greffer* et *ente* et même *enteure* pour *greffe*.

(2) *Nec modus inserere atque oculos imponere, simplex.*
Nam qua se medio trudunt de cortice gemmæ,
Et tenues rumpunt tunicas, angustus in ipso
Fit nodo sinus: huc alienâ ex arbore germen
Includunt, udoque docent inolescere libro.
Aut rursum enodes trunci resecantur, et altè
Finditur in solidum cuneis via; deindè feraces
Plantæ immittuntur: nec longum tempus, et ingens
Exiit ad cœlum ramis felicibus arbos,
Miraturque novas frondes et non sua poma.

« Il y a deux manières différentes d'enter les arbres : la greffe et l'inoculation. On ente par inoculation en faisant une légère incision à l'endroit de l'écorce où le bourgeon pousse et brise déjà sa mince enveloppe, et en insérant dans le nœud même un bourgeon étranger qui s'y incorpore aisément et boit la séve du tronc qui l'adopte. Dans la greffe, on coupe le tronc d'un arbre à l'endroit le plus lisse : là, on pratique, avec des coins, une fente profonde, où l'on introduit les jets d'un tronc plus fertile; et bientôt croît et s'élève dans les airs un arbre plein de vigueur, surpris de se voir un nouveau feuillage et des enfants dont il n'est pas le père. »

(*Georgica*, lib. II.)

autres; des ovaires doubles entrés dans le bouton même de la fleur avant d'être noués et ensuite unis par le moyen de leur parenchyme, donnèrent l'idée de cette utile opération dont on trouvera la théorie plus développée dans l'*Horticulture fruitière*.

Le **greffage** se fait par des procédés qui tendent tous au même but, et qui diffèrent plus en apparence qu'en réalité. La Quintinie, dont le nom, comme celui de son contemporain Le Nôtre, a été donné à une espèce de greffe (1), ne mentionne que les **greffes en flûte** qui sont, dit-il, pour les Marronniers, Châtaigniers, Figuiers, etc.; **greffes à œil dormant** et **à la pousse** pour toutes sortes de fruits, tant à pepin qu'à noyau, et même quelquefois pour autres arbres qui ne sont pas fruitiers; **greffes en fente** ou **en poupée** également pour toutes sortes d'arbres fruitiers et même pour autres grands arbres; **greffes entre le bois et l'écorce** et **à emporte-pièce**, employées particulièrement pour les grosses tiges de fruit à pepin étronçonnées, et ne valant rien, dit le même auteur, pour les fruits à noyau, ni généralement pour toutes les branches ou tiges qui sont de médiocre grosseur, et, par conséquent, trop faibles pour serrer suffisamment leurs greffes. — Duhamel Du Monceau, qui écrivait à la fin du siècle dont la Quintinie avait honoré les débuts, indique seulement, dans sa *Physique des arbres*, cinq divisions auxquelles il ne donne pas de subdivisions : 1° **greffe en fente**; 2° **greffe en couronne**; 3° **greffe en écusson**; 4° **en sifflet**; 5° **greffe par approche**. — Ventenat, modifiant un peu l'ordre et les dénominations de Duhamel fait aussi cinq divisions, qui sont : 1° **greffe en fente**; 2° **greffe en couronne**; 3° **greffe en flûte**; 4° **greffe en écusson**; 5° **greffe par approche**. — Enfin, Thoüin (vers le même temps que Ventenat, Rozier et Cabanis écrivaient sur le même sujet) fit sur les greffes un travail savant et considérable, qui n'a été que bien faiblement dépassé depuis cet auteur aussi modeste qu'expérimenté. Dans ce travail, il distingue quatre sortes principales de **greffes**, savoir : **par approche**, **en fente**, **par juxtaposition**, **en écusson**, lesquelles se divisent et se subdivi-

(1) « *Greffe La Quintinie,* à deux fentes, en quatre parties égales et la coupe du sujet sur lequel on place quatre morceaux. *Greffe Le Nôtre*, en fente, à un seul rameau, placé sens dessus dessous. » (THOUIN.)

sent, dit-il, en plusieurs autres. Il aurait pu dire en une multitude d'autres, car, après avoir compté trois espèces de **greffe par approche sur tronc**, cinq espèces principales de **greffe par approche sur branches**, quatre espèces principales de **greffe en fente**, savoir *à cinq bourgeons*, *à six bourgeons*, *à l'anglaise*, *à oranger*, cinq espèces de **greffe par juxtaposition**, savoir *en anneau*, *en flûte*, *en cheville*, *en spatule*, *par inoculation*, et cinq espèces aussi de **greffe en écusson**, savoir *à œil sans bois*, *à œil boisé*, *à la pousse*, *à œil dormant*, *avec chevron brisé*, il subdivise la **greffe par approche** en cinq séries, dont la première, *greffe par approche sur tige*, ne renferme pas moins de vingt-quatre dénominations; la deuxième, *greffe par approche sur branches*, en renferme huit; la troisième, *greffe par approche sur racines*, n'en présente que deux: la quatrième, *greffe par approche sur fruits*, n'en compte aussi que deux; la cinquième, *greffe par approche de feuilles et de fleurs*, n'en offre qu'une, la *greffe Adanson*. Le tableau des **greffes par scions** comprend cinq séries : *greffe en fente*, avec quatorze dénominations; *greffe en tête* ou *en couronne* avec cinq dénominations; *greffe en ramilles* avec six dénominations ; *greffe de côté* avec six dénominations; *greffes par racines* et *sur racines*, avec huit dénominations. Le tableau des **greffes par gemmes** forme deux séries, qui sont : *greffe en écusson*, avec vingt-deux dénominations, et *greffe en flûte*, comprenant la *greffe Jefferson*, vulgairement appelée *greffe en anneau*, la *greffe sifflet*, la *greffe de Pan* et la *greffe de Faune*. C'est dans le vocabulaire, aussi bien que dans la science de Thoüin, que presque tous les écrivains horticulteurs ont puisé de nos jours, et ils ne pouvaient mieux faire. On trouvera le travail de cet auteur en extrait suffisant dans les *Notions générales d'horticulture fruitière*, auxquelles il appartient plus naturellement. — MM. Decaisne et Naudin, dans leur *Manuel de l'amateur des jardins*, ont divisé les procédés du **greffage** : 1° en **greffe en approche**, qu'ils subdivisent en *greffes Agricola* ou *greffe Varron* (1), de Lucius Varron, à qui Columelle en

(1) Thoüin distingue la *greffe Agricola* de la *greffe Varron*. La première, qu'il place dans la deuxième série des *greffes par approche*, se fait *par approche* des *branches* accolées ensemble au moyen de plaies longitudinales. La seconde, qu'il range

attribue l'invention, et en *greffe Sylvain* (1); 2° **greffe par scions détachés,** qu'il subdivise en *greffe en fente ordinaire*, *greffe en fente sur racines*, *greffe en fente herbacée*, connue et pratiquée à l'époque de la Renaissance, oubliée et perdue depuis, retrouvée et préconisée au commencement de ce siècle, par le baron de Tschudy, *greffe en navette*, *greffe en fente de côté* ou *greffe oblique*, dont la *greffe Faucheux,* inventée par un pépiniériste de ce nom, n'est qu'une légère modification, *greffe en placage*, *greffe anglaise*, et *greffe en couronne;* 3° **greffe de simples bourgeons avec lambeau d'écorce** ou **écussons,** que les mêmes botanistes horticulteurs subdivisent en *greffe en écusson* proprement dite, *greffe en flûte*, *greffe en flûte Jefferson*, légère modification de la précédente, et *greffe Faune*, qui est encore la *greffe en flûte* modifiée. Dans le *Bon Jardinier*, les **greffes** sont partagées en cinq groupes : 1° **greffe par approche,** que la nature pratique souvent elle-même entre des branches ou des racines ; 2° **greffe en fente**; 3° **greffe en couronne**; 4° **greffe en écusson**; 5° **greffe en flûte.** Chacune de ces greffes présente plusieurs subdivisions.

Nous nous bornerons ici à donner quelques détails sur les genres de **greffage** les plus usités dans l'horticulture florale et ornementale. Mais, auparavant, il convient de rappeler les principes généraux de l'opération.

Principes généraux du greffage. — Ils consistent à appliquer et faire coïncider exactement l'*écorce des greffes* avec celle des *sujets;* à choisir les époques les plus avantageuses des mouvements de la séve; à ne greffer l'une sur l'autre que des variétés de la même espèce, des espèces de même genre, ou des genres de même famille (2); à obser-

dans la première série des *greffes par approche*, se fait *par approche sur tige* d'une tête d'arbre sur un sujet auquel elle manque. Thoüin cite aussi la *greffe Virgile*, qui se fait *par approche* d'*une tige* passée à travers un trou perforé dans le milieu de son diamètre; la *greffe Columelle,* par approche d'*une tige* sur la racine d'un arbre différent et disgénère; la *greffe Caton,* par approche *de bourgeons* tordus et comprimés pendant leur croissance.

(1) Thoüin, parlant de la *greffe Sylvain*, dit qu'elle se fait *par approche en tige,* avec deux têtes croisées.

(2) Souvent le Chèvrefeuille, ou un végétal volubile semblable, s'enroule autour d'un jeune *sujet* qu'il étreint de telle sorte que ses circonvolutions s'y incrustent profondément; mais, quel que soit l'âge de l'arbre, jamais une soudure n'a lieu entre ces deux plantes; souvent l'arbre étranglé forme entre les replis du Chèvrefeuille d'énormes

ver l'analogie des végétaux dans le mouvement de leur séve, dans la permanence ou la caducité de leurs feuilles (1), et dans les qualités de leurs sucs propres; à mettre de la célérité dans l'opération et de la justesse dans l'union des parties.

Les époques où il convient de greffer sont, d'après Thoüin, celle de la *séve de printemps* pour les *greffes en fente, en couronne, par juxtaposition* et pour les *écussons à œil poussant;* celle de la *séve d'été* pour quelques arbres résineux; celle de la *séve d'automne* pour les *jeunes sujets* très-abondants en séve et *greffés en œil dormant*.

Greffage par approche. — On enlève à chacun des sujets un lambeau d'écorce et d'aubier, et on les *approche* plaie contre plaie, en maintenant leur contact réciproque par une ligature, cordon de laine, écorce d'osier ou *liber* de tilleul (pl. LII, fig. 1 et 2). Pour plus de chance de succès, on pratique quelquefois une *coche* ou *entaille* sur le *sujet*, et une autre en sens inverse sur la *greffe*, de manière à ce que l'entaille de l'un entre dans l'entaille de l'autre. On surveille le développement des greffes pour empêcher que des nœuds ne se forment et que les ligatures n'entament et ne coupent les branches. On ne détache la *greffe* qu'après s'être assuré de la soudure des deux sujets. **Les greffes par approche** peuvent être plus **compliquées**. Thoüin, Cabanis et Rozier en ont décrit des variétés, que l'on trouvera développées dans les *Notions générales d'horticulture fruitière*.

Greffage en fente simple.—Il se pratique également au printemps et à l'automne. Le *greffage en fente de printemps* ne peut pas s'appeler, avec justesse, *à œil poussant*, car il faut avoir soin de choisir, pour enlever les *greffes* du *sujet* qu'on veut multiplier, le moment où la séve reprend son activité, mais avant que les bourgeons aient perdu

bourrelets; néanmoins, que l'on coupe l'arbre, et le Chèvrefeuille se détache sans y avoir laissé autre chose qu'une profonde empreinte. Dans la *greffe en approche naturelle,* au contraire, les écorces disparaissent sous la pression réciproque, et la soudure a lieu dans toute la longueur des parties en contact.

(1) On réussit parfaitement, néanmoins, les greffes d'arbres à feuilles persistantes, sur des espèces à feuilles caduques, le Crategus grabra, par exemple sur le Coignassier; mais c'est en vain qu'on essaye de greffer des espèces à feuilles caduques sur des arbres à feuilles persistantes.

les écailles protectrices qui les défendent contre le froid; il est donc prudent de couper les *greffes* d'avance dans le courant de février et mars, en bois *aoûté*, et de les enterrer dans un lieu sec pour ne pas laisser se développer les bourgeons. Vers la mi-avril, on dispose le sujet à greffer en coupant la tige *horizontalement* à hauteur voulue, puis on le fend dans tout son diamètre quand le *sujet* est petit, *latéralement* quand il est plus fort, et on fait l'*entaille* assez grande pour pouvoir y *insérer la greffe*. On coupe ensuite celle-ci, de manière à lui laisser quelques bourgeons; on taille la partie inférieure, qui doit être *insérée dans le sujet*, à *double biseau*, ou *en coin*, en réservant *extérieurement* une partie intacte qui ait conservé son écorce. On écarte ensuite doucement, avec la spatule du greffoir, *la fente* du *sujet;* on y introduit la *greffe*, l'écorce étant en dehors, de manière à ce que cette écorce coïncide de la manière la plus parfaite avec celle du *sujet;* on ligature le tout avec de la laine douce, et l'on enduit l'*extrémité du sujet* avec l'onguent de Saint-Fiacre, ou, mieux, avec de la cire ou du mastic à greffer. On peut pareillement pratiquer cette greffe avec succès, au milieu d'août, à la fin de septembre et même plus tard suivant les lieux, à l'époque du ralentissement de la séve.

Greffage en fente herbacée. — Le *greffage en fente* ne s'applique pas seulement à des végétaux ligneux: il peut se faire sur des végétaux ligneux *à l'état herbacé* et même sur des végétaux *purement herbacés*, comme les plantes grasses et charnues, les Cactées particulièrement. La *greffe en flûte herbacée* est pratiquée surtout pour la multiplication des arbres verts. Faite dans le courant de l'été, elle exige des précautions qui résultent de la susceptibilité des végétaux, c'est-à-dire qu'il faut garantir ceux-ci de l'ardeur du soleil et de l'action desséchante de l'air; pour cela, on les enveloppe d'une feuille de papier qu'on n'enlève qu'à la reprise, reprise ayant ordinairement lieu dans le courant de la quinzaine qui suit l'opération. Les Dahlias peuvent se greffer *par rameaux herbacés sur tubercules* (pl. LII, fig. 3 et 4), et, dans ce cas, l'opération est la même que pour les Pivoines; il faut, comme pour celles-ci, *étouffer les greffes* pendant quelques jours. Nous avons dit précédemment que la meilleure multiplication des Dahlias est celle qui se fait par *boutures;* la multiplication par *greffes* n'est en réalité qu'un *bouturage* qui, au lieu d'être pratiqué dans la terre, se fait dans la masse charnue d'un tubercule (pl. LI, fig. 7); car il n'y a jamais soudure entre le *rameau herbacé* et le *sujet.* Seulement comme ce tubercule est rempli de suc séveux, l'alimentation du bourgeon se trouve plus assurée que par la terre; il n'y a pas à craindre autant la sécheresse, qui est souvent une cause d'insuccès dans l'opération du *bouturage.*

Greffage en fente sur racines (pl. LII, fig. 4 et 5). — Le *greffage en fente*, comme on l'a déjà pu voir, peut se pratiquer sur *tubercules*, et, de même, il se pratique sur des *tronçons de racines.* Les procédés sont les mêmes que nous avons indiqués précédemment. Il est bon d'observer toutefois que, dans ce dernier cas, le *sujet* ne doit pas être beaucoup plus gros que le *scion* qu'il est destiné à recevoir, et que l'on doit proportionnellement ménager la longueur de la fente. Après avoir ligaturé et mastiqué, on plante de manière à ce que la *greffe*, à l'exception du bourgeon terminal, soit dans la terre; s'il s'agit d'une plante d'orangerie ou de serre chaude, on élève la *greffe* dans les conditions exigées par sa nature propre, soit en serre, soit sous châssis. C'est le moyen le plus communément employé pour les Pivoines en arbre, qu'on multiplie *de greffe* sur les tubercules des Pivoines herbacées. Le procédé est le même que pour la *greffe en flûte simple,* si ce n'est qu'après l'opération, qui a généralement lieu en août, on met le tubercule greffé dans un pot, et on le dépose sur une couche en l'étouffant sous une cloche. Au printemps, la *greffe* de Pivoine est parfaitement disposée pour une végétation vigoureuse, et l'on met en pleine terre tous les sujets greffés. On peut ranger dans cette catégorie de *greffes* celles par tubercules de Dahlias, dont il a été précédemment parlé.

Greffage en écusson (pl. LII, fig. 8 et 9). — C'est le genre de *greffage* le plus commun et le plus facile à pratiquer. On le fait à deux époques : l'un au moment où la révolution végétale commence, c'est-à-dire de mai en juillet; il prend alors le nom de *greffage à œil poussant;* il donne, dans ce cas, des résultats immédiats. L'autre se pratique d'août en septembre, quand la séve a perdu de son activité;

on l'appelle alors *greffage à œil dormant;* l'œil ne fait plus que se souder au *sujet* sans pousser, et son évolution, suspendue pendant l'hiver, a lieu au printemps suivant.

Quand on veut *greffer en écusson,* il ne faut pas supprimer toutes les branches du *sujet,* parce que, le mouvement de la séve se trouvant ainsi tout à coup arrêté, il en résulte souvent pour lui la mort; mais on en supprime une grande partie pour ne pas priver *la greffe* d'une séve qui se départirait ailleurs. On enlève ensuite un *œil* sain et vigoureux sur l'*individu* qu'on veut multiplier ou reproduire; on commence par couper *la feuille,* en laissant toutefois *le pétiole,* qui n'est qu'un moyen d'excitation, car la partie qui doit reproduire est le bourgeon imperceptible caché dans l'aisselle de la feuille (pl. LII, fig. 8). On enlève ensuite, avec la lame du greffoir, l'*écusson, composé de l'œil, de l'écorce et d'une portion du bois,* parce qu'il faut atteindre la *racine du bourgeon,* c'est-à-dire les dernières fibres qui descendent entre l'écorce et le bois de la tige et y puisent la vie. On dégage ensuite avec soin le bois superflu, de manière à mettre la base de l'œil à peu près à nu. Cette opération est délicate, parce qu'il faut se garder d'enlever la *racine de l'œil,* ce qu'on reconnaît au vide qui en résulte dans l'*écusson.* Après quoi encore, on fait au *sujet* sur lequel on veut appliquer l'*écusson* une fente en forme de T (pl. LII, fig. 9), qui coupe l'écorce, et s'arrête à l'aubier. On soulève doucement avec la spatule du greffoir la partie que la lame a fendue; on en rabat les deux bords supérieurs, et on introduit l'*écusson* dans toute sa longueur; on rapproche les bords de l'écorce, et on ligature avec de la laine, sans comprimer l'*œil de la greffe,* ce qui empêcherait la reprise, mais on a soin toutefois d'exercer en même temps sur la *greffe* et sur le *sujet* une pression qui établisse entre les parties un contact intime.

Dix à douze jours après cette opération, la *greffe* est soudée, ce qu'on reconnaît à la flétrissure du pétiole qui ne tarde pas à tomber. Dès qu'on aperçoit un mouvement vital dans le bourgeon, l'on rabat le *sujet* à une hauteur arbitraire au-dessus de la *greffe,* pour le faire profiter de tout le bénéfice de la séve, en supprimant tous les bourgeons qui tenteraient de se développer sur le *sujet greffé;* puis, lorsque le *bourgeon de la greffe* a pris un certain développement, on en pince l'extrémité au-dessus de la quatrième ou cinquième feuille pour favoriser le développement des bourgeons secondaires.

Greffage en placage (pl. LII, fig. 6, 6 *bis* et 7).—C'est une variété du *greffage en écusson*, à cette différence près qu'on ne réserve pas l'écorce du sujet à greffer. On pratique sur le *sujet* une *entaille superficielle* d'une figure quelconque; on en détache toute l'écorce, de manière à mettre l'aubier à nu; puis on applique *en plaque* à la surface dénudée un *bourgeon* enlevé comme l'*écusson* et coupé exactement sur le modèle de l'*entaille*. On se sert particulièrement de ce mode de *greffage* pour les Camellias et pour certaines plantes d'ornement, bien qu'il soit praticable sur des sujets de toutes sortes. Le *greffage en placage* offre plus de chances de succès quand on l'*étouffe sous cloche*.

Nous nous arrêterons là, dans ce volume, en ce qui concerne les diverses manières de *greffer*, parce que, nous le répétons, les autres opérations ont mieux leur place dans l'Horticulture fruitière ou dans l'Arboriculture en général.

DE L'EMPOTAGE ET DE L'ENCAISSAGE DES PLANTES.

La culture en pleine terre est incontestablement la meilleure, quand les plantes peuvent la supporter; mais, en l'état présent de l'horticulture, on est bien souvent dans la nécessité d'entretenir un grand nombre de végétaux en pots et en caisse, soit pour faciliter leur reproduction et leur accroissement, soit pour les conserver. D'autres motifs encore déterminent les amateurs à se servir de pots et de caisses : il n'y a que ces moyens d'orner les intérieurs, les fenêtres, les péristyles, les perrons des maisons, de transporter d'un endroit à l'autre, pour un moment voulu, pour une fête, les parures florales appropriées au lieu et à la circonstance. Aussi, malgré une foule d'inconvénients qui en résultent pour les plantes, et parmi lesquels il faut compter l'insuffisance du vase et de la terre, l'impossibilité pour les racines de s'étendre librement, ce genre de culture sera-t-il éternellement en honneur.

La mise en pot et en caisse se fait encore généralement à l'automne;

c'est pourtant une époque peu opportune que celle où la végétation va cesser et où les cicatrices faites à la plante, en la rempotant, auront ainsi plus de peine à se guérir. L'époque la plus favorable, contrairement à ce qui se fait pour les plantations en pleine terre, est celle du printemps, où la plante est sur le point d'entrer en végétation, où la terre que l'on met en pot ou en caisse n'a encore rien perdu de ses qualités fertilisantes. D'ailleurs les *empotages* et les *rempotages*, suivant les plantes qui en sont l'objet, se font souvent dans diverses saisons de l'année, car il est des plantes qui entrent en végétation à des époques fort différentes, et il importe de tenir compte de ces différences. Il faut toujours avoir soin de consulter l'époque où les végétaux se réveillent. C'est ainsi que les Pelargonium, qui entrent de très-bonne heure en végétation, doivent être rempotés dans la première quinzaine de septembre, pour qu'ils puissent donner des racines avant que le froid ne soit venu les surprendre au milieu du travail de la végétation.

Il est des plantes qui, en raison de leur rapide végétation, demandent à être rempotées jusqu'à deux et même trois fois par an, tandis que d'autres n'ont besoin de subir cette opération qu'au bout de plusieurs années. Les Orangers, depuis leur premier âge jusqu'à ce qu'ils aient atteint dix ans, se *rencaissent* tous les deux ou trois ans, puis tous les cinq ans et enfin tous les dix ans, et même fort au delà. Les Lauriers et les Grenadiers demandent à être plus fréquemment *rencaissés*. Lorsqu'on remarque que la plante *empotée* ou *encaissée* ne donne plus une belle végétation, que ses feuilles deviennent plus petites, qu'elle commence à s'étioler, c'est qu'elle a besoin d'un nouveau et plus grand récipient. Il est bon toutefois de se rappeler qu'il est des plantes qui ne végètent convenablement que quand leurs racines tapissent les parois du vase, et qui, par conséquent, ne doivent pas être transvasées dans de trop grands pots. D'autre part, on ne *rempote* ou on ne *rencaisse* pas toujours complétement les plantes qui souffrent de l'étroitesse de l'espace ; on ne fait souvent qu'y ajouter une couche de terre plus ou moins épaisse, en substituant de la terre neuve à la terre épuisée de la circonférence; c'est ce qu'on appelle un *demi-rempotage*.

Quand les vases sont larges et lourds, on en retire la plante en faisant un cercle autour de la motte, en ayant soin de n'attaquer que le moins possible les racines ; quelquefois même, quand on a affaire à un arbuste, on peut amener la motte entière avec lui, en se bornant à fixer le vase au sol avec le pied, et à tirer, avec les mains, la tige par sa partie inférieure ; enfin, s'il ne s'agit que de petits pots, il suffit de renverser le vase et de recevoir la plante et la motte sur la main. Pour ce qui est des caisses d'assez grande dimension, le *décaissage* se pratique en ouvrant les panneaux qui généralement sont mobiles.

Si le *rempotage* ou le *rencaissage* n'a pour but que de donner aux plantes de plus grands récipients, on opère avec la motte entière transportée d'un vase dans un autre, en garnissant de terre les espaces vides, et l'on arrose pour lier la terre nouvelle avec l'ancienne. Mais si l'on a pour objet de renouveler la terre, on détache la motte soit complétement, soit partiellement, mais avec assez de précaution pour ne pas faire de plaies aux racines. Il est des cas nombreux pourtant, ce qui a lieu lorsqu'elles sont trop longues ou trop mêlées, où il faut raccourcir les racines ; on étale de nouveau dans le vase d'une manière favorable celles qui ont été conservées ; l'opération exige le plus grand soin. On tasse la terre au-dessus et autour des racines, de manière à ce que son niveau ne baisse pas trop sous les premiers arrosements. On établit un système de *drainage* ou d'écoulement de l'eau en pratiquant des ouvertures au fond des récipients, en mettant des tessons au fond du pot, vis-à-vis de chaque trou, et par-dessus un lit de gravier proportionné à la grandeur du vase, ou en garnissant le fond de la caisse d'une couche de coquilles d'huîtres ou de plâtras ; c'est encore un moyen d'empêcher l'affaissement de la terre.

Le *rempotage*, pour être fait à propos et convenablement, demande des soins si assidus que beaucoup d'horticulteurs, particulièrement en Angleterre, y ont renoncé pour adopter le *système d'un seul empotage ;* ils placent immédiatement les plantes dans les vases qu'elles sont destinées à toujours occuper, et, au moyen d'un *drainage* intelligent, qu'ils pratiquent en épaississant la couche de tessons du fond du pot, en y employant des matières poreuses (fragments de briques, tuf, charbon de bois), et en remplissant le vase un peu plus haut que ses bords, de manière à ce que la plante se trouve placée sur une petite éminence, le tout accompagné des conditions nécessaires de température, d'aérage et d'arrosage, ils obtiennent des résultats plus brillants que par les *rempotages* successifs. Ce procédé est employé avec un grand succès pour la culture des Bruyères, des Chorozémas, des Épacrides, des Polygalas, de Pimélées, des Ériostèmes, des Hélicrysums, et autres petits arbustes d'ornement.

« En été, principalement sous un climat sec et chaud, disent MM. Decaisne et Naudin, à qui nous avons emprunté la substance de quelques-unes des lignes précédentes, il est bon d'enterrer les pots qui contiennent des plantes rustiques ou demi-rustiques jusqu'au bord ou près du bord. De cette manière, on prévient la trop rapide dessiccation de la motte qui entoure les racines, et l'on se trouve dispensé d'arroser aussi souvent. Il en résulte encore cet autre effet, que le refroidissement nocturne n'agit plus autant sur les racines, puisque la température générale du sol se communique à la terre des pots. Sous des climats septentrionaux, au contraire, là où la chaleur de l'été n'est ni bien longue ni bien forte, il y a souvent avantage à laisser les pots exposés aux rayons du soleil. Lorsque les pots doivent être enterrés, il est essentiel de ne pas perdre de vue le *drainage*, et l'on doit s'arranger de manière à ce que l'eau puisse toujours s'écouler librement par les ouvertures intérieures des pots. On obtient ce résultat, soit en maintenant les pots un peu plus haut que le fond du trou ou de la tranchée creusée pour les recevoir, ce qui laisse un vide au-dessous d'eux, soit en garnissant ce fond de briques ou de tessons qui isolent les pots de la terre sous-jacente. Cette manière de faire a en outre l'avantage d'empêcher les lombrics d'entrer dans les pots par les trous, et les racines des plantes d'en sortir pour s'étendre librement dans la terre. »

On ne doit *empoter* ou *rempoter* les végétaux qu'avec la terre qui leur convient. De l'oubli de cette règle et de celles que l'on a précédemment énumérées, il résulte que beaucoup de plantes achetées sur les marchés aux fleurs en parfait état de santé, périssent en peu de temps, faute des soins qu'elles recevaient chez les jardiniers, et par suite de la privation des conditions particulières qui convenaient à leur végétation.

La terre de bruyère convient non-seulement aux végétaux appelés *de terre de bruyère*, comme les Magnolia, les Kalmia, les Rosages ou Rhododendrons, les Épacris, les Bruyères, les Azalées, les Andromèdes, les Daphnés, mais encore à certains végétaux de serre tempérée, qui ont même impérieusement besoin de son concours pour prospérer. Le tableau suivant donnera une idée des terres qui conviennent à certaines des plantes les plus cultivées en pots ou en caisses :

Camellias	*Terre de bruyère.*
Cinéraires	*Idem.*
Hortensias	*Idem.*
Myrtes	*Idem.*
Verveines	*Terre de bruyère, mêlée d'environ moitié de terre de jardin ou de terreau.*
Pétunias	*Terre de bruyère, mêlée d'environ un quart de terre de jardin ou de terreau.*
Calcéolaires	*Terre de bruyère, mêlée de terreau de feuilles dans la proportion d'un quart.*
Pélargoniums	*Terre de bruyère, terre franche, terreau de feuilles, mélangés par parties égales.*
Cactées	*Terre de bruyère, mêlée d'un peu de poudrette.*
Stapélias	*Idem.*
Orangers	*Terre franche, terre légère, terre de bruyère, terreau neuf par parties égales.*
Grenadiers	*Terre légère, mêlée de terreau gras.*

On peut, avec de la terre de bruyère, du sable, du terreau de feuilles, de la terre franche et de la terre de potager, ameublie par des façons fréquentes, et allégie par des engrais, en y ajoutant de la poudrette ou de la colombine, faire des mélanges de toutes sortes appelés *composts*, propres aux *empotages* et aux *encaissages*. Il ne faudrait pas inférer de ce qui vient d'être dit que les plantes qui, sous le climat parisien par exemple, exigent de la terre de bruyère, ne croissent dans leur pays d'origine que dans une terre de ce genre; les végétaux de l'Amérique septentrionale n'ont pas besoin de cette terre dans leur état de végétation naturelle; ils croissent dans toutes sortes de terrains, tandis que, dans nos pays, la terre de bruyère leur devient presque toujours indispensable.

Des abris, de l'orangerie, des serres tempérées et des serres chaudes.—« Rien ne fait mieux comprendre, disent avec raison MM. Decaisne et Naudin, l'influence de la chaleur souterraine, que le contraste observé entre la végétation du midi et celle du nord de la France. Tant qu'on ne tient compte que des températures atmosphériques, on ne s'explique pas ces différences. Comment comprendre, en effet, que 2, 3 ou 4 degrés de température moyenne annuelle en plus, suffisent pour rendre productive la culture du Jujubier, de l'Olivier, de l'Oranger, pour rendre possible celle de quelques Palmiers et de beaucoup d'autres plantes de provenance subtropicale? Tout cela néanmoins s'explique sans peine lorsqu'on se rappelle que le midi de la France, surtout aux alentours de la Méditerranée, est un pays riche en soleil, que le sol s'y échauffe fortement et profondément, et que, comme il est en même temps très-sec, la chaleur s'y conserve longtemps. Dans le Nord, en l'absence du soleil, le sol n'a guère en été que la température de l'air, c'est-à-dire de 15 à 20 degrés centigrades, et cette température s'abaisse encore par l'évaporation dont il est le siége, à la suite des pluies qui y sont fréquentes en cette saison. Les racines des plantes y trouvent donc une chaleur totale incomparablement moins forte que dans le Midi, et, sans méconnaître l'inflence directe des rayons solaires sur les parties aériennes des plantes, il est permis d'attribuer à cette température souterraine une partie notable de la supériorité des climats du Midi sur ceux du Nord. »

Les **cloches**, les **châssis**, les **serres froides**, les **orangeries**, les **serres tempérées**, les **serres chaudes**, les **abris** de toutes sortes sont, avec les *couches* dont nous avons parlé à propos des *semis*, des moyens artificiels de donner, jusqu'à un certain point, aux plantes, sous tous les climats septentrionaux, les avantages des terres et des climats plus favorisés.

Il faut aussi faire observer que les végétaux souffrent plus encore de la mobilité presque incessante de la température de certaines régions, que du froid lui-même. De là vient que des plantes originaires de l'Amérique du Nord, où elles résistent à des hivers très-rigoureux, ne peuvent supporter les transitions brusques si communes à la France, à l'Angleterre et à l'Allemagne, et qu'il faut des moyens artificiels pour les garantir de ces agents de destruction.

Il ne faut cependant pas croire que plus on donne de chaleur à un végétal et plus on le soustrait aux agents extérieurs, plus sa croissance est rapide, plus ses produits en fruits ou en fleurs sont abondants et beaux. Il faut consulter les nécessités imposées par chaque végétal, et proportionner les soins qu'on lui donne à ses exigences spéciales. Si on lui impose à la fois trop de chaleur et d'abri, il s'étiole ou ne rend que des productions anormales. S'il ne perd pas toutes ses qualités dans cette atmosphère étouffée, il devient si délicat que le moindre courant d'air, la plus légère variation dans la température le font périr; une goutte d'eau tache ses feuilles, en un mot on en fait un être absolument artificiel.

Papier huilé. — Les plus simples des **abris**, et qui souvent suffiraient pour garantir bien des plantes que l'on met sous cloche ou sous châssis, sont des *couvertures de papier huilé* pour les végétaux dans la première enfance; on applique le papier sur deux petits osiers courbés en arc, et on le maintient avec des pierres; il simule alors parfaitement une bâche de voiture.

Toiles à claire voie. — Les *toiles à claire voie*, en brisant le rayonnement solaire, empêchent les arbres de geler lors de leur floraison; mais ce genre d'abri s'applique plus particulièrement aux arbres à fruit en espalier, à floraison précoce. Ce n'est pas le froid qui fait souffrir les fleurs de ces arbres : si la température s'élevait doucement, on n'aurait rien à redouter; les fluides, condensés par le froid, reprendraient peu à peu leur état normal, et la vie circulerait librement dans les tissus; mais la chaleur brusque et pénétrante des rayons solaires agit sur les tissus amollis comme le ferait un fer brûlant, et les désorganise. On se sert aussi de ces toiles pour ombrer les serres pendant l'été; mais on les remplace avantageusement aujourd'hui par des claies articulées, composées avec de petites lattes en treillage unies avec des fils de fer. Ces claies, dont quelques-unes sont fort élégantes, ont le double avantage de laisser pénétrer plus de lumière, tout en brisant les rayons brûlants du soleil, et de se conserver plus longtemps que les toiles.

Paillassons. — Ce que fait assez convenablement la toile la plus simple, le *paillasson* le fait mieux encore. Il sert non-seulement à abriter directement les végétaux, non-seulement en les garantissant, comme le ferait un mur, contre les vents funestes, mais encore en leur servant de couverture pour empêcher l'action du froid sur ceux qui sont élevés sous les cloches, les châssis et dans les serres; aussi a-t-il toujours tenu une grande place dans l'horticulture. De nos jours pourtant, on en a diminué l'usage à cause de sa fragilité; il se pourrit facilement et se détériore de telle sorte que, malgré le sulfatage qu'on lui fait subir, et la médiocrité de son prix, il finit par entraîner, en se renouvelant sans cesse, des dépenses considérables. On a cherché à le remplacer dans ces derniers temps, pour les vitraux des châssis et des serres, par des toiles épaisses, enduites de glu marine, ou d'une substance qui les rend impénétrables à la pluie et fait obstacle à l'action du froid extérieur sur la chaleur intérieure.

Cloches. — Les **cloches** constituent aussi des **abris** d'une grande simplicité. Placées sur des végétaux dont la racine est plongée dans le terreau d'une *couche*, elles y concentrent la chaleur et y favorisent la végétation. Elles sont aussi employées pour faire les boutures. Le seul soin qu'exigent les *cloches*, assez dispendieuses d'ailleurs à cause de leur fragilité, est un lavage fait deux fois par an pour en détacher les matières terreuses qui les rendent opaques.

Châssis et bâches. — Nous avons déjà incidemment parlé des **abris** connus sous la dénomination de **châssis** et de **bâches**, à propos des *couches sous châssis* et des *couches sous bâche;* nous avons dit, à cette occasion, qu'ils avaient reçu de nos jours des perfectionnements dans tous les détails desquels on ne saurait entrer dans ce volume; néanmoins nous nous croyons obligé de rappeler ici à leur sujet quelques notions générales.

Le **châssis vitré** est un genre d'**abri** fort en vogue. Il se divise en deux parties : le *coffre* ou boîte, et les *panneaux* ou *couvercles*, qui sont des cadres vitrés, de longueur et de largeur arbitraires. On fait ordinairement les *panneaux* en bois de Chêne; l'Acacia, dont le bois est incorruptible, serait préférable. On est aujourd'hui revenu du préjugé qui avait fait rejeter l'usage du fer pour la construction des *panneaux;* ce métal joint à la solidité l'avantage de ne pas répandre dans le châssis une ombre préjudiciable à la végétation; en outre il permet de donner à ces cadres une légèreté et une élégance que l'on obtiendrait difficilement avec le bois. Il faut recouvrir les *coffres* et les *panneaux*, que ces derniers soient en bois ou en fer, d'une bonne couche de peinture à l'huile ou de quelque enduit hydrofuge comme celui dont les bitumes font la base, pour en assurer la durée.

Les **châssis** sont dits **fixes, portatifs, à coffres sans fin, froids.**

Le **châssis froid**, ou la **bâche froide**, est une sorte de petite serre en maçonnerie, et qui en tient même lieu quelquefois. On l'enfonce de 50 à 60 centimètres dans la terre; son exposition doit être soumise aux exigences des plantes qu'on y élève, et qui sont ordinairement des plantes bulbeuses du cap de Bonne-Espérance. On couvre le sol intérieur de couches assez épaisses de sable de rivière, ou préférablement de mâchefer, pour empêcher le plus possible la multiplication des insectes et des vers. On a donné le nom de **châssis fixe** à une petite serre que l'on construit en fichant en terre quatre piquets carrés sur lesquels on cloue des planches pour former uue sorte de caisse d'une hauteur de $0^m,70$ sur le devant et de $2^m,10$ à $2^m,80$ surl e derrière, pour y placer des plantes en pots, des arbrisseaux de pleine terre dont on veut obtenir une floraison prématurée. Le **châssis portatif**, de nécessité absolue quand on veut avoir des primeurs, est formé d'un coffre ou d'une caisse et de panneaux vitrés, au nombre de deux ou de trois; le derrière de la caisse est plus élevé que le devant, et les panneaux vont par suite en s'inclinant; on donne de l'air à volonté, soit par derrière, soit par devant, à l'aide d'une crémaillère; leur longueur varie; on adopte généralement de $1^m,50$ à 4 mètres sur une largeur de 1 mètre à $1^m,33$. Les **châssis à coffres sans fin** sont ainsi nommés de ce que l'on ajuste, les uns au bout des autres, en tel nombre que l'on veut, des *coffres* construits en tôle, mais qui présentement sont fort abandonnés, à cause de la déperdition de chaleur que favorise ce métal. Il y a aussi un genre **de châssis** dont tous les carreaux de vitre se lèvent et se baissent au moyen d'une crémaillère ; il est très-commode pour aérer les végétaux, sans qu'on ait besoin de lever les *panneaux ;* il se compose de vitraux formés de lames étroites et à recouvrement, obéissant au mouvement d'un levier, qui, en les faisant basculer, leur donne une position plus ou moins verticale, et permet à l'air d'entrer librement sous le **châssis.** On a établi sur ce modèle de petits **coffres portatifs** qui peuvent avoir leur place dans un appartement.

« Dans les villes du Nord, dit M. Courtois-Gérard (*Culture des fleurs dans les petits jardins, sur les fenêtres et dans les appartements*), le plus grand nombre des maisons est garni de **fenêtres à double châssis**. Ce moyen peu dispendieux permet d'avoir des plantes en fleurs pendant tout l'hiver. On fait établir *entre les châssis*, et de manière à garnir l'embrasure de la fenêtre, une caisse qu'on remplit de bonne terre. Pour garnir la paroi intérieure des murs, on plante des végétaux grimpants, le plus souvent des lierres, dont le feuillage toujours vert produit un effet très-agréable; puis on suspend au plafond une ou deux vases en terre cuite, dans lesquels on met quelques plantes propres aux vases à suspension. On peut garnir les coffres avec les plantes en fleurs de la saison, ou bien planter des Jacinthes, des Crocus de Hollande et des Tulipes hâtives. Pendant l'hiver, on ouvre, la nuit, le *châssis intérieur*, et la chaleur de l'appartement suffit ordinairement pour garantir de l'influence de la mauvaise saison les plantes qu'on y élève; toutefois il faut avoir soin, pendant les gelées, que les plantes ne touchent pas aux vitraux extérieurs, qui se couvrent de glace, et peuvent, par leur contact, faire périr les jeunes rameaux ou les plantes délicates qui redoutent le froid. »

Orangerie. — C'est un abri d'un ordre supérieur à celui du **châssis.** C'est une **serre froide**, ou à peu près, dans laquelle, sous le climat parisien on rentre, à l'approche de l'hiver, des végétaux, tels que les Orangers, les Lauriers, les Grenadiers, les Myrtes, qui ne peuvent supporter une température de 2 à 4 degrés au-dessous de zéro. On peut disposer en **orangerie** le premier bâtiment venu, pourvu qu'il soit au midi, et que les fenêtres soient assez larges pour permettre à la lumière d'y pénétrer et à l'air d'y être abondamment introduit. On y peut établir un poêle dont les tuyaux doivent avoir le plus long parcours possible ; mais on n'y fera du feu que quand le froid extérieur sera rigoureux, et l'on aura soin d'éviter que la fumée ne vienne nuire à la santé des plantes qu'on abrite. Il faut se garder d'employer de l'eau trop froide pour les arrosements ; à cet effet, on aura dans l'**orangerie** même un réservoir ou un tonneau qui tiendra l'eau qu'on y fera arriver en équilibre avec la température intérieure. Dans les grands froids, on bouchera toutes les fentes des fenêtres et des portes avec de la paille, et l'on placera devant les fenêtres des paillassons ou des toiles, comme celles dont il a été précédemment parlé.

C'est vers la mi-octobre qu'on rentre les plantes qui réclament un abri. Il faut avoir soin de choisir, pour cette opération, un temps parfaitement exempt d'humidité, pour éviter de favoriser le développement de la moisissure. La disposition la plus naturelle à donner aux plantes est par rang de taille, les plus grandes en arrière et les plus petites en avant, afin qu'elles puissent toutes jouir des bienfaits de la lumière. Tant que la température est assez élevée pour que le thermomètre ne descende pas à 5 degrés au-dessus de zéro, on laisse l'**orangerie** ouverte nuit et jour. Quand la température s'abaisse, on ferme la nuit et on laisse encore ouvert le jour. Puis, lorsque le froid a sérieusement commencé, ou qu'il fait du brouillard, on ferme même pendant le jour ; si la gelée devient intense, on empêche tout accès de l'air extérieur. On répète qu'il ne faut faire de feu dans l'**orangerie** que dans les très-grands froids.

Ce n'est que vers la mi-mai qu'on peut sortir les végétaux de l'**orangerie**, sans avoir encore à craindre l'influence des phénomènes météorologiques extérieurs. L'ordre de sortie est toujours celui de la rusticité des plantes ; et l'exposition à donner ensuite aux végétaux qu'on a dû garantir du froid de l'hiver est celle du Midi, en ayant soin de prévenir l'action délétère des vents glacés qui règnent encore en cette saison.

Les arrosements des végétaux d'**orangerie** diffèrent de ceux des plantes propres au climat parisien et plus septentrional encore, en ce qu'ils doivent être dispensés avec plus d'économie ; l'eau n'y peut pas être employée sans certaines précautions ; il faut que, sous le rappoit de la température et de l'aération, elle soit, depuis quelque temps, soumise à l'influence de l'air ambiant, et que l'on joigne à cette eau, souvent crue, des détritus animaux qui lui donnent un certain degré de puissance fertilisante, Les arrosements, très-parcimonieusement distribués pendant l'hiver, deviendront plus fréquents à mesure que la température s'élèvera et que la sécheresse augmentera; puis ils suivront une marche descendante quand la chaleur diminuera.

Il n'y a pas, à proprement parler, de taille pour les végétaux d'**orangerie**. On se borne à supprimer les branches mortes et celles qui s'emportent, pour conserver, d'une part, la santé, et, de l'autre, la symétrie de l'arbre, puisque le mauvais goût qui préside encore à la disposition de certains arbres ou arbustes d'agrément veut que les Orangers, les Myrtes, les Grenadiers, affectent des formes sphériques, contraires à leur nature et au pittoresque de leur physionomie naturelle. Il faut dire que l'on appelle souvent *plantes d'orangerie* des végétaux qui, bien qu'installés dans un **abri** de ce genre, ne le trouvent que très-médiocrement favorable, non à cause du défaut de la chaleur mais à cause du défaut de lumière; c'est ce qui arrive aux Pélargoniums et aux Camellias, qui se trouvent beaucoup mieux dans des **serres froides**, où ils rencontrent de la lumière en abondance.

Serre froide proprement dite ou **serre flamande**. — Elle diffère de l'**orangerie**, en ce qu'elle est vitrée en-dessus, comme la **serre chaude**, et plus accessible, par conséquent, à la lumière du dehors, et en ce qu'on n'y allume que très-rarement du feu. Elle présente ordinairement deux versants, dont le plus exposé aux vents du nord doit être caché, pendant l'hiver, sous une épaisse couche de feuilles ou de litière sèche, recouverte elle-même de planches, tandis que le versant exposé au Midi n'est abrité, durant les gelées, que par des *paillassons mobiles*, que l'on retire dès qu'il ne gèle plus. Ce genre de serre est très-favorable aux Bruyères, aux Magnolias, aux Camellias, aux Pélargoniums, aux Azalées de l'Inde, et à diverses plantes de l'Australie, du cap de Bonne-Espérance, etc., qui n'ont besoin, pendant les mois d'hiver, que d'une situation abritée et bien éclairée. Il faut cependant faire observer que l'action directe des rayons du soleil nuit beaucoup aux Camellias quand ils sont en végétation, et qu'il faut les en préserver en couvrant de toile les panneaux et en enduisant à l'intérieur les vitres de blanc d'Espagne ou de lait de chaux. Les *jardins d'hiver* sont généralement des **serres froides**, mais construites plus élégamment et plus spacieusement.

Serre hollandaise. — Enfoncée à 1 mètre environ dans la terre et entourée de tranchées remplies de fumier pour échauffer l'**abri**, cette serre est propre aux végétaux de petite taille qui n'ont besoin, pour réussir, que d'une médiocre chaleur, et aux semis de plantes de **serres froides**.

Serre tempérée. — Elle est le passage de la **serre froide** et de l'**orangerie** à la **serre chaude**. Le feu y est plus constamment entretenu que dans l'**orangerie**, et, comme la configuration de cette serre est celle de la **serre chaude**, c'est-à-dire des châssis inclinés à 45° sur des murs épais, il en résulte que l'on doit garantir avec des paillassons les vitraux des châssis, et que, dès que le froid se fait sentir, on entretient, par un feu doux, la température entre 6 et 10 degrés au-dessus de zéro, afin de ne pas provoquer inutilement la végétation. Les Pélargoniums à grandes fleurs, les Verveines, les Cinéraires, les Balisiers, les Petunia, les Calcéolaires, ont besoin de passer de la **serre froide** à la **serre tempérée** pour fleurir en temps utile. Vers la mi-octobre, on rentre les plantes de cette température, et, chaque fois que le baromètre tombe au-dessous de 6 degrés + 0, il faut allumer des fourneaux et chauffer modérément; à la mi-mai, on sort les plantes, en profitant d'un ciel couvert.

Serre chaude. — Elle ne diffère guère de la **serre tempérée** que par la plus grande somme de chaleur qu'on y entretient et qu'on ne doit jamais laisser descendre, durant la période de repos de la végétation, au-dessous de 15°, pour la porter, pendant la période de végétation, à 20° ou 25°, avec une atmosphère humide. Cette serre est spécialement destinée à recevoir les plantes tropicales.

Serre à multiplication. — Nous ne ferons que nommer des genres de serres que, depuis quelque temps, on consacre d'une manière spéciale à certaines plantes, telles que les *serres à Orchidées*, les *serres à Camellias*, les *serres à Pélargoniums*, les *serres à*

Bruyères, etc.; mais nous dirons quelques mots de plus des **serres à multiplication.** Elles sont généralement construites en bois, basses de forme, pour que la chaleur s'y concentre mieux, et parfois à moitié enterrées. Leur toit est à *un seul versant*, disent MM. Decaisne et Naudin, lorsqu'elles sont adossées à un mur, circonstance favorable si l'on peut en même temps les orienter au Midi ; ce toit a *deux versants* lorsqu'elles sont isolées. Leur intérieur est occupé, suivant que leur largeur s'y prête, par un ou deux terre-pleins appelés **bâches,** soutenus par une maçonnerie en briques, haute d'environ 1 mètre, et séparés par un intervalle juste suffisant pour le passage des jardiniers. Ces **bâches** sont remplies de sable, de mâchefer ou de tan, et sont traversées par un ou plusieurs tuyaux du *thermosiphon* (1), qui communiquent à ces diverses matières la chaleur nécessaire. D'autres tuyaux circulent le long des parois de la pièce et en échauffent l'atmosphère. Les pots et terrines contenant les graines ou les jeunes plantes sont posés à la surface des **bâches,** ou plus ou moins enterrés dans le sable ou la tannée. Les végétaux qui n'ont pas desoin d'une chaleur aussi vive et aussi soutenue peuvent simplement occuper les rayons en planches dont les parois de ces serres seront ordinairement garnies. Les **serres à multiplication**, ajoutent les auteurs auxquels nous empruntons ces détails, sont d'une très-grande utilité dans les jardins d'agrément tant soit peu considérables ; elles sont d'une absolue nécessité pour les pépiniéristes de profession, qui souvent les construisent eux-mêmes. Très-variables dans leur structure, elles sont susceptibles de diminutifs de tous les degrés.

Fenêtres-serres. — « En Allemagne, en Suisse et en Belgique, dit M. Courtois-Gérard, dans l'agréable opuscule que nous avons déjà cité, il existe, dans un grand nombre de maisons, des **fenêtres-serres.** L'appareil n'est autre qu'un **châssis** plus ou moins coquettement construit, qui occupe les deux tiers de la hauteur des fenêtres d'un

(1) Le *thermosiphon* est un appareil à circulation d'eau chaude, qui peut aussi bien servir à chauffer une serre qu'une simple bâche, et évite le dispendieux emploi du fumier, tant comme acquisition que comme main-d'œuvre. C'est une construction permanente et non mobile comme celle des couches, bien que la disposition ingénieuse de l'appareil permette son déplacement sans grand embarras. La facilité qu'il procure de régler la chaleur lui donne une grande supériorité sur les couches.

appartement. Les plantes, rangées sur des tablettes transversales, par ordre de grandeur, peuvent être vues de dehors ainsi que de l'intérieur des appartements, et rien n'est plus gracieux que cette sorte de construction. Pour donner de l'air aux plantes, on soulève plus ou moins le *panneau vitré* au moyen d'une *crémaillère* fixée sur la traverse du bas. Les végétaux qu'on y élève et ceux qui y réussissent le mieux sont les Bruyères du Cap, les Cyclamens, les Daphnés, les Éricas, les Épacris, les Primevères de la Chine, et tous les Oignons à fleurs. »

CALENDRIER FLORAL,

AVEC

LES TRAVAUX D'HORTICULTURE D'ORNEMENT SPÉCIAUX A CHAQUE MOIS.

Nous donnons ce calendrier sous la réserve indispensable de ce que peut obtenir la culture forcée et les progrès constants de l'horticulture, qui, dans la même année, procurent jusqu'à deux et même trois fois les mêmes fleurs, non pas seulement en serre, mais en pleine terre, ne connaissant pour ainsi dire plus de saisons.

Linné eut, le premier, l'idée de rassembler en quelques pages les rapports qui existent, dans l'état spontané, entre les principaux phénomènes de la végétation et le cours des saisons. Il dressa un tableau, mois par mois, de la floraison d'un certain nombre de plantes. Comme ce tableau était particulièrement fait pour le climat d'Upsal, Lamarck en donna un, de son côté, pour le climat de Paris. Mais ces calendriers étaient surtout destinés à montrer les progrès de la saison par l'époque de la floraison, qui paraît établie, en principe et, nous le répétons, dans l'état spontané de la végétation, pour chaque espèce, suivant les climats, sur des lois invariables de la nature. Depuis, le plan s'est développé, et on y a trouvé des règles plus sûres que l'usage pour les travaux horticoles.

Sous la réserve précédemment faite, nous allons donc donner, d'après les notions les plus récentes, le tableau succinct des travaux d'horticulture d'agrément et des jouissances florales qu'ils procurent, suivant l'ordre des mois et des saisons.

JANVIER.

Caractères du mois. — En général, dans nos climats, un froid vif, la gelée, la glace, retiennent les germes dans l'inaction. Les vents dominants sont Sud-Sud-Ouest.

Pleine terre. — Dans ce mois, on peut mettre en terre les Anémones, les Renoncules, les diverses espèces d'arbres et arbustes d'agrément, sauf les arbres verts. Les oignons de Jacinthe et de Tulipe seront aussi mis en terre, si l'on est en retard sur la saison d'automne qui est préférable. Quand on a négligé de le faire vers la fin de la précédente année, on arrache les arbres et les arbustes que l'on se propose de remplacer, autant que possible, par d'autres espèces. On taille les Rosiers, à l'exception des Rosiers-thés dont on réserve la taille pour la fin de février; pour les arbres à fleurs, il faut bien se garder de tailler les espèces qui fleurissent au printemps: on détruirait ainsi la floraison; mais on doit tailler ceux qui fleurissent sur la pousse de l'année, comme par exemple les Hibiscus de Syrie (*Althæa frutex,* Ketmie des jardins). Si le temps est à la gelée, on couvre d'une litière les plantes herbacées, et, s'il est humide et mou, on les découvre, pour qu'elles ne pourrissent pas; en un mot, on couvre et l'on découvre les plantes délicates suivant l'état de l'atmosphère. Il est bon, si le froid est vif, de couvrir les Pensées d'un vase renversé. Il faut avoir soin de préserver de l'humidité les Œillets et Auricules cultivés en pots. On terreaute les gazons et les bordures de fleurs.

Floraison. — En janvier, on n'obtient, en pleine terre, qu'un bien petit nombre de fleurs dont la rareté fait surtout le prix. La Rose de Noël montre ses grandes fleurs d'un blanc rosé au-dessus des neiges des plates-bandes, à côté des fleurs d'un blanc pourpré de la Nordosmie odorante ou Héliotrope d'hiver, et des fleurs à divisions externes d'un blanc pur de la Perce-neige ou du Galant des neiges. Quelques arbrisseaux et arbustes, par leurs feuillages verdoyants et fournis, par leurs bouquets de fleurs, interrompent les tons monotones de la saison rigoureuse; tels sont le Calycanthe précoce du Japon, aux fleurs jaunâtres, le Daphné bois-gentil ou Mézéréon (*Daphne mezereum*) dont les fleurs purpurines ou blanches paraissent avant les feuilles, le *Jasminum nudiflorum*, aux jolies fleurs jaune clair, et diverses autres espèces de Lauriers dont quelques-uns, habitués à vivre en pleine terre dans le midi de la France, ont besoin d'hiverner en serre sous le climat de Paris.

Serres. — En ce qui concerne les serres chaudes, on les entretient entre 12 à 20 degrés de température; on y arrose avec assez d'abondance les plantes qui poussent, mais on mouille beaucoup moins celles qui sont en repos. On bine les plantes en pots et en caisses; on supprime les feuilles et les rameaux en mauvais état, et l'on use pour l'entretien général de la serre, de la plus grande propreté, particulièrement à l'égard des feuilles, qu'il faut laver suivant le besoin. Dans les froids intenses, il est indispensable d'ajouter à la chaleur des calorifères, poêles ou fourneaux, le préservatif puissant des paillassons déployés sur les portes, fenêtres ou vitrages.

La serre tempérée exige les mêmes soins que la serre chaude; seulement la température la plus élevée ne doit pas, en ce moment, dépasser 10 degrés, et la plus basse peut être fixée à 6 degrés au-dessus de zéro.

La serre froide et l'orangerie peuvent être tolérées jusqu'à 0 degré; il est bon toutefois que le soleil y répande une chaleur de 5 à 10 degrés. Les plantes de ces serres poussant très-peu en hiver, on ne leur donnera qu'un arrosage très-faible; les Lauriers-roses, Orangers, Grenadiers et Fuchsias n'en demandent même aucun durant la saison d'hiver. Pour conserver les Épacris et les Éricas ou Bruyères, il ne faut pas chauffer les serres; il suffit de couvrir les vitres de paillassons ou de feuilles pendant les froids; on doit leur donner le plus d'air possible, toutes les fois que le temps le permet, ces plantes pouvant, sans en souffrir, supporter quelques degrés de froid.

On fait des boutures de Fuchsia, Bouvardia, Pélargonium, Lantana, Sauge, Héliotrope, Cuphea, etc.

On admire, en ce moment, dans les serres, revêtus de leurs parures, des Bégonia, des Balisiers, divers Clérodendrons, des Calla ou Richardia d'Éthiopie, quelques belles Bruyères du cap de Bonne-

Espérance, divers Géraniums, des Ruellia à feuilles ovales et à fleurs bleues. A ces végétaux exotiques, on mêle volontiers, pour obtenir des floraisons anticipées, des Camellias, des Azalées, des Rosiers du roi, des Rosiers noisettes et divers autres, des Jasmins blancs, des Narcisses à bouquets, des Jacinthes, des Tulipes odorantes ou Tulipes duc de Thol, des Pensées, des Violettes de Parme, etc.

FÉVRIER.

Caractère du mois. — Des dégels arrivent ordinairement, à la faveur desquels se développent les embryons des végétaux. Les vents dominants sont du Sud-Ouest.

Pleine terre. — C'est le moment de labourer, si ce n'est déjà fait, les terrains à gazons, pour renouveler les tapis de verdure par des semis que l'on fera à la fin du mois. On laboure aussi, à la fourche, de préférence à la bèche, les massifs d'arbustes et les bosquets, après avoir purgé les arbres des rameaux morts, des branches disgracieuses ou nuisibles. On met de la terre de bruyère là où, le mois suivant, on a l'intention de planter des massifs de Rhododendrons. Il faut préparer des couches, en vue des plantes qui en ont besoin, pour les semis de plantes indigènes destinés à procurer des fleurs plus hâtives qu'en pleine terre, et pour les semis des plantes exotiques que l'on cultive en serre.

On plante dans les parterres, si cela n'a pas été fait en automne, les Héliantes multiflores ou Soleils vivaces, les Astères, diverses Giroflées, les Œillets de poëte, les Campanules, les Digitales, les Coquelourdes et plusieurs autres végétaux vivaces ou bisannuels. On peut, si le froid n'est pas intense, entreprendre de replanter, mais non sans leur faire courir quelque risque, les Lavandes, les Sauges, les Buis, les Œillets-mignardises, les Pâquerettes et diverses autres bordures. On peut aussi commencer, à la fin du mois, les semis de gazon et de plantes annuelles de pleine terre qui ne supportent pas le repiquage, telles que Giroflées ou Juliennes de Mahon, Pavots, Coquelicots, Adonis, Coreopsis, Nigelles, Résédas, Némophyles, Clarkia, Gilia, Pieds d'Alouette.

Couches. — On sème, sur couche, les Quarantaines, Giroflées, Amarantes, Cobéas, Verveines, Sensitives, Petunias, etc.

Floraison. — Aux fleurs qui se montrent en pleine terre dans le mois précédent, il faut ajouter, dans celui-ci, celles de la Petite-Pervenche, de la Petite-Marguerite vivace ou fleur de Pâques, de l'Helléborine ou Hellébore d'hiver, des Violettes odorantes ou des quatre saisons, des variétés nombreuses de Safran printanier ou Crocus des fleuristes; on entrevoit quelques Anémones Hépathiques ; le Kerria ou Corchorus du Japon commence à montrer, sur ses tiges flexibles et rameuses, des fleurs d'un jaune d'or. Ce ne sont déjà plus les teintes pâles et blanches de janvier; on aperçoit des couleurs plus vives qui signalent le prochain retour de la chaleur du soleil. Et que si l'on se trouve seulement dans le midi de la France, où les fleurs roses des Amandiers disputent les champs au blanchâtre et persistant feuillage des monotones Oliviers, où déjà les Iris et les Narcisses parfument et décorent tous les talus des chemins, combien d'autres végétaux sont en pleine floraison, dont on ne jouira qu'un mois plus tard au nord et au centre du même empire !

Serres. — En général, ce qui est recommandé en janvier pour les serres, l'est également en février. Ajoutons toutefois que, tout en maintenant une chaleur suffisante pour entretenir la vie des plantes, il ne faut pas que cette chaleur soit assez forte pour provoquer la végétation. Il importe de donner de l'air quand la température extérieure le permet. On arrose avec modération les plantes qui sont encore dans leur période de stagnation. On nettoie, à l'aide de légers bassinages ou mieux de lavages, le feuillage terni par la poussière, pour faciliter la respiration de la plante.

Les serres se sont enrichies. On y jouit de la beauté des Camellias, dans lesquels la richesse brillante du feuillage le dispute à la magnificence des fleurs qui passent du blanc le plus pur au blanc rosé, au rose, au rouge, au carmin, au carmin rayé, au cramoisi, au corail foncé, au rose carminé, au rose rubanné de blanc, au blanc panaché de rose, au blanc nuancé de rose, etc. Les yeux sont encore charmés par l'aspect des Corréas d'Australie, les uns à fleurs d'un blanc pur, les autres à fleurs du plus vif carmin ; ceux-là à fleurs pourprées, ceux-ci à fleurs offrant un long tube d'un rouge éclatant, avec limbe vert. On a obtenu aussi, en ce moment, au moyen d'une culture forcée, des Cinéraires de Téneriffe à fleurs pourpres, roses, carmin, lilas, violettes, bleu azur, etc.; divers Acacias, des Pivoines en arbre, etc.

MARS.

Caractère du mois. — En général humidité profonde, intermittences de soleil et de pluie. Bourgeonnements fréquemment interrompus par les giboulées. Retour de la Lavandière ou Bergeronnette. Les vents dominants sont du Sud-Ouest et de l'Ouest.

Pleine terre. — On termine les labours, la taille des arbustes d'ornement et la plantation des végétaux vivaces d'agrément. On fait des boutures d'arbres et d'arbrisseaux.

On sème, en pleine terre, Giroflées de Mahon, Giroflées jaunes, Adonides, Coréopsis, Nigelles, Résédas, Némophyles, Clarkias, Brachycomes, Cacalias, Gilias et Leptosiphons, Crepis roses, Malopes, Œillets de Chine, Pois de senteur, Reines-Marguerites, Capucines, Volubilis, Collensias bicolores, Silènes à fleurs roses, Balsamines, Belles-de-nuit, Belles-de-jour, Mufliers, Petunias, Thlaspis, Scabieuses, Phacélias bipennées, Linaires à fleurs d'Orchis, Anothères, Mauves-Lavatère, Immortelles annuelles, etc.

Couches, châssis et cloches. — On sème sur couche des Amarantes ou Célosias à crête de coq, Balsamines, Reines-Marguerites, Calcéolaires, Quarantaines, Cosmos, Martynias, Zinnias, etc., bien que, dans le même mois, on sème aussi en pleine terre, comme on vient de le voir, la plupart de ces plantes.

On place à surface de couche et sous châssis les tubercules de Dahlias pour déterminer la végétation des bourgeons à la chaleur du soleil, ce que l'on peut aussi obtenir par une simple exposition en serre chaude; puis, les bourgeons ayant pris un commencement de développement, on sépare ces tubercules que l'on plante dans des pots ou dans un lieu bien exposé sur couche et sous châssis, où ils resteront jusqu'à l'époque favorable pour les mettre en place dans les jardins. On verra aussi plus loin qu'on peut mettre les Dahlias sur de vieilles couches en avril et en mai, avant de les placer à demeure.

On prépare les boutures sous cloche et l'on fait des marcottes.

Floraison. — Les plates-bandes prennent déjà quelques parures florales. Voici les Violettes parfumées, les Primevères des jardins aux fleurs en ombelles, blanches, jaunes, pourprées, carnées, panachées; les Primevères oreilles-d'ours, un peu lourdes peut-être, mais richement veloutées; les Primevères-à-grandes-fleurs et d'autres encore; voici quelques Narcisses-Jonquilles, quelques Iris, les premières Tulipes, Tulipes odorantes à fleurs d'un rouge vif, Tulipes de Cels à fleurs d'un jaune safran; voici quelques espèces d'Anémones, des Cynoglosses printanières, des Ficaires, quelques Ibérides, et des Orobes printaniers. Les Nivéoles ou Leucoïum sont là comme un souvenir de l'hiver.

Les plantes aquatiques donnent, dès ce mois, des Caltha des marais ou Populages à fleurs doubles, d'un jaune d'or.

Dans les massifs et les bouquets de verdure, des Épines blanches, des Alisiers, des Spirées commencent à montrer la blancheur de leurs fleurs délicates, auprès des fleurs roses de l'Arbousier, des fleurs rougeâtres de la Viorne-laurier-tin, des fleurs d'un jaune verdâtre des Alaternes, des odorantes et gracieuses fleurs du Chèvrefeuille qui s'enlace au tronc des arbres près de se couronner d'un frais feuillage.

Serres. — On modère de plus en plus en plus le feu, et l'on s'abstient absolument d'en faire quand le temps est chaud; on est même quelquefois obligé de préserver les jeunes pousses de l'ardeur du soleil, au moyen d'un rideau en tissu léger. Les arrosages doivent être plus multipliés et plus abondants. On bassine avec soin les feuilles, à l'aide de la seringue de jardin.

Dans les serres ou sous les châssis, on a obtenu plusieurs genres et espèces de fleurs. Les Camellias sont dans toute leur beauté; il faut leur donner des arrosages modérés et entretenir la propreté de leur brillant feuillage. Certains Indigotiers laissent pendre leurs grappes de fleurs roses; les Carmantines ou Justiciers, arbustes des contrées tropicales, montrent leurs fleurs rouges, écarlates, lilas-pourpre, rose-vif; les Diosmas, dont les différentes espèces sont originaires du Cap, étalent une variété infinie de formes et de couleurs florales; le Sparmannia, arbuste originaire aussi de l'Afrique australe, séduit le regard par son élégance et par ses jolies fleurs en ombelle à pétales d'un beau blanc. Bien d'autres fleurs de végétaux exotiques embellissent encore les serres en ce moment, sans compter nombre de Roses hâtivement conquises par la culture forcée.

AVRIL.

Caractère du mois. — Ciel généralement pur, sauf quand les giboulées de mars, pour parler comme le vulgaire, ne viennent pas en avril; gelées blanches fréquentes, qui exigent beaucoup de précautions. Le *vert nouveau*. Les tiges des plantes croissent; c'est leur adolescence, comme le disait Linné. La lunaison d'avril, qui se prolonge quelquefois jusque dans la seconde quinzaine de mai, est vulgairement et improprement appelée *lune rousse*, de la propriété qu'elle aurait de causer des gelées et, par suite, de roussir les feuilles qui commencent à se développer. Mais il faut chercher ces accidents dans d'autres causes: les vents du nord et du nord-est, qui dominent en général à cette époque et qui sont secs et froids, la sérénité du ciel qui produit un rayonnement nocturne, amènent à la fois la gelée et le hâle, que la lune soit au-dessous ou au-dessus de l'horizon. L'expression de *lune rousse* n'aurait donc de valeur que parce qu'elle s'appliquerait à la période du premier printemps, et non parce qu'elle voudrait expliquer l'influence lunaire.

Pleine terre. — Dès le commencement de ce mois, les jardins doivent être entièrement nettoyés, ainsi que les arbustes et les plantes vivaces; les gazons doivent être fauchés; les massifs seront labourés, les allées ratissées; on fait une guerre active aux insectes nuisibles, particulièrement aux chenilles. On emploie les fumigations ou les décoctions de tabac pour détruire les pucerons. On taille les Rosiers. Il faut se hâter de terminer les plantations des arbres et arbustes d'ornement; ce mois est un des plus propices pour planter les arbres verts et à feuilles persistantes, ainsi que les arbustes de terre de bruyère, qui se lèvent aisément en mottes; il faudra mettre un bon paillis ou de la mousse verte au pied de ces plantations, pour les préserver de la sécheresse et empêcher la croissance des mauvaises herbes.

On repique en place les plantes élevées en couche, les Giroflées, les Delphinium et en général les jeunes tiges des plantes herbacées.

On achève les semis en place de plantes, déjà indiqués en mars, ainsi que d'autres, tels que Phlox de Drummond (les autres Phlox se sèment mieux en automne), Ketmie d'Afrique, Erysimum ou Vélar de Petrowski, Eucharidium à grandes fleurs, Eutoca, Bartonie dorée, Alysse odorante, Cynoglosse à feuilles de lin, Gypsophile élégante, Hugile ou Didisque bleu, Kaulfussie-Amelloïde, Lin à grandes fleurs, Ricin sanguin, Salpiglossis, Schizanthus, Viscaria ou Lychnide, Whitlhavie à grandes fleurs, Souci de Trianon, etc. On ne doit plus laisser en arrière de semis de plantes grimpantes.

On fait aussi des semis en pépinière, dans le but de repiquer des Calendrinies à grandes fleurs, Chrysanthèmes à carène, Valérianes macrosiphon, Coréopsis, Giroflées-quarantaines, Mufliers, Œillets de la Chine, Œillets d'Inde, Pentstemon à feuilles de Gentiane, Pourpiers à grandes fleurs, Reines-Marguerite, Roses d'Inde, Scabieuses, Silènes à fleurs pendantes, Thlaspis blancs et violets, Zinnia élégant, Violettes des quatre-saisons.

Les plantations et les semis ne doivent pas avoir à souffrir de la sécheresse. On arrose en conséquence, en se réglant suivant l'état de l'atmosphère.

Les couches n'ont plus qu'une utilité décroissante dès cette époque pour la culture des fleurs indigènes, en raison de la chaleur naturelle. On en conserve néanmoins l'usage pour faire des semis de végétaux exotiques, ou pour renouveler hâtivement des plantes. On peut semer sur couche Amarantoïde, Anagallis, Datura fastueux, Lobelia, Mimulus, Oxalis à fleurs roses, Podolepis à fleurs carnées, Thunbergia, Immortelle à bractées, Séneçon des Indes, Verveine hybride, Verveine-Aublet, Verveine veinée, Courge, Cuphea, Sphénogine élégante.

Toutes les plantes de pleine terre qui avaient montré des fleurs avec parcimonie dans le mois précédent, en étalent maintenant avec une certaine profusion que le mois de mai augmentera encore. Aux fleurs, dont on avait commencé à jouir en mars, s'ajoutent celles d'autres Tulipes, de Narcisses, de divers Corydales et Fumeterres, des Trolles d'Europe et d'Asie, des Fritillaires-couronne-impériale, des Pensées, etc. Vers la fin du mois, les massifs sont embellis et embaumés par les fleurs des Lilas. Les Merisiers, les Cerisiers à fleurs doubles, les Faux-Ébéniers, les Cytises, les Coronilles des jardins, les Marronniers d'Inde, aux fleurs roses ou blanches, les Néfliers, les Coignassiers, les Paulownia, ces beaux arbres du Japon si remarquables par leur port altier, leur ombrage et leurs fleurs, aujourd'hui si répandus, bien qu'on ne les cultive en France que depuis l'année 1834, les Glycines grimpantes à fleurs en grappes de couleurs charmantes et variées et une foule d'autres végétaux, donnent aux jardins un aspect vivant qui invite à les rechercher et à les culiver.

Serres. — Le soleil ayant pris assez de force pour communiquer aux serres une chaleur naturelle suffisante, on cesse de faire du feu dans la journée, et même la nuit, à moins de temps exceptionnel. On donne le plus possible d'air aux plantes, sans pour cela les exposer au froid. On augmente les arrosements et les bassinages en raison de la chaleur et de la force des végétaux. En même temps qu'ils entretiennent la santé et la fraîcheur des végétaux, les seringages empêchent la multiplication des pucerons, qui font beaucoup de mal à cette époque. Les plantes seront de moins en moins resserrées; en aérant davantage les moins délicates, en en plaçant un certain nombre en serre tempérée, les autres gagneront un espace qui leur devient nécessaire avec le progrès de la saison. Le rempotage des plantes de serre chaude sera terminé. On hâtera la végétation des plantes de la famille des Balisiers ou Cannées, ainsi que celle de diverses plantes bulbeuses, en les plaçant sur une couche chaude. Il importe d'être en éveil pour donner opportunément de l'ombre, à l'aide de toiles légères et claires, ou d'un badigeonnage sur les vitres, aux Orchidées, aux Fougères, et autres plantes qui en ont besoin.

Dans le midi et le sud-ouest de la France, on a déjà sorti les Orangers; mais au nord et même au centre, il est prudent d'attendre le mois de mai pour faire cette exhibition. L'on sait que dans les bonnes expositions de certaines parties du midi de la France, non-seulement les Grenadiers et les Lauriers-roses, mais les Orangers, les Citroniers même, et jusqu'aux Palmiers, peuvent passer l'hiver en pleine terre. Ce n'est donc que pour la moyenne de notre climat que nous faisons ces recommandations.

On peut mettre à l'air libre, mais en ayant soin de les abriter du Nord, les Rhododendrons en arbres, les Azalées, les Metrosideros. Vers la fin du mois, on pourra sortir les Pélargonium, en les préservant du froid au moyen d'abris. Bientôt on ne verra plus dans les serres que des plantes tropicales.

Le moment est propice pour la taille des Camellias.

On rempote les plantes de serre tempérée et on les espace le plus possible. On termine aussi le rempotage des plantes de serre chaude, tels que Pandanées, Cycadées, Palmiers, Orchidées.

Greffage et bouturage. — On pratique le bouturage et le greffage de différentes plantes. On greffe en fente ou en placage les Rosiers; on ébourgeonne les écussons de la précédente année. On greffe en approche les Azalées, les Rhododendrons, les Magnolias, les Camellias.

MAI.

Caractère du mois. — Les vents du Nord et du Nord-Est continuent à dominer durant la première partie de ce mois, dans beaucoup de contrées de l'Europe et une notable partie de la France. La météorologie, d'accord en ceci avec l'observation populaire, constate même, à cette époque, un refroidissement de l'atmosphère, et l'on a pu remarquer que la plus grande intensité de ce refroidissement règne du 12 au 15 mai, dans cette période que les gens de la campagne appellent les *Fêtes des saints de glace*. Comme c'est le moment où la végétation a le plus de force, où les fleurs s'épanouissent, on peut juger, en raison des accidents que les gelées inopportunes peuvent amener, de la vigilance et de la surveillance dont les plantes ont besoin de la part de l'horticulteur. Epanouissement des fleurs; âge de puberté des plantes. Retour des cailles et des bécasses.

Pleine terre. — Le jardin d'agrément doit être entretenu dans tout son éclat; le ratissage des allées, le binage des plates-bandes et des massifs, l'extraction des mauvaises herbes, la floraison des gazons, se pratiquent avec une coquetterie particulière et qui invite les yeux à ne rien perdre de ce que l'art ajoute à la nature. Les arrosements sont indispensables dès que la sécheresse se produit; mais on les fera le matin, à cause de la fraîcheur des nuits, qui pourraient rendre ceux du soir très-funestes aux plantes. On taille les arbres d'ornement qui ont donné des fleurs, pour obtenir du jeune bois.

On met en pleine terre, de préférence dans la seconde quinzaine de mai, les Héliotropes, Hortensias, Géraniums rouges, Petunias, Verveines, Fuchsias, Canna, Calidium, Hedichium, Datura, Pelargonium zonale, Lantana, et en général toutes les plantes conservées en orangerie durant l'hiver, pour orner les jardins pendant la belle saison. Les Dahlias qui n'auraient pas été mis, en avril, sur de vieilles couches encore un peu chaudes, pourront y être placés en mai, ainsi que les autres végétaux à tubercules, comme les Érythrines-crête-de-coq, avant d'être transportés à demeure. Néanmoins, dès que la gelée ne paraît plus à craindre, on peut mettre les Dalhias en place pour toute la belle saison, après avoir traité leurs tubercules comme il a été dit en mars. On plante en place ou en pépinière les Chrysanthèmes, par un seul œilleton qu'on pince vers la mi-juin pour qu'il se ramifie, à 0' mètre 20 cent., en ayant soin d'espacer de 0' mètre 20 cent. les œilletons, si l'on veut obtenir des plantes fortes et basses.

On repique, s'ils sont en état d'être enlevés, les semis du mois précédent, particulièrement pour les garnitures d'automne, les Reines-Marguerites, les Balsamines, les OEillets d'Inde, les Œillets de Chine, les Coréopsis, les Petunia, etc.

On sème en place Alysse odorante (*Alyssum maritimum*), Adonide d'été, Bartanie dorée, Belle-de-jour, Brachycome à feuilles d'Ibéris, Cacalie écarlate, Campanule miroir de Vénus, Collinsie bicolore, Courges, Clarkia élégante, Crépis rose, Cynoglosse à feuilles de Lin, OEnothère, Erysimum de Petrowski, Escholtzia de Californie, Eucharidium à grandes fleurs, Eutoque visqueuse, Gilia tricolore, rose, bleue, blanc de neige, brillante, Julienne de Mahon, Gypsophile élégante, Hugélie azurée, Kaulfussie amelloïde, Leptosiphon à grandes fleurs et à fleurs d'Androsace, Lin à fleurs rouges, Lupins, Lavatère à grandes fleurs, Némophile remarquable et Némophile maculée, Oxalis à fleurs roses, Phacélie bipinnatifide et à feuilles de Tanaisie, Phlox Drummond, Pois de senteur, Réséda, Ricin sanguin, Salpiglossis à fleurs changeantes, Souci de Trianon, Thunbergia, Viscaria à cœur pourpre, Volubilis, Whitlavie à grandes fleurs.

On sème en place, ou en pépinière, en vue de repiquer, Balsamine, quoiqu'il soit déjà un peu tard pour cette plante, Calandrinie à grandes fleurs, Valériane macrosiphon, Chrysanthème à carène, Œillet de la Chine, Podolepis grêle, Pourpier à grandes fleurs, Reine-Marguerite, Thlaspi blanc et violet, Alysse-corbeille-d'or, Rose-Trémière, Sphénogine élégante, enfin la plupart des plantes qu'en avril on semait encore sur couche, et généralement toutes les plantes vivaces ou bisanuelles qui fleurissent en juin.

Couches et cloches. — Les couches sont en général devenues de peu d'utilité à partir de ce mois. Néanmoins on en conserve pour recevoir les plantes malades. Les couches qui ont été employées à l'éducation des fleurs sont excellentes pour servir en quelque sorte d'infirmerie végétale. Mouillées convenablement et bien soignées, les plantes languissantes y reprennent leur vigueur, qu'on les y ait mises à nu ou en pot.

On fait des boutures sous cloches pendant ce mois, où l'on pratique aussi le greffage par approche.

Floraison. — Il faut soigner la floraison des Tulipes, Jacinthes, Anémones, Renoncules, Iris, etc., et, quand on n'aura plus à redouter de nuits froides, on arrosera ces fleurs le soir. On pourra retarder d'un mois la floraison des Rosiers remontants, si on l'a pour agréable, en pinçant tous les rameaux qui sont encore à l'état herbacé, lors même que les boutures auraient commencé à grossir. On retranchera tous les petits boutons de chaque corymbe de Pivoine de Chine, à l'exception de celui du milieu ou bouton-maître, pour obtenir des fleurs plus larges et plus belles; et, pour ne pas nuire à la floraison de l'année suivante, on ne supprimera les tiges que quand elles auront commencé à sécher naturellement, c'est-à-dire en automne.

C'est d'ailleurs le mois fleuri, celui où des bosquets, des buissons, des parterres, sortent, avec le chant des oiseaux, mille senteurs exquises, où s'élancent des tiges les plus humbles, aussi bien que des plus hautes, nombre de fleurs ravissantes, aux nuances variées à l'infini, et sur lesquelles, autres fleurs voltigeantes, se posent mille papillons aux parures non moins riches. Tout sourit et tout embaume au sein de la plus fraîche verdure, où apparaissent à la fois les Boutons-d'or, les Ancolies, les Alysses-corbeilles-d'or, les Giroflées odorantes, les Diclytra remarquables, les Gentianes acaules, les Narcisses parfumés éblouissants de blancheur, les Tulipes dont les couleurs si belles et variées font pardonner la roideur, les gracieuses Verveines, les odorants Résédas, les Silènes aux jolies fleurs pendantes, les Adonides d'été, les Anémones, les Belles-de-jour, les frêles Calcéolaires, les Cinéraires aux capitules multiflores et les Myosotis si délicats et si charmants, deux fleurs consacrées l'une au triste souvenir de ceux qu'on ne reverra plus sur la terre, l'autre au souvenir plus doux de ceux qu'on a encore l'espérance de revoir ici-bas, les Campanules bleues, quelquefois blanches, violettes ou jaunes, les Fraxinelles aux propriétés lumineuses si étranges, les superbes Pivoines herbacées, les Spirées ou Reines des prés, les Renoncules simples, semi-doubles ou doubles, les Pervenches au joli feuillage lisse et persistant, aux fleurs d'un bleu tendre, et les Pervenches roses, les Jasmins blancs, dont les suaves émanations le disputent en délicatesse à la légèreté des fleurs et des feuilles, les Azalées aux beaux corymbes parés de couleurs éclatantes, les Rhododendrons arborescents à fleurs en bouquets de nuance si variées, bien d'autres fleurs encore, et celle qui en restera toujours la reine et pour son parfum et pour sa beauté, la Rose qu'il suffit de nommer pour faire comprendre toute la richesse de cette merveilleuse corbeille des jardins et des champs, que l'on appelle le mois de mai. Toutefois le vrai mois des Roses, celui où elles se montreront avec le plus de variété et de prodigalité, sera le mois de juin.

Serres. — On rempote, on bouture et l'on greffe les plantes herbacées. Dans la seconde quinzaine, on sort les plantes d'orangerie, et vers la fin du mois les plantes de serres tempérées et de serres chaudes, mais en ayant soin, dans les deux cas, de choisir un temps couvert ou légèrement pluvieux ; autrement, le soleil saisirait et détruirait les jeunes pousses encore trop tendres pour affronter ses rayons brûlants. Si on laisse des plantes en serre, ce qu'il est en général préférable d'éviter, on enlève les châssis. Quant à l'exposition des plantes à l'air libre, il faut se diriger suivant l'expérience et la connaissance du parallèle et de la hauteur du lieu d'où chacune d'elles est originaire. Les Bruyères, certaines Mélastomées, et une partie des plantes de la Nouvelle-Hollande préfèrent le levant, ou une situation dans laquelle les rayons du soleil sont brisés par les arbres. Les Yuccas, les Agaves, les Aloès, les Cactus, se plaisent en plein soleil. Les Camellias, les Protées, les Bruniées, les Diosma et beaucoup de plantes ligneuses à feuilles persistantes, demandent une lumière diffuse, tandis que la plupart des végétaux herbacées ou sous-ligneux à feuillage caduc n'ont rien à craindre de l'éclat du soleil.

JUIN.

Caractère du mois. — Augmentation rapide de la chaleur. Ciel généralement découvert. Fruit naissant. Apparition des cantharides. Le rossignol cesse de chanter. Les vents dominants sont Sud-Ouest, Ouest-Sud-Ouest, et Ouest.

Pleine terre. — On continue à entretenir la propreté dans les jardins ; on place des tuteurs auprès de toutes les plantes qui en ont besoin, tels que les Dahlias, les Roses-trémières ; on palisse les plantes grimpantes. On fauche les gazons. On enlève les tiges des végétaux herbacés qui ne donnent plus de fleurs, en ayant soin, toutefois, d'en conserver quelques-uns dont on veut tirer des graines. On arrache les griffes des Anémones et des Renoncules, les oignons des Jacinthes et des Tulipes, qui ont terminé leur floraison ; les griffes sont mises à sécher en lieu aéré ; les oignons sont disposés dans des caisses, entourés de terre sèche, d'où on les retirera quelque temps après pour les nettoyer et les conserver dans un endroit sec jusqu'au moment où on les replantera.

On plante les Dahlias, et l'on met en place les plantes repiquées en pépinières, tels que les Pétunias, Chrisanthèmes frutescents, Pélargoniums, Habrotamnus.

Les semis de plantes annuelles du mois précédent, peuvent se continuer pendant les premiers jours de juin ; mais il n'est plus temps pour les Reines-Marguerites et les grosses Giroflées jaunes. C'est le moment de semer les espèces vivaces et bisannuelles, tels que Primevères, Ancolies, Phlox, Pieds-d'alouette vivaces, Croix-de-Jérusalem, Roses-trémières, Œillets-de-poëte, Campanules, Digitales, Coquelourdes, etc.

On commence à marcotter des Œillets, et l'on continue à faire des boutures sous cloche et sous châssis froid ; on fait aussi des greffes en approche.

Floraison. — Le mois de juin, qui le dispute, souvent même avec avantage, au mois de mai, pour la multiplicité, la beauté, le parfum des fleurs, l'emporte sur lui pour la richesse et la profondeur de la verdure des bosquets et des massifs. Les Rosiers sont dans tout leur éclat. Les Dahlias commencent à ouvrir leurs belles fleurs si régulièrement tuyautées. La Flore des jardins déploie tant de trésors qu'il devient impossible de les énumérer ; car, à ceux qui s'élancent triomphants de la pleine terre, viennent se joindre les merveilles étincelantes que l'on a sorties des serres comme d'un écrin.

Serres. — Peu de plantes sont en effet restées dans les serres. A celles qu'on a jugé à propos d'y laisser, on doit donner beaucoup d'ombre quand le soleil est trop ardent ; on les arrose et on les entretient dans la plus grande propreté. On pourra sortir des serres chaudes les plantes intertropicales en fleurs, même certaines Orchidées dites terrestres, mais en ayant soin de les placer dans un endroit humide, si l'on veut jouir quelque temps de leur riche floraison. Les serres dites à Orchidées et à Fougères peuvent être aussi aérées ; mais il faut que l'air extérieur ne leur arrive pas trop brusquement. Dans les serres froides, on fera des boutures d'Érica, de Befaria, d'Épacris, etc.

JUILLET.

Caractère du mois. — Chaleur excessive. Orages. Les vents dominants sont Ouest, Ouest-Sud-Ouest, Sud-Ouest. Période de l'âge viril des plantes.

Pleine terre. — C'est, en grande partie, la continuation des travaux du mois précédent : arroser, palisser, élaguer, relever et mettre sur des tablettes, dans un endroit sain et aéré, les bulbes des Jonquilles, Narcisses, Jacinthes, Tulipes, les greffes des Renoncules et des Anémones. On continue à marcotter les Œillets. On ébourgeonne les Dahlias. On met en place les fleurs annuelles d'automne, telles que Balsamines, Reines-Marguerites, en ayant soin de leur conserver une petite motte de terre. On sème les Cinéraires et les Lupins.

Floraison. — C'est le moment des fruits plutôt que celui des fleurs. Cependant les Roses-trémières, les Dahlias, de belles Roses encore, et nombre de fleurs qui ont besoin de toute l'ardeur du soleil pour s'épanouir, n'ont pas cessé d'embellir les jardins.

Couches. — On ne se sert guère de couches dans cette saison que pour faire des boutures, semer des plantes équatoriales, et quelques végétaux de serre chaude, délicats ou malades.

Serres. — Les plantes restées en serre ne demandent plus que des arrosements, de l'air, et un peu d'ombre quand le soleil est trop ardent.

AOUT.

Caractère du mois. — La chaleur caniculaire dessèche et brûle souvent les plantes. Les vents dominants sont Ouest, Ouest-Sud-Ouest, Sud-Ouest.

Pleine terre. — Les travaux du mois d'août sont à peu près les mêmes que ceux du mois de juillet pour les jardins d'agrément. On fait la chasse aux perce-oreilles et aux fourmis. Un des meilleurs moyens de détruire les fourmis, c'est de bouleverser leur demeure et d'y placer un pot renversé ; les fourmis s'y réfugieront et y déposeront leurs œufs ; quand elles seront ainsi réunies, on s'en débarrassera aisément, soit avec de l'eau bouillante, soit en les écrasant. On commence à greffer les Rosiers en écusson à œil dormant ; on sèvre les Œillets marcottés durant le mois précédent, et on les plante soit dans des pots, soit en pleine terre. On s'empresse de lever et de mettre en place, si on ne l'a déjà fait, les plantes annuelles d'automne repiquées ou en pépinière, telles que Reines-Marguerites, Balsamines, Roses d'Inde. On sème les Quarantaines pour les repiquer en pots qu'on abritera pendant l'hiver. On sème aussi des Giroflées grosse espèce, des Calcéolaires, des Cinéraires, des Pensées, des Pélargoniums, des Pivoines, des Renoncules. On sème en place des Adonis, des Ibéris, des Delphiniums, des Thlaspi, des Pieds-d'alouette, des Coquelicots, des Bleuets, des Pavots. On donne des arrosements copieux aux Dahlias et aux autres plantes qui en ont besoin.

Floraison. — Le jardin refleurit, et prend des parures nouvelles. Pendant que les Rosiers de Roi, de Bengale, Noisette, ne cessent pas de réjouir la vue et l'odorat, les Pétunias, les Dahlias, les Verveines, les Astères variées à l'infini, les Clématites, les Phlox, les Soleils vivaces, les Acacias de Constantinople, les Troënes du Japon, les Bignones de Virginie et de la Chine, les Métrosideros, les Fuchsias, les Polygala à feuilles en cœur, les Melaleuca, etc., font oublier, par la multitude et la beauté de leurs fleurs, la sécheresse des pelouses, celle du feuillage des arbres et des arbrisseaux que le soleil a brûlés.

Serres. — On y admire de magnifiques Gesnériées, originaires du Brésil, des Echméa flamboyants, venus du Pérou, diverses variétés de Passiflores, vulgairement appelées Fleurs de la Passion, des Tillandsies agréables, brillantes, bulbeuses, naines, des Stephanotis de Madagascar aux fleurs en ombelle et à odeur de Tubéreuse, etc.

SEPTEMBRE.

Caractère du mois. — La nature retourne insensiblement au repos. Les végétaux commencent à perdre leurs feuilles. Vers la fin du mois, départ des cailles, des alouettes, du loriot. Les vents dominants sont Sud-Ouest, Ouest-Sud-Ouest, Nord-Est.

Pleine terre. — On récolte les graines de presque toutes les plantes ou vivaces ou annuelles. On transplante les boutures et les marcottes faites dans le mois précédent. On prépare les plates-bandes destinées aux Jacinthes, aux Tulipes, aux Anémones et aux Renoncules. On sépare et l'on replante les Pivoines herbacées, les Alstræmères, les Pancratium et les caïeux des Tulipes hâtives. On surveille la floraison des Dahlias, que l'on débarrasse, autant que possible, ainsi que les Datura, des perce-oreilles, au moyen de pots renversés pleins de mousse ou de foin légèrement humide, ou de sabots de moutons sous lesquels ces insectes se réunissent. On sème des Quarantaines pour les repiquer en caisse ou en pots, comme dans le mois précédent, pour les abriter durant les gelées. Vers la fin du mois, on peut commencer à planter dans des pots ou à mettre en carafes, pour les appartements, des oignons de Narcisses de Constantinople, de Jacinthes, de Crocus, de Tulipes hâtives.

Floraison. — Il y a encore de belles fleurs dans les jardins, qui plaisent d'autant plus que ce sont celles des prochains regrets, celles des derniers beaux jours, celles dont l'éclat va décliner à l'horizon comme celui du soleil. Les Dahlias sont encore dans toute leur splendeur. De ces rois de la saison, l'œil se reporte sur les Amaryllis, les Colchiques d'automne, les Coréopsis, les Sylphium, les Cinéraires, les Astères, les Soleils, les Verges d'or, les Pétunias, les Œnothères, les Clarkias, les Balsamines, les Œillets d'Inde, les Reines-Marguerites; et, si l'on a eu soin de faire au printemps des semis de Coquelicots et de Pavots, et un peu plus tard de Thlaspis et de Giroflées de Mahon, on en jouit en ce moment, les jardins en empruntent une partie de leur dernière parure.

Serres. — Les nuits commençant à devenir fraîches, on replace les panneaux qui ont été enlevés aux serres froides et tempérées pendant l'été. On dispose tout pour recevoir prochainement les plantes. On achève, à l'air libre, le rempotage des espèces auxquelles cette opération est nécessaire, afin qu'elles soient parfaitement reprises avant la mi-octobre. On rempote et on multiplie les Pélargoniums, si ce n'est déjà fait. On remet en pots les plantes d'orangerie, de serre froide et de serre tempérée, que l'on avait confiées à la pleine terre durant la belle saison. Dans la dernière quinzaine du mois, on rentre les plantes de serre chaude, les Camellias et les plantes de serre tempérée les plus délicates, en ayant soin de leur donner le plus d'air possible pendant les premiers jours.

OCTOBRE.

Caractère du mois. — Ciel souvent couvert. Temps pluvieux. Les vents dominants sont Sud-Ouest, Ouest-Sud-Ouest, Ouest. Chute des feuilles. Vieillesse des plantes. Départ des hirondelles.

Pleine terre. — La chute incessante des feuilles, les mauvais temps fréquents, rendent les travaux de propreté et d'entretien presque continuellement nécessaires, si l'on veut jouir des rares et derniers beaux jours dans les jardins. On retranche aux Dahlias et aux Rosiers les fleurs fanées. On met en place les Chrysanthèmes et l'on soigne leur floraison, qui sera la parure *in extremis* de l'automne. On plante des Œillets de poëte, des Mufliers, des Scabieuses, des Campanules, des Digitales, des Polemonium et quelques autres plantes vivaces élevées en pépinières. On met en pleine terre les oignons de Jacinthes, de Tulipes, de Narcisses, de Crocus, et les griffes des Anémones et des Renoncules. On relève de la Giroflée jaune; on la met en pot et on la place, pendant l'hiver, sous un abri quelconque, afin de l'avoir en fleurs dès les premiers jours du printemps. Si l'on veut avoir des fleurs de plantes annuelles à la même époque, on en sèmera en pépinières pour les repiquer en mottes au printemps; les Némophiles, les Centaurées, les Clarkia, les Collinsia, les Crepis, les Gilia, les Mimulus, les Séneçons, les Giroflées de Mahon, seront susceptibles de procurer ces jouissances précoces.

Floraison. — C'est le moment de saluer les dernières fleurs se mêlant au feuillage de l'automne, si varié, si riche encore dans ses dégradations successives. Les Roses que l'on avait en septembre, on les possède encore en octobre, ainsi que les Dahlias sur leur déclin. A côté, on se plaît à voir la Sauge éclatante, des Glaïeuls tardifs, plusieurs variétés d'Astères, des Phlox odorants et diversifiés, des Datura fastueux, des Erica, des Zinnia, des Ximenesia, des Hélianthes ou Soleils à grandes fleurs, élancés, pubescents, argophylles, etc., des Ketmia à fleurs roses et à fleurs rouges, des Œnothères ou Onagres odorantes, des Chelones à fleurs pourpres, roses ou blanches, et des Vernonies élevées à capitules pourpre-violacé, de gracieux Fuchsias, des Plumbago à fleurs en épis et des Begonias discolores, aux panicules élégantes de fleurs d'un rose vif. Mais cette ceinture, si riche encore, va s'évanouissant promptement dans les parterres et le long des massifs, et bientôt elle disparaîtra sous les frimas qui s'approchent. Déjà on finit de mettre en pots les dernières plantes d'orangerie et de serre froide qui naguère encore faisaient l'ornement des jardins, comme les Héliotropes, les Lantana, les Calcéolaires ligneux, les Fuchsias eux-mêmes.

Serre. — Il faut aérer pendant les heures les plus chaudes, tant que la température extérieure sera égale à celle de la serre; mais, vers la fin du mois, les nuits devenant de plus en plus froides, il sera prudent de préparer les paillassons pour couvrir les vitrages. On ne doit pas perdre de vue que les plantes ont besoin de repos pendant un certain temps, et qu'en conséquence il faut commencer à diminuer les arrosements. Il est toutefois quelques espèces qui ne fleurissent, sous notre climat, que pendant l'hiver, et que, par suite, on doit continuer d'arroser, surtout lorsqu'elles se disposent à entrer en végétation. Si l'on n'a pas encore retiré du plein air les plantes d'orangerie, il importe de se hâter de le faire. On choisit pour cela une belle journée de soleil et l'heure où l'humidité de la rosée nocturne a disparu; en ne profitant pas d'un moment favorable, on risquerait de voir les plantes pourrir. On doit disposer ces plantes, dans l'orangerie, de manière à réserver le devant pour les plus délicates et pour celles qui gardent leurs feuilles. On place les arbrisseaux à feuilles caduques tout à fait au fond, avec les Orangers et les Lauriers-roses. Règle générale : toute plante, à feuilles persistantes de consistance molle, doit être rentrée dans un endroit bien éclairé, pour recevoir autant de lumière que possible. On dépouille les Fuchsias et les Géraniums zonales de leurs feuilles, et on les place entre les caisses d'Orangers, parce qu'ils n'ont pas besoin de lumière avant le mois d'avril, si on ne les pousse pas à l'eau. On arrose très-rarement les plantes d'orangerie et seulement pour y maintenir la vie.

NOVEMBRE.

Caractère du mois. — Pluies abondantes, souvent torrentielles. Les vents dominants soufflent du Sud-Ouest, de l'Ouest-Sud-Ouest et du Nord-Est. Suspension de la séve. Décrépitude des plantes. Passage des canards et des oies sauvages qui émigrent du Nord.

Pleine terre. — On commence à planter les espèces robustes d'arbres et d'arbustes d'agrément. Il est préférable d'attendre le printemps pour transplanter les espèces délicates et à racines chevelues, ainsi que les conifères, dont les racines auraient beaucoup à souffrir de la transplantation en hiver. On commence les changements dans la distribution des plantations, les défoncements des gazons à renouveler et les rechargements des allées. On arrache les plantes annuelles qui ont cessé de donner des fleurs. Après avoir taillé les Rosiers de Bengale, et couvert de feuilles les plantes et arbustes qui auraient à souffrir du froid, on tire de la terre les tubercules des Dahlias et on les rentre dans une pièce bien sèche, à l'abri de la gelée. On sépare et l'on plante en pleine terre les végétaux vivaces, Tulipes, Jacinthes, Narcisses, Crocus.

Floraison. — Si l'on va encore dans son jardin pour y cueillir quelques fleurs devenues précieuses par leur rareté, on n'y trouvera plus guère que les Chrysanthèmes qui supportent jusqu'à 4 ou 5 degrés de froid, et de pâles Roses de Bengale.

Serres. — Les plantes de serre ne demandent que peu de soins pendant le mois de novembre. Il faut seulement arroser avec discernement; bassiner de temps à autre les feuilles de Camellias; veiller au maintien de la température au degré nécessaire, en ayant soin que celle de la nuit soit plus basse que celle du jour; renouveler l'air toutes les fois que le temps le permet, et enfin entretenir les plantes dans un état parfait de propreté. On cesse d'arroser, dans les serres chaudes, les Gloxinia, les Caladium, les Begonia bulbeux, les Gesnériacées, sauf celles qui végètent en hiver, mais sans pour cela laisser la terre se dessécher complétement.

DÉCEMBRE

Caractère du mois. — Mort apparente des végétaux. Froids souvent intenses. Neige. Les vents dominants sont Sud-Ouest, Oucst, Ouest-Sud-Ouest, Nord-Est. Longues nuits.

Pleine terre. — Les travaux de pleine terre sont à peu près suspendus dans les jardins. On y ouvre bien encore quelques percées, quelques perspectives, au moyen d'élagages; on y entrepend bien quelques changements de distribution, des défoncements pour renouveler les gazons; mais tout cela pouvait être acquis dès le mois précédent. On couvrira, si ce n'est déjà fait, de feuilles ou de litière, dans une grande partie de la France, les Yuccas, les Pivoines arborescentes et les plantes qui ont à craindre les grands froids. Dans les départements du Midi, ces précautions leur sont généralement inutiles.

Floraison. — Quelques Roses de Noël, quelques Chimonanthes odoriférantes, se montrent au milieu des neiges.

Serres. — On maintiendra dans les serres chaudes une température moyenne de 12 à 20 degrés. On renouvellera l'air le plus souvent possible. Les plantes en végétation seront convenablement arrosées et, de préférence, le matin. Les plantes en repos ne recevront que très-peu d'eau. On entretienda les feuilles et les tiges des plantes dans la propreté la plus grande.

Dans les orangeries, on fera en sorte que le thermomètre ne descende pas au-dessous de 0°; mais on n'y fera de feu qu'à la dernière extrémité.

Dans les serres froides, il sera utile à la santé et à la vigueur des plantes de ne répandre une chaleur artificielle que lorsque les couvertures ou paillassons ne suffiront plus à y entretenir la température convenable. Il n'y aura pas toutefois d'inconvénient à ce que le soleil y répande une chaleur de 6 à 10 degrés; et l'on profitera de ce moment pour renouveler l'air et chasser l'humidité; mais on aura soin de fermer les fenêtres avant la disparition du soleil. Les arrosements se feront avec modération.

Vers le milieu de décembre, on pourra commencer à forcer les Rosiers de Bengale, les Lilas, les Deutzia, les Azalées, les Jacinthes, les Tulipes odorantes, etc., pour en jouir prochainement dans les serres ou dans les appartements, où l'on cherche à échapper, par des moyens artificiels, au deuil de la nature, comme on cherche à échapper à son silence dans le bruit des salons et des fêtes.

HORTICULTURE

BOTANIQUE ET PRATIQUE.

DESCRIPTION ET CULTURE

PARTICULIÈRES

A CHAQUE PLANTE D'ORNEMENT.

PAR M. A. DUPUIS.

DESCRIPTION ET CULTURE

PARTICULIÈRES

A CHAQUE PLANTE D'ORNEMENT.

ORDRE ADOPTÉ.

Le nombre déjà si considérable des plantes d'ornement tendant à s'accroître tous les jours, soit par les importations d'espèces nouvelles, soit par les variétés innombrables que les horticulteurs et les amateurs obtiennent au moyen du semis et de l'hybridation, il devient nécessaire d'établir des groupes, aussi naturels que possible, pour guider les personnes qui s'occupent de cette branche de l'horticulture.

Mais ici se présentent de nombreuses difficultés. Écartons tout d'abord l'ordre alphabétique, commode pour les recherches (indispensable pour une *Flore médicale*, par exemple, que l'on doit consulter comme une sorte de dictionnaire, et qui présente d'ailleurs de véritables petites monographies, ayant chacune son objet spécial), mais ordre qui ne saurait convenir ici, car il a l'inconvénient d'éloigner les unes des autres des plantes qui demandent la même culture, et de rapprocher au contraire des espèces tout à fait différentes sous ce rapport. Le groupement par familles naturelles est plus satisfaisant ; on peut dire, d'une manière générale, que toutes les espèces appartenant à chacune de ces coupes principales présentent une analogie plus ou moins grande sous le rapport de la culture comme sous celui de l'organisation et des propriétés. Il suffit de citer pour exemples

les Renonculacées, les Nymphéacées, les Cactées, les Ombellifères, les Cucurbitacées, les Éricinées, les Convolvulacées, les Conifères, les Orchidées, les Liliacées, les Palmiers, les Fougères, etc. Mais cette règle présente encore de nombreuses exceptions : un grand nombre de familles renferment à la fois des espèces annuelles ou vivaces, herbacées ou ligneuses, terrestres ou aquatiques, traçantes ou grimpantes, de serre chaude ou de plein air, de terre ordinaire ou de terre de bruyère, etc.

Il est néanmoins possible de former parmi les végétaux d'ornement quelques divisions assez naturelles, mais moins nettement tranchées que celles qu'on établit en botanique.

Une distinction qui se présente naturellement à l'esprit est celle des plantes de pleine terre et de serre; les unes et les autres renferment des espèces herbacées et ligneuses; les premières sont de beaucoup les plus nombreuses et peuvent se subdiviser à leur tour.

Nous trouvons d'abord les **Plantes annuelles ou bisannuelles** cultivées pour garnir les plates-bandes; elles comptent des représentants dans la majorité des familles des végétaux Dicotylédonés ou Exogènes et dans quelques-unes des Monocotylédonés ou Endogènes, surtout si l'on y joint un grand nombre d'espèces réellement vivaces, mais que l'on est dans l'usage de cultiver comme annuelles. Toutes ces plantes se propagent généralement par graines et fleurissent la première ou, au plus tard, la seconde année; elles peuvent se semer à différentes époques, en place, sur couche, en pots ou en pépinière. Nous indiquerons, pour chaque plante, le mode et l'époque de semis les plus convenables, ainsi que le sol, l'exposition et les soins particuliers de culture qu'elle réclame.

Un certain nombre de ces plantes sont d'une petite taille, qui ne permet pas de les cultiver avec avantage dans les plates-bandes, où elles produiraient souvent peu d'effet, mais qui les rend précieuses pour les bordures. On emploie pour le même usage un assez grand nombre de plantes vivaces et même quelques végétaux ligneux. Les **Plantes pour bordures** formeront donc le passage des plantes annuelles et bisannuelles aux plantes vivaces. On comprend d'ailleurs que ce groupe n'a rien de bien tranché; telle plante qui ne peut être employée que comme bordure dans un grand massif pourra au contraire former des plates-bandes dans un petit jardin.

Les **Plantes vivaces** appartiennent, comme les précédentes, à un grand nombre de familles de Phanérogames, auxquelles il faut joindre quelques Cryptogames, telles que les Fougères, recherchées pour la beauté et l'élégance de leur feuillage. On peut les propager par semis; mais on préfère généralement employer la multiplication par boutures, éclats, marcottes, etc., comme plus facile, exigeant moins de soins, étant souvent la seule praticable et permettant d'ailleurs, dans la plupart des cas, d'obtenir la floraison dès la première année.

Les **Plantes bulbeuses** forment une division assez naturelle des plantes vivaces ; celles qui méritent réellement ce nom appartiennent exclusivement aux Endogènes ou Monocotylédonés, et presque toutes aux familles des Liliacées, Iridées, Narcissées et Mélanthacées. On les propage, soit par bulbes, soit par bulbilles, sortes de bourgeons, quelquefois aériens, mais le plus souvent souterrains. Plusieurs plantes, qu'on range dans ce groupe, ont, au lieu de bulbes, des rhizomes, dont les fragments servent à la multiplication ; telles sont les Iris. Toutefois l'analogie de leur culture permet ce rapprochement.

Les **Plantes aquatiques** sont presque toutes vivaces et ne diffèrent des plantes vivaces proprement dites que par le milieu dans lequel elles croissent et qui nécessite des procédés de culture différents; les unes sont complétement inondées ou immergées, les autres émergées ; elles sont encore flottantes ou dressées.

Les **Plantes grasses**, si distinctes et si remarquables par leur port, appartiennent en général à la famille des Cactées et à quelques familles voisines : Crassulacées, Ficoïdées, Portulacées, Saxifragées, etc.; on en trouve néanmoins un certain nombre dans des groupes d'ailleurs très-éloignés : Asclépiadées, Composées, Euphorbiacées, Liliacées, etc. Généralement, on les propage par boutures, qui prennent ici le nom de *propagules;* telles sont les rameaux aplatis (vulgairement appelés *feuilles* ou *raquettes*) des Cactus. Elles sont presque toutes vivaces, non-seulement par leurs racines, mais encore par leurs parties aériennes.

Les **Plantes grimpantes**, renfermant des espèces herbacées (annuelles ou vivaces) et d'autres ligneuses, établissent un passage entre ces deux groupes de végétaux. Il faut distinguer les espèces grimpantes proprement dites, telles que le Lierre et les Bignones, qui s'appliquent contre les corps voisins, en y enfonçant leurs racines adventives; les plantes *volubiles*, comme le Houblon et les Chèvrefeuilles, qui s'enroulent autour des supports naturels ou artificiels, tantôt de gauche à droite, tantôt de droite à gauche; les plantes *préhensiles*, comme la Vigne et les Clématites, qui ne s'enroulent pas, mais s'accrochent aux corps voisins par leurs vrilles ou leurs pétioles. Ces diverses catégories sont souvent confondues dans la pratique horticole, où on les emploie pour garnir les berceaux et les tonnelles, pour cacher la nudité des murs ou des vieux troncs d'arbre, etc.

Les végétaux ligneux, **Arbres, Arbustes** et **Arbrisseaux**, forment un dernier groupe nettement distinct des autres par la végétation des espèces qui le composent. Toujours vivaces par leurs parties, soit souterraines, soit aériennes, elles présentent les dimensions les plus variées et servent, par la beauté de leur port, de leur feuillage, de leurs fleurs ou de leurs fruits, à l'ornementation des grands et des petits jardins. On distingue les espèces à feuilles caduques ou persistantes, d'orangerie ou de plein air; un certain nombre demande la terre de bruyère.

Les **Plantes de serre** renferment des espèces appartenant à chacune des catégories précédentes, et l'on en aura déjà rencontré beaucoup aux chapitres des *plantes bulbeuses* et des *plantes grasses;* on pourrait donc y établir les mêmes subdivisions. Généralement on se contente de les diviser en plantes d'orangerie, de serre froide, tempérée ou chaude, sèche ou humide, etc. Leurs exigences étant très-diverses sous le rapport de la température, de l'humidité, des soins de culture, etc., on a beaucoup multiplié les subdivisions, surtout dans la pratique, en les désignant par les noms de quelques familles ou genres principaux; ainsi on dit: *serre aux Palmiers, aux Orchidées, aux Fougères, aux Camellias, etc.*

Des différentes catégories que nous venons d'indiquer, nous avons en conséquence composé dix chapitres, dans lesquels nous donnons la description, la culture, l'exposition particulières à chaque plante d'ornement. Si nous n'avons pas cru qu'il fût nécessaire de toujours nommer les pays d'où sont sortis originairement les végétaux décrits, nous n'avons jamais négligé, au point de vue botanique, de rappeler les diverses familles auxquelles ils appartiennent.

Nous avons eu soin d'ajouter aux divers noms scientifiques tous les noms vulgaires des végétaux, et dans un Catalogue alphabétique, placé à la fin du volume, nous avons réuni tous ces noms, avec des renvois aux pages du corps même de l'ouvrage. Un bon catalogue de plantes n'est pas, par lui-même, sans quelque valeur ; il en acquiert plus encore quand il n'est que l'appendice d'un livre où il est traité suffisamment de la description et de la culture de tous les végétaux qu'il contient. Certes il en est bien encore auxquels nous n'avons pas donné place, particulièrement en ce qui concerne les variétés sans nombre que l'on obtient chaque année; mais nous avons la conscience de n'y avoir rien omis de capital. Notre livre, avec l'atlas renfermant les principaux types floraux, qui l'accompagne, n'est point un *Journal* ou une *Revue d'horticulture:* c'est un point de départ, une assise en quelque sorte de l'horticulture, et les écrits périodiques sur la matière en forment le complément.

NOTA. — Conformément à l'usage suivi dans tous les ouvrages d'Histoire naturelle, nous n'avons écrit en toutes lettres le nom générique que pour la première espèce de chaque genre. Pour toutes les autres, ce nom se trouve désigné par la lettre initiale seulement. Ainsi, après avoir cité une première fois l'**Acacia**, nous mettons **A. dealbata**, **A. Farnesiana**, etc.; de même pour tous les autres genres.

On trouvera à la fin de ce volume la clef des abréviations des noms d'auteurs ou autres dénominations indiquées à la suite de chaque genre, comme lorsqu'on met après *Dalhia variabilis*, par exemple, D. C. (c'est-à-dire De Candolle, qui a donné le nom au genre); *Georgina variabilis* WILLD. (c'est-à-dire Willdenow); *Dalhia cosmæflora* JACQ. (c'est-à-dire Jacquin); *Malva Creeana* HORT. (c'est-à-dire *hortorum* ou *hortulanorum*, des jardins ou des jardiniers).

CHAPITRE PREMIER.

PLANTES ANNUELLES ET BISANNUELLES POUR PLATES-BANDES.

ABRONIA.

Abronia umbellata *Juss.* Abronie à ombelles. (*Nyctaginées.*) — Plante vivace, cultivée comme annuelle; tiges grêles, rampantes, traçantes et formant une sorte de tapis comme les verveines, ou volubiles; feuilles opposées, pétiolées, très-entières, ovales allongées, obtuses, un peu charnues, légèrement visqueuses; fleurs disposées en ombelles ou capitules formant des bouquets terminaux, portées sur de longs pédoncules. Ces fleurs remarquables, d'un beau rose lilacé, se succèdent depuis juillet jusqu'en novembre; elles rappellent un peu celles de la Valériane, et exhalent une odeur de vanille. Il leur succède un fruit à quatre ailes.

Cette plante est originaire de la Californie, où elle croît dans les sables meubles; elle est assez rustique chez nous, et vient en tout terrain. Sa culture est analogue à celle des verveines. On la multiplie facilement par ses graines, qu'on sème sur couche chaude en mars ou en avril, ou en pleine terre en mai. On peut aussi semer en septembre en pépinière pour repiquer et hiverner sous châssis. Cette espèce se cultive encore comme plante grimpante, et il sera bon d'en traiter ainsi quelques pieds pour se procurer des graines.

ACNIDA.

Acnida cannabina. Acnide à feuilles de chanvre. (*Atriplicées.*) — Plante annuelle, à feuillage ornemental. Semer sur couche en mars, et repiquer en mai; ou semer en place à cette dernière époque.

ACROCLINIUM.

Acroclinium roseum. Acroclinie à fleurs roses. (*Composées.*) — Plante annuelle, très-jolie, haute d'environ 30 cent.; fleurs (ou mieux capitules) d'un rose vif satiné, à centre jaune, plus grandes que celles du *Rhodanthe Manglesii*, auxquelles elles ressemblent. Elle vient en pleine terre, se plaît au soleil et craint l'humidité. On la multiplie de graines semées sur couche en mars. Les fleurs peuvent se conserver comme celles de l'Immortelle jaune.

ADONIS.

Adonis æstivalis *L.* Adonide d'été. (*Renonculacées.*) — Annuelle. Tige de 25 à 40 cent.; feuilles finement découpées; fleurs petites, composées de six à dix pétales oblongs, rouge clair ou plus souvent rouge vermillon très-vif, et marqués d'une tache noire à la base, paraissant de mai à juillet. Il y en a une variété à fleurs jaune citrin. Cette plante, indigène, demande une terre légère, substantielle, une exposition aérée, et se multiplie de graines qu'on sème sur place, en septembre-octobre ou au printemps.

A. autumnalis *L.* Adonide d'automne; goutte de sang. — Annuelle. Tige de 50 cent.; feuilles très-découpées; fleurs pourpres, tachées de noir à la base; juin-septembre. Même culture.

A. flammea *Jacq.* Adonide flammée. — Annuelle. Tige grêle; fleurs d'un rouge vif, souvent tachées de noir à la base; juin-août. Même culture.

AGERATUM.

Ageratum cœruleum *L.* Agérate bleue, Célestine. (*Composées.*) (Pl. I, fig. 1.) — Plante annuelle, touffue, à tige haute de 40 cent.; fleurs bleues, en corymbe terminal; tout l'été et une grande partie de l'automne. Originaire du Mexique. Terre légère, sablonneuse et chaude, bonne exposition. Semer en pleine terre en avril, ou sur couche en mars; repiquer en motte; arroser abondamment.

A. cœlestinum. Variété de la précédente. — Tige rameuse, de 40 à 50 cent.; fleurs bleu de ciel, de juin à novembre. Semer en mars ou en juillet. On peut la cultiver en serre comme vivace; elle se propage facilement de bouture.

A. Mexicanum *Bot. mag.* Agérate du Mexique. — Plante annuelle ou bisannuelle, très-élégante; tige de 40 cent., très-rameuse, pubescente ainsi que les rameaux; feuilles alternes, rarement opposées, pétiolées, ovales deltoïdes, dentées, à nervures marquées, pubescentes; fleurs en capitules terminaux, longuement pédonculés, bleu d'azur, moins grands que dans l'espèce précédente; tout l'été et une partie de l'automne. Pleine terre. Multiplication de graines semées au printemps ou de boutures qu'on rentre en hiver sous châssis.

A. conspicuum. A. remarquable. — Annuel. Tige de 75 cent., très-rameuse, couverte d'un beau feuillage; fleurs blanches, en corymbes légers, d'août à novembre. Cette espèce est très-belle et produit beaucoup d'effet. Semer au printemps.

AGROSTEMMA.

Agrostemma coronaria *L.;* **Lychnis coronaria** *Desr.* Coquelourde, Lychnis des jardins, Œillet-de-Dieu, Passe-fleur. (*Caryophyllées.*) — Plante bisannuelle; tige de 50 cent., couverte d'un duvet blanchâtre, ainsi que les feuilles, qui sont oblongues; fleurs nombreuses, blanches, écarlates ou rouge pourpre, simples ou doubles, de juin à septembre. Vient bien en tout terrain, mais surtout dans une terre légère, et se multiplie de graines qu'on sème aussitôt après leur maturité, pour repiquer en mars. On peut aussi semer en place, en mai et juin. Les variétés à fleurs doubles se propagent par éclats faits en automne et replantés tout de suite.

A. cœli rosa. Voy. *Viscaria.*

ALONZOA.

Alonzoa Warscewiczii. Alonsoa de Warscewicz. (*Personées.*) — Plante vivace, cultivée comme annuelle; assez belle; tige de 80 cent.; fleurs écarlates, en épi; juillet-septembre. Semer les graines sur couche à la fin de mars ou dans le courant d'avril et repiquer sur couche. Rempoter plusieurs fois, à mesure que les racines remplissent les vases.

A. incisifolia *Benth.* **Hemimeris urticæfolia** *Willd.* Alonsoa à feuilles d'ortie. — Vivace, cultivée comme annuelle. Tige de 40 cent.; fleurs écarlates; juillet-octobre. Même culture.

A. grandiflora. Alonsoa à grandes fleurs. Variété *Picta.* — Vivace, cultivée comme annuelle; fleurs rouge vermillon, marquées de noir. Même culture.

ALTHÆA.

Althæa Sinensis *Cav.* Rose trémière de Chine. (*Malvacées.*) — Plante vivace, pouvant être cultivée comme annuelle. Tige de 1 mèt.

à 1 mèt. 30; feuilles larges, palmées; fleurs blanches ou pourpres, de juin à septembre. Variété à fleurs pourpres, panachées de blanc. Terre franche, légère et substantielle. Multiplication de graines semées en pot sur couche en mars ou avril, ou en septembre en pépinière pour repiquer et hiverner en pépinière.

ALYSSUM.

Alyssum maritimum *Lamk.* **Clypeola maritima** *L.* Alysse odorante. (*Crucifères.*) — Annuelle. Tige de 20 cent.; fleurs blanches odorantes, en ombelles, de mai en octobre. Semer en septembre, en place ou en pépinière, ou en place en mars, avril, et successivement jusqu'en juillet.

A. Benthami. Alysse de Bentham. — Annuelle; fleurs blanches, d'un bel effet. Même culture.

AMARANTUS.

Amarantus caudatus *L.* Amarante queue de renard, Discipline de religieuse. (*Amarantacées.*) (Pl. II, fig. 3.) — Plante annuelle. Tige de 70 cent. à 1 mèt.; feuilles ovales, oblongues, rougeâtres; fleurs petites, cramoisies, en longues grappes serrées, pendantes; juin-septembre. Il y en a une variété à fleurs jaunes, une autre qui atteint la dimension de 2 à 3 mèt. (*A. giganteus*). Cette espèce, originaire de l'Inde, vient bien partout; elle prospère surtout dans un sol riche et meuble, formé en grande partie de bon terreau de couche non usé; elle se resème d'elle-même. On peut l'employer pour garnir les vases des grands jardins. Semer en mars et avril sur couche chaude; repiquer à bonne exposition.

A. tricolor *L.* Amarante tricolore. — Annuelle. Tige de 50 cent. à 1 mèt.; feuilles ornementales d'un bel effet, panachées de jaune, de rouge et de vert; fleurs verdâtres, peu apparentes, de juillet à septembre. Originaire de Chine. Semer sur couche en mars-avril, et repiquer sur couche en mai-juin, ou semer en place à cette dernière époque.

A. bicolor. Amarante bicolore. — Variété de la précédente, à feuilles panachées seulement de jaune et de vert. Même culture.

A. sanguineus *L.* Amarante sanguine. — Annuelle. Tige de 30 cent.; feuilles rouge brique, larges, ovales arrondies, souvent échancrées. Même culture.

A. melancholicus. Amarante mélancolique. — Annuelle. Tige de 1 mèt.; fleurs rouge amarante, de juillet à septembre. Semer sur place en mars.

A. speciosus *Ker.* Amarante pourpre. — Annuelle. Tige de 1 mèt. 70 à 2 mèt., rameuse; fleurs pourpre cramoisi, ramassées le long des rameaux; juillet-septembre. Se sème d'elle-même; semer sur couche en mars et repiquer, ou mieux sur place en avril, dans une terre meuble et bien fumée.

A. cristatus. Voy. *Celosia cristata.*

AMETHYSTÆA.

Amethystæa cœrulea *L.* Améthystée bleue. (*Labiées.*) — Plante annuelle. Tige de 35 cent., dressée, rameuse, glabre; feuilles lobées; fleurs bleues, en cimes lâches ou en corymbes, à odeur légère et agréable; juin-juillet. Originaire d'Orient. Semer en place, au commencement de mai, en terre franche, légère, fraîche, à demi ombragée.

AMMOBIUM.

Ammobium alatum. (*Composées.*) — Plante vivace, cultivée comme annuelle. Tige de 70 cent., ailée, rameuse; feuilles radicales lancéolées, étalées; fleurs en capitules arrondis, terminaux, jaunes au centre, blancs à la circonférence; mai-septembre. Originaire d'Australie. Terre légère et sèche. On peut semer sur couche tiède à la fin de mars ou en avril et repiquer sur couche; ou bien en septembre en pépinière; ou bien enfin en juin-juillet en pépinière et replanter en pot pour hiverner sous châssis. Couverture l'hiver.

ANAGALLIS.

Anagallis grandiflora *L.* **A. collina** *Sch.* Mouron à grandes fleurs. (*Primulacées.*) — Vivace, cultivé comme annuel; tige de 30 cent.; fleurs grandes, roses, de 2 à 3 cent. de diamètre; mai-septembre. Il y en a des variétés à fleurs carnées et rouges. Originaire d'Algérie. Semer sur couche en mars ou avril et repiquer sur couche; ou en pépinière en septembre, pour repiquer et hiverner en pépinière; ou en pots à cette dernière époque et hiverner sous châssis.

A. Phillipsi. Mouron de Phillips. — Variété du précédent. Fleurs d'un beau bleu cobalt; mai-septembre. Même culture.

A. fruticosa. Mouron frutescent. — Autre variété, à fleurs rouge brique ou saumonées; mai-septembre. Même culture.

A. linifolia *L.* **A. Monelli** *Hort.* Mouron à feuilles de lin. — Trisannuel. Tige courte, dressée; fleurs passant du bleu au rouge, tachées de carmin au centre; mai-septembre. Terre franche légère. Semer les graines aussitôt après leur maturité et abriter en serre tempérée. Les boutures faites sur couche tiède donnent des fleurs six semaines après.

A. superba. Mouron superbe. — Variété du précédent, à fleurs plus grandes, plus belles, roses ou violettes. Même culture.

On peut faire avec ces plantes de très-jolies corbeilles ou des massifs, qui sont en fleurs pendant tout l'été.

ANGELICA.

Angelica archangelica *L.* **Archangelica officinalis** *Hoffm.* Angélique. (*Ombellifères.*) — Grande plante bisannuelle ou trisannuelle, indigène, cultivée surtout comme plante alimentaire ou officinale, mais que la beauté de son port a fait admettre dans les jardins. Tige de 1 à 2 mèt., droite; feuilles très-grandes, élégamment découpées; fleurs verdâtres, peu apparentes, mais formant par leur réunion de larges ombelles d'un bel effet. Terrain substantiel, frais ou même humide, et bien amendé. Semer en été après la maturité de la graine, ou en mars; arroser abondamment, et repiquer en septembre ou au printemps suivant, selon la force des pieds.

ANTHEMIS.

Anthemis Arabica *L.* **Cladanthus proliferus** *D. C.* Anthémis d'Arabie. (*Composées.*) — Plante annuelle. Tige de 60 cent., couchée, ramifiée; feuilles linéaires; fleurs en capitules jaune safrané ou orangé; juillet-septembre. Terre franche et sèche. Semer en mars et avril, soit sur place, soit en pépinière.

A. parthenioïdes. Voy. *Matricaria.*

ANTIRRHINUM.

Antirrhinum majus *L.* Muflier, Mufle de veau, Gueule de lion, Gueule de loup. (*Personées.*) (Pl. I, fig. 2.) — Plante vivace, cultivée comme annuelle. Tige de 40 à 90 cent.; feuilles lancéolées, lisses; fleurs en épis, grandes, irrégulières, en mufle, présentant toutes les nuances de blanc, de jaune et de rouge; mai-octobre. Les principales variétés, d'après M. Vilmorin, sont : à fleurs rouge violacé nuancé de rouge et feu; bicolore rose et blanc, rouge et blanc; pourpre cramoisi; feu nuancé de jaune; jaune pur; panachées feu, jaune et blanc; violet marginé blanc; blanc pur; feu orangé; panaché et tigré de jaune; jaune chamois nuancé de rose; panaché rouge et jaune; pourpre; striées, ponctuées, etc. La variété *Caryophylloïdes* est très-remarquable. On en cultive aussi à fleurs régulières ou *péloriées.* Cette espèce est indigène et croît naturellement sur les vieux murs, les rochers, etc. Elle vient en tout terrain. On la propage de graines semées sur couche en automne pour repiquer en place avant les froids; ou seulement en mars pour repiquer en mai; ou enfin en juin-juillet en pépinière. Le bouturage s'emploie aussi avec avantage, surtout pour la conservation des bonnes variétés.

ARCTOTIS.

Arctotis breviscapa *D. C.* Arctotis à hampe courte. (*Composées.*) — Plante annuelle sous notre climat, mais vivace au Cap, son pays natal. Tige de 20 à 30 cent., rameuse, étalée, tomenteuse; feuilles épaisses, molles, lobées; fleurs en capitules brun rougeâtre au centre, jaune orangé à la circonférence, portés sur une hampe courte; juillet-octobre. Il y en a une variété à fleurs jaune citrin. Bonne terre légère. Semer en janvier ou février sur couche chaude; repiquer sous châssis et mettre en pleine terre vers le mois de mai, dès que les gelées ne sont plus à craindre. On peut encore semer en pleine terre en mai. Cette plante aime le grand soleil, mais elle craint l'excès d'humidité, qui fait pourrir promptement ses tiges. Elle produit un très-joli effet en massif et en corbeilles.

A. acaulis *D. C.* Arctotis sans tige. — Espèce voisine ou peut-être simple variété de la précédente. Capitules à centre noir, à couronne jaune soufre, durant très-longtemps.

A. plantaginea. Arctotis à feuilles de Plantain. — Capitules à centre jaune, à couronne pâle au-dessus, violet noirâtre en dessous. Même culture.

ARGEMONE.

Argemone grandiflora *Bot. Reg.* Argémone à grandes fleurs. (*Papavéracées.*) — Annuelle. Tige de 1 m.; fleurs grandes, blanches; juillet-septembre. Terre légère et chaude. Semer en place en mai, ou sur couche en mars ou avril, et repiquer sur couche ou en pot.

A. ochroleuca. Argémone blanc jaunâtre. — Annuelle. Tige de 70 cent.; fleurs blanc jaunâtre, en juillet et août. Même culture.

A. intermedia. Argémone intermédiaire. — Annuelle. Tige de 70 cent.; fleurs jaune citrin, en juillet-août. Même culture.

A. Mexicana. Argémone du Mexique. — Annuelle. Tige de 70 cent.; fleurs jaune pâle, en juillet-août. Variété à fleurs blanches. Même culture.

ASCLEPIAS.

Asclepias Curassavica *L.* Asclépiade de Curaçao. (*Asclépiadées.*) — Vivace, cultivée comme annuelle. Tige de 60 cent.; feuilles oblongues, lancéolées; fleurs écarlates ou jaune orangé, en ombelles; juin-octobre. Terre légère. Semer sur couche en février ou mars, et repiquer sur couche.

A. fruticosa *L.* **Gomphocarpus fruticosus** *R. Br.* Asclépiade frutescente. — Vivace, cultivée comme annuelle. Tige de 1 m. 70; fleurs blanches, en septembre-octobre. Même culture. Orangerie, ou bonne couverture l'hiver, si on veut la conserver.

ASTER.

Aster Sinensis *L.* **Callistephus hortensis** *Cass.* Astère de Chine, Reine-Marguerite. (*Composées.*) (Pl. III, fig. 3.) — Plante annuelle. Tige de 20 à 65 cent. Les fleurs présentent des variétés très-nombreuses dans la grandeur, la forme et la couleur. On les range sous quatre groupes : 1° les naines hâtives; 2° les doubles; 3° les anémones ou à tuyaux; 4° les pyramidales. Elles se montrent depuis la fin de juillet jusqu'aux gelées. Pour avoir des fleurs le plus longtemps possible on fait des semis successifs, depuis le 15 mars jusqu'en juin : le premier sur couche tiède, sur laquelle on met un châssis les premiers jours; les autres sur couche sourde, qu'on abrite par un paillasson pendant les nuits de gelée blanche. Lorsque le plant est un peu fort on le repique sur une plate-bande couverte de bon terreau, à 20 ou 25 cent. de distance. Dès que les premiers boutons commencent à paraître, on enlève les plantes avec la motte et on les dispose en quinconce, à 30 ou 40 cent. de distance; on opère, autant que possible, par un temps couvert et on arrose; les arrosements doivent surtout être copieux et plus fréquents dans la quinzaine qui précède la floraison. Mais, pendant les premiers mois de leur végétation, elles n'exigent pas beaucoup d'eau.

Les *Reines-Marguerites* viennent à peu près dans tous les terrains; néanmoins, pour en avoir de belles, il faut les cultiver dans une terre légère, franche, bien ameublie et largement pourvue d'engrais consommé. Pour obtenir des fleurs très-doubles, il faut avoir soin de choisir les graines des petits capitules qui se trouvent à la partie inférieure de la plante. On assure que la graine d'un an est la meilleure.

M. Truffaut emploie le procédé suivant pour prolonger la floraison des Reines-Marguerites et pour conserver aux fleurs leur coloris. Le matin on met au-dessus des plantes une toile claire, qui sert à briser les rayons du soleil, empêchant ainsi les fleurs à coloris tendre de se foncer ou de s'altérer; le soir les toiles sont enlevées pour que les plantes puissent profiter de la rosée de la nuit. Si, au contraire, les fleurs ne paraissent qu'en septembre ou octobre, on place les toiles le soir pour garantir les plantes des gelées blanches ou des rosées trop fortes qui ont lieu à cette époque de l'année; le matin on enlève ces toiles, et les fleurs profitent de l'action de la lumière, indispensable à la maturation des graines.

Quand les plantes sont fanées, on les arrache pour leur en substituer d'autres; on laisse seulement comme porte-graines les individus les plus vigoureux, les plus beaux et les plus variés de forme et de couleur. Pour récolter les graines, on coupe les têtes, que l'on met sur une toile pour les faire sécher; il vaut mieux encore les enlever avec une partie du pédoncule, et en faire de petites bottes que l'on tient dans un lieu sec et à l'abri.

ASTRAGALUS.

Astragalus hamosus *L.* Astragale à fruits crochus. Vers. (*Légumineuses.*) — Annuelle. Tige de 30 cent.; fruit recourbé; août-septembre. Semer en place, en avril.

ATHANASIA.

Athanasia annua *L.* **Lonas inodora** *Gaertn.* Athanasie annuelle. (*Composées.*) — Tige de 35 cent., très-rameuse; feuilles pinnatifides; fleurs jaunes, en corymbe, de longue durée; juillet-septembre. Terre légère; exposition du midi. Semer en place au printemps; recouvrir le semis de terreau bien divisé, et arroser jusqu'à ce que le plant soit assez fort.

ATRIPLEX.

Atriplex hortensis *L.* Arroche des jardins. (*Atriplicées.*) — Annuelle. Tige de 1 m. 80; feuilles rouge de sang, d'un très-bel effet, surtout dans la variété *Atrosanguinea;* fleurs peu apparentes, en juillet-septembre. Semer en place, depuis avril jusqu'en juin.

BAERIA.

Baeria chrysostoma. Baérie dorée. (*Composées.*) — Annuelle. Tige de 40 cent.; fleurs jaunes, en juillet et août. Semer en place, en avril et mai, ou en pépinière en septembre.

BARTONIA.

Bartonia aurea *Lindl.* Bartonie dorée. (*Loasées.*) (Pl. IV, fig. 1.) — Annuelle. Tiges de 60 cent., blanches, rameuses, étalées; feuilles diversement découpées, rudes au toucher; fleurs grandes, d'un beau jaune doré, les étamines formant une houppe soyeuse; juin-septembre. Originaire de Californie. Semer sur place, en terre sablonneuse, légère et sèche, soit en avril et mai, soit en septembre et octobre. Peu ou point d'arrosements, mais beaucoup de soleil si l'on veut avoir une belle floraison. Les fleurs sont odorantes et s'épanouissent surtout la nuit.

BETA.

Beta vulgaris *L.* Poirée à cardes. (*Atriplicées.*) — Plante bisannuelle, cultivée surtout comme plante potagère, mais dont deux variétés sont véritablement ornementales par leurs feuilles rouges (*B. purpurea*) ou jaunes (*B. aurea*). Ces plantes, hautes de 40 cent., ont des fleurs insignifiantes, qui paraissent d'août en octobre. Semer en pépinière en planche en avril et mai, ou en place d'avril à juin.

BLITUM.

Blitum virgatum *L.* Blette effilée, Épinard fraise. (*Atriplicées.*) — Annuelle. Tige de 60 cent.; fleurs peu apparentes; fruits d'un beau rouge amarante, en forme de fraise; juillet-août. Semer en place, en avril et mai.

B. capitatum *L.* Blette capitée ou en tête. — Annuelle. Tige et fruits comme dans l'espèce précédente. Même culture. Ces deux plantes se resèment d'elles-mêmes.

BRACHYCOME.

Brachycome Iberidifolia *Benth.* Brachycome à feuilles d'Ibéride. (*Composées.*) — Plante annuelle. Tige de 40 cent.; feuilles finement découpées; fleurs bleues; mai-août. Variété à fleurs blanches. Semer sur couche, en mars ou avril, et repiquer sur couche; ou en pépinière, en septembre, pour repiquer et hiverner en pépinière; ou en place, en mai et successivement jusqu'en juillet; ou enfin en septembre, en pots, pour hiverner sous châssis.

BRASSICA.

Brassica oleracea *L.* Chou frisé. (*Crucifères.*) — On cultive avec avantage, comme plantes d'ornement, plusieurs variétés de Choux, remarquables par leurs feuilles panachées, qui garnissent les plates-bandes depuis novembre jusqu'en janvier, époque à laquelle elles sont dépouillées de fleurs. Ces plantes sont annuelles ou bisannuelles; les plus remarquables sont les Choux : frisé vert, haut de 1 m. 20; rouge, de même dimension; prolifère ou à aigrette, haut de 60 cent., ainsi que les suivants : panaché rouge ou blanc; lacinié, panaché rouge ou blanc; enfin le Chou palmier, dont la tige s'élève à 1 m. 80. Semer en pépinière en planche, en mai.

B. caulo-rapa *D. C.* Chou-Rave. — Annuel ou bisannuel. Tige de 40 cent. Variétés dites de Naples et à feuilles d'artichaut. Même culture.

BRIZA.

Briza maxima *L.* Brize à grandes fleurs, Amourette. (*Graminées.*) — Annuelle. Tige de 50 cent.; feuilles linéaires; fleurs verdâtres, insignifiantes, mais formant par leur réunion des panicules très-élégantes; mai-juillet. Semer en place en avril et mai; ou en pépinière, en septembre, pour repiquer et hiverner en pépinière.

B. gracilis *L.* Brize grêle, petite Amourette. — Annuelle. Tige de 30 cent.; inflorescence plus petite. Même culture.

BROWALLIA.

Browallia alata *L.* Broualle élevée. (*Personées.*) — Annuelle.

Tige de 30 à 65 cent., très-rameuse; feuilles lancéolées, aiguës; fleurs bleu lilas, à tube long jaune doré; juin-septembre. Variété à fleurs blanches. Terre légère, substantielle; exposition du midi. Semer sur couche en avril, et repiquer sur couche. On peut aussi semer à l'automne sous châssis.

B. demissa *L.* Broualle à tige tombante. — Annuelle. Tige de 35 cent.; fleurs violet bleuâtre, taché de jaune; tout l'été. Même culture.

B. viscosa. Broualle visqueuse. — Annuelle. Fleurs bleu foncé à centre blanc. Même culture.

CACALIA.

Cacalia sagittata *Wahl.* **Emilia sagittata** *D. C.* Cacalie à feuilles hastées. (*Composées.*) (Pl. V, fig. 1.) — Annuelle. Tige de 40 cent., peu rameuse; feuilles amplexicaules, oblongues, hastées, entières ou dentées. Fleurs terminales rouge orangé; juillet-septembre. Variétés à fleurs rouges, orangées ou jaunes. Originaire des Moluques. Terre franche; exposition du midi. Semer sur couche en avril, pour repiquer sur couche; on peut encore semer sur place en avril et mai.

Cacalia sonchifolia. Cacalie à feuilles de laiteron. — Variété de la précédente. Même culture.

CALANDRINIA.

Calandrinia umbellata *D. C.* Calandrine en ombelle. (*Portulacées.*) (Pl. VI, fig. 2.) — Plante vivace, cultivée comme annuelle. Tige de 20 cent.; feuilles linéaires lancéolées; fleurs d'un beau rose violacé, en grappes ombelliformes terminales; juin-septembre. Originaire du Chili. Terre légère. Semer en pot sur couche en mars et avril, ou en place en avril et mai.

C. grandiflora *Lindl.* **C. glauca** *Schrad.* Calandrine glauque ou à grandes fleurs. — Vivace, cultivée comme annuelle. Tige de 60 cent.; fleurs roses; juillet-septembre. Semer en avril et mai, soit en place, soit en pépinière en planche.

C. elegans, C. discolor. Calandrine élégante ou bicolore. — Vivace, cultivée comme annuelle. Tige de 50 cent.; feuilles glauques en dessus, rouges en dessous; fleurs grandes, roses; juillet-septembre. Même culture.

C. Burridgii. Calandrine de Burridge. — Vivace, cultivée comme annuelle. Tige de 30 cent.; fleurs rouge cuivré, en juin et juillet. Semer en place en avril et mai.

C. speciosa. Calandrine belle. — Annuelle. Tige de 10 cent.; fleurs rose violacé, en juin et juillet. Même culture.

CALCEOLARIA.

Calceolaria rugosa *R.* et *P.* **C. integrifolia** *Benth.* **C. salviæfolia** *Pers.* Calcéolaire rugueuse, à feuilles entières ou à feuilles de Sauge. (*Personées.*) (Pl. I, fig. 4.) — Plante vivace, sous-frutescente, cultivée comme bisannuelle. Tige de 1 m.; feuilles ovales, lancéolées, rugueuses, molles; la face inférieure, dans les premiers temps, présente des écailles jaunâtres ou rougeâtres; fleurs nombreuses, irrégulières, en forme de petit sabot (d'où le nom de la plante), d'un jaune d'or, réunies en corymbe; mai-septembre. Variétés présentant toutes les nuances du blanc au rouge brun, maculées, ponctuées ou striées. Originaire du Chili.

On cultive les Calcéolaires dans un mélange composé de terreau de feuilles, de terre de bruyère et de terre franche. Il leur faut une température douce et humide. On les propage de graines, si l'on veut obtenir des plantes vigoureuses ou des variétés nouvelles. On sème en juin, juillet et août, en pépinière, en planche ou en pot, et on replante en pot pour hiverner sous châssis. Il y a avantage à semer en terre de bruyère pure et à repiquer dans le mélange indiqué ci-dessus; on peut encore semer en automne ou au printemps. Les pots employés doivent être de moyenne grandeur. Lorsqu'on sort ces plantes de la serre, il faut les placer à une exposition ombragée et les bassiner fréquemment pendant l'été.

On propage encore les Calcéolaires par boutures étouffées ou par éclats enracinés. On fait cette opération depuis la mi-août jusqu'au milieu de l'hiver. Les plantes ainsi traitées doivent être conservées sous châssis, en pleine terre ou en orangerie, et en pots. Les sujets qu'on obtient sont d'ailleurs moins forts et donnent de moins belles fleurs que ceux qui sont venus de semence. Néanmoins c'est le mode qu'on emploie d'ordinaire pour certaines variétés qui grainent difficilement.

C. Youngii *Hort.* Calcéolaire d'Young. — Vivace, cultivée comme bisannuelle, et regardée par quelques auteurs comme un hybride. Tige de 60 cent.; fleurs présentant la même forme et les mêmes variétés de couleurs que celles de l'espèce précédente; mai-juillet. Variété naine, haute de 25 cent. Même culture.

C. chelidonoïdes. Calcéolaire à feuilles de Chélidoine. — Espèce nouvelle et peu connue. Annuelle. Fleurs très-belles. Il faut lui appliquer provisoirement la même culture.

C. amplexicaulis. Calcéolaire amplexicaule. — Variété nouvelle et peu connue. Annuelle. Même culture.

C. scabiosæfolia. Calcéolaire à feuilles de Scabieuse. — Annuelle. Tiges de 50 cent., très-ramifiées; feuilles pennatifides, d'un vert gai; fleurs nombreuses, terminales, d'un beau jaune; mai-août. Forme de jolis massifs au printemps. Semer en place en mai, ou en août pour repiquer. En serre elle fleurit dès le mois de février.

C. pinnata. Calcéolaire à feuilles ailées. — Annuelle ou bisannuelle. Tige de 60 cent.; fleurs jaune-citrin; juillet-septembre. Semer sur couche en avril, et repiquer sur couche.

C. Californica. Calcéolaire de Californie. — Annuelle. Fleurs jaunes. Même culture.

CALENDULA.

Calendula officinalis *L.* Souci des jardins. (*Composées.*) (Pl. V, fig. 3.) — Plante annuelle. Tige de 30 à 60 cent.; feuilles ovales lancéolées; fleurs en capitules jaune pâle ou safrané très-vif; juin-octobre. Variétés nombreuses, dont les plus remarquables sont les Soucis de la Reine, à fleurs jaunes très-doubles; à bouquets ou prolifère; de Trianon ou Anémone; etc. Cette plante, indigène et très-rustique, demande une terre franche légère et une exposition chaude; elle se multiplie facilement de graines qu'on sème en pépinière en septembre, et en place, depuis mars jusqu'en juillet, pour avoir des fleurs en diverses saisons. On obtient encore mieux ce dernier résultat en coupant les fleurs à mesure qu'elles passent, et en supprimant les rameaux anciens.

C. pluvialis *L.* **Dimorphoteca pluvialis** *Mœnch.* Souci pluvial. — Espèce annuelle, du Cap. Tige de 30 cent., couchée; fleurs blanches, en juillet et août. Variété à fleurs violacées. Semer en place en avril et mai. Vient mieux en terre de bruyère.

C. hybrida. Souci hybride. — Annuel. Tige de 30 cent.; fleurs blanches, en juillet et août. Même culture que le Souci des jardins.

CALLICHROA.

Callichroa platyglossa. (*Composées.*) — Plante annuelle. Tige de 30 cent.; fleurs jaunes, en juillet et août. Semer en avril et mai, soit en place, soit en pépinière en planche.

CAMPANULA.

Campanula medium *L.* Grande Campanule, Violette marine, Mariette. (*Campanulacées.*) — Plante bisannuelle. Tige de 60 à 70 cent.; feuilles lancéolées, oblongues, légèrement crénelées, les radicales disposées en rosette; fleurs grandes, en cloche, d'un beau violet, en juin-septembre. Variétés à fleurs blanches et à fleurs doubles, pour chacune des deux couleurs. Terre franche, légère, demi-ombragée. Semer, en mai, en place; ou mieux en pépinière en planche; repiquer en août, si l'on veut obtenir de belles touffes. On peut aussi semer en automne. Arrosements abondants à l'époque de la floraison.

C. speculum *L.* **Specularia** speculum *L'Hér.* **Prismatocarpus speculum** *D. C.* Miroir de Vénus. — Plante annuelle, indigène. Tige de 20 à 30 cent.; flleurs violettes, de mai à juillet. Variétés à fleurs lilacées et blanches. Semer en place en mars et avril et en septembre, ou en pépinière à cette dernière époque.

C. Lorei *Link.* Campanule de Lore. — Annuelle. Tige de 30 cent. fleurs bleues ou blanches, de mai à juillet. Même culture.

C. latifolia. Campanule à larges feuilles. — Bisannuelle. Fleurs bleues ou blanches. Même culture.

C. macrantha. Campanule à grandes fleurs. — Bisannuelle. Fleurs bleu violacé. Même culture.

C. vincæflora. Campanule à fleurs de Pervenche. — Annuelle. Tige de 30 cent.; fleurs bleues; juin-août. Même culture.

C. pentagona. Campanule pentagonale. — Annuelle. Tige de 30 cent.; fleurs bleu pâle, de mai à juillet. Variété à fleurs blanches. Même culture.

C. pyramidalis *L.* Campanule pyramidale. — Bisannuelle. Tige de 1 m. 30 à 1 m. 50; feuilles cordiformes; fleurs bleu pâle; juillet-septembre. Variété à fleurs blanches. Cette espèce est indigène et croît sur les rochers et les vieux murs. Elle demande une terre franche et légère, le grand soleil et beaucoup d'arrosements pendant la floraison. Ses tiges très-souples peuvent être palissées sur des treillages de formes variées et qu'on peut rendre très-élégantes. On peut la cultiver aussi en pots pour orner les appartements.

CANTUA.

Cantua picta *Mich.* **Gilia coronopifolia** *Pers.* **Ipomopsis elegans** *Mich.* Cantua peint. (*Polémoniacées.*) (Pl. I, fig. 3.) — Plante bisannuelle. Tige de 1 m. à 1 m. 60, peu rameuse; feuilles pennées, à segments linéaires, disposées en rosette; fleurs d'un beau rouge écarlate, ponctuées de brun à l'intérieur, réunies en longue grappe; juillet-octobre. Variétés à fleurs jaunes ponctuées de carmin (*lutea*), nankin, écarlate (*superba* et *Beyrickii*). Cette plante, originaire de la Caroline, est très-délicate et craint surtout l'humidité. On sème au printemps ou en juillet, dans une bonne terre douce; ou bien encore en septembre en pépinière; on repique de bonne heure en pots qu'on hiverne sous châssis. Quelque soin qu'on prenne, le semis ne réussit qu'en partie; un certain nombre de graines ne lèvent pas. On plante à demeure, en pleine terre, au printemps; et pour faire ramifier la plante on la pince avec l'ongle, ou mieux avec un instrument bien tranchant.

CAPSICUM.

Capsicum cerasiforme *L.* Piment cerise. (*Solanées.*) — Vivace, cultivé comme annuel. Tige de 70 cent. à 1 m.; feuilles entières, d'un beau vert; fleurs blanches, peu remarquables; fruits d'un beau rouge et de la grosseur d'une cerise, mûrissant de septembre en novembre. En général, ce sont les fruits qui font des piments des plantes d'ornement. Semer en mars sur couche et sous châssis.

C. annuum, longum, luteum, Chilense, violaceum, grossum, lycopersicoïdes, etc. Piment annuel, long, jaune, du Chili, violet, gros, tomate, etc. — Toutes ces espèces ou variétés diffèrent par la grosseur, la forme ou la couleur de leurs fruits, qui produisent également un bel effet. Même culture.

CARDUUS.

Carduus Marianus *L.* **Silybum Marianum** *Gaertn.* Chardon-Marie, Carthame maculé. (*Composées.*) — Plante annuelle. Tige de 1 m. 50; feuilles grandes, larges, épineuses sur les bords, d'un beau vert, panachées de blanc; fleurs rouges, en capitule; octobre. Semer en place en avril. La variété *eburnea* est plus ornementale.

CARTHAMUS.

Carthamus tinctorius *L.* Carthame des teinturiers, Safran bâtard. (*Composées.*) — Plante annuelle. Tige de 60 à 90 cent.; feuilles épineuses; fleurs d'un beau jaune orangé ou safrané, réunies en capitules terminaux; août-septembre. Terre substantielle. Semer sur couche en mars, ou en place en avril ou mai.

CELOSIA.

Celosia cristata *L.* **Amarantus cristatus** *Hort.* Célosie à crête, Amarante crête-de-coq, Passe-velours. (*Amarantacées.*) — Annuelle. Tige de 30 à 60 cent., fasciée, large, rameuse; fleurs très-petites, très-nombreuses, accompagnées de bractées rouges, dont la réunion forme une crête plissée, d'un beau cramoisi, simulant un morceau de velours ou mieux de peluche; juillet-septembre. Variétés amarante, pourpre, rouge pivoine, feu, rose, violette, chamois, jaune d'or et jaune pâle. Autres variétés naines, hautes de 20 cent., amarantes ou jaune pâle. Semer sur couche en mars et avril et repiquer sur couche; planter à demeure en mai, avec la motte, en terre franche légère et à exposition chaude. Cette culture est difficile, à cause des soins qu'elle exige.

C. argentea *L.* Célosie argentée. — Annuelle. Fleurs blanc d'argent, en épi scarieux. Même culture.

C. margaritacea *L.* Célosie perlée. — Annuelle. Fleurs rose argenté, en épi scarieux. Même culture.

C. species? *Vilm.* Célosie à épi rose. — Annuelle. Tige de 40 cent., très-rameuse; fleurs rose vif, en longs épis compactes; juillet-octobre. Plante élégante et d'un bel effet.

CELSIA.

Celsia arcturus *L.* Celsie arcture. (*Personées.*) — Plante annuelle ou bisannuelle. Tige de 80 cent.; fleurs jaune pâle portées sur de longs pédoncules; juin-août. Semer en juin et juillet, en pépinière en planche ou en pot.

CENIA.

Cenia turbinata alba. Cénie turbinée blanche. — Annuelle; fleurs blanches. Semer en place en mai.

CENTAUREA.

Centaurea cyanus *L.* Centaurée bleue, Bleuet des jardins, Barbeau. (*Composées.*) — Annuelle. Tige de 90 cent.; feuilles linéaires, entières ou dentées; fleurs en capitules bleus dans le type; mai-septembre. Variétés de toutes les couleurs, excepté la jaune. Terre légère. Semer en septembre en place, ou depuis mars jusqu'en mai, soit en place, soit en pépinière en planche.

C. depressa *Bieb.* Centaurée déprimée. — Annuelle. Tiges de 50 cent., couchées, diffuses; fleurs bleues à la circonférence, rouges au centre; mai-septembre. Variété à fleurs roses, haute de 30 cent. Semer en septembre en pépinière, ou en mars et avril en place ou sur pépinière en planche.

C. moschata *L.* Centaurée musquée, Ambrette violette. — Annuelle. Tige de 50 cent.; fleurs violet pâle; juin-octobre. Variété à fleurs blanches. Culture du *C. cyanus.*

C. Amberboï *Lamk.* **Amberboa odorata** *D. C.* Centaurée odorante, Barbeau jaune, Ambrette jaune, Fleur du Grand-Seigneur. — Annuelle. Tige de 50 cent.; fleurs jaune citrin; juin-août. Semer en avril sur couche, ou en avril et mai, soit en place, soit en pépinière en planche.

C. Americana *Nutt.* **Plectocephalus Americanus** *Don.* Centaurée d'Amérique. — Tige de 1 m. 20; feuilles lancéolées; fleurs bleu lilacé; juillet-septembre. Semer en avril sur couche ou en place, ou en pépinière en septembre pour repiquer et hiverner en pépinière.

C. crocodilium *L.* Centaurée du Nil. — Annuelle. Tige de 50 cent.; feuilles lyrées; fleurs grandes, pourprées au dehors, blanches au dedans; juin-août. Culture du *C. Amberboï.*

C. involucrata. Centaurée à grand involucre. — Annuelle. Fleurs jaunes. Même culture.

C. myriostigma *Lem.* Centaurée à mille points. — Annuelle. Assez semblable au *C. Americana*, mais plus petite; feuilles couvertes de points saillants. Semer sur couche au printemps et mettre en place en mai.

CENTAURIDIUM.

Centauridium Drummondii. Centauridie de Drummond. (*Composées.*) — Annuelle. Tiges de 80 cent.; fleurs jaune citrin; juillet-octobre. Semer sur couche en avril, ou en place en mai.

C. carneum. Centauridie carnée. — Annuelle. Fleurs couleur de chair. Même culture.

CENTRANTHUS.

Centranthus macrosipho *Boiss.* (*Valérianées.*) — Annuelle. Tige de 50 cent.; fleurs roses, de mai en juillet. Variété à fleurs carnées; autres variétés naines, de 30 cent., à fleurs roses et blanches. Terre légère et chaude. Semer en septembre en place ou en pépinière, ou depuis mars jusqu'en juillet en place.

CERINTHE.

Cerinthe retorta. Mélinet tordu. (*Borraginées.*) — Annuelle. Feuilles panachées de blanc, d'un bel effet. Semer sur couche, en mars, ou en place, en avril et mai.

CHEIRANTHUS.

Cheiranthus cheiri *L.* Giroflée jaune, Rameau d'or, Ravenelle, Violier. (*Crucifères.*)(Pl. VII, fig. 2.) — Bisannuelle ou vivace, cultivée comme annuelle. Tige de 40 à 50 cent.; feuilles étroites, lancéolées; fleurs en grappe terminale, jaunes, odorantes, en février et mars. Variétés à fleurs pourpres, brunes, jaune d'or ou panachées; on possède encore des variétés naines, hautes de 30 cent. Cette espèce indigène croît spontanément sur les rochers, les vieux murs, etc.; elle est rustique et vient en tout terrain. On la propage de graines, qu'on a soin de cueillir sur les fleurs les plus belles. On peut les semer en toute saison, mais surtout depuis mars jusqu'en juin, sur une planche en terre bien meuble. Quand les jeunes plants ont quelques feuilles, on les repique en pépinière pour mettre en place à l'automne.

Enfin, il y a des variétés à fleurs doubles, qui sont moins rustiques et ne donnent pas de graines. On les multiplie facilement par boutures, que l'on cultive en pots pour les rentrer en hiver. On traite de la même manière les variétés à feuilles glauques ou panachées.

C. fenestralis *L.* Giroflée Cocardeau. — Bisannuelle. Tige de

60 cent.; feuilles ondulées; fleurs carmin; avril-août. Variété à fleurs roses. Semer en mai en pépinière en planche et replanter en pot pour hiverner sous châssis.

C. annuus *L.* **Mathiola annua** *D. C.* Giroflée annuelle, Quarantaine. — Annuelle ou bisannuelle. Tige de 30 à 40 cent.; feuilles lancéolées, obtuses; fleurs présentant toutes les nuances du blanc au brun; juin-septembre. Les nombreuses variétés de cette espèce peuvent se rapporter à quelques races principales, dites *anglaise, anglaise à grande fleur, demi-anglaise* ou *à rameau, lilliputienne, anglaise à feuilles de cheiri, kiris* ou *grecque, empereur perpétuelle, Cocardeau,* etc. Chacun de ces types présente des fleurs de couleurs très-variées, blanche, jaune, chamois, brune, violette, rouge, rose, carnée, carmin, lilas, cramoisie, bleue, etc. M. Courtois-Gérard recommande de semer les premières en février et mars, sur couche. Plus tard on peut semer en place jusqu'en juin. On peut aussi, d'après M. Tollard, semer en septembre et hiverner sous châssis.

Les Quarantaines Cocardeau ont l'avantage de fleurir plus tôt que les Cocardeaux dits grosse espèce (*C. incanus et fenestralis*); elles ont des fleurs plus doubles et un coloris plus vif; les plantes sont moins hautes, et le rameau de fleurs principal est assez court et accompagné de rameaux secondaires nombreux. Quoiqu'elles portent le nom de quarantaines, M. Vilmorin recommande avec raison de les traiter comme bisannuelles, en les semant en juin et juillet. Quelques variétés nouvelles d'Empereur perpétuelle (rose cuivré, violet foncé, etc.), importées d'Allemagne par ce savant horticulteur, sont un peu plus délicates et plus tardives que nos races; elles demandent à être semées en mai et à passer l'hiver, en pots, sous un abri.

C. Græcus *Hort.* **Mathiola Græca** *D. C.* Giroflée grecque, kiris. — Voisine de la précédente. Annuelle ou bisannuelle. On remarque surtout une variété dont les fleurs changent de couleur. Même culture.

C. incanus *L.* **Mathiola incana** *D. C.* Giroflée grosse espèce. — Bisannuelle. Tige de 60 cent.; fleurs de couleurs très-variées; avril-octobre. Semer sur couche en avril et mai; repiquer en place ou en pots, quand on peut reconnaître les doubles à la forme du bouton. Se sème aussi en juillet, pour fleurir l'année suivante. Il faut garantir ces plantes des fortes gelées et surtout de l'humidité.

CHENOPODIUM.

Chenopodium atriplicis *L.* Ansérine arroche. (*Atriplicées.*) —

Annuelle. Tige de 1 m. 50 cent., très-rameuse; feuilles panachées de rouge brun avec des reflets jaunâtres; fleurs verdâtres; juillet-septembre. Originaire de Sibérie. Semer en place en avril et mai.

C. scoparium *L.* **Kochia scoparia** *Schr.* Ansérine à balais, Belvédère. — Annuelle; tige de 1 m. 50 cent.; fleurs verdâtres; juillet-septembre. Même culture.

C. ambrosioïdes *L.* Ansérine ambroisie, thé du Mexique. — Annuelle; tige de 1 m. 30 cent.; feuilles d'une odeur suave; fleurs verdâtres; juillet-septembre. Même culture.

C. anthelminticum *L.* Ansérine anthelmintique. — Annuelle, formant de beaux massifs; feuilles très-odorantes.

CHLORA.

Chlora grandiflora. Chlore à grandes fleurs. (*Gentianées.*) — Annuelle. Feuilles glauques. Fleurs jaunes. Semer sur couche en mars, ou en place, en avril et mai.

CHOENOSTOMA.

Chœnostoma polyanthum. Chénostome multiflore. (*Personées.*) — Vivace, cultivé comme annuel. Tige de 20 cent.; fleurs blanc rosé; juillet-août. Variété à fleurs rose lilacé. Semer sur couche à la fin de mars ou en avril, et repiquer sur couche; ou en place, en mai; ou en pépinière, à l'automne.

C. fastigiatum. Chénostome fastigié. — Vivace, cultivé comme annuel. Tige de 20 cent.; fleurs roses; juillet-octobre. Même culture. Il faut avoir soin de couper les premières fleurs dès qu'elles sont passées.

C. viscosum. Chénostome visqueux. — Vivace, cultivé comme annuel; tige de 20 cent.; fleurs blanc rosé; juillet-octobre. Même culture.

C. æthiopicum. Chénostome d'Éthiopie. Charmante espèce annuelle, très-florifère. Même culture.

CHRYSANTHEMUM.

Chrysanthemum coronarium *L.* Chrysanthème à couronne ou des jardins. (*Composées.*) — Plante annuelle; tige de 65 cent. à 1 m. 20 cent.; feuilles amplexicaules; fleurs jaunes, de juin à septembre.

Variétés à fleurs blanches et tuyautées. Terre ordinaire. Semer, en avril et mai, soit en place, soit en pépinière en planche, et repiquer, si l'on veut, dans la pépinière d'attente.

C. carinatum *Sch.* Chrysanthème caréné. — Annuel. Tiges de 35 à 50 cent., diffuses; feuilles découpées, un peu charnues, à odeur de Géranium; fleurs blanches, jaunes à la base, vers la circonférence, noirâtres au centre; juillet-septembre. On remarque surtout les variétés nouvelles dites *C. venustum, Burridgeanum* et *luteum*, à fleurs jaunes et blanches. Semer sur couche au commencement de mars et repiquer en pot; ou bien en pépinière en planche, dans le courant d'avril; ou bien encore sur place en avril et successivement jusqu'en juillet; on peut repiquer, si l'on veut, dans la pépinière d'attente.

C. murticum. Charmante petite espèce, à fleurs blanches.

CIRSIUM.

Cirsium pulcherrimum. Chardon superbe. (*Composées.*) — Bisannuel; tiges de 1 m. 20 à 1 m. 50; fleurs jaunes. Semer en place, en mai, ou en pépinière, en septembre.

CLARKIA.

Clarkia pulchella *Pursh.* Clarkie gentille ou à pétales découpés. (*Onagrariées.*) (Pl. VII, fig. 3.) — Plante annuelle, à tige droite, rameuse, haute de 40 à 60 cent.; feuilles lancéolées; fleurs nombreuses, axillaires et terminales, roses, à pétales en croix; mai-octobre. Variété à fleurs blanches. Cette espèce, originaire de la Californie, demande une terre légère et fraîche; on la propage de graines, que l'on a soin de cueillir aussitôt après la maturité des capsules. Semer en pépinière, en septembre-octobre et au printemps, et repiquer; ou mieux semer sur place à ces deux époques. Les semis de printemps doivent se faire depuis avril jusqu'en juin, afin d'avoir des fleurs pendant plus longtemps.

C. elegans *Dougl.* Clarkie élégante ou à pétales entiers. — Annuelle; tige de 60 cent.; feuilles ovales-oblongues, un peu dentées; fleurs rose violacé, à pétales entiers; mai-septembre. Variétés à fleurs carnées et à fleurs roses bordées de blanc. Dans chacune de ces couleurs, on a aussi des fleurs doubles ou semi-doubles. Semer sur place au printemps.

CLEOME.

Cleome spinosa *L.* Cléome épineuse. (*Capparidées.*) — Annuelle; tige de 1 m., épineuse; feuilles ternées, à folioles lancéolées-linéaires, dentées; fleurs blanc rosé; juillet-octobre. Semer sur couche en mars et avril et repiquer en pot, en mai.

C. pungens. Cléome violet ou piquant, Mosambé. — Vivace, cultivée comme annuelle. Tige de 1 m. 20; fleurs violettes, de juillet à octobre. Même culture. On peut aussi semer en place, en mai.

C. trachysperma. Polanysia trachysperma. Cléome à fruits rugueux. — Annuelle; tige de 40 cent.; fleurs blanc rosé; juillet-septembre. Même culture.

COIX.

Coïx lacryma *L.* Larmes de Job. (*Graminées.*) — Annuelle; tige de 60 cent. à 1 mèt.; feuilles longues, lancéolées; fleurs verdâtres, entourées à la base d'un involucre pierreux, semblable à une perle grise; juillet-septembre. Semer en avril et mai, sur place, ou en pépinière en planche. Arroser fréquemment pendant les grandes chaleurs.

COLLINSIA.

Collinsia bicolor *Nutt.* Collinsie bicolore. (*Personées.*) — Annuelle; tige de 25 à 35 cent., rameuse, rougeâtre; feuilles ovales-oblongues, d'un beau vert; fleurs rose lilacé à la lèvre inférieure, blanches à la supérieure; juin-juillet. Terre légère. Semer sur place, depuis mars jusqu'en juillet. On peut aussi semer en automne.

C. multicolor. Collinsie multicolore. — Annuelle; fleurs mêlées de blanc, violet et lilas; juin-juillet. Même culture.

C. Bartsiæfolia. Collinsie à feuilles de Bartsia. — Annuelle; fleurs blanc et lilas; juin-juillet. Même culture.

C. grandiflora. Collinsie à grandes fleurs. — Annuelle. Tige de 30 cent.; fleurs bleu violacé; mai-août. Semer en septembre et en avril, en place ou en pépinière.

C. candidissima. Collinsie à fleurs blanches. Annuelle.

COLLOMIA.

Collomia coccinea *Lehm.* Collomie écarlate. (*Polémoniacées.*) —

Annuelle. Tige de 20 à 30 cent.; feuilles étroites, pointues; fleurs écarlates; juin-septembre. Semer en septembre en place ou en pépinière, ou en avril et mai en place.

C. grandiflora *Lehm.* Collomie à grandes fleurs. — Annuelle. Tige de 70 cent.; fleurs safranées; juin-août. Même culture.

COLUTEA

Colutea frutescens *L.* **Sutherlandia frutescens** *R. Br.* Baguenaudier d'Ethiopie. (*Légumineuses.*) — Sous-arbrisseau vivace, cultivé comme annuel. Tige de 70 cent.; feuilles ailées, soyeuses; fleurs d'un beau rouge écarlate, en grappes courtes; mai-juin et août-septembre. Fruit renflé, vésiculeux. Semer sur couche à la fin de mars ou en avril et repiquer sur couche; ou en juin et juillet, en pépinière en planche, et replanter en pots pour hiverner sous châssis.

C. grandiflora. Baguenaudier à grandes fleurs. — Variété du précédent, cultivée comme bisannuelle. Tige de 80 cent.; fleurs plus grandes; mai-juin. Employer seulement le second mode de culture du *C. frutescens.*

COMMELINA.

Commelina tuberosa *L.* Comméline tubéreuse. (*Commélinées.*) — Vivace, cultivée comme annuelle. Tige de 50 à 65 cent.; feuilles lancéolées, velues; fleurs bleues, à 3 pétales arrondis, entourés d'une spathe verte; juin-septembre. Variétés à fleurs blanches et panachées. Semer en avril sur couche.

CONVOLVULUS.

Convolvulus tricolor *L.* Liseron tricolore, Belle-de-jour. (*Convolvulacées.*) (Pl. 1, fig. 5.) — Tiges de 30 à 40 cent., diffuses, rampantes; feuilles spatulées; fleurs solitaires, très-nombreuses, grandes, blanches au centre, jaune soufre à la gorge, bleues au bord; juin-septembre. Ces fleurs se ferment la nuit. Variétés à fleurs blanches et panachées. Originaire de Portugal. Demande une terre légère, bien meuble et riche en humus et une exposition chaude. Semer sur couche en mars et avril, ou en place, en avril et mai; recouvrir légèrement. Arrosements abondants.

Les autres *Convolvulus* sont des plantes grimpantes.

COREOPSIS.

Coreopsis elegans *L.* **C. tinctoria** *Nutt.* **Calliopsis tinctoria** *D. C.* **C. bicolor** *Reich.* Coréopsis élégant ou des teinturiers (*Composées.*) (Pl. II, fig. 1.). — Plante annuelle; tige de 70 cent. à 1 mèt., déliée, à rameaux nombreux, effilés; feuilles découpées, à folioles linéaires. Fleurs très-nombreuses, terminales, élégantes, d'un beau pourpre ou brun mordoré au centre; rayons de même couleur à la base, le reste d'un beau jaune; depuis juin jusqu'aux gelées. Variétés à fleurs plus ou moins grandes, à partie brune plus ou moins étendue, pourprées, marbrées, tuyautées, semi-doubles, naines, etc. Terre ordinaire. Semer au printemps en pleine terre et repiquer en planche ou sur place; ou bien en mai en place; ou bien enfin en automne et repiquer en pépinière; cette dernière manière donne de plus belles fleurs. Les graines doivent être peu recouvertes.

C. Delphiniifolia. Coréopsis à feuilles de Dauphinelle. — Annuel; tige de 50 cent.; fleurs terminales, jaunes ou pourpres; juin-septembre. Semer en septembre, ou en février et mars.

C. Ackermanni. Coréopsis d'Ackermann. — Bisannuel. Tige de 80 cent; fleurs jaunes, à centre brun; juin-juillet. Semer en juin ou juillet, en pépinière, en planche.

C. picta vel diversifolia *D. C.* **C. Drummondi** *A. Gr.* **Calliopsis Drummondi** *Don.* Coréopsis peint ou de Drummond. — Vivace, cultivé comme annuel. Tige de 60 cent.; feuilles lobées; fleurs jaunes; juin-août. Culture du *C. elegans.*

C. filiformis. Coréopsis à feuilles étroites. — Annuel. Tige de 60 cent.; fleurs jaunes; mai-octobre. Semer en septembre en pépinière, ou en mars sur couche et repiquer en pot.

C. coronata *Hook.* **Calliopsis coronata** *D. C.* Coréopsis couronné. — Annuel; tige de 40 cent.; fleurs jaunes, de juillet à septembre. Semer en pépinière en avril-mai ou en septembre pour repiquer et hiverner en pépinière.

C. Atkinsoniana *Bot. reg.* Coréopsis d'Atkinson. — Bisannuel. Port du *C. elegans;* feuilles et fleurs plus grandes. Même culture.

C. Cardaminæfolia. Coréopsis à feuilles de Cardamine. — Annuel. Feuilles très-découpées; fleurs jaunes à disque noir. Même culture.

CORYDALIS.

Corydalis glauca *D. C.* **Fumaria sempervirens** *L.* Fumeterre glauque ou toujours verte. (*Fumariacées.*) — Annuelle; tige de 60 cent.; fleurs blanc et rose; juin-juillet. Terre franche, légère. Semer en avril et mai, en place ou en pépinière.

COSMANTHUS.

Cosmanthus fimbriatus *Alph. D. C.* **Phacelia fimbriata** *Mich.* Phacélie à fleurs frangées. (*Hydrophyllées.*) — Annuelle; tiges de 15 à 25 cent., rameuses, étalées; feuilles lobées; fleurs blanc violacé, bordées de cils blancs et réunies en épi; mai-juin. Semer en automne ou au printemps; arroser modérément.

C. viscidus. Voy. *Eutoca viscida.*

COSMIDIUM.

Cosmidium Burridgeanum. Cosmidie de Burridge. (*Composées.*) Plante annuelle, d'un port élégant; tige de 75 cent.; fleurs très-grandes, très-belles, d'un brun foncé velouté, largement bordé de jaune d'or. Semer en place au printemps; arrosements modérés.

C. filifolium *T. et Gr.* Cosmidie à feuilles étroites. — Annuelle. Port de la précédente, mais moins élevé. Fleurs un peu moins grandes. Même culture.

COSMOS.

Cosmos bipinnatus *Cav.* **Cosmea bipinnata** *Willd.* Cosmos bipenné. (*Composées.*) — Belle plante annuelle; tige de 1 m. à 1 m. 60; feuilles grandes, à divisions linéaires, comme celles du Fenouil; fleurs en capitules à disque jaune et à couronne rose violacé; juin-octobre. Variétés à grandes fleurs roses et à fleurs pourpres. Originaire du Mexique. Semer sur couche en février, ou en pépinière en mars et avril; repiquer en mai, en pots remplis de terre légère et mis à une bonne exposition. La plante mûrissant difficilement ses graines, il sera bon, pour en obtenir, de conserver quelques pieds en serre.

C. exaristatus *Dcne.* Cosmos à feuilles mutiques. — Annuel; tiges rameuses, velues; feuilles très-divisées; fleurs en capitules terminaux longuement pédonculés, à rayons rose violacé; depuis juin jusqu'aux gelées. Originaire du Mexique, comme le précédent. Semer en pleine terre, en avril.

CREPIS.

Crepis barbata *L.* **Tolpis barbata** *D. C.* Crépide barbue. (*Composées.*) — Annuelle; tige de 50 cent.; feuilles découpées; fleurs jaunes, de juillet à septembre. Semer en avril et mai, en place, ou en pépinière en planche.

CUPHEA.

Cuphea Silenoïdes. *Nees.* Cuphea faux Silene (*Lytrariées.*) — Annuel. Tige de 30 à 50 cent., rameuse, visqueuse, couverte de poils glanduleux; feuilles ovales, pubescentes, visqueuses; fleurs tubuleuses, violet pourpré nuancé de blanc; juin-octobre. Semer sur couche en avril et repiquer sur couche pour mettre en place en mai; ou en septembre, en pots que l'on hiverne sous châssis.

C. purpurea. Cuphea pourpre. — Vivace, cultivée comme annuelle; tige de 40 cent; fleurs de couleurs très-variées; juin-octobre. Variété naine. Même culture.

C. strigulosa. — Vivace, cultivée comme annuelle; tige de 30 cent.; fleurs roses; juillet-novembre. Semer sur couche au commencement de mars, et repiquer sur couche.

C. platycentra. Cuphéa à large éperon. — Vivace, cultivée comme bisannuelle; tige de 30 cent.; fleurs mélangées d'écarlate et de jaune verdâtre; juin-novembre. Même culture. On peut aussi semer en pépinière en septembre, pour repiquer et hiverner en pépinière.

C. Pellieri. Cuphéa de Pellier. — Annuelle; fleurs jaune et rouge brique. Même culture.

CYNOGLOSSUM.

Cynoglossum linifolium *L.* **Omphalodes linifolia** *Mœnch.* Cynoglosse à feuilles de lin. (*Borraginées.*) — Plante annuelle; tiges de 30 à 35 cent., rameuses; feuilles lancéolées; fleurs blanches, en panicule; juin-septembre. Semer en place, au printemps ou à l'automne.

C. Cheirifolium *L.* Cynoglosse à feuilles de Giroflée, Cynoglosse argentée. — Bisannuelle; tige de 30 à 50 cent.; feuilles soyeuses; fleurs rose violacé, en épi scorpioïde; juin-août. Terre légère; bonne exposition. Même culture. Rentrer le jeune plant en hiver.

C. petiolatum. Cynoglosse pétiolé. — Bisannuelle; fleurs bleues. Même culture.

C. cœlestinum. Cynoglosse célestine. — Annuelle ; fleurs bleues. Même culture.

C. Haynianum. — Annuelle; fleurs bleues. Semer au printemps.

CYPERUS.

Cyperus glomeratus *L.* Souchet à fleurs ramassées. (*Cypéracées.*) — Cette espèce, ainsi que le *C. vegetus* et plusieurs autres, peuvent, quoique vivaces, être cultivées comme annuelles, à la condition d'être semées sur couche de très-bonne heure et de recevoir des arrosements copieux. Leur port est très-élégant.

DALEA.

Dalea purpurea *Vent.* **Petalostemon violaceum** *Mich.* Daléa pourprée. (*Légumineuses.*) — Plante vivace, cultivée comme annuelle ; tige de 50 à 70 cent. ; feuilles imparipennées, à folioles petites, oblongues ; fleurs en épi, purpurines, très-petites ; juin-septembre. Terre franche et légère ; toute exposition, excepté le nord. Semer sur couche au printemps. Se multiplie aussi par éclats de pied.

DATURA.

Datura fastuosa *L.* **Stramonium fastuosum** *Mœnch.* Stramoine fastueuse, Pomme épineuse d'Égypte. (*Solanées.*) — Plante annuelle; tige de 70 cent. à 1 mèt., rameuse, violacée; feuilles larges, sinuées ; fleurs grandes, violettes ; juillet-novembre. Variétés à fleurs blanches, à fleurs doubles, composées de 2 ou 3 corolles emboîtées les unes dans les autres. Semer sur couche chaude en mars et avril et repiquer sur couche au midi; ou semer en pleine terre, en avril et mai.

D. ceratocaula *Jacq.* **Solandra herbacea**. Stramoine cornue. — Annuelle; tige de 60 cent. à 1 mèt. ; feuilles lancéolées, sinuées, blanchâtres à la face inférieure; fleurs très-grandes, violacées à l'extérieur, blanches à l'intérieur; s'ouvrant vers 5 heures du soir jusqu'à 9 heures du matin ; agréablement odorantes ; juillet-octobre. Variété à fleurs doubles. Même culture.

D. Metel *L.* Stramoine métel. — Annuelle. Tige de 1 mèt.; fleurs blanches; juillet-octobre. Même culture.

D. flava vel humilis. Stramoine jaune. — Vivace, cultivée comme annuelle. Fleurs jaunes. Même culture.

D. ferox *L.* Stramoine féroce. — Annuelle. Même culture.

D. quercifolia. Stramoine à feuilles de chêne. — Annuelle. Même culture.

DELPHINIUM.

Delphinium Ajacis *L.* Dauphinelle des jardins, Pied d'Alouette. (*Renonculacées.*) — Annuelle; tige de 70 cent. à 1 mèt.; feuilles finement découpées; fleurs nombreuses, en épi, éperonnées, bleues, violettes, rouges, roses, carnées, mauve, grises, etc. Variétés à fleurs blanches. Autre variété naine. Mai-juillet. Terre ordinaire. Semer en place en septembre et au printemps.

D. consolida *L.* Pied d'Alouette ou Dauphinelle des moissons. — Annuelle; tige de 70 cent. à 1 mèt.; feuilles à divisions linéaires; fleurs gris de lin; juillet-octobre. Variétés à fleurs blanches, carnées, lilas, violettes, rouges et panachées, et à fleurs doubles. Semer en place ou en pépinière, soit en septembre, soit en mars et avril; et en place, en mai.

D. cardiopetalum. Dauphinelle à pétales en cœur. — Annuelle; tige de 25 à 30 cent.; fleurs abondantes, d'un beau bleu. Même culture.

DIANTHUS.

Dianthus Sinensis *L.* Œillet de Chine. (*Caryophyllées.*) (Pl. VI, fig. 2.) — Annuel ou bisannuel; tige de 30 à 35 cent.; feuilles étroites, linéaires, aiguës, d'un beau vert; fleurs réunies en cyme formant bouquet, d'un rouge vif, veloutées; juillet-septembre. Variétés à fleurs violet clair, pourprées, blanches, tachées, panachées ou ponctuées de blanc; autres à fleurs doubles, à grandes fleurs, à feuilles plus larges. Cette espèce demande une bonne terre franche, légère, mélangée de terreau; elle se multiplie de graines, qu'on sème en septembre ou en mars, sur couche; on repique en planche. On peut aussi semer en planche, en mai. Dès que les jeunes pieds ont atteint la taille de 8 à 10 cent., on les pince pour en obtenir des touffes plus belles et plus robustes. Cette plante craignant le froid et l'humidité, il sera bon d'en rentrer quelques pieds en hiver, d'abriter ceux qu'on laissera en pleine terre et de conserver soigneusement des graines pour maintenir les bonnes variétés.

D. Gardneri *Hort.* Œillet de Gardner. — Annuel ou bisannuel. Tige de 30 cent.; fleurs odorantes, à pétales frangés, offrant toutes les nuances du blanc carné au rose vif; juin-septembre. Variétés à fleurs semi-doubles. Semer en septembre en pépinière, ou en avril sur couche ou en pépinière.

D. barbatus *L.* Œillet de poëte, Œillet barbu, bouquet fait. — Bisannuel; tige de 40 cent.; fleurs en cyme corymbiforme, variant du blanc au rouge, ou panachées; juin-juillet. Variété à fleurs doubles. Semer en mai et juin, en pépinière en planche.

D. imperialis. Œillet impérial. — Annuel. Fleurs rose foncé ou rouge de sang foncé, très-doubles.

DIDISCUS.

Didiscus cæruleus *D. C.* **Hugelia cærulea** *R. Br.* **Trachymene cærulea.** Didisque bleu, Hugélie bleue (*Ombellifères.*) — Plante annuelle; tige de 65 à 80 cent., rameuse; feuilles trilobées; fleurs bleues; août-septembre. Pleine terre légère, substantielle; bonne exposition. Semer en mars et avril, en place, ou sur couche, et repiquer de très-bonne heure en pots. Arroser modérément.

DIGITALIS.

Digitalis purpurea *L.* Digitale pourprée. (*Personées.*) — Plante vivace, cultivée comme bisannuelle. Tige de 60 cent. à 1 m. 20; feuilles ovales, cotonneuses, blanchâtres; fleurs pourpres, pendantes, en grappe terminale; juillet-août. Variétés à fleurs roses et blanches. Tout terrain, mais mieux terre légère, sèche. Semer les graines aussitôt après leur maturité et repiquer en automne; le plant passe l'hiver en pleine terre.

D. grandiflora *Lamk.* Digitale à grandes fleurs. — Bisannuelle. Tige de 70 cent. à 1 m. 20; fleurs jaune pâle taché de pourpre; juin-juillet. Même culture.

DRACOCEPHALUM.

Dracocephalum Moldavicum *L.* Dracocéphale de Moldavie. (*Labiées.*) — Annuelle. Tige de 60 cent.; feuilles opposées; fleurs violettes, en épi terminal; juillet-août. Variété à fleurs blanches. Semer en avril et mai, soit en place, soit en pépinière en planche. Terre légère, substantielle, chaude.

D. Mexicanum. Dracocéphale du Mexique. — Annuelle. Même culture.

DYSOPHYLLA.

Dysophylla stellata *Benth.* Dysophylle étoilée. — Annuelle; tige de 25 cent.; rameaux violacés; feuilles linéaires, verticillées. Fleurs petites, pourpre violacé, en longs épis; mars-juillet. Multiplication de boutures, faites à la fin d'août, en terre de bruyère humide, sous cloches.

ECHIUM.

Echium Creticum *L.* Vipérine de Crète. (*Borraginées.*) — Annuelle; tige inclinée; fleurs rouge foncé; juin-août. Semer sur couche en mars, et repiquer.

ERAGROSTIS.

Eragrostis elegans *Palis.* Eragrostide élégante. (*Graminées.*) — Annuelle; tige de 60 cent.; feuilles lancéolées, linéaires; fleurs verdâtres, en panicule; juillet-septembre. Semer en place durant tout le printemps.

ERIGERON.

Erigeron Beyrichii. Vergerette de Beyrich. (*Composées.*) — Annuelle ou bisannuelle. Fleurs blanc rosé, en capitules terminaux. Semer sur place en mars-avril.

ERODIUM.

Erodium moschatum *Willd.* **Geranium moschatum** *L.* Geranium musqué. (*Géraniacées.*) — Annuel; tige de 30 cent.; feuilles très-découpées, odorantes; fleurs roses; juin-août. Semer en pépinière, en avril, ou en place, en mai.

ERYSIMUM.

Erysimum Petrowskianum *Fisch.* Vélar de Pétrowski. (*Crucifères.*) — Annuel; tige de 40 à 60 cent.; feuilles lancéolées; fleurs nombreuses, jaune safrané ou orangées, légèrement odorantes; mai-août. Semer depuis avril jusqu'en juillet, en place, ou en septembre-octobre, en place ou en pépinière.

E. Arkansanum. Vélar de l'Arkansas. — Annuel; fleurs jaune-soufre foncé, très-odorantes. Même culture.

ESCHOLTZIA.

Escholtzia Californica *Cham.* **Chryseïs Californica.** Escholtzie de Californie. (*Papavéracées.*) (Pl. IV, fig. 3.) — Plante vivace, cultivée comme annuelle. Tiges nombreuses, étalées, longues de 35 à 70 cent.; feuilles glauques, à divisions linéaires. Fleurs terminales, très-grandes, d'un beau jaune doré, orangées ou safranées au centre; juin-septembre. Variétés à fleurs jaune pâle presque blanches et à fleurs semi-doubles. Cette plante vient bien en pleine terre ordinaire, bien exposée au soleil; toutefois les variétés à fleurs pâles sont plus délicates. On sème en place ou sur couche depuis mars jusqu'en août successivement, pour avoir des fleurs pendant longtemps. On sème aussi depuis août jusqu'en octobre, et l'on repique.

E. crocea *Cham.* Escholtzie safranée. — Annuelle. Tige de 40 cent.; fleurs orangées; juin-septembre. Même culture.

E. tenuifolia. Escholtzie à feuilles menues. — Annuelle. Tige de 15 à 20 cent.; feuilles étroites, très-découpées; fleurs très-nombreuses, jaune soufre pâle. Même culture.

ETHULIA.

Ethulia corymbosa. Éthulie à corymbes. (*Composées.*) — Annuelle; tige de 1 mètre; fleurs rose violacé; août-octobre. Variété à fleurs blanc lilacé. Semer sur couche en avril, ou en place en mai.

E. conizoïdes. Éthulie conizoïde. — Annuelle; tige de 50 cent.; fleurs violet pâle; août-octobre. Même culture. Cette espèce est préférable à la précédente, comme plus florifère.

EUCHARIDIUM.

Eucharidium grandiflorum *Fisch. et Mey.* Eucharidion à grandes fleurs. (*Onagrariées.*) — Plante annuelle; tige de 30 cent., rameuse, légèrement pubescente; feuilles oblongues, rougeâtres; fleurs d'un beau rose violacé liseré de blanc; mai-juillet. Terre argilo-siliceuse; exposition demi-ombragée. Semer en automne en pépinière ou en mars sur couche et repiquer; ou en place depuis avril jusqu'en juillet. Arrosements modérés.

E. concinnum. *F. et M.* Eucharidion élégant. — Annuel; tige de 30 cent.; fleurs roses; mai-juillet. Même culture.

EUCNIDA.

Eucnida bartonioïdes. Microsperma bartonioïdes. *Val.* Eucnide à fleurs de Bartonia. (*Loasées.*) — Annuelle; tige de 20 à 25 cent.; fleurs jaunes; juillet-octobre. Terrain sec et profond; exposition chaude. Semer sur couche en avril et repiquer en pot.

EUPATORIUM.

Eupatorium ageratoïdes. *L.* Eupatoire Célestine. (*Composées.*) — Annuelle; tige de 50 cent.; fleurs blanches; août-octobre. Semer sur couche en avril. Terre fraîche.

E. adenophorum. *Spr.* Eupatoire adénophore. — Vivace, cultivée comme bisannuelle; fleurs blanches; avril-juillet. Semer en juin et juillet en pépinière en pot, et repiquer en pot pour hiverner sous châssis.

EUPHORBIA.

Euphorbia variegata. *Coll.* **E. marginata.** *Pursh.* Euphorbe panachée. (*Euphorbiacées.*) — Plante annuelle; tige de 40 à 60 cent.; feuilles glauques, panachées et bordées de blanc; fleurs verdâtres; août-septembre. Terrain sec; exposition chaude. Semer sur couche en mars pour repiquer, ou en place en avril et mai. Arroser modérément.

EUTOCA.

Eutoca viscida *Benth.* **Cosmanthus viscidus** *Alph. D. C.* Eutoque visqueux. (*Hydrophyllées.*) — Annuel; tige de 30 à 50 cent., rameuse; feuilles cordiformes, dentées; fleurs bleues en épi scorpioïde; juillet-août. Terre ordinaire. Semer en place en avril, et successivement jusqu'en juillet.

E. Menziensii *Dougl.* Eutoque de Menzies. — Annuel; tige de 30 cent.; feuilles velues; fleurs lilas; juillet-août. Même culture.

E. multiflora *Dougl.* Eutoque multiflore. — Semblable au précédent; fleurs plus nombreuses. Même culture.

E. Wrangeliana. Eutoque de Wrangel. — Annuel. Fleurs nombreuses, larges, lilas, en capitules lâches. Même culture.

E. divaricata. Eutoque divariqué. — Annuel; fleurs bleu pâle. Même culture.

FABA.

Faba purpurea *Hort.* Fève à fleurs pourpres. (*Légumineuses.*) — Annuelle; variété de la fève commune, remarquable par la couleur violet pourpre de ses fleurs, qui la rend susceptible d'être cultivée pour l'ornement, ainsi que la variété à fleurs noires.

FEDIA.

Fedia cornucopiæ *Gaertn.* **F. grandiflora** *Hort.* **Valeriana cornucopiæ** *L.* Fédie corne d'abondance, Valériane d'Alger. (*Valérianées.*) — Annuelle; tige de 30 cent.; feuilles découpées; fleurs roses ou lie de vin; mai-juillet. Semer en place en septembre, ou en avril et mai.

FELICIA.

Felicia tenella *L.* Félicie délicate. (*Composées.*) — Annuelle; tiges couchées; feuilles linéaires; fleurs en capitules terminaux, bleu pâle, à disque jaune. Semer en place au printemps.

GAILLARDIA.

Gaillardia picta *Hort.* **G. Drummondii** *D. C.* (*Composées.*) — Vivace, cultivée comme annuelle; tiges de 50 cent., étalées; fleurs à disque pourpre, à rayons pourpres dans les deux tiers inférieurs de leur longueur, jaunes à l'extrémité; juin-septembre. Semer sur couche en avril; ou en septembre, en planche, pour repiquer et hiverner en pépinière; ou en juin et juillet en pépinière, pour replanter en pot et hiverner sous châssis. Terre franche légère. Rentrer la plante en hiver, si on veut la cultiver comme vivace.

G. stellata. Gaillarde étoilée. — Vivace, cultivée comm annuelle; tige de 50 cent.; fleurs jaune pâle; juin-septembre. Semer sur couche en avril; ou en pépinière, en planche ou en pot, en juin-juillet.

GAMOLEPIS.

Gamolepis annua *Less.* **G. tagetes** *D. C.* Gamolepis annuel. (*Composées.*) — Annuel; tige de 20 à 25 cent.; fleurs jaunes; avril-juin. Semer en place en mai, ou en pépinière en avril, ou en septembre, et repiquer en pot pour hiverner sous châssis.

GARDOQUIA.

Gardoquia betonicoïdes *Lind.* **Cedronella mexicana** *Benth.* Gardoquie du Mexique. (*Labiées.*) — Vivace, cultivée comme annuelle ; tige de 1 mètre; feuilles ovales lancéolées, dentées; fleurs rose violacé, en épi terminal interrompu; juillet-octobre. Semer sur couche au commencement de mars, ou en pépinière en septembre pour repiquer et hiverner en pépinière.

GAURA.

Gaura biennis *L.* Gaura bisannuel. (*Onagrariées.*) — Bisannuel; tige de 1 m. 30 à 1 m. 50; feuilles à nervure blanche; fleurs rouges ou blanches; août-septembre. Terre franche, légère, perméable; exposition chaude. Semer sur couche ou en pépinière, en avril et en juin-juillet. Se propage aussi de boutures.

G. Lindheimeriana *Eng.* Gaura de Lindheimer. — Vivace, cultivé comme annuel. Tige de 1 m. à 1 m. 20; fleurs rouge carminé au dehors, blanches au dedans; juin-novembre. Même culture.

GENTIANA.

Gentiana amarella *L.* **G. Germanica** *Willd.* Gentiane Germanique. (*Gentianées.*) — Annuelle; tige de 20 à 30 cent.; feuilles embrassantes, souvent violacées; fleurs violettes; août-octobre. Semer en place en mars et en septembre.

G. campestris *L. G.* champêtre. — Vivace, cultivée comme annuelle. Tiges de 15 à 20 cent., plus étalées que dans l'espèce précédente. Fleurs violet pâle; août-octobre. Même culture.

G. ciliata *L.* Gentiane ciliée. — Annuelle; fleurs bleu violacé; août-octobre. Même culture.

GERANIUM.

Geranium Robertianum *L.* Herbe à Robert. (*Géraniacées.*) — Annuel; tige de 40 cent., rampante, rougeâtre, ainsi que les feuilles, qui sont très-découpées; fleurs rose violacé; avril-août. Indigène; vient partout. Semer au printemps, en place ou en pépinière.

G. moschatum. Voy. *Erodium moschatum.*

GILIA.

Gilia capitata *Dougl.* Gilia à fleurs en tête. (*Polémoniacées.*) — Annuelle; tige de 65 cent. à 1 mèt., rameuse; feuilles très-finement découpées; fleurs bleues, en faisceau terminal; juin-octobre. Variété à fleurs blanches. Terre légère. Semer sur place en avril et mai, ou mieux en septembre. Cette plante se sème aussi d'elle-même.

G. tricolor *Benth.* Gilia tricolore. — Annuelle ; tige de 40 à 50 cent.; fleurs en corymbe, à tube jaune, gorge pourpre et limbe bleu; mai-septembre. Variétés à fleurs blanches, carnées, roses et bleues. Même culture. On peut semer depuis avril jusqu'en juillet.

G. aggregata. Voy. *Cantua.*

G. coronopifolia. Voy. *Cantua.*

GLAUCIUM.

Glaucium flavum *Crantz.* **Chelidonium glaucum** *L.* Chélidoine jaune, Glaucière jaune, Pavot cornu. (*Papavéracées.*) — Bisannuelle; tiges couchées; feuilles glauques, pennilobées, embrassantes; fleurs grandes, jaune doré; juin-septembre. Semer en place, en mars et avril. Cette plante, comme ses congénères, est propre à orner les rocailles.

G. Persicum *Fisch.* Glaucière de Perse. — Annuelle; tige de 50 cent., rameuse; feuilles glauques; fleurs larges, rouge écarlate; juin-septembre. Même culture.

GODETIA.

Godetia Lindleyana *Spach.* Godétie de Lindley. (*Onagrariées.*) — Annuelle; tige de 40 à 60 cent.; feuilles blanchâtres; fleurs terminales, blanc rosé taché de pourpre; juillet-octobre. Pleine terre douce, un peu fraîche. Semer au printemps, en place; ou en pépinière et planter à demeure avec la motte.

G. lepida *Spach.* Godétie élégante. — Annuelle; tige de 30 cent.; fleurs roses; mai-juillet. Semer à l'automne et au printemps, en place ou en pépinière.

G. viminea *Spach.* Godétie effilée. — Annuelle. Espèce voisine du *G. Lindleyana;* fleurs plus petites, rose violacé. Même culture.

G. Shaminii. Godétie de Shamin. — Annuelle; tige de 40 à 50 cent.; fleurs blanc rosé taché de pourpre.

G. alba. Godétie blanche. — Annuelle. Fleurs d'un blanc pur. Même culture.

G. tenuifolia, Willdenowii, insignis, etc. Godétie à feuilles étroites, de Willdenow, remarquable, etc. — Espèces nouvelles, annuelles.

G. purpurea, rubicunda, Rogmanzoffii, etc. Voy. *Œnothera*.

GOMPHRENA.

Gomphrena globosa *L.* Gomphrène globuleuse, Amarantine, Amarantoïde, Immortelle violette. (*Amarantacées.*) (Pl. IV, fig. 4.) — Annuelle. Tige de 30 à 50 cent., articulée, velue; feuilles lancéolées, pubescentes; fleurs réunies en capitules globuleux, d'un beau rouge violacé; mai-octobre, Variétés à fleurs blanches, carnées, jaune d'or, orangées et panachées. Cette espèce demande une terre franche légère et une exposition chaude. On la propage de graines, qu'il faut avoir soin de récolter dès qu'elles sont mûres. On les sème sur couche chaude, en mars, pour repiquer sur couche ou en pots et mettre en place, avec la motte, en juillet. On peut aussi semer en place, en mai. Il faut l'abriter soigneusement contre le froid dans les premiers temps.

Les fleurs de l'Amarantine durent très-longtemps, et, en les faisant sécher la tête en bas comme les Immortelles, on peut les conserver indéfiniment.

G. coccinea *Dcne.* Gomphrène écarlate. — Annuelle. Fleurs d'un rouge écarlate. Même culture.

GOSSYPIUM.

Gossypium herbaceum *L.* Cotonnier herbacé. (*Malvacées.*) — Vivace, cultivé comme annuel. Tige de 80 cent.; feuilles palmées; fleurs jaunes, grandes; juillet-août. Fruit d'ornement, mûrissant en septembre-octobre. Terre légère, exposition chaude. Semer sur couche en avril, et repiquer sur couche.

G. fulvum. Cotonnier nankin. — Vivace, cultivé comme annuel; tige de 80 cent.; fleurs jaune foncé; fruit d'ornement. Même culture.

GUTTIEREZIA.

Guttierezia gymnospermoïdes. (*Composées.*) — Annuelle; tige de 80 cent.; fleurs jaunes; août-septembre. Semer sur couche en avril.

GYNANDROPSIS.

Gynandropsis pentaphylla. *D. C.* **Cleome pentaphilla** *L.* Gynandropsis à cinq feuilles. (*Capparidées.*) — Annuelle; tige de 40 à 50 cent.; feuilles à trois ou cinq folioles; fleurs blanches. Semer sur couche au printemps, et repiquer.

GYPSOPHILA.

Gypsophila elegans. *Marsh. et Bieb.* Gypsophile élégante. (*Caryophyllées.*) — Annuelle, tige de 40 à 45 cent., rameuse; fleurs blanches; juillet. Terre légère, sèche. Semer en place au printemps, ou en pépinière en juin et juillet,

HEBENSTREITIA.

Hebenstreitia tenuifolia *Schrad.* **H. integrifolia** *Chois.* Hébeinstrétie à feuilles menues. (*Sélaginées.*) — Annuelle; tige de 30 à 50 cent.; feuilles très-fines, aiguës; fleurs blanches, tachées de pourpre; juin-octobre. Semer sur couche au printemps.

H. alba. Hébeinstrétie blanche. — Espèce voisine, ou simple variété de la précédente. Même culture.

H. dentata *Thunb.* Hébeinstrétie dentée. — Bisannuelle ou trisannuelle; tige de 60 à 70 cent.; feuilles linéaires; fleurs blanches, marquées d'une teinte aurore; juin-décembre. L'odeur de ces fleurs présente un phénomène remarquable : nulle le matin, forte et désagréable à midi, elle devient très-suave sur le soir. Multiplication de graines, comme les précédentes, si on la cultive comme annuelle, ou de boutures dans le cas contraire.

H. cordata. Voy. *Polycenia.*

HEDYSARUM.

Hedysarum coronarium *L.* Sainfoin à bouquets, Sainfoin d'Espagne, Sulla. (*Légumineuses.*) (Pl. III, fig. 4.) — Plante bisannuelle; tige de 70 cent. à 1 mèt.; feuilles ailées, à sept ou neuf folioles. Fleurs écarlates, odorantes, en épis; juin-août. Variété à fleurs blanches. Terre légère et chaude. Semer : 1° en avril, sur couche, et repiquer en place; 2° en mai, en place; 3° en juin-juillet, en pépinière; 4° à l'automne, et abriter en hiver par une couverture ou sous châssis. Se resème d'elle-même et se propage aussi par éclats.

H. capitatum *Desf.* Sainfoin à fleurs en tête. — Annuel; tige de 50 à 65 cent., rougeâtre, rameuse; feuilles ailées; fleurs roses, en tête; juillet-octobre. Semer sur couche au printemps et repiquer en place, en mai.

H. flexuosum. H. carnosum. Sainfoin flexueux, Sainfoin carné. — Annuel. Fleurs roses. Même culture.

HELENIUM.

Helenium tenuifolium. Hélénie à feuilles menues. (*Composées.*) — Annuel; tige de 40 à 60 cent.; fleurs en capitules radiés, jaunes; août-octobre. Semer en avril en pépinière, ou sur couche pour repiquer de même.

HELIANTHUS.

Helianthus annuus *L.* Grand Soleil. (*Composées.*) — Annuel; tige de 1 m. 80 à 2 m. 40; feuilles larges; fleurs en capitules très-grands, à disque jaune brunâtre et à rayons jaune d'or; tout l'été. Variétés naines, à fleurs doubles, jaunes. Terre ordinaire. Semer en avril et mai, en place ou en pépinière. On peut transplanter les pieds presque en pleine fleur.

H. argophyllus. Soleil du Texas. — Annuel; tige de 1 m. 50; fleurs jaunes, à l'automne. Semer en place, au commencement du printemps.

H. sulfureus. Soleil à fleurs soufrées. — Annuel; fleurs jaune soufre, d'un bel effet. Même culture.

H. Californicus. Soleil de Californie. — Annuel; fleurs jaunes. Même culture.

HELICHRYSUM.

Helichrysum bracteatum. *Willd.* Hélichryse, Immortelle à bractées. (*Composées.*) (Pl. VI, fig. 4.) — Annuelle; tige de 1 m. à 1 m. 20, rameuse; feuilles lancéolées; fleurs en capitules terminaux, paniculés, entourés de bractées sèches d'un beau jaune doré; juin-octobre. Variété à fleurs blanches. Originaire de l'Australie. Semer, sur couche ou en pépinière, soit en avril, soit à l'automne pour repiquer et hiverner en pépinière; et en place, en mai.

H. macranthum *Lindl.* Hélichryse à grandes fleurs, Immortelle rouge. — Annuelle; tige de 60 cent.; fleurs comme dans la précédente, mais en capitules plus larges, variant depuis le rose amarante jusqu'au rouge bronzé; juin-octobre. Même culture.

H. brachyrhinchium. — Annuelle; tige de 40 cent.; fleurs jaunes; juin-septembre, Semer sur couche en avril et repiquer sur couche.

H. bicolor, eximium, etc. Immortelle bicolore, choisie, etc. — Espèces ou variétés nouvelles. Même culture.

Les fleurs des *Helichrysum*, séchées la tête en bas, peuvent se conserver pendant plusieurs années.

HELIOPSIS.

Heliopsis canescens. Héliopsis blanchâtre. (*Composées.*) — Plante annuelle; à feuilles grisâtres; fleurs jaune orangé, très-belles, durant jusqu'aux gelées. Semer sur couche, au printemps.

HIBISCUS.

Hibiscus trionum *L.* Ketmie vésiculeuse. (*Malvacées.*) — Annuelle; tige de 50 cent.; feuilles trilobées; fleurs axillaires, grandes, blanc jaunâtre, à onglet brun; juillet-septembre. Variété à fleurs jaune soufre. Semer au printemps, en place ou en pépinière.

H. Africanus *Mill.* **H. vesicarius** *Cav.* Ketmie d'Afrique. — Annuelle; tige de 50 cent.; feuilles profondément découpées; fleurs comme dans l'espèce précédente, mais beaucoup plus grandes et plus belles. Même culture.

H. Thunbergii. Ketmie de Thunberg. — Annuelle; tige de 75 cent., rameuse; fleurs nombreuses, d'un beau jaune nankin; juillet-octobre. Même culture.

HUMEA.

Humea elegans *Sm.* **Calomeria amarantoïdes.** Huméa élégant. (*Composées.*) — Plante bisannuelle; tige de 1 à 2 mèt. et plus; feuilles très-longues, embrassantes à la base; fleurs en capitules très-nombreux, petits, rouge cuivré, formant par leur réunion une grande panicule terminale; juin-octobre. Semer sur couche en mars, ou en pépinière au commencement de l'été et repiquer en pots pour hiverner sous châssis.

IBERIS.

Iberis umbellata *L.* Ibéride ou Thlaspi à ombelles. (*Crucifères.*) — Annuelle; tige de 30 à 40 cent.; feuilles oblongues; fleurs blanches, lilas ou violacées, en grappes corymbiformes terminales; juin-août. Cette espèce, originaire d'Espagne, vient dans tout terrain un peu sec, et se resème d'elle-même. Semer en pépinière en septembre, et au printemps, en place ou en pots, pour repiquer en motte En faisant des semis successifs depuis mars jusqu'en juillet, on jouira plus longtemps de la floraison.

I. Amara *L.* Thlaspi blanc. — Annuel; tige de 40 cent.; fleurs blanches; juillet-août. Même culture.

I. odorata. Thlaspi odorant. — Annuel; tige de 30 cent.; fleurs blanches; juin-août. Même culture.

I. Lagascana. Thlaspi de Lagasca. — Tout comme le précédent.

IMPATIENS.

Impatiens balsamina *L.* **Balsamina hortensis** *Desp.* Balsamine des jardins. (*Balsaminées.*) (Pl. II, fig. 5.) — Plante annuelle; tige de 50 à 60 cent., grosse, charnue, succulente, rameuse; feuilles lancéolées; fleurs rouges, presque sessiles, en fascicules axillaires; juin-octobre. Variétés à fleurs blanches, roses, rouges, carmin, ponceau, violettes, ponctuées ou panachées; à fleurs doubles, parmi lesquelles on doit distinguer la Balsamine-Camellia. Cette plante demande un sol riche et profond, une exposition chaude. Semer en place en avril, ou sur couche en mars pour repiquer fin mai en plate-bande, en motte; choisir pour cela un temps humide et couvert, et arroser fréquemment.

I. noli tangere *L.* Impatiente ne touchez pas. — Annuelle; tige de 80 cent.; fleurs jaunes; juin-août. Semer en place, en septembre et en avril.

I. glanduligera *Royle.* Impatiente glanduleuse. — Plante annuelle; tige de 1 m. 60 à 2 mèt., très-rameuse; feuilles grandes, dont le pétiole porte des glandes longuement pédicellées; fleurs rose violacé, de juillet à septembre. Variété à fleurs blanches. Semer en avril sur couche ou en pépinière, et en mai en place.

I. tricornis *Wall.* Impatiente à trois cornes. — Annuelle; tige de 80 cent.; feuilles oblongues, lancéolées; fleurs jaunes, en casque, réunies en grappes axillaires; tout l'été. Même culture. Ces deux espèces se ressèment d'elles-mêmes. Elles viennent bien surtout à l'ombre des massifs.

I. Hookeriana, macrophylla, pulcherrima. Impatientes de Hooker, à grandes feuilles, très-belle. Même culture.

INCARVILLEA.

Incarvillea Sinensis *Lam.* Incarvillée de Chine. (*Bignoniacées.*) — Annuelle ou bisannuelle; tige de 70 cent. à 1 m. 50 cent.; feuilles oblongues, découpées; fleurs axillaires, blanchâtres lavées de rose, en tube recourbé; juillet-août. Semer en juin et juillet, en pépinière en planche; replanter en pot pour hiverner sous châssis. On peut semer aussi sous châssis en septembre et octobre, et mettre en pleine terre au mois de mai suivant.

JASIONE.

Jasione montana *L.* **J. humilis** *Var.* Jasione des montagnes. (*Campanulacées.*) — Plante bisannuelle; tige de 30 cent.; feuilles lancéolées; fleurs bleues, en juin-août. Semer en juillet, en pépinière.

JURINEA.

Jurinea alata *Cass.* **Serratula alata** *W.* Jurinée ailée. (*Composées.*) — Bisannuelle; tige de 80 cent. à 1 mèt., rameuse; feuilles blanches en dessous; fleurs en capitules roses; juin-juillet. Semer en pépinière en juin et juillet, ou en septembre.

KAULFUSSIA.

Kaulfussia amelloïdes *Nees.* **Charieis heterophylla** *Cass.* Kaulfussie. (*Composées.*) — Annuelle; tige de 20 à 25 cent., rameuse; fleurs d'un beau bleu d'azur, en capitules terminaux; avril-août. Semer en place en septembre pour repiquer et hiverner en pépinière; ou en pots pour hiverner sous châssis; ou sur couche fin de mars et repiquer sur couche; ou bien encore sur couche dans le milieu d'avril; ou enfin, en place en avril et mai.

K. Burowsii. Kaulfussie de Burows. — Espèce nouvelle à fleurs blanches. Variété à fleurs roses. Même culture.

KITAIBELIA.

Kitaibelia vitifolia *Wild.* Kitaibélie à feuilles de vigne. (*Malvacées.*) — Plante vivace, cultivée comme bisannuelle; tige de 2 m. à 2 m. 50; feuilles lobées; fleurs grandes, blanches; été et automne. Semer sur place au printemps ou en automne.

LAGURUS.

Lagurus ovatus *L.* (*Graminées.*) — Annuelle; tige de 40 cent.; feuilles lancéolées, linéaires; fleurs en épi ovale; juin-août. Semer en place en avril.

LAVATERA.

Lavatera trimestris *L.* Lavatère à grandes fleurs. (*Malvacées.*) (Pl. VII, fig. 4.) — Plante annuelle; tige de 65 cent. à 1 mèt.; feuilles cordiformes, crénelées. Fleurs grandes, d'un beau rose; juillet-septembre. Variété à fleurs blanches. Cette plante, originaire d'Espagne, vient dans tous les sols et à toute exposition, mais préfère la terre franche légère et l'exposition du midi. Semer sur couche tiède, en mars, ou sur place ou en pépinière, depuis avril jusqu'en mai.

L. olbia *L.* Lavatère d'Hyères. — Vivace, cultivée comme annuelle; tige de 1 m. 60; fleurs roses, en août. Semer en pépinière en juin et juillet, et repiquer en pots pour hiverner sous châssis.

LEUCANTHEMUM.

Leucanthemum Setabense. (*Composées.*) — Annuel; tige de 40 c.; fleurs blanches, nombreuses, très-précoces. Cette plante produit un bel effet en bordures.

LEUCERIA.

Leuceria senecioides. Leucérie à fleurs de seneçon. (*Composées.*) — Plante annuelle, tige de 40 cent.; fleurs blanches, en août. Semer en avril et mai, en pépinière en planche.

LEUCOPSIDIUM.

Leucopsidium Arkansanum. Leucopsidie de l'Arkansas. (*Composées.*) — Plante vivace, cultivée comme annuelle; tige de 60 cent.; fleurs blanches, de juin à octobre. Semer sur couche en mars et avril et repiquer sur couche, ou en septembre en pépinière pour repiquer et hiverner de même.

LINUM.

Linum grandiflorum *Desf.* Lin à grandes fleurs. (*Linacées.*) — Plante vivace, cultivée comme annuelle; tiges de 30 cent., grêles, très-nombreuses; feuilles ovales; fleurs grandes, d'un beau rouge carmin, disposées en panicules lâches; juin-octobre. Terre meuble et bien fumée. Semer en avril et mai, en place ou en pépinière en planche, ou en juillet, pour hiverner sous châssis. Abriter les jeunes plants lors du repiquage pour en faciliter la reprise.

D'après la remarque de M. L. Vilmorin, les graines de cette plante lèvent très-mal quand elles sont fraîches. Le savant horticulteur conseille, pour obvier à cet inconvénient, de laisser tremper ces graines dans l'eau pendant deux ou trois jours, d'enlever ensuite la matière mucilagineuse qui se forme à l'extérieur en les frottant avec du sable fin et sec, et de maintenir la terre un peu humide après le semis.

Linum usitatissimum *L.* Lin commun. — Cette plante a produit une variété à grandes fleurs d'un beau bleu, qui produit un bel effet dans les plates-bandes.

LOBELIA.

Lobelia ramosa *Benth.* Lobélie rameuse. (*Lobéliacées.*) — Annuelle, tige de 30 à 40 cent., grêle, rameuse; feuilles velues; fleurs grandes, d'un beau bleu cobalt, glacées de blanc à l'extérieur; juin-août. Variété à fleurs roses. Semer sur couche à la fin de mars et repiquer sur couche, ou en planche de pépinière en avril et mai, ou enfin en automne, pour hiverner en serre tempérée et mettre en place au printemps.

L. heterophylla *Lab.* Lobélie à feuilles variables. — Espèce semblable à la précédente, mais plus grande. Fleurs bleues. Même culture.

LOPEZIA.

Lopezia racemosa *Cav.* Lopézie à grappes. (*Onagrariées.*) — Annuelle; tige rougeâtre; fleurs petites, rose rouge, en grappes; mai-novembre. Cette plante demande une terre franche légère et une exposition chaude. Semer au printemps en pots sur couche chaude, et repiquer en place.

L. coronata. Lopézie couronnée. — Annuelle; tige de 60 cent.; fleurs roses; juin-octobre. Semer en avril et mai, en place ou en pépinière en planche.

LOTUS.

Lotus Jacobæus *L.* Lotier de Saint-Jacques. (*Légumineuses.*) — Plante annuelle ou bisannuelle. Tige de 60 cent. à 1 m.; feuilles trifoliées, petites, blanchâtres; fleurs marron; juillet-septembre. Variétés à fleurs mordorées et brun foncé. Semer sur couche en mars et avril, et repiquer sur couche; ou en place, en mai.

L. purpureus *L.* **Tetragonolobus purpureus** *Mœnch.* Lotier pourpre. — Annuel; tige de 30 à 35 cent.; fleurs moyennes, écarlates, juillet-août. Semer sur couche en mars, ou en place en avril et mai. Terre légère et chaude.

L. luteus. Lotier jaune. — Fleurs jaunes. Même culture.

LUNARIA.

Lunaria biennis *Mœnch.* **L. annua** *L.* **L. inodora** *Lam.* Lunaire bisannuelle, Monnayère, Monnaie du pape, Herbe aux écus, Bulbonac, Satinée, grande Lunaire, Médaille de Judas. (*Crucifères.*) — Plante bisannuelle; tige de 1 mèt.; feuilles grandes, cordiformes; fleurs violet pâle, en grappes; avril-juin. Variétés à fleurs rouges, pourprées, blanches ou panachées. Les silicules qui leur succèdent ont des valves caduques et une cloison persistante d'un aspect argenté. Semer en place en mai; ou en pépinière en juin et juillet, ou en septembre pour repiquer et hiverner sous châssis.

LUPINUS.

Lupinus varius *L.* Lupin varié, petit-bleu ou annuel. (*Légumineuses.*) (Pl. III, fig. 5.) — Plante annuelle; tige de 40 à 60 cent.; feuilles digitées; fleurs bleues, papilionacées, en grappes ou épis terminaux; de juin à septembre. Variété à fleurs purpurines. Cette plante préfère la terre de bruyère; elle vient bien néanmoins en terre siliceuse, légère et fertile, moins bien en terre calcaire, et pas du tout dans une terre argileuse forte et froide. Semer en place en avril et mai; on peut encore semer en pots et repiquer en place; mais ce mode est moins bon que le premier.

L. affinis. — Annuel, comme tous les suivants; tige de 50 cent.; fleurs bleu et blanc; juillet-septembre.

L. albus *L.* Lupin blanc. — Fleurs blanches.

L. angustifolius *L.* Lupin à feuilles étroites. — Fleurs bleues.

L. bicolor *B. R.* Lupin bicolore. — Fleurs bleu pâle.

L. bracteolaris *Desv.* Lupin à bractées. — Fleurs bleues.

L. Guatemalensis. Lupin du Guatemala. — Tige de 1 mèt.; fleurs mêlées de bleu et de blanc; août-septembre.

L. hirsutus *L.* Lupin velu ou grand-bleu. — Tige de 60 cent.; fleurs bleues; juillet-septembre. Variété à fleurs roses.

L. linifolius *Roth.* Lupin à feuilles de Lin. — Fleurs bleues.

L. luteus *L.* Lupin jaune, Lupin odorant. — Tige de 60 cent.; fleurs bleues; juillet-septembre. Variété à graines blanches.

L. micranthus *Dougl.* Lupin à petites fleurs. — Fleurs pourpres et bleues.

L. microcarpus *B. M.* Lupin à petits fruits. — Fleurs bleues.

L. nanus *Dougl.* Lupin nain. — Tige de 30 cent.; fleurs petites bleues ou blanches.

L. pilosus *L.* Lupin velu. — Fleurs carnées.

L. pubescens. Lupin pubescent. — Tige de 70 cent.; fleurs bleu foncé, violettes ou blanches; juin-août. Magnifique variété à fleurs violettes, roses et blanches.

L. pusillus *Ph.* Lupin pygmée. — Fleurs bleu pâle.

L. speciosus. Lupin superbe. — Tige de 50 cent.; fleurs bleu pâle, ou violet foncé; août-septembre.

L. subramosus. Lupin subrameux. — Tige de 60 cent.; fleurs bleu foncé, en épi court; juillet-septembre.

L. succulentus *Dougl.* Lupin succulent. — Fleurs bleu foncé.

L. Termis *L.* — Fleurs blanches.

L. venustus. Lupin joli. — Tige de 80 cent.; fleurs bleu foncé; août-septembre.

L. insignis. Lupin remarquable. — Annuel. Fleurs rouge foncé.

L. sulphureus. Lupin soufré. — Annuel; fleurs jaunes, légèrement odorantes, en beaux épis bien fournis.

L. Dunnettii superbus. Lupin de Dunnett superbe. — Annuel; fleurs blanches et violettes.

L. Ehrembergii. Lupin d'Ehremberg. — Annuel; plante élégante, à fleurs bleues et brunes.

L. hybridus superbus. Lupin hybride superbe. — Annuel; magnifiques fleurs pourpre lilacé, roses, jaunes et blanches, en longs épis.

L. tricolor elegans. Lupin tricolore élégant. — Annuel, comme tous les précédents; belle plante; fleurs tricolores.

L. Hartwegii. Lupin de Hartweg. — Vivace, cultivé comme annuel. Plante élégante, à fleurs bleues panachées de blanc. Variété à fleurs d'un bleu pur, devenant d'un blanc rosé quand elles se fanent.

L. mutabilis *Swt.* Lupin changeant. — Vivace, cultivé comme annuel. Tige de 1 m. à 1 m. 60; fleurs bleues et jaunes, fort belles, très-odorantes; août-septembre. Variétés à fleurs blanc rosé ou blanches.

L. Cruikshankii *Hook.* Lupin de Cruikshank. — Variété du précédent, à fleurs d'un bleu plus foncé.

L. Moritzianus. Lupin de Moritz. — Annuel ou bisannuel. Fleurs blanches.

Tous ces Lupins se cultivent comme le premier.

LYCOPERSICON.

Lycopersicon. Tomate. (*Solanées.*) — Quelques espèces et variétés de ce genre ont des fruits assez remarquables et qui produisent de l'effet dans les massifs. Telles sont entre autres la Tomate Poire (*L. pyriforme*) et la Tomate Cerise (*L. cerasiforme*). Voyez, pour la culture, le chapitre des plantes potagères.

MADIA.

Madia elegans *Lindl.* **Madaria elegans** *D. C.* Madie élégante. (*Composées.*) — Plante annuelle; tige de 1 mèt., rameuse, un peu velue, de même que les feuilles; fleurs en capitules jaunes ponctués de brun; juin-août. Semer en septembre en pépinière, ou en avril et mai, en place ou en pépinière. Terre ordinaire.

MALOPE.

Malope trifida *Cav.* Malope à trois lobes. (*Malvacées.*) (Pl. VII, fig. 5.) — Plante annuelle; tige de 65 cent. à 1 mèt.; feuilles larges; fleurs assez grandes, semblables à celles des Mauves, d'un beau rose violacé, produisant de l'effet; juin-août. Variété à fleurs blanches. Cette espèce, originaire du nord de l'Afrique, se sème en avril et mai, en place, sur couche ou en pépinière.

M. grandiflora *Hort.* Malope à grandes fleurs. — Annuelle ou bisannuelle. Elle a les mêmes dimensions que la précédente, mais elle est plus robuste; ses fleurs sont plus grandes, d'un rouge plus vif et d'un plus grand effet. Il y en a aussi une variété à fleurs blanches. Même culture. Pour qu'elle dure deux ans, il faut la cultiver en pot, la tailler et la rentrer l'hiver en serre tempérée ou en orangerie.

MALVA.

Malva crispa *L.* Mauve frisée. (*Malvacées.*) — Annuelle; tige de 1 m. 60; feuilles grandes, arrondies, à sept lobes, frisées, d'un beau vert, ornementales; fleurs rose violacé; juillet-août. Variété à fleurs blanches. Terre ordinaire. Semer en avril et mai, en place ou en pépinière. On peut semer les graines aussitôt après leur maturité.

M. Sinensis *L.* Mauve de Chine. — Annuelle; tige de 1 m. 30; fleurs pourpre strié de violet; juillet-octobre. Variété à fleurs blanches. Culture de la précédente.

M. heterophylla *L.* Mauve à feuilles variables. — Vivace, cultivée comme annuelle. Fleurs blanches, d'un bel effet. Même culture.

M. Mauritanica *Spreng.* **M. Mauritiana** *L.* **M. Zebrina.** Mauve de Mauritanie. — Vivace, cultivée comme annuelle; tige de 1 m. 30 à 2 mèt.; fleurs roses striées de pourpre ou de violet; juillet-octobre. Variété à fleurs blanches. Même culture.

M. moschata *L.* Mauve musquée. — Vivace, cultivée comme annuelle. Tige de 60 cent., dressée; feuilles découpées, les radicales arrondies, réniformes; fleurs rosées, en panicules terminales, exhalant une légère odeur de musc; juillet-août. Variété à fleurs blanches. Même culture.

M. campanulata *Paxt.* Mauve campanulée. — Vivace, cultivée comme annuelle; feuilles pennatifides, très-découpées; fleurs de grandeur moyenne, terminales, en cloche, rose lilacé, à odeur de vanille. Semer sur couche au printemps ou en automne et repiquer en place.

M. Creeana *Hort.* **Sphœralcea Creeana** *Spach.* Mauve de Crée.— Vivace, cultivée comme annuelle: fleurs roses ou rouges. Même culture.

M. miniata *Cav.* **Sphœralcea miniata** *Spach.* — Vivace, cultivée comme annuelle; tige de 60 cent.; fleurs vermillon; juillet-octobre. Semer sur couche en avril.

MARTYNIA.

Martynia proboscidea *Hort. Kew.* **M. annua** *Hort.* Cornaret à trompe, Cornaret annuel (cette dernière dénomination pourrait s'appliquer à toutes les espèces). (*Pédalinées.*) — Plante annuelle ; tige de 50 cent., rameuse; feuilles grandes, cordiformes, visqueuses; fleurs grandes, roses ponctuées de jaune; août-septembre. Variété à fleurs plus ou moins blanches, jaunes dans le fond. Fruits en forme de cornes de bœuf. Semer en place, en avril et mai, sur terreau ou sur une vieille couche.

M. diandra *D. C.* **M. angulosa** *Lam.* Cornaret à deux étamines, C. anguleux, C. à petites cornes. — Annuel; tige de 40 cent.; fleurs à tube blanchâtre, à limbe nuancé de pourpre, fruit à cornes très-courtes. Même culture.

M. lutea *Lindl.* Cornaret jaune. — Annuel; tige de 50 cent.; feuilles larges; fleurs jaunes, en épi; juin-septembre; fruits très-grands. Semer sur couche en avril et repiquer en pot.

M. fragrans *Lindl.* **M. formosa** *Auct.* **Craniolaria fragrans** *Decne.* Cornaret odorant. — Plante annuelle, touffue; tige de 50 cent.; feuilles grandes, trilobées, blanchâtres en dessous. Fleurs grandes, en grappes terminales, carmin ou pourpre violacé, à odeur de vanille; juillet-octobre. Même culture. On peut aussi repiquer en place.

M. craniolaria. Cornaret craniolaire. — Annuel; probablement variété du précédent. Fleurs roses maculées de pourpre; même époque. Même culture.

MATRICARIA.

Matricaria Parthenium *L.* **Pyrethrum Parthenium** *Sm.* Matricaire commune ou double. (*Composées.*) — Plante vivace, cultivée comme annuelle; tige de 60 cent., rameuse; feuilles pennées, très-découpées; fleurs en capitules, jaunes au centre et blancs à la circonférence; juin-octobre. Variété à fleurs doubles, bombées, blanc jaunâtre; autre à feuilles frisées. Terre légère, peu humide. Semer, d'après M. Vilmorin, 1° en juin-juillet en pépinière en planche, et repiquer si l'on veut dans la pépinière d'attente; 2° en avril-mai, en pépinière en planche (sur couche, d'après M. Tollard), pour obtenir la floraison dès la première année. On peut encore multiplier cette plante par éclats de pied, lorsqu'on la cultive comme vivace; dans ce cas, il faut la couvrir en hiver.

M. parthenioides *Desf.* **Anthemis parthenioides** *Benth.* Matricaire mandiane. — Vivace, cultivée comme annuelle. Tige de 60 à 65 c.; feuilles très-découpées; fleurs larges de 3 cent., blanches, à centre très-légèrement teinté de jaune; presque toute l'année. Même culture. En rentrant quelques pieds en serre tempérée, ils fleurissent pendant l'hiver.

M. eximia *L.* Matricaire jolie. — Plante vivace, cultivée comme annuelle; tige de 35 à 45 cent., très-rameuse; fleurs d'un blanc pur, très-doubles, formant une sorte de pyramide; juin-octobre. Même culture.

M. Capensis. Matricaire du Cap. — Vivace, cultivée comme annuelle. Fleurs blanches. Même culture.

MELAMPODIUM.

Melampodium grandiflorum. M. macranthum. Mélampode à grandes fleurs. (*Composées.*) — Annuel; tige de 50 cent., rameuse; fleurs grandes, jaune vif; juin-octobre. Semer en avril, sur couche ou en pépinière.

MELILOTUS.

Melilotus cœrulea *W.* Mélilot bleu, Baume du Pérou, Lotier odorant. (*Légumineuses.*) — Plante annuelle; tige de 50 à 70 cent.; feuilles à deux folioles; fleurs bleu pâle, en grappes, très-odorantes; juillet-août. Semer en place, en avril et mai. Terre légère, chaude.

MESEMBRYANTHEMUM.

Mesembryanthemum cristallinum *L.* Ficoïde cristalline, Glaciale. (*Ficoïdées.*) — Plante annuelle; tige de 70 cent. à 1 mèt., étalée, rameuse, parsemée de vésicules cristallines, ainsi que les feuilles, qui sont larges, ovales, tendres et succulentes; fleurs blanches, souvent un peu teintées de pourpre à l'extrémité des pétales; juin-août. Semer sur couche et sous châssis en avril et mai, dans des terrines remplies de terre de bruyère, pure ou mêlée de terre franche; repiquer en pleine terre, à exposition chaude. On peut aussi semer en place, en mai, ou propager la plante par boutures de rameaux, qu'on a soin de laisser faner un peu à l'air avant de les planter. En hiver, garder en serre tempérée et arroser modérément.

MICHAUXIA.

Michauxia lævigata *Vent.* Michauxie lisse. (*Campanulacées.*) — Bisannuelle; tige de 2 à 3 mèt.; fleurs blanc jaunâtre, à divisions réfléchies; juin-juillet. Semer sur place au printemps, à exposition chaude.

M. Campanuloïdes *Vent.* Michauxie fausse Campanule. — Bisannuelle ou trisannuelle; tige de 1 m. 20 à 1 m. 50; feuilles découpées; fleurs nombreuses, grandes, blanches ou rosées; juin-septembre. Même culture.

MIMOSA.

Mimosa pudica *L.* Sensitive. (*Légumineuses.*) — Plante vivace, cultivée comme annuelle; tige de 45 à 70 cent., épineuse; feuilles bipennées, très-sensibles, se repliant au moindre attouchement; fleurs rose violacé, en petites houppes; août-septembre. Semer sur couche, en février, mars et avril, et repiquer en pots; ou mieux semer en pots sous châssis. Pour obtenir des graines, il faut tenir la plante sous châssis ou en serre chaude.

MIMULUS.

Mimulus variegatus *H. P.* Mimule varié ou Arlequin. (*Personées.*) — Plante annuelle; tige de 25 cent.; feuilles ovales, dentées; fleurs blanchâtres, maculées et ponctuées de pourpre; mai-juillet. Variétés à fond jaune, et à fleurs entièrement pourpres. Semer sur couche en avril, et en pépinière en septembre, pour repiquer et hiverner en pépinière.

Les autres espèces de ce genre sont des plantes vivaces, mais susceptibles d'être cultivées comme annuelles. (Voyez le chapitre des plantes vivaces.)

MONOLOPIA.

Monolopia Californica. Monolopie de Californie. (*Composées.*) — Annuelle; tige de 40 cent.; fleurs jaunes, de mai à juillet. Semer en place en avril, ou en pépinière en septembre, pour repiquer et hiverner en pépinière.

MORNA.

Morna nitida. Morna brillante. (*Composées.*) — Annuelle; tige de 30 à 35 cent.; fleurs orangées, en corymbe, de juillet à novembre. Semer sur couche au commencement du printemps, et repiquer sur couche. Les fleurs de cette plante se conservent comme celles de l'Immortelle.

M. elegans. Morna élégante. — Annuelle. Fleurs jaune orangé, en corymbe; tout l'été. Même culture.

NEMESIA.

Nemesia floribunda *Vent.* Némésie multiflore. (*Personées.*) — Plante annuelle; tige de 30 cent.; feuilles lancéolées, linéaires; fleurs blanches, à palais jaune; juin-juillet. Semer en place, en avril et mai. Terre légère.

N. versicolor. N. à fleurs changeantes. — Annuelle; fleurs roses et blanches. Même culture.

N. compacta. Némésie compacte. Voy. Plantes pour bordures.

NEMOPHILA.

Nemophila phacelioïdes *Bart.* Némophile phacélioïde. (*Hydrophyllées.*) — Plante annuelle; tige de 30 à 40 cent.; rameuse; feuilles pennatifides; fleurs bleu pâle, larges de 2 à 3 cent., en grappes terminales; juin-septembre. Semer en place d'avril en juillet et en septembre. Terre légère.

N. insignis, maculata, etc. Voy. Plantes pour bordures.

NEPETA.

Nepeta Meyerii. (*Labiées.*) — Annuelle; feuilles opposées, d'un beau vert; fleurs bleues, très-belles. Terre ordinaire. Semer au printemps, en place ou en pépinière.

NICANDRA.

Nicandra physalodes *Gærtn.* **Atropa physalodes** *L.* Nicandre faux-Alkékenge. (*Solanées.*) — Plante annuelle; tige de 60 cent., à rameaux anguleux; feuilles sinuées, décurrentes; fleurs violet pâle; juillet-septembre. Fruits recouverts par le calice vésiculeux-renflé. Semer en avril et mai, en place ou pépinière.

NICOTIANA.

Nicotiana Tabacum *L.* Nicotiane de Virginie, Tabac ordinaire. (*Solanées.*) — Plante annuelle; tige de 1 m. 20 à 1 m. 50; feuilles grandes, velues, visqueuses; fleurs roses, en panicule terminale; juillet-octobre. Terre substantielle. Semer en avril, sur couche ou en pépinière, et en mai, en place. On peut, dit le *Bon Jardinier*, le relever à l'automne, le mettre en pot et le rentrer en serre.

N. auriculata. Nicotiane à feuilles auriculées. — Espèce voisine de la précédente. Feuilles très-larges. Même culture.

N. undulata *Vent.* **N. suaveolens** *Lehm.* Tabac odorant. — Annuel; tige de 60 à 70 cent.; feuilles oblongues; fleurs blanches, nombreuses, exhalant une odeur de jasmin. Même culture. Si on veut le conserver l'hiver, il faut le rentrer en orangerie.

N. Persica *Lindl.* Tabac de Perse, Tabac de Chiraz. — Annuel; tige de 35 à 50 cent., visqueuses; feuilles ondulées, décurrentes; fleurs blanches, grandes, en grappes, odorantes le soir. Même culture.

N. plumbaginifolia. Tabac à feuilles de Dentelaire. — Annuel; tige de 60 cent.; fleurs blanches; juillet-octobre. Même culture.

N. glutinosa *L.* Tabac glutineux. — Annuel; tige de 1 m. 20; fleurs roses; juillet-octobre, Même culture.

N. glauca *Bot. Mag.* Tabac glauque.—Arbuste, atteignant 3 mètres de hauteur dans les régions méridionales, mais cultivé comme annuel dans le nord. Tige et feuilles d'un vert glauque; fleurs jaune verdâtre, en longues grappes terminales; août-octobre. Même culture. On le multiplie aussi de boutures, faites tous les ans à l'automne, rentrées l'hiver en orangerie et mises en pleine terre au printemps.

N. longiflora. Tabac à longues fleurs. — Annuel; tige de 1 m. à 1 m. 30; fleurs blanches, à long tube; juillet-octobre. Culture du Tabac ordinaire.

N. nyctaginiflora. Voy. *Petunia.*

NIEREMBERGIA.

Nierembergia gracilis *Hook.* Niérembergie grêle. (*Solanées.*) — Plante vivace, cultivée comme annuelle. Tige de 40 à 50 cent., très-rameuse; feuilles lancéolées; fleurs opposées aux feuilles, lilas, à centre blanc; juin-septembre. Terre légère; exposition demi-ombragée. Semer en place en septembre; ou sur couche, au commencement du printemps, pour repiquer sur couche; ou en pots, en juin et juillet, et hiverner sous châssis. On peut cultiver cette plante en pot, et la conserver en serre tempérée.

NIGELLA.

Nigella Hispanica *L.* Nigelle d'Espagne. (Pl. VI, fig. 5.) (*Renonculacées.*) — Plante annuelle; tige de 60 cent.; feuilles finement découpées, les supérieures formant une collerette florale; fleurs bleu pâle, assez grandes; juin-septembre. Variété à fleurs blanches; autre variété naine, à fleurs violet pâle (*N. coarctata* Hort., *N. Hispanica nana*). Terre légère et chaude. Semer en place, en avril et mai.

N. Damascena *L.* Nigelle de Damas, Cheveux de Vénus. — Annuelle; tige de 40 à 50 cent.; fleurs bleues ou blanches, plus petites que dans l'espèce précédente; juin-septembre. Graines odorantes. Même culture.

N. sativa *L.* Nigelle cultivée, N. de Crête, Toute-Épice. — Annuelle; cultivée surtout pour ses graines condimentaires. (Voyez Plantes potagères.)

NOLANA.

Nolana prostrata *L.* Nolana couchée. (*Solanées.*) — Plante annuelle; tige de 15 à 20 cent., couchée, rameuse; feuilles ovales, charnues; fleurs grandes, bleu pâle, strié de noirâtre; juin-octobre. Semer en avril et mai, soit en place; soit sur couche chaude, soit en planche de pépinière.

N. paradoxa *L.* Nolana paradoxal. — Annuel; tige de 15 à 20 c.; fleurs bleu pâle, à centre jaune; juin-septembre. Même culture.

N. atriplicifolia *Don.* Nolana à feuilles d'Arroche. — Annuel; tige de 15 à 20 cent.; feuilles lisses, charnues; fleurs bleues, à centre jaune; juin-octobre. Variété à fleurs blanches. Même culture.

N. grandiflora *L.* Nolana à grandes fleurs. — Annuel; tige de 15 à 20 cent.; fleurs bleues; juin-septembre. Variété à fleurs blanches. Même culture.

NYCTAGO.

Nyctago hortensis *Juss.* **Mirabilis Jalapa** *L.* Belle-de-nuit. (*Nyctaginées.*) (Pl. II, fig. 4.) — Plante vivace, cultivée comme annuelle.

Tige de 65 cent. à 1 mèt., très-rameuse; feuilles opposées, cordiformes; fleurs nombreuses, réunies en bouquets axillaires et terminaux, blanches, rose violacé, jaunes ou panachées; juillet-octobre. Ces fleurs ne s'ouvrent que la nuit, comme dans toutes les autres espèces du genre, et répandent vers le soir un parfum agréable. Terre légère et substantielle. Semer en place en avril et mai, ou sur couche en mars, pour mettre en place en mai. On multiplie encore cette plante par la division des racines, qui se conservent très-bien durant l'hiver, soit dans une cave, soit enfouies profondément dans une plate-bande sèche, au pied d'un mur. On plante les éclats en avril.

N. longiflora *D. C.* **Mirabilis longiflora** *L.* Belle-de-nuit à longues fleurs. — Vivace, cultivée comme annuelle; tige de 1 mèt.; feuilles cordiformes, visqueuses; fleurs blanches, longues de 10 à 14 cent., à odeur de fleurs d'oranger; juillet-octobre. Variété à fleurs violettes. Même culture.

N. hybrida *D. C.* Belle-de-nuit hybride. Intermédiaire entre les deux précédentes. — Fleurs à couleurs très-variées. Même culture.

NYCTERINIA.

Nycterinia Capensis *Don.* Nyctérinie du Cap. (*Personées.*) — Vivace, cultivée comme annuelle. Tige de 30 à 40 cent.; feuilles linéaires; fleurs blanches; juillet-septembre. Semer sur couche au commencement du printemps, et repiquer sur couche.

N. selaginoides *Don.* Nyctérinie à feuilles de Sélagine. — Vivace, cultivée comme annuelle. Tige de 20 à 25 cent.; fleurs blanc rosé; mai-septembre. Même culture. On peut aussi semer en pépinière, en septembre, pour repiquer et hiverner en pépinière.

OENOTHERA.

Œnothera purpurea *B. M.* **Godetia purpurea** *Spach.* Œnothère pourpre. (*Onagrariées.*) (Pl. III, fig. 2.) — Plante annuelle; tige de 30 à 60 cent.; feuilles lancéolées, glauques; fleurs pourpre violacé; juillet-août. Terre substantielle. Semer en place ou en pépinière, en avril ou mai et en septembre. Cette plante demande beaucoup d'arrosements. Le plant doit être repiqué très-jeune.

Œ. grandiflora *L.* **Œ. suaveolens** *Desf.* Œnothère odorante ou à grandes fleurs. — Annuelle; tige de 1 m. à 1 m. 20 cent.; feuilles lancéolées; fleurs jaunes, grandes, très-odorantes, s'ouvrant surtout la nuit; juin-octobre. Semer en avril, en place ou en pépinière, et en septembre, en place. Terre franche légère; exposition du midi.

Œ. Sellowii. Œnothère de Sellow. — Annuelle; tige de 75 cent.; fleurs jaunes; juillet-août. Semer en place, en avril.

Œ. Rogmanzoffii. Œnothère de Rogmanzoff. — Annuelle; tige de 30 cent.; fleurs pourpre violacé; juillet-août. Culture de l'*Œ. purpurea.*

Œ. undulata. Œnothère ondulée. — Annuelle; tige de 50 cent.; feuilles ondulées; fleurs jaunes; tout l'été. Semer en pépinière en avril et mai.

Œ. acaulis *Cav.* **Œ. taraxacifolia** *Sweet.* — Œnothère à feuilles de Pissenlit. — Bisannuelle ou vivace, cultivée comme annuelle; tige de 30 à 50 cent., couchée; feuilles pennatifides; fleurs blanc rosé; juin-octobre. Semer en avril, sur couche, ou en juin, en pépinière.

Œ. tetraptera *Cav.* Œnothère à quatre ailes. — Vivace, cultivée comme annuelle; tige de 30 à 65 cent.; feuilles découpées; fleurs blanches, passant successivement au rose et au pourpre; juillet-août. Semer en place, pendant tout le printemps, ou sur couche en mars pour repiquer en mai. Terre sèche.

Œ. rubicunda *Lindl.* **Godetia rubicunda** *Spach.* Œnothère rubiconde. — Annuelle; tige de 60 cent. à 1 mèt.; feuilles lancéolées, d'un vert blanchâtre; fleurs rose carmin ou violacé, à centre jaune; mai-août. Semer en place ou en pépinière, soit en avril et mai, soit en septembre.

Œ. Drummondii *Bot. Mag.* Œnothère de Drummond. — Vivace, cultivée comme annuelle; tige de 60 cent. à 1 mèt.; feuilles oblongues, épaisses; fleurs jaunes, larges, odorantes; juin-septembre. Semer en septembre, en pépinière, ou en avril sur couche, si l'on veut obtenir des fleurs dans la première année.

Œ. longiflora *Jacq.* Œnothère à longues fleurs. — Annuelle; feuilles lancéolées; fleurs jaunes, à long tube et à pétales échancrées; juillet-août.

Œ. lutea. Œnothère jaune. — Annuelle. Fleurs jaunes.

Œ. amœna. Œnothère agréable. — Même culture.

Œ. Lindleyana. Voy. *Godetia.*

ONONIS.

Ononis pubescens *L.* Bugrane pubescente. (*Légumineuses.*) — Vivace, cultivée comme annuelle. Plante d'un port gracieux. Tige droite, régulière; feuilles trifoliolées, velues; fleurs grandes, d'un beau jaune, en grappes. Semer sur couche en mars et avril, ou en place en avril et mai.

O. rotundifolia *L.* Bugrane à feuilles rondes. — Bisannuelle ou au plus trisannuelle. Tige de 35 cent., sous-ligneuse; feuilles trifoliées; fleurs grandes, jaunes, lavées et striées de rose vif, très-nombreuses, en petites grappes; juillet-août. Tout terrain, mieux terre légère; exposition chaude. Culture de la précédente. On peut aussi la renouveler de boutures de racines.

ONOPORDON.

Onopordon Arabicum *L.* Onoporde d'Arabie. (*Composées.*) — Bisannuel; tige de 2 à 3 mèt.; feuilles larges, blanchâtres; fleurs pourpres en gros capitules. Variété à fleurs blanches. Semé en place au printemps, il fleurit l'année suivante. Convient surtout aux grands jardins paysagers.

OXYURA.

Oxyura chrysanthemoïdes *D. C.* Oxyure à feuilles de Chrysanthème. (*Composées.*) — Annuelle; tige de 30 cent., rameuse; feuilles sessiles, dentées et ciliées sur les bords; fleurs en capitules larges de 3 cent., à centre jaune, à rayons jaunes à la base, blancs et dentés au sommet; mai-juillet. Semer en avril et mai, en place ou en pépinière; ou mieux, semer en automne et repiquer.

PALAFOXIA.

Palafoxia Texana. Palafoxie du Texas. (*Composées.*) — Annuelle; tige de 40 cent.; fleurs lilas pâle; juin-octobre. Semer sur couche, en avril.

PANICUM.

Panicum plicatum *L.* Panic plié. (*Graminées.*) — Grande plante annuelle, bonne pour les grands massifs. Semer en place au printemps ou à l'automne.

PAPAVER.

Papaver somniferum *L.* Pavot des jardins. (*Papavéracées.*)(Pl. VIII, fig. 3.) — Grande plante annuelle; tige de 65 cent. à 1 m. 30, glauque, ainsi que les feuilles, qui sont larges et embrassantes à la base. Fleurs grandes (on ne cultive que les variétés à fleurs doubles) présentant toutes les couleurs, excepté le jaune et le bleu; mai-juillet. Variétés à pétales frangés. Tout terrain. Semer en place, en septembre et au printemps. Le *Bon Jardinier* recommande aux amateurs le semis en février et mars, qui est encore peu usité.

P. Sinense. Pavot de Chine. — Annuel. Variété du précédent, à grandes fleurs blanches très-doubles. Même culture.

P. commutatum. Pavot pourpre. — Annuel. Tige de 30 cent.; fleurs écarlates, tachées de pourpre; juin-août. Même culture.

P. rhœas *L.* Pavot-Coq, Coquelicot. — Annuel; tige de 60 cent.; feuilles laciniées; fleurs ponceau vif; mai-août. Variétés à fleurs roses, blanches, lisérées ou panachées, et à fleurs doubles. Semer en place en avril et mai, et en septembre. Choisir les graines de la capsule la plus élevée.

PEDICULARIS.

Pedicularis palustris *L.* Pédiculaire des marais. (*Personées.*) — Vivace, cultivée comme annuelle ou bisannuelle; tige de 50 cent.; feuilles découpées; fleurs roses; mai-août. Semer en pépinière, en pot, depuis avril jusqu'en juillet.

PENNISETUM.

Pennisetum villosum. Pennisetum velu. (*Graminées.*) — Annuel; tige de 75 cent.; feuilles lancéolées, linéaires; fleurs verdâtres; juillet-septembre. Semer en avril, en planche de pépinière, et repiquer en mai.

PENTAPETES.

Pentapetes Phœnicea *L.* **Dombeya Phœnicea** *Cav.* Pentapetès pourpre. (*Buttnériacées.*) — Annuel; tige de 60 cent. à 1 m. 30; feuilles hastées, dentées; fleurs penchées, écarlates; août-septembre. Semer sur couche chaude au commencement du printemps, et repiquer sur couche. Mettre en place en mai, par un temps doux, avec la motte.

PENTSTEMON.

Pentstemon gentianoïdes *L.* Pentstemon à feuilles de Gentiane. (*Personées.*) — Vivace, cultivé comme annuel; tige de 60 à 70 cent.; feuilles oblongues, embrassantes; fleurs amarantes, longues de 6 c., réunies en longues grappes; mai-octobre. Variétés à fleurs écarlates, roses, blanches ou bleues. Semer, d'après M. Vilmorin : 1° sur couche en mars et avril et repiquer sur couche; 2° en juin et juillet, en pépinière en planche, et replanter en pot pour hiverner sous châssis. Se sème aussi à l'automne. Terre légère.

P. Hartwegii *Bentham.* Pentstemon de Hartweg. — Variété du précédent, à fleurs roses plus foncées. Même culture.

P. elegans. Pentstemon élégant. — Vivace, cultivé comme annuel; tige de 90 cent.; fleurs rose violacé; mai-octobre. Même culture.

PERILLA.

Perilla Nankinensis *Decne.* Pérille de Nankin (*Labiées.*) — Annuelle; tige de 1 mèt.; feuilles larges, pourpre noirâtre à reflets brillants et comme métalliques, d'un bel effet; fleurs petites, rose violacé; octobre-novembre. Semer sur couche au commencement du printemps, ou en pépinière en avril et mai, ou en place à cette dernière époque.

PETUNIA.

Petunia nyctaginiflora *Juss.* Nicotiana nyctaginiflora *Lehm.* Pétunia odorant. (*Solanées.*) (Pl. VII, fig. I.) — Plante vivace et même sous-ligneuse, pouvant être cultivée comme annuelle. Tiges de 70 cent. à 1 mèt., très-rameuses, diffuses, visqueuses; feuilles ovales, entières, un peu épaisses, d'un vert tendre, marquées de trois nervures saillantes. Fleurs blanches, en entonnoir, odorantes, grandes, atteignant jusqu'à 10 cent. de diamètre; juin-octobre. Terre meuble, légère, fraîche, substantielle; exposition chaude. Semer sur couche au commencement du printemps, ou en pépinière en avril et mai, pour repiquer en juin. Se multiplie aussi facilement, soit par éclats et boutures faites en mars, soit par la greffe sur le *Nicotiana glauca.*

P. violacea *Hook.* **P. Phœnicea.** Pétunie à fleurs violettes. — Vivace, cultivé comme annuel; tige de 75 cent.; fleurs pourpres, odorantes le soir; juin-octobre. Variétés nombreuses, dont quelques-unes bordées de vert. (*P. marginata.*) Même culture.

P. hybrida. Pétunie hybride. — Intermédiaire aux deux précédents, dont il provient. Fleurs de couleurs très-variées; juin-octobre. Même culture.

PHACELIA.

Phacelia tanacetifolia *Dougl.* Phacélie à feuilles de Tanaisie. (*Hydrophyllées.*) — Annuelle; tige de 30 à 50 cent.; feuilles pennées; fleurs lilacées ou bleu pâle, en grappes scorpioïdes; juin-septembre. Semer en place depuis avril jusqu'en juillet, et en automne.

P. bipinnatifida *Mich.* Phacélie bipennée. — Annuelle; tige de 60 cent.; fleurs bleues; juillet-septembre. Même culture.

P. congesta. Phacélie à fleurs ramassées. — Annuelle; tige de 30 à 40 cent.; fleurs bleues; juin-septembre. Même culture.

P. fimbriata. Voy. *Cosmanthus.*

PHLOX.

Phlox Drummondii *Hook.* Phlox de Drummond (*Polémoniacées.*) — Plante vivace, cultivée comme annuelle. Tige de 50 cent.; feuilles ovales, lancéolées; fleurs roses, à centre carmin; mai-octobre. Variétés nombreuses à fleurs pourpres ou blanches. Les plus remarquables sont : Prince Léopold, Van Houtte, à œil violet (*P. oculata*), blanc, etc. Semer depuis avril jusqu'en juillet, en pépinière, et en septembre en pots, que l'on abrite l'hiver sous châssis.

Les autres *Phlox* sont des plantes vivaces.

PHYSALIS.

Physalis Alkekengi *L.* Coqueret, Alkékenge. (*Solanées.*) — Plante vivace, indigène, cultivée comme annuelle; tige de 60 cent.; feuilles alternes, d'un beau vert; fleurs blanches, moyennes; fruit d'un rouge éclatant, enveloppé d'un calice persistant et vésiculeux de même couleur; août-octobre. Semer en avril et mai, en place ou en pépinière.

PICRIDIUM.

Picridium Tingitanum *Desf.* **Scorzonera Tingitana** *L.* Picridie ou

Scorzonère de Tanger. (*Composées.*) — Vivace, cultivée comme annuelle. Tige de 45 à 70 cent.; fleurs en capitules jaunes, à centre pourpre noirâtre; juin-septembre. Terre ordinaire. Semer au printemps, en place ou en pépinière.

PISUM.

Pisum sativum *L.* Pois cultivé. (*Légumineuses.*) — Annuel; tige de 1 mèt.; feuilles ailées. On cultive comme plante d'ornement la variété dite Pois turc (*P. coronatum*), à fleurs rouges; juin-septembre. Semer en place au printemps, ou en septembre.

PODOLEPIS.

Podolepis gracilis *B. M.* Podolépis grêle ou à fleurs carnées. (*Composées.*) — Plante annuelle; tige de 60 à 70 cent., rougeâtre; feuilles grandes, lancéolées; fleurs en capitules terminaux, carnés; juin-octobre. Variétés roses et blanches. Semer en avril, sur couche ou en pépinière, et en mai, en pépinière ou en place.

P. chrysantha *Endl.* Podolépis à fleurs jaunes. — Annuel; tige de 30 à 40 cent.; feuilles lancéolées; fleurs en capitules terminaux, jaune d'or; juillet-octobre. Même culture.

P. auriculata et **rugata**. Podolépis auriculé et rugueux. — Espèces presque en tout semblables à la précédente. Semer sur couche en avril, ou en place, en mai.

POLYCENIA.

Polycenia hebenstreitioïdes. (*Sélaginées.*) — Plante annuelle, très-touffue; tiges de 25 cent., étalées; fleurs petites, blanc et jaune, très-nombreuses. Semer au printemps.

POLYCOLYMNA

Polycolymna Stuartii. Polycolymne de Stuart. (*Composées.*) — Plante annuelle; fleurs semblables à celles des Immortelles; fleurons blanc argenté; étamines jaune d'or. Semer au printemps.

POLYGONUM.

Polygonum tinctorium *Lour.* Persicaire des teinturiers, Persicaire indigotière, Renouée tinctoriale. (*Polygonées.*) (Pl. IV, fig. 5.) — Plante annuelle; tige de 50 à 60 cent.; feuilles larges, luisantes; fleurs rouges, en épis dressés, paniculés, terminaux; automne. Terre substantielle, fraîche. Semer en pépinière en mars et repiquer en mai. Peut aussi se propager par boutures ou éclats. Cette plante est cultivée en grand comme tinctoriale.

P. orientale *L.* Persicaire ou Renouée du Levant. — Annuelle; tige de 2 mèt. et plus; feuilles très-larges, ovales, aiguës; fleurs nombreuses, rouge carmin ou amarante, en longs épis pendants; juillet-octobre. Variété à fleurs blanches. Terre substantielle et fraîche. Semer en pépinière en mars et repiquer en avril, ou en place à cette dernière époque. Cette plante est d'un bel effet dans les grands massifs, où elle se ressème d'elle-même.

POLYPOGON.

Polypogon Montpeliense *Desf.* Polypogon de Montpellier. (*Graminées.*) — Annuel; tige de 60 à 90 cent.; feuilles lancéolées; fleurs vert pâle jaunâtre, en épis paniculés, penchés. Plante d'un port ornemental. Semer au printemps ou à l'automne.

RESEDA.

Reseda odorata *L.* Réséda odorant. (*Résédacées.*) — Vivace, cultivé comme annuel. Tige de 30 à 40 cent.; feuilles oblongues, lobées; fleurs jaune verdâtre, en longs épis, d'une odeur suave; juin-octobre. Variété à grandes fleurs. Terre ordinaire. On peut semer presque toute l'année, soit en pots, soit en pleine terre. Il vaut mieux généralement semer en place, depuis avril jusqu'en juin. Pour obtenir de beaux pieds, il faut faire le semis très-clair et supprimer les tiges qui commencent à porter fruit.

RHODANTHE.

Rhodanthe Manglesii *Lindl.* Rhodanthe de Mangles. (*Composées.*) (Pl. V, fig, 5.) — Annuel; tige de 30 à 70 cent.; feuilles oblongues, sessiles; fleurs en capitules terminaux, à involucre scarieux blanc argenté, à rayons rose foncé, à centre jaune; juin-septembre. Terre sablonneuse, un peu humide, ou mieux terre de bruyère. Exposition ombragée. Semer sur couche tiède en mars et avril, et repiquer sur couche ou en pots. Les fleurs peuvent se conserver comme celles des Immortelles.

RICINUS.

Ricinus communis *L.* Ricin commun, Palma Christi. (*Euphorbiacées.*) — Vivace, cultivé comme annuel; tige de 2 mètres, droite, rougeâtre; feuilles grandes, palmées ou peltées, à sept divisions profondes; fleurs en grappes rougeâtres, diclines, les mâles à la base et les femelles au sommet; juillet-octobre. Variété plus petite, de 1 m. 50; autre à feuilles pourpres. (*R. rutilans.*) Terre légère et substantielle; exposition chaude. Semer en avril et mai, en place ou en pépinière.

Ricinus sanguineus. Ricin sanguin. — Ressemble à la variété pourpre de l'espèce précédente; la tige et les feuilles sont d'un pourpre brun clair; les fleurs, plus tardives, sont d'un rouge pourpre. Même culture. Cette espèce est d'un bel effet dans les grands massifs.

Ricinus Tunicensis. Ricin de Tunis. — Vivace, cultivé comme annuel. Espèce encore peu connue. Même culture.

RUDBECKIA.

Rudbeckia sinuata *L.* Rudbeckie amplexicaule. (*Composées.*) — Annuelle; tige de 75 cent.; fleurs en capitule, jaune à la circonférence, pourpre noirâtre au centre; juillet-septembre. Terre franche, légère. Semer sur couche, en avril, ou en pleine terre en mai.

SALPIGLOSSIS.

Salpiglossis sinuata *R. et Pav.;* **S. atropurpurea** *Sw.;* **S. straminea** *Hook.* Salpiglossis variable ou à pétales sinués. (*Personées.*)(Pl. V, fig. 4.) — Plante annuelle; tige de 50 à 75 cent.; feuilles ovales-oblongues; fleurs en entonnoir, longues de 3 à 4 cent., à fond blanc, strié et lavé de jaune, de pourpre et de violet; juillet-août. Variété à fleurs jaunes, violettes, pourpre noirâtre. Terre légère. Semer en place ou sur couche au printemps.

S. hybrida. Salpiglossis hybride. — Variété de la précédente.

S. sulfurea. Salpiglossis soufré. — Annuel; tige de 75 cent.; fleurs jaune soufre; juillet-août. Même culture.

S. aurea *Hort.* Salpiglossis doré. — Annuel; fleurs jaune d'or uni. Même culture.

S. alba grandiflora, integrifolia, azurea, etc. Salpiglossis blanc à grandes fleurs, à feuilles entières, azuré, etc. Variétés ou espèces voisines des précédentes. Même culture.

SALVIA.

Salvia sclarea *L.* Sauge sclarée, Orvale, Toute-bonne. (*Labiées.*) — Plante bisannuelle; tige de 60 cent.; feuilles opposées, rougeâtres, odorantes; fleurs rose violacé; juillet-août. Semer en pépinière, en juin et juillet, ou en place, en mai.

S. horminum *L.* Sauge hormin. — Annuelle; tige de 50 à 70 cent.; bractées rose violacé ou pourprées; fleurs rose tendre; juin-juillet. Semer au printemps, en place ou en pépinière.

S. coccinea *L.* Sauge écarlate. — Annuelle; tige de 1 m. à 1 m. 50; feuilles cordiformes, d'un vert brillant; fleurs écarlates, grandes; juin-octobre. Variété à fleurs plus grandes, d'un rouge éclatant, en longs épis (*S. punicea*), plus tardives. Terre franche légère. Semer sur couche à la fin de mars, et repiquer sur couche. Arroser modérément.

S. Rœmeriana. Sauge de Rœmer. — Annuelle; tige de 30 cent.; fleurs écarlates; août-octobre. Même culture.

S. argentea. Sauge argentée. — Annuelle; fleurs blanches. Même culture.

SANVITALIA.

Sanvitalia procumbens. Sanvitalie rampante. (*Composées.*) — Annuelle; tige de 30 cent.; fleurs en capitules jaunes, à centre brun; juillet-septembre. Semer sur couche en avril et repiquer sur couche, ou en pépinière à la même époque, ou en place en mai.

SAPONARIA.

Saponaria Calabrica *L.* Saponaire de Calabre. (*Caryophyllées.*) — Annuelle; tige de 30 cent.; fleurs roses, très-nombreuses, en cyme terminale; mai-août. Semer au printemps et en septembre, en place ou en pépinière.

S. multiflora. Saponaire multiflore. — Annuelle; fleurs roses. Même culture.

S. vaccaria *L.* Saponaire des vaches. — Annuelle; tige de 50 à 60 cent., très-rameuse; feuilles glauques; fleurs blanc rosé; juin-juillet. Terre ordinaire. Même culture.

SAXIFRAGA.

Saxifraga tridactylites *L.* Saxifrage tridactyle. (*Saxifragées.*) — Annuelle; feuilles charnues; fleurs blanches; mars-mai. Semer en pépinière et en pot depuis avril jusqu'en juillet.

SCABIOSA.

Scabiosa atropurpurea *L.* Scabieuse des jardins, fleur de veuve. (*Dipsacées.*) (Pl. V, fig. 2.) — Bisannuelle; tige de 60 cent. à 1 m.; feuilles opposées, pennatifides; fleurs nombreuses, réunies en capitules solitaires terminaux, pourpre plus ou moins foncé de velouté, à odeur musquée; juin-octobre. Variétés à fleurs roses ou panachées; à odeur de fourmi; autre variété plus petite, de 50 à 60 cent., appelée à tort *naine.* Terre franche légère, meuble; exposition chaude. Semer en place ou en pépinière, soit au printemps, soit en septembre, en repiquant, si l'on veut, dans la pépinière d'attente, pour mettre en place au printemps.

S. stellata *L.* Scabieuse étoilée. Même culture.

SCHIZANTHUS.

Schizanthus retusus *Hook.* Schizanthe émoussé. (*Personées.*) — Annuel ou bisannuel; tige de 80 cent.; feuilles opposées; fleurs présentant une corolle à quatre divisions, les trois supérieures rose pourpre, l'inférieure longue et étroite, jaune, veinée de pourpre, rose à l'extrémité; juin-août. Variété à fleurs blanches ou lilas, tachées de jaune. Terre substantielle. Semer en place en mai, ou en pépinière en septembre pour repiquer, en pot, et hiverner sous châssis et mettre en place en avril. Culture assez difficile. Rentrer l'hiver.

S. Grahami *Hook.* Schizanthe de Graham. — Espèce annuelle, très-voisine de la précédente, dont elle n'est peut-être qu'une simple variété. Fleurs roses ou lilas, à division inférieure jaune; juin-août. Même culture.

S. Hookeri *Lindl.* Schizanthe de Hooker. — Annuel; feuilles finement laciniées; fleurs semblables à celles de l'espèce précédente, mais plus grandes, violettes ou rose lilacé, à division inférieure marquée d'une tache jaune ou orangée. Même culture.

S. candidus *Lindl.* **S. Priesti** *Hort.* Schizanthe blanc. — Espèce annuelle, très-voisine de la précédente; feuilles moins découpées; fleurs blanches. Même culture.

S. violaceus. S. gracilis. Schizanthe violet ou grêle. — Annuel; fleurs violettes. Même culture.

SCHIZOPETALUM.

Schizopetalum Walkeri. Schizopétale de Walker. (*Crucifères.*) — Plante annuelle; tige de 40 cent.; fleurs blanches; juillet. Semer en place en avril, ou en pépinière en septembre pour repiquer et hiverner sous châssis.

SCHORTIA.

Schortia Californica. Schortie de Californie. (*Composées.*) — Plante annuelle; tige de 15 à 20 cent.; fleurs jaunes; juin-juillet. Semer en avril en place, ou en septembre en pépinière.

SCORPIURUS.

Scorpiurus muricata *L.* Scorpiure muriquée, petite Chenille. (*Légumineuses.*) — Plante annuelle; tige de 15 à 20 cent.; fleur jaune; fruit recourbé, ornemental; août-septembre. Semer en place en avril.

S. vermiculata *L.* Scorpiure vermiculée, grosse Chenille.

S. sulcata *L.* Scorpiure ou Chenille rayée.

S. subvillosa *L.* Scorpiure ou Chenille velue.

Toutes ces espèces annuelles se ressemblent, et sont soumises à la même culture.

SEDUM.

Sedum sempervivoïdes *Bieb.* Orpin ou Vermiculaire à feuilles de Joubarbe. (*Crassulacées.*) — Plante bisannuelle; tige de 20 à 25 c.; feuilles ovales, charnues, pourprées, les radicales en rosette, les caulinaires éparses; fleurs rouge éclatant, en panicule. Terre ordinaire. Semer au printemps ou à l'automne. Se propage ainsi par boutures de tiges et de feuilles. Craint l'humidité. Plante délicate, de culture assez difficile.

S. azureum. Orpin azuré, Vermiculaire azurée. — Annuel; tige de 15 à 20 cent.; fleurs bleu pâle; mai-septembre. Semer sur couche en mars et avril, ou en pépinière, soit au printemps, soit en septembre pour repiquer et hiverner sous châssis.

S. rubens. Orpin ou Vermiculaire rougeâtre. — Même culture.

Tous les autres *Sedum* sont des plantes vivaces.

SENECIO.

Senecio elegans *L.* Seneçon élégant, S. d'Afrique, S. des Indes. (*Composées.*) (Pl. VIII, fig. 2.) — Plante vivace, cultivée comme annuelle; tige de 40 à 60 cent.; feuilles découpées, comme celles du Seneçon commun, mais bien plus grandes. Fleurs en capitules larges, terminaux, à centre d'un beau jaune d'or, à rayons lilas, formant des bouquets au sommet des tiges et des rameaux; juin-octobre. Variétés à fleurs pourpres, violettes, cramoisi clair ou foncé, roses, blanches ou blanc rosé; fleurs doubles dans toutes ces couleurs. Terre légère; exposition du midi. Semer : 1° sur vieille couche en mars et avril, pour replanter en motte; 2° en mars, avril et mai, en pépinière, sur une planche de terre douce bien terreautée, repiquer en pépinière pour mettre en place à la fin de l'été; 3° en septembre, en pépinière, pour repiquer et hiverner sous châssis; repiquer si l'on veut (d'après M. Vilmorin) dans la pépinière d'attente; 4° en pleine terre, en avril. Les variétés doubles se propagent de boutures et se conservent en hiver sous châssis sec.

SESAMUM.

Sesamum Brasiliense *Vell.* Sésame du Brésil. (*Sésamées.*) — Annuel; tige de 80 cent. à 1 mèt.; feuilles visqueuses; fleurs rose violacé, à lobe inférieur jaune pâle bordé de rose. Semer sur couche au printemps.

SELAGO.

Selago spuria *L.* Sélagine bâtarde. (*Sélaginées.*) — Vivace, cultivée comme annuelle; tige de 65 cent.; feuilles petites, oblongues; fleurs nombreuses, violettes ou bleu clair, en corymbe; juillet-août. Terre franche légère, mélangée d'un tiers de terre de bruyère ou de bon terreau; exposition du midi. Semer sur couche chaude au printemps.

SILENE.

Silene armeria *L.* Silène à bouquet, *Muscipula* des jardiniers.

(*Caryophyllées.*) (Pl. III, fig. 1.) — Annuel; tige de 40 cent., très-glabre, dressée, rameuse; feuilles glauques, opposées, embrassantes, oblongues ou ovales à la base de la tige, cordées au sommet. Fleurs rose vif ou carminé, en cyme; juin-août. Variétés à fleurs rose pâle, carnées ou blanches. Semer en place au printemps et en septembre, ou en pépinière à cette dernière époque.

S. compacta *Horn.* Silène compacte, d'Orient, ou à bouquets. — Bisannuel; tige de 50 à 70 cent.; feuilles larges, glauques; fleurs roses passant au carmin; juin-août. Terre ordinaire bien drainée; exposition chaude. Semer en juin et juillet, en pépinière. Arroser modérément avant la floraison.

S. orientalis. Silène d'Orient. — Variété du précédent; même culture.

S. quinquevulnera *L.* Silène à cinq taches. — Annuel; tige de 25 à 35 cent.; fleurs blanches, tachées de pourpre sur chaque pétale; juin-août. Même culture.

S. regia *L.* Silène royal. — Annuel; tige de 60 cent.; fleurs grandes, roses ou rouge écarlate; juillet-août. Même culture.

S. ornata *Ait.* Silène orné ou à odeur de Tagétès. — Annuel ou bisannuel; tige de 65 cent., visqueuse, ainsi que les feuilles; fleurs grandes, roses; mai-octobre. Variétés à fleurs rouge velouté, carnées ou blanches. Terre substantielle. Même culture.

S. muscipula *L.* Silène attrape-mouches. — Annuel; tige et feuilles glabres, visqueuses; fleurs roses, à pétales bifides; juillet-août. Même culture.

SOGALGINA.

Sogalgina triloba *Cass.* Sogalgine trilobée. (*Composées.*) — Annuelle; tige de 80 cent., rameuse; feuilles opposées, oblongues; fleurs en capitules radiés, jaune orangé, à rayons larges, tridentés, juillet-août. Terre ordinaire; exposition chaude. Semer au printemps.

SOLANUM.

Solanum ovigerum *Dun.* Aubergine blanche, Pondeuse, Plante aux œufs. (*Solanées.*) — Annuelle; tige de 40 à 50 cent.; feuilles larges, vert foncé; fleurs violacées; fruit blanc, semblable à un œuf de poule, ornemental; août-octobre. Semer sur couche depuis février jusqu'en avril et repiquer sur couche en pots, dans du terreau. Se cultive très-bien en pots.

S. Balbisii *Auct.* Morelle de Balbis. — Annuelle; tige de 1 mèt.; feuilles vert bleuâtre, ornementales; fleurs violacées; juillet-octobre. Semer sur couche en avril.

S. cerasiforme *Dun.* Morelle cerise. — Annuelle; tige de 60 cent.; fleurs jaunes; juillet-octobre. Semer sur couche en avril, ou en pépinière en avril et mai.

S. laciniatum *Forst.* Morelle laciniée. — Vivace, cultivée comme annuelle; tige de 2 mèt.; feuilles très-découpées; fleurs violettes; juillet-août. Semer sur couche en avril, et repiquer en juin-juillet; arroser fréquemment.

S. citrullifolium *L.* Morelle à feuilles de Pastèque. — Annuelle; tige de 60 cent.; feuilles lobées; fleurs lilas; juillet-octobre. Même culture.

S. reclinatum *L.* Morelle penchée. — Bisannuelle; tige de 40 à 60 cent.; fleurs bleu clair; avril-juin; fruit oblong, rouge orangé. Terre substantielle, mélangée de terreau. Semer sur couche, et repiquer en pots.

S. pseudo-melongena *Ten.* Aubergine à fruit écarlate. — Annuelle; tige de 1 m. à 1 m. 20; feuilles larges; fleurs violacées; fruit rouge écarlate brillant, de la grosseur d'un œuf de poule, d'un très-bel effet; juillet-octobre. Bonne terre; exposition chaude; semer sur couche au commencement du printemps, et repiquer sur couche; arroser abondamment, et pincer l'extrémité des rameaux.

S. Gilo *Rad.* Morelle ou Aubergine Gilo. — Variété de la précédente. Même culture.

SPHENOGYNE.

Sphenogyne speciosa *D. C.* Sphénogyne élégante. (*Composées.*) — Annuelle; tige de 30 à 60 cent., rameuse; fleurs en capitule à disque rouge, à rayons jaune orangé, brun violacé à la base; juin-septembre. Variétés à fleurons jaune pâle. Terre fraîche mêlée de terreau. Semer de février en avril sur couche, pour repiquer en mai, ou au printemps, en place ou en pépinière.

STACHYS.

Stachys coccinea *Jacq.* Stachys écarlate. (*Labiées.*) — Plante vivace, cultivée comme annuelle; tige de 60 à 90 cent., rameuse; feuilles cordées, oblongues; fleurs assez grandes, d'un rouge écarlate brillant; juin-septembre. Terre légère et substantielle. Exposition du midi. Semer sur couche en avril. Éviter l'humidité pendant l'hiver.

S. Dodartii. Stachys de Dodart. — Variété de la précédente, à feuilles luisantes et à fleurs rouge foncé. Même culture. Se propage encore de boutures et d'éclats.

TAGETES.

Tagetes patula *L.* Œillet d'Inde étalé. (*Composées.*) (Pl. VIII, fig. 4.) — Annuel; tige de 40 à 60 cent.; feuilles pennées, découpées, vert foncé, ponctuées; fleurs en capitules solitaires terminaux, jaune safrané, à centre brun, exhalant une odeur très-forte; juillet-octobre. Variétés à capitules doubles, à fleurs rayées, plus foncées, jaune clair, jaune éclatant, fasciées ou lisérées de rouge, tachées de jaune, etc.; autres variétés naines. Terre ordinaire, ou mieux franche légère, fraîche et mêlée de terreau de couche. Semer en avril, sur couche et repiquer en mai, en place; repiquer, si l'on veut, dans la pépinière d'attente. On peut aussi semer en place en mai et juin. En semant en pots, qu'on rentre en hiver, on peut avoir des fleurs jusqu'en janvier.

T. erecta *L.* Œillet d'Inde élevé, Rose d'Inde. — Annuel; tige de 80 cent. à 1 mèt., dressée, rameuse. Feuilles pennées. Fleurs en capitules très-grands, solitaires, jaune d'or; juillet-octobre. Variétés doubles, à tuyaux, jaune citrin; naines. Même culture.

T. signata *L.* Œillet d'Inde à taches brunes. — Annuel; tige de 50 cent.; fleurs jaunes ponctuées de brun; juin-octobre. Semer au commencement du printemps, en pépinière, ou sur couche pour repiquer de même.

T. minuta *L.* Œillet d'Inde à petites fleurs. — Annuel; tige de 60 cent.; fleurs jaunes; septembre-octobre. Semer sur couche en avril.

TITHONIA.

Tithonia tagetiflora. Tithonie à fleurs de Tagetès. — Annuelle; tige de 3 mèt.; fleurs jaune safrané; septembre-octobre. Semer sur couche en avril.

TOURNEFORTIA.

Tournefortia heliotropioïdes *Hook.* Tournefortia faux Héliotrope. (*Borraginées.*) — Vivace, cultivée comme annuelle; tiges de 35 à 50 cent., couchées; feuilles ondulées; fleurs bleu lilas; juillet-septembre. Terre légère et chaude. Semer en avril, sur couche, ou en septembre, en place ou en pépinière. La plante se ressème d'elle-même à l'automne, et fleurit l'année suivante.

TRACHELIUM.

Trachelium cœruleum *L.* Trachélie bleue. (*Campanulacées.*) — Plante bisannuelle, regardée comme vivace par quelques auteurs; tige de 35 à 50 cent.; feuilles ovales; fleurs bleu foncé, disposées en corymbe; juillet-août. Variété à fleurs blanches. Terre légère, un peu sèche; exposition chaude. Vient très-bien sur les murs et dans les rocailles. Semer en pépinière en juin et juillet, et replanter en pots pour hiverner sous châssis ou en orangerie. On peut aussi bouturer sur couche au printemps.

TRIFOLIUM.

Trifolium incarnatum *L.* Trèfle incarnat, ou du Roussillon. (*Légumineuses.*) — Plante annuelle de grande culture, pouvant servir à l'ornement des jardins, par ses beaux épis rouges, qui se succèdent pendant longtemps, si l'on a la précaution de les couper à mesure qu'ils sont défleuris. Il y en a une variété tardive. Semer en place, au printemps et à l'automne.

VENIDIUM.

Venidium calenduloïdes. Vénidie à fleur de Souci. (*Composées.*) — Annuelle; tige de 50 cent.; feuilles blanchâtres, duveteuses; fleurs jaune safrané; juillet-novembre. Semer au printemps, sur couche ou en pépinière.

VERBASCUM.

Verbascum blattaria *L.* Molène blattaire. (*Personées.*) — Bisannuelle; tige de 80 cent.; feuilles rudes, velues; fleurs jaunes, en longs épis; juillet-septembre. Semer en pépinière depuis avril jusqu'en juillet.

Les autres *Verbascum* sont généralement vivaces; mais plusieurs peuvent être cultivés comme annuels ou bisannuels.

VERBENA.

Verbena aubletia *L.* Verveine de Miquelon ou à bouquets. (*Verbénacées.*) — Plante annuelle, touffue; tiges de 35 à 50 cent., dressées ou couchées; feuilles opposées, découpées; fleurs amarantes ou violet pourpre, en longs épis; juin-novembre. Terre franche légère, sèche, mêlée de terreau; exposition chaude. Semer sur couche tiède, en mars et avril, et repiquer sur couche, ou en pépinière, à l'automne, pour repiquer et abriter l'hiver sous châssis. Cette plante se ressème d'elle-même. Cultivée en pots et rentrée l'hiver, elle peut durer deux ans, mais elle est moins belle.

V. pulcherrima *Hook.* Verveine élégante. — Annuelle; tige de 50 cent.; fleurs violettes; juin-octobre. Même culture.

V. venosa *Hook.* Verveine veinée. — Vivace, cultivée comme annuelle; tige de 50 à 65 cent.; feuilles lancéolées, dentées; fleurs pourpre violacé, en épi ramassé; juin-octobre. Même culture.

V. Drummondii. Verveine de Drummond. — Annuelle; tige de 50 cent.; fleurs lilacées; juin-octobre. Même culture.

Voyez encore *Plantes pour bordures* et *Plantes vivaces.*

VICIA.

Vicia onobrychoïdes *L.* Vesce faux Esparcet. (*Légumineuses.*) — Plante annuelle; tige de 60 cent.; feuilles ailées, terminées en vrille; fleurs papilionacées, bleu foncé; juin-juillet. Semer en pépinière, en pots, d'avril à juillet.

VINCA.

Vinca rosea *L.* **Lochnera rosea** *Reich.* Pervenche rose, P. du Cap. (*Apocynées.*) — Vivace, cultivée comme annuelle; tige de 30 cent., droite, rougeâtre; feuilles ovales, luisantes; fleurs axillaires et terminales, d'un beau rose, plus foncé au centre; juin-octobre. Variété à fleurs blanches, rouges ou vertes au centre. Terre légère et substantielle; semer en janvier et février, sur couche chaude (culture difficile), ou en avril, en place ou en pépinière. Cultivée en pots et tenue en serre chaude, elle est vivace. On peut greffer en fente, l'une sur l'autre, les variétés à fleurs de couleur différente, ce qui produit un bel effet.

VIOLA.

Viola tricolor *L.* Pensée des jardins. (*Violariées.*) (Pl. VIII, fig. 5.) — Plante vivace, cultivée comme annuelle; tige de 15 à 20 cent.; feuilles cordées, obtuses; fleurs mélangées de violet foncé, de jaune et de blanc; avril-octobre. Cette espèce a produit par la culture d'innombrables variétés. On doit préférer, dit le *Bon Jardinier,* celles dont les fleurs sont grandes, arrondies, à couleurs vives, tranchées, à masque bien marqué. Terre ordinaire, fraîche; exposition ombragée. Semer depuis mars jusqu'en septembre, mais mieux aussitôt après la maturité des graines, en place ou en pépinière. Le *Bon Jardinier* conseille encore, avec raison, de bien choisir la semence des bonnes variétés; pour cela, on laissera celles-ci grainer sur place, on relèvera en automne le jeune plant, qu'on repiquera sur une planche de terre douce et terreautée. Les boutures, si elles n'étaient sujettes à fondre l'hiver, seraient encore le meilleur moyen d'empêcher les variétés de choix de dégénérer. On peut encore propager cette plante par la séparation des pieds. Elle se ressème souvent d'elle-même et souffre difficilement la transplantation à tout âge, surtout au moment de la floraison.

V. Altaïca *Bot. Reg.* Violette de l'Altaï, Pensée vivace. — Espèce souvent confondue avec la précédente, et qui a aussi donné naissance à de nombreuses variétés. Fleurs d'un beau violet foncé, dans le type. Même culture.

V. Rothomagensis *Thuil.* **V. hispida** *Lam.* Violette ou Pensée de Rouen. — Vivace, cultivée comme annuelle; tiges de 20 à 25 cent., rameuses, diffuses; feuilles ovales, crénelées, velues, d'un vert grisâtre; fleurs bleu pâle ou violacées; mai-octobre. Semer en pépinière, en pots, depuis avril jusqu'en juillet, et en place à l'automne. Éclats de pieds. Très-bonne pour bordures.

VISCARIA.

Viscaria cœli Rosa *D. C.* **Agrostemma cœli Rosa** *L.*; **Lychnis cœli Rosa** *Hort. Par.* Coquelourde ou Lychnide Rose du ciel. (*Caryophyllées.*) (Pl. VI, fig. 3.) — Plante annuelle; tige de 30 cent., rameuse; feuilles opposées, lancéolées-linéaires; fleurs nombreuses, d'un beau rose; mai-août. Variété à fleurs blanches; autre variété naine. Semer en place au printemps, ou en pépinière en septembre, ou en pots, à l'automne, pour hiverner sous châssis.

V. oculata *Lindl.* **Lychnis viscaria** *L.* Coquelourde ou Lychnide à fleur pourpre. — Annuelle; tige de 40 cent., rameuse; feuilles linéaires; fleurs roses, pourpre noir au centre; juin-août. Variété naine. Même culture.

V. alba *Hort.* Coquelourde ou Lychnide à fleurs blanches. — Annuelle; tige de 40 cent., rameuse; feuilles linéaires; fleurs blanches, roses au centre; juin-août. Même culture.

VITTADINIA.

Vittadinia triloba *D. C.* Vittadinie à trois lobes. (*Composées.*) — Vivace, cultivée comme annuelle; tige de 25 cent., rameuse; fleurs blanc rosé, semblables à des pâquerettes; mai-novembre. Semer en avril sur couche, ou en septembre en pépinière pour repiquer et abriter l'hiver sous châssis.

WHITLAVIA.

Whitlavia grandiflora. Whitlavia à grande fleur. (*Hydrophyllées.*) — Annuelle; tige de 40 à 50 cent., très-rameuse; feuilles cordées; fleurs grandes, d'un beau violet, campanulées, disposées en épi unilatéral roulé en crosse; mai-août. Semer sur couche en mars, ou en place en avril-mai et en automne. Convient surtout pour les massifs.

WULFENIA.

Wulfenia Carinthiaca *Jacq.* **Pæderata nudicaulis** *Lam.* Wulfénie de Carinthie. (*Personées.*) — Vivace, susceptible d'être cultivée comme annuelle; tiges de 30 à 50 cent.; feuilles ovales, crénelées; fleurs bleues, penchées, en grappe; juillet-août. Semer sur couche en mars-avril, et repiquer en mai; ou en pépinière, en septembre, pour repiquer et hiverner sous châssis.

XERANTHEMUM.

Xeranthemum annuum *L.* Xéranthème annuel, Immortelle annuelle. (*Composées.*) (Pl. VIII, fig. 1.) — Plante annuelle ; tige de 50 à 70 cent., cotonneuse-blanchâtre, ainsi que les feuilles ; fleurs en capitules violet pâle ou gris de lin, à bractées sèches, scarieuses, lancéolées ; juin-octobre. Variétés à fleurs blanches et à fleurs doubles. On peut dessécher ces fleurs comme les Immortelles; elles conservent longtemps leur couleur, et on avive aisément celle-ci en les exposant à la vapeur d'un acide. Cette plante demande une terre légère et une exposition chaude; semer en avril-mai, et en septembre, en place ou en pépinière; replanter en motte si l'on veut obtenir de belles plantes.

XIMENESIA.

Ximenesia encelioïdes *Cav.* Ximénésie à feuilles d'Encélie. (*Composées.*) — Annuelle ; tige de 1 m.; feuilles ovales, cotonneuses en dessous; fleurs en capitules nombreux, jaunes, de grandeur moyenne; juin-novembre. Terre franche légère; exposition chaude.

X. aquilegioïdes. Ximénésie à feuilles d'Ancolie. — Même culture. Semer au printemps, en place ou sur couche, et repiquer.

ZAUSCHNERIA.

Zauschneria Californica. *Presl.* Zauschnérie de Californie. (*Onagrariées.*) — Plante vivace, pouvant être cultivée comme bisannuelle; tige de 30 à 40 cent., très-rameuse ; feuilles opposées ou alternes, ovales, pubescentes ; fleurs pendantes, écarlate brillant, très-nombreuses, à étamines saillantes, d'un rouge vif; juin-novembre. Semer en place en mai, ou en pépinière en juillet, et replanter en pot pour hiverner sous châssis.

ZINNIA.

Zinnia elegans *Jacq.* **Z. coccinea** *Hort.* Zinnia élégant ou à grandes fleurs. (*Composées.*) (Pl. II, fig. 2.) — Plante annuelle ; tige de 50 cent. à 1 mèt.; feuilles opposées, cordées, ovales ; fleurs en capitules grands, à disque conique brun pourpre, à rayons rose violacé ; juillet-novembre. Variétés à fleurs unicolores, violettes, écarlates, couleur feu, chamois, jaunes, blanches, etc. Tout terrain, mais mieux terre légère, franche et chaude. Semer sur couche en mars, ou en place en avril et mai, ou enfin en pépinière, au printemps, et repiquer, si l'on veut, en pots ou dans la pépinière d'attente.

Z. multiflora *L.* Zinnia rouge, Brésine. — Annuel; tige de 50 à 60 cent.; feuilles lancéolées; fleurs en capitules à disque jaune et à rayons rouge vif; juin-octobre. Variétés à fleurs beaucoup plus grandes, semi-doubles, à fleurs jaunes. Même culture.

Z. revoluta *L.* Zinnia roulé. — Annuel; tige de 60 cent.; fleurs petites, nombreuses, rouge ponceau; juin-septembre. Même culture.

Z. pauciflora *L.* Zinnia pauciflore. — Tige de 60 cent.; feuilles lancéolées; fleurs jaunes, en capitules; août-septembre. Même culture.

Z. verticillata *L.* Zinnia verticillé. — Annuel; tige de 50 cent.; fleurs rouges; juin-septembre. Même culture.

ZOEGEA.

Zoegea leptaurea *L.* **Centaurea calendulacea** *Lam.* Zoégéa brillant ou faux Souci. (*Composées.*) — Annuel; tige de 20 à 30 cent., rameuse; feuilles découpées; fleurs en capitules jaunes; juillet-août. Exposition méridionale. Terre légère, substantielle. Semer sur couche au commencement du printemps.

Z. purpurea *Frés.* Zoégéa pourpre. — Annuel; tige grêle, de 20 à 30 cent.; fleurs blanches, entourées d'un involucre pourpre; juillet-août. Semer en place, au printemps.

ZORNIA.

Zornia reticulata *Smith.* **Hedysarum diphyllum** *L.* Zornie réticulée. (*Légumineuses.*) — Plante annuelle; tiges de 15 à 20 cent., dressées; feuilles à deux folioles ovales; fleurs jaunes; juillet-août. Terre sablonneuse. Semer sur couche en mars-avril, ou en place, en avril et mai.

CHAPITRE II.

PLANTES POUR BORDURES.

ÆTHIONEMA.

Æthionema coridifolium *D. C.* Æthionème du Liban ou à feuilles de Coris. (*Crucifères.*) — Plante vivace; tiges sous-ligneuses, étalées, de 15 à 25 cent.; feuilles linéaires; fleurs rose lilacé, en grappes terminales; avril-juillet. Cette plante, qui est propre à orner les rocailles, vient aussi très-bien en pots. Elle demande une terre sèche, légère, un peu sablonneuse, et se multiplie par graines semées en place ou en pépinière depuis avril jusqu'en juillet, ou par éclats de pied au printemps.

Æ. diastrophis *Bung.* — Vivace; tiges frutescentes, plus rameuses que dans l'espèce précédente; feuilles oblongues, d'un vert glauque; fleurs roses, en petites grappes terminales. Terre ordinaire. Même culture.

AGROSTIS.

Agrostis capillaris *L.* Agrostide capillaire. (*Graminées.*) — Annuelle; tige de 15 cent.; feuilles linéaires; fleurs verdâtres en panicules; mai-juillet. Terre ordinaire; semer en place, en avril et mai, et en septembre.

AIRA.

Aira pulchella *D. C.* Canche jolie, Agrostide élégante. (*Graminées.*) — Annuelle; tige de 10 cent.; feuilles linéaires; fleurs verdâtres, en panicule; mai-juillet. Semer en place au printemps et en septembre, ou en pépinière à cette dernière époque.

ALYSSUM.

Alyssum saxatile *L.* Alysse des rochers, Corbeille d'or, Thlasp jaune. (*Crucifères.*) (Pl. IX, fig. 1.) — Vivace; tiges sous-ligneuses, de 25 à 30 cent., rameuses, diffuses; feuilles lancéolées, blanchâtres; fleurs petites, très-nombreuses, d'un jaune vif, en grappes terminales; avril-mai. Variété à feuilles panachées. Cette plante est rustique, et vient en tout terrain, mais mieux dans un sol un peu sec et pierreux. Semer en pépinière depuis avril jusqu'en juillet, et repiquer en terre légère en place, ou en pot pour ne mettre en place qu'à l'automne. On peut également semer en place dans cette dernière saison, ou aussitôt après la maturité des graines. Enfin on multiplie aussi de marcottes ou d'éclats de pieds, faits au printemps. Pour avoir de belles bordures, on aura soin, tous les ans, à l'automne, de les tondre avec des cisailles, et de renouveler les touffes tous les trois ans; alternée avec la corbeille d'argent (*Iberis sempervirens*), cette plante produit un charmant effet.

A. montanum *L.* Alysse des montagnes. — Vivace; tige de 20 c.; fleurs jaunes; mai-juin. Même culture.

A. maritimum *L.* (Voy. *Plantes annuelles.*)

A. deltoïdeum. (Voy. *Aubrietia deltoïdea.*)

ANDROSACE.

Androsace carnea *L.* Androsace carnée. (*Primulacées.*) — Vivace; tige de 10 cent.; fleurs rouge pâle ou carnées; juin-août. Terre légère. Semer en pépinière, en pots ou en terrines, depuis avril jusqu'en juillet. Se multiplie aussi d'éclats.

A. villosa *L.* Androsace velue. — Vivace; fleurs blanches, en ombelle; juin-août. Même culture.

A. Vitalliana. Androsace de Vitalli. — Vivace; tige de 10 cent.; fleurs jaunes; mai-juillet. Même culture.

A. lactea *L.* Androsace lactée. — Vivace; fleurs jaunâtres en dehors, blanches à l'intérieur; mai-juillet. Même culture.

Androsace obtusifolia *L.* Androsace à feuilles obtuses. — Vivace. Même culture.

ARABIS.

Arabis verna *Ait.* **Turritis verna** *D. C.* Arabette ou Arabide printanière. (*Crucifères.*) — Plante vivace, touffue; tiges de 20 cent., rampantes; feuilles oblongues, très-nombreuses; fleurs blanches, en grappes serrées; mars-mai. Variété à pétales purpurins. Vient en tout terrain, même dans les sables secs et les rocailles, mais préfère un sol léger, frais, ombragé. Semer au printemps. Drageons ou marcottes, en automne. Boutures ou éclats, en juin; les jeunes touffes sont assez fortes pour être mises en place en septembre ou octobre. Tondre les bordures en juillet-août, et renouveler tous les trois ans.

A. albida *D. C.* **A. Caucasica** *W.* Arabette blanchâtre ou du Caucase. — Vivace. Même culture.

A. rosea *D. C.* Arabette rosée. — Bisannuelle; tige de 25 à 30 c.; fleurs rose pourpré, en longues grappes.

A. Alpina *L.* **Arabidium Alpinum** *Spach.* Arabette des Alpes. — Vivace; tige de 20 cent.; fleurs blanches; avril-mai. Semer en pépinière, en pot, depuis avril jusqu'en juillet. Éclats de pieds, faits au printemps.

A. hispida *L.* **A. Thaliana** *L.* Arabette velue, de Thalius. — Indigènes; rustiques. Semer en place.

ARENARIA.

Arenaria Balearica *L.* Sabline de Mahon. (*Caryophyllées.*) — Vivace; tige de 10 cent., traçantes; feuilles petites, ovales; fleurs blanches, petites, très-nombreuses; mai-juillet. Terrain un peu frais; exposition chaude. Semer en pépinière, en pots, depuis avril jusqu'en juillet. Éclats, faits au printemps. Propre à garnir les rocailles et les vieux murs. Vient bien en pots.

A. salicifolia *L.* Sabline à feuilles de Saule. — Vivace; tige de 10 cent.; fleurs blanches; mai-août. Même culture.

AUBRIETIA.

Aubrietia deltoidea *D. C.* **Alyssum deltoïdeum** *L.* Alysse ou Aubriétie deltoïde. (*Crucifères.*) (Pl. X, fig. 2.) — Plante vivace, très-touffue; tige sous-ligneuse, haute de 20 cent.; feuilles deltoïdes, pubescentes, vert blanchâtre. Fleurs nombreuses, bleu clair ou lilas; mai-août. Variété à fleurs rougeâtres. Propre aux rocailles. Semer en planche de pépinière, depuis avril jusqu'en juillet, et repiquer sur place. Renouveler les touffes tous les deux ou trois ans.

A. rosea. Aubriétie rosée. — Variété plus petite, à fleurs roses.

A. Columnæ. — Fleurs bleues. Même culture.

BELLIS.

Bellis perennis *L.* Pâquerette, Fleur de Pâques, Petite Marguerite vivace. (*Composées.*) (Pl. IX, fig. 5.) — Plante vivace, formant de petites touffes arrondies. Feuilles radicales, spatulées, en rosette. Fleurs en capitules à centre jaune, à rayons blancs, pourpres à l'extrémité; mars-avril, octobre. Variétés à fleurs (ou mieux à capitules) rouge pâle, rouge foncé, à cœur vert, blanches, panachées, simples ou doubles, en tuyaux, prolifères, etc. Tout terrain, mais mieux terre franche, légère, fraîche, demi-ombragée. Semer en pépinière depuis avril jusqu'en juillet, ou en place au printemps et à l'automne. Éclats de pied, faits au printemps. Relever les belles variétés tous les ans, à l'automne, ou après la floraison, pour les empêcher de dégénérer.

BRIZA.

Briza gracilis *L.* Brize grêle, Petite Amourette. (*Graminées.*) — — Annuelle; tige de 25 à 30 cent.; feuilles linéaires; fleurs verdâtres, en panicules très-élégantes; mai-juillet. Semer en place depuis mars jusqu'en mai, ou en pépinière en septembre, pour repiquer et hiverner en pépinière.

B. maxima. Grande Brize. (Voy. *Plantes annuelles.*)

BRUNELLA.

Brunella grandiflora *W.* Brunelle ou Prunelle à grandes fleurs. (*Labiées.*) (Pl. IX, fig. 2.) — Plante vivace, à tige de 20 à 30 cent., anguleuse ; feuilles opposées, ovales-oblongues, quelquefois découpées; fleurs bleues, grandes, en épi terminal; juillet-septembre. Variétés à fleurs pourpres, roses et blanches. Terre légère, calcaire, non humide ; exposition découverte. Semer en place en mars, ou en pépinière d'avril à juillet. Éclats de pied, en automne. Cette plante est propre à soutenir les terrains en pente.

CARLINA.

Carlina acaulis *L.* Carline sans tige. (*Composées.*) — Vivace; tige de 20 cent.; feuilles découpées, épineuses ; fleurs en capitules pourpres; juin-août. Semer en pépinière, en pots, depuis avril jusqu'en juillet.

CORYDALIS.

Corydalis lutea *L.* **C. capnoïdes** *Pers.* Corydale jaune. (*Fumariacées.*) (Pl. XI, fig. 2.) — Vivace; tige de 30 à 40 cent.; feuilles glauques, très-découpées; fleurs jaune pâle; avril-novembre. Cette plante croît fort bien dans les terres pierreuses et les rocailles; elle pousse même à l'ombre, entre les joints des pierres, et se ressème naturellement. Semer en place, aussitôt après la maturité des graines, ou en pépinière, d'avril en juillet. Éclats. Couvrir en hiver. Arrosements abondants en été.

C. formosa *L.* **Dielytra formosa** *D. C.* Corydale élégante. — Vivace; tige de 20 à 30 cent.; fleurs roses, pendantes; juin-juillet. Variétés à fleurs blanches, pourpres, gris de lin. Même culture. Terre de bruyère un peu sèche.

CREPIS.

Crepis rubra *L.* **Barkhausia rubra** *Link.* Crépide ou Barkhausie rose. (*Composées.*) (Pl. XII, fig. 4.) — Plante annuelle; tige de 20 à 30 cent.; feuilles découpées; fleurs en capitules rose tendre; mai-novembre. Variété à fleurs blanches. Tout terrain et toute exposition, excepté celle du nord. Semer au printemps, en été et en septembre, en place, ou en pépinière et repiquer sur place. On peut aussi semer en pots, en mars, et sur couche, en avril, à une bonne exposition.

CYNOGLOSSUM.

Cynoglossum omphalodes *L.* **Omphalodes verna** *Mœnch.* Cynoglosse printanière, Petite Consoude. (*Borraginées.*) — Vivace; tige de 15 à 20 cent.; feuilles persistantes, d'un beau vert; fleurs petites, bleu d'azur très-vif, en grappes, quelquefois rayées de blanc; mars-mai. Terre légère un peu fraîche; exposition demi-ombragée. Semer en place, au printemps. Éclats de pied ou traces.

C. linifolium. Voy. *Plantes annuelles.*

DELPHINIUM.

Delphinium Ajacis *L.* *Var.* **Minus.** Pied d'alouette nain. (*Renonculacées.*) (Pl. XII, fig. 3.) — Cette plante, dont nous avons parlé au chapitre des plantes annuelles, présente une variété naine, appelée *Julienne* ou *pyramidale*, employée pour bordures. Sa tige, qui dépasse rarement 35 à 40 cent., porte des fleurs roses, blanches, violettes, gris de lin, carnées, brunes, tricolores, panachées, etc., souvent réunies sur la même plante, et paraissant de mai en juillet. On préfère les variétés doubles, et pour cela il faut bien choisir les graines, et supprimer les pieds qui n'ont que des fleurs simples. Terre ordinaire, douce. Semer de bonne heure, en février et mars, en bordure ou en rayons; distancer les graines, pour éviter d'éclaircir, et les recouvrir de terreau. On peut aussi semer en place, à l'automne.

DORONICUM.

Doronicum bellidiastrum *L.* Doronic à feuilles de pâquerette. (*Composées.*) — Vivace; tige de 20 cent.; feuilles oblongues, spatulées, arrondies; fleurs en capitules blancs; juin-juillet. Semer en pépinière, depuis avril jusqu'en juillet. Éclats de pieds, faits au printemps, en terre légère.

D. Caucasicum *Bieb.* Doronic du Caucase. — Vivace; feuilles d'un beau vert; fleurs jaune brillant; mars-mai. Même culture.

DRABA.

Draba aizoïdes *L.* Drave faux Aizoon. (*Crucifères.*) — Vivace; tige de 10 cent.; fleurs jaunes; mai-juillet. Semer en pépinière, depuis avril jusqu'en juillet. Éclats.

D. Pyrenaïca *L.* Drave des Pyrénées. — Vivace; fleurs blanches, tachées de rouge; mai-juillet. Terre rocailleuse; exposition ombragée. Même culture.

DRYAS.

Dryas octopetala L. Dryade à huit pétales. (*Rosacées.*) — Vivace; tige de 5 à 10 cent.; fleurs blanches; juin-août. Terre de bruyère humide; exposition nord, un peu en pente. Semer en pépinière, d'avril en juillet. Éclats de pieds, en septembre. Vient bien en pots.

ERINUS.

Erinus Alpinus *L.* Érine des Alpes. (*Personées.*) — Vivace; tiges de 10 cent., rameuses; feuilles oblongues, crénelées, en rosette; fleurs violet pâle, rouge incarnat ou rose pourpré; en grappes; mars-août. Variété à feuilles velues. Terre franche, légère; exposition ombragée. Semer en pépinière, d'avril en juillet. Éclats de touffes, en automne. Arrosements fréquents. Propre aux rocailles. Le *Bon Jardinier* conseille d'en tenir quelques pieds en pots que l'on rentre sous châssis en hiver, avec les autres plantes alpines.

FICARIA.

Ficaria ranunculoïdes *Mœnch.* **Ranunculus ficaria** *L.* Ficaire, Petite Chélidoine, Petite Éclaire. (*Renonculacées.*) — Plante vivace, touffue; tiges courtes, traçantes; feuilles radicales, en cœur; fleurs larges, d'un jaune d'or, nombreuses; mars-avril. Variété à fleurs doubles. Terre fraîche, même humide; exposition ombragée. Tubercules et éclats.

GENTIANA.

Gentiana acaulis *L.* Gentiane sans tige ou à grande fleur. (*Gentianées.*) — Vivace; feuilles lancéolées, persistantes; hampe de 5 à 10 cent.; fleur grande, campanulée, d'un beau bleu; avril-juillet; refleurit souvent en automne. Terre de bruyère, légère; exposition ombragée. Semer en planche de pépinière, depuis avril jusqu'en juillet, sans recouvrir la graine, qu'on a soin de choisir nouvelle. Se propage aussi par drageons ou éclats de pieds.

G. Alpina *L.* Gentiane des Alpes. — Vivace, comme toutes les suivantes. Tige de 5 à 10 cent.; fleurs bleu foncé; juin-juillet. Même culture.

G. campestris *L.* Gentiane des champs. — Tige de 15 cent.; fleurs violet pâle; août-septembre.

G. purpurea *L.* **G. punctata** *Hort.* Gentiane pourprée ou ponctuée. — Tige de 10 cent.; feuilles ovales-aiguës; fleurs jaunes ponctuées de pourpre; juin-août.

G. verna *L.* Gentiane printanière. — Tige de 5 cent.; fleurs bleu foncé; mai-juillet.

G. Bavarica *L.* Gentiane de Bavière. — Tige de 10 cent.; fleurs bleu foncé; juillet-août.

G. nivalis *L.* Gentiane des neiges. — Tige de 5 cent.; fleurs d'un beau bleu; juillet-août.

Toutes ces espèces se cultivent comme la première.

GRAMMANTHES.

Grammanthes gentianoïdes. Grammanthe gentianoïde. (*Crassulacées.*) — Annuel; tige de 10 cent.; feuilles charnues; fleurs jaunes, mêlées de rouge; mai-juillet. Semer sur couche en avril et repiquer sur couche, ou en place en septembre pour repiquer et hiverner sous châssis.

HEDYSARUM.

Hedysarum crista galli *L.* **Onobrychis crista galli.** Sainfoin crête de coq, Hérisson. (*Légumineuses.*) — Annuel; tige de 15 cent.; feuilles imparipennées; fleurs violacées, petites; fruit hérissé, ornemental; août-septembre. Semer en place, en avril.

HELIANTHEMUM.

Helianthemum vulgare *Pers.* **H. variabile** *Spach.* Hélianthème commun (*Cistinées.*) (Pl. XI, fig. 1.) — Vivace; tiges couchées, rampantes; feuilles oblongues, obtuses; fleurs jaune orangé, en grappes lâches, terminales; juin-août. Variétés à fleurs jaunes, carnées, roses, et à fleurs doubles. Terre sèche; exposition chaude. Semer en pépinière, en pot, depuis avril jusqu'en juillet. Arrosements modérés.

H. pulverulentum *L.* Hélianthème pulvérulent. — Vivace; tige de 20 à 30 cent.; fleurs blanches; juin-août. Même culture.

H. guttatum *L.* Hélianthème taché. — Annuel; tige de 20 à 30 c.; fleurs jaunes, ponctuées de brun; juin-août. Même culture.

H. halimifolium *Willd.* Hélianthème à feuilles d'Halime. — Tige frutescente; fleurs grandes, à pétales jaune d'or, tachés de pourpre à la base. Terre légère, meuble. Même culture; orangerie pendant l'hiver.

HELIOPHILA.

Heliophila trifida *Lam.* Héliophile trifide. (*Crucifères.*) — Annuelle; tiges de 20 cent., rameuses, diffuses; feuilles trifides; fleurs bleues, en grappes terminales; juillet-août. Terre légère, exposition chaude. Semer en place, en avril. Arrosements modérés.

H. pilosa *Lam.* **H. arabioïdes** *Sims.* Héliophile velue. — Vivace; tiges rampantes; feuilles linéaires, velues; fleurs d'un beau bleu. Même culture.

HESPERIS.

Hesperis maritima *Lam.* **Cheiranthus maritimus** *L.* **Malcolmia maritima** *R. Br.* Giroflée ou Julienne de Mahon, Mahonille. (*Crucifères.*) (Pl. X, fig. 1.) — Annuelle ou bisannuelle; tige de 30 cent.; fleurs rouges ou lilacées, passant au violet ou au blanc, agréablement odorantes; mai-août. Variétés à fleurs blanches, à reflets rose lilacé. Semer en place, depuis mars jusqu'en septembre, ou en pot depuis juin jusqu'à l'automne. Terre ordinaire, un peu fraîche. Tondre la plante après la floraison, pour la faire refleurir.

IBERIS.

Iberis semperflorens *L.* Ibéride de Perse, Thlaspi vivace. (*Crucifères.*) (Pl. X, fig. 4.) — Vivace; tiges de 40 à 50 cent., sous-ligneuses, rameuses, diffuses. Feuilles spatulées, épaisses, persistantes. Fleurs blanches, en corymbe; presque toute l'année. Variété à feuilles panachées. Tout terrain un peu sec, mais mieux terre franche, légère, douce, substantielle. Bonne exposition. Semer au printemps et en automne, en place, ou mieux en pots qu'on rentre l'hiver. Marcottes, éclats, ou boutures faites en pot, à l'ombre, tout l'été. Tondre après la floraison et couvrir en hiver.

I. sempervirens *L.* Corbeille d'argent. — Vivace; tige de 20 cent.; fleurs blanches; avril-juillet. Même culture. Plus rustique.

I. amara, odorata, Lagascana, umbellata nana, etc. Voy. *Plantes annuelles.*

IONOPSIDIUM.

Ionopsidium acaule *Reich.* **Cochlearia acaulis** *L.* Ionopsidie sans tige. (*Crucifères.*) — Annuel; tiges de 15 cent., rameuses, diffuses; feuilles ovales, en cœur; fleurs solitaires terminales, lilacées, très-nombreuses; octobre-mars. Semer en pépinière en septembre, pour repiquer et hiverner sous châssis.

ISOTOMA.

Isotoma axillaris *Bot. Reg.* Isotoma axillaire. (*Lobéliacées.*) — Vivace, cultivée comme annuelle; tige de 25 cent., rameuse, étalée; feuilles découpées; fleurs lilacées ou bleu pâle, étoilées, longuement pédonculées; juillet-octobre. Semer sur couche à la fin de mars et repiquer sur couche, ou en pépinière en septembre, pour repiquer et hiverner sous châssis.

I. petræa *Bot. Reg.* Isotoma des rochers. — Vivace, cultivée comme annuelle; fleurs blanches; août-octobre. Même culture.

I. longiflora. Isotoma à longues fleurs. — Même culture.

LAMARCKIA.

Lamarckia aurea *D. C.* **Chrysurus cynosuroïdes.** Lamarckia dorée. (*Graminées.*) — Annuelle; tige de 20 cent.; feuilles lancéolées; fleurs jaune verdâtre; juin-juillet. Semer en place, en avril.

LEPTOSIPHON.

Leptosiphon androsaceus *Benth.* **Gilia androsacea** *Steud.* Leptosiphon à fleurs d'Androsace. (*Polémoniacées.*) (Pl. XII, fig. 2.) — Annuel; tiges de 20 à 30 cent., rameuses, diffuses. Feuilles opposées. Fleurs bleu lilacé, en tête, entourées de grandes bractées bleues; mai-septembre. Variétés à fleurs blanches, roses, jaune d'or; variété naine, ayant le port d'une mousse. Terre légère. Semer en place depuis mars jusqu'en juillet, et en septembre, ou en pépinière, à cette dernière époque, pour repiquer et hiverner sous châssis; ou bien encore semer, à l'automne, en pots que l'on met immédiatement en place.

L. luteus *Benth.* Leptosiphon à fleurs jaunes. — Variété du précédent. Annuel; tige de 10 cent. Même culture.

L. aureus *Benth.* Leptosiphon à fleurs jaune d'or. — Autre variété offrant un peu le port d'une mousse. Annuel; tige de 10 cent.; fleurs jaune d'or très-nombreuses. Même culture.

L. densiflorus *Lindl.* **Gilia densiflora** *Benth.* Leptosiphon à grande fleur. — Annuel; tiges de 30 à 35 cent., rameuses, diffuses; feuilles très-découpées; fleurs terminales, larges de 3 cent., rose lilacé, passant au bleu; mai-août. Variété à fleurs blanches. Autre variété naine. Même culture.

LIMNANTHES.

Limnanthes Douglasii *Lindl.* Limnanthes de Douglas. (*Limnanthées.*) — Annuel; tiges de 15 cent., couchées; feuilles découpées; fleurs mêlées de jaune et de blanc, longuement pédonculées; mai-septembre. Variété à grandes fleurs. Semer en place au printemps, ou en pepinière à l'automne.

L. rosea *Benth.* Limnanthes à fleurs roses. — Annuel; tige de 15 cent., couchée; feuilles découpées; fleurs blanc rosé; mai-septembre. Même culture.

L. alba *Lindl.* Limnanthes à fleurs blanches. — Annuel; tige de 15 cent.; fleurs blanc jaunâtre; mai-septembre. Même culture.

LINARIA.

Linaria bipartita *W.* Linaire bipartite ou à fleurs d'Orchis. (*Personées.*) (Pl. XI, fig. 3.) — Annuelle; tige de 20 à 40 cent., droite, rameuse; feuilles linéaires; fleurs en grappes dressées; limbe d'un bleu violacé; gorge saillante, blanc safrané; juillet-octobre. Plusieurs variétés, dont une à fleurs plus grandes. Terre ordinaire. Semer en place, depuis mars jusqu'en juin; ou sur couche et en pots, en mars et en septembre.

L. Alpina *D. C.* Linaire des Alpes. — Vivace, cultivée comme bisannuelle; tige de 10 à 15 cent., rameuse; feuilles lancéolées, glauques; fleurs bleu pâle, à gorge écarlate; avril-août. Variété bleu pourpré, à gorge orangée. Terre de bruyère, fraîche; exposition ombragée. Semer en pépinière, en pot, sous châssis, depuis avril jusqu'en juillet. Boutures, sous châssis.

L. Cymbalaria *D. C.* Cymbalaire. — Vivace; tige de 15 à 20 c.; feuilles arrondies, à cinq lobes; fleurs bleu pâle, à gorge jaunâtre; mai-octobre. Même culture. Propre aux rocailles. Vient très-bien le long des murs.

L. triphylla *W.* Linaire à trois feuilles. — Annuelle; feuilles obtuses, glauques; fleurs grandes, jaunes, lavées de violet. Culture de la Linaire bipartite. Cette plante se ressème souvent d'elle-même.

LOBELIA.

Lobelia Erinus *L.* Lobélie Erine. (*Lobéliacées.*) — Annuelle; tige de 10 à 20 cent., rameuse, diffuse; feuilles lancéolées; fleurs bleu pâle, petites, très-nombreuses; mai-octobre. Variété à fleur très-grande, bleu foncé, à centre blanc (*speciosa*). Semer sur couche en mars pour repiquer sur couche; sur couche ou en pépinière, en avril;

en pépinière, en septembre, pour repiquer et hiverner sous châssis. Propre aux rocailles et au bord des bassins.

L. ramosioïdes *Vilm.* — Variété à tiges plus ramassées, à fleurs plus grandes et d'un bleu plus intense.

L. bicolor *Sims.* Lobélie bicolore. — Vivace ; semblable à la précédente, mais à fleurs plus grandes. Même culture, ainsi que les suivantes.

L. pubescens *L.* Lobélie pubescente. — Port du *L. Erinus;* feuilles et rameaux très-velus; fleurs blanches, à tube bleu.

L. gracilis *L.* **L. Nutallii** *Hort.* Lobélie grêle ou de Nuttall. — Annuelle ou bisannuelle; tige de 20 cent.; fleurs blanc rosé; mai-octobre.

L. ramosa *Benth.* Voy. *Plantes annuelles.*

LYCHNIS.

Lychnis flos cuculi *L.* Lychnis lacinié, fleur de Coucou, Véronique des jardiniers. (*Caryophyllées.*) — Vivace; tiges grêles, articulées, de 25 à 30 cent ; feuilles linéaires; fleurs rouges, à pétales laciniés; mai-juillet. Variétés à fleurs blanches ou doubles. Terre franche, légère, fraîche; exposition sèche et méridionale. Semer sur couche au printemps, et repiquer. Boutures, en juin. Éclats, en février ou à l'automne. Supprimer les fleurs sur un ou deux pieds, pour obtenir de nombreux rejetons.

L. cœli rosa, oculata, etc. — Voy. *Viscaria,* aux Plantes annuelles.

MALCOLMIA.

Malcolmia bicolor *D. C.* Malcolmie ou Julienne bicolore. (*Crucifères.*) — Annuelle; tige de 15 cent.; feuilles lancéolées; fleurs blanc rosé; mai-août. Variété à reflets lilacés. Semer en place, au printemps ou en septembre.

M. maritima. Voy. *Hesperis.*

MEDICAGO.

Medicago polymorpha *Var.* **Scutellata.** Limaçon. (*Légumineuses.*) — Annuelle; tige de 15 cent.; feuilles trifoliées; fleurs jaunes, petites; fruit ornemental; août-septembre. Semer en place, au commencement du printemps.

MESEMBRYANTHEMUM.

Mesembryanthemum tricolor *Willd.* Ficoïde tricolore ou annuelle. (*Ficoïdées.*) — Annuelle; tiges de 10 cent.; feuilles spatulées, embrassantes, ponctuées; fleurs grandes, à pétales nombreux, étroits, roses, blancs et pourpres; juin-novembre. Semer sur couche en avril.

M. pomeridianum *L.* Ficoïde d'après-midi. — Annuelle; tige de 15 à 20 cent., velue; feuilles lancéolées, ciliées; fleurs grandes, d'un beau jaune; juillet-août. Même culture.

M. dolabriforme *Hort.* Ficoïde en doloire. — Vivace; tige de 15 à 20 cent., tortueuse; feuilles recourbées, en fer de hache, blanchâtres; fleurs jaune d'or; mai-juillet. Terre meuble, légère; exposition au soleil. Boutures en juin, sur couche chaude, mises en place au printemps suivant.

M. spectabile *W.* Ficoïde remarquable ou à grandes fleurs. — Vivace; tige frutescente, de 15 à 25 cent.; feuilles triangulaires, glauques, ponctuées; fleurs grandes, solitaires, terminales, rouges ou pourpres; mai-juillet. Même culture.

M. cristallinum. Voy. *Plantes annuelles.*

MYOSOTIS.

M. Alpestris *L.* Myosotis des Alpes. — Vivace; tige de 20 cent.; fleurs bleu pâle; avril-juin. Variété à fleurs blanches. Semer en pépinière, en juin-juillet, et en septembre. Vient très-bien à l'ombre.

M. Azorica *L.* Myosotis des Açores. — Vivace; tige de 25 à 30 cent.; fleurs bleu foncé; avril-juin. Semer en pépinière, en juin et juillet. Un peu délicate pour nos climats.

M. palustris. Voy. *Plantes aquatiques.*

NEMOPHILA.

N. insignis *Dougl.* Némophile remarquable. (*Hydrophyllées.*) (Pl. XII, fig. 1.) — Annuelle; tige de 20 cent., charnues, rameuses, diffuses; feuilles découpées; fleurs axillaires, en soucoupe, d'un beau bleu d'azur, longuement pédonculées; mai-août. Refleurit quelquefois en automne. Variété à fleurs blanches, ou bleues bordées, striées ou panachées de blanc. Terre légère, meuble, très-riche en bon terreau de couche; exposition chaude. Semer en place depuis mars jusqu'en

juillet, et en septembre; ou au printemps, sur couche ou en pots pour repiquer en mai; ou enfin, en septembre, pour repiquer et hiverner sous châssis. Arrosements fréquents.

N. atomaria *Fisch.* Némophile ponctuée. — Annuelle; tige de 20 cent.; fleurs blanches marquées de points brun noirâtre; mai-août. Variété à fleurs bleu pâle ponctuées de noir. Même culture.

N. aurita *Dougl.* Némophile auriculée. — Annuelle; port de la précédente; fleurs pourpre violacé. Même culture.

N. maculata *Benth.* Némophile maculée. — Annuelle; tige de 20 cent.; feuilles grandes, découpées; fleurs blanches les plus grandes du genre, noir bleuâtre au centre, tachées de violet sur les bords; mai-août. Variétés dans l'étendue des taches. Autre à fleurs bleues bordées de blanc. Même culture.

N. discoïdalis *Hort.* Némophile à disque brun. — Annuelle; tiges de 20 cent., couchées; fleurs pourpre noir, bordé de blanc; mai-août. Même culture.

N. phacelioïdes. Voy. *Plantes annuelles.*

OCIMUM.

Ocimum basilicum *L.* Basilic. (*Labiées.*) — Plante annuelle, très-odorante; tige de 30 à 40 cent.; feuilles ovales, vert-foncé; fleurs blanches ou purpurines; juillet-septembre. Variété gros vert, fin vert, violet, à feuilles de Laitue, anisée, à feuilles d'Ortie, naine, etc. Semer en mars et avril, sur couche tiède, pour repiquer en pots remplis de terreau ou en pleine terre, au midi; en mai, en place ou en pépinière. Repiquer, si l'on veut, dans la pépinière d'attente. Tondre la plante en boule au moment de la floraison, pour en jouir plus longtemps.

OXALIS.

Oxalis Deppei *H. B.* Oxalide, Oseille ou Surelle de Deppe. (*Oxalidées.*) (Pl. XI, fig. 5.) — Vivace, cultivée comme annuelle; tiges de 15 cent., charnues, couchées; feuilles quadrifoliées; fleurs pourpres ou rouge cerise, en ombelles, à base verdâtre et blanc strié de rose; tout l'été et l'automne. Terre riche et bien ameublie. Semer d'avril jusqu'en juin, sur place, en lignes ou par petites touffes; ou en avril, sur couche. On peut aussi planter au printemps ou à l'automne, en terre légère, les petits œilletons bulbiformes ou tuberculeux qui poussent autour du collet. Relever tous les ans à l'automne.

O. rosea *Hort.* Oxalide à fleurs roses. — Annuelle ; haute de 15 c.; fleurs rose vif; mai-juillet. Terre légère. Même culture. Arrosements modérés.

O. violacea *L.* Oxalide violette. — Feuilles trifoliées; fleurs violet lilacé, en ombelles pendantes. Même culture.

O. cernua *Thunb.* **O. caprina** *Hort.* Oxalide penchée ou Pied de Chèvre. — Feuilles trifoliées; fleurs jaunes, en ombelles longuement pédonculées. Variété à fleurs doubles. Même culture.

POLYGALA.

Polygala chamæbuxus *L.* Polygala faux Buis. (*Polygalées.*) — Vivace; tige de 20 cent.; feuilles opposées, ponctuées; fleurs jaunes; avril-mai. Semer en pépinière, en pot, depuis avril jusqu'en juillet.

PORTULACA.

Portulaca grandiflora *Lindl.* Pourpier à grandes fleurs. (*Portulacées.*) (Pl. XII, fig. 5.) — Vivace, cultivé comme annuel; tiges de 15 cent., charnues; fleurs terminales, larges de 6 cent., pourpre violacé très-éclatant, blanchâtres au centre, à anthères jaune d'or; juin-septembre. Variétés à fleurs orangées, rouge écarlate, jaunes tachées de rouge, blanches rayées, striées ou panachées de carmin. Ces fleurs, qui se succèdent pendant très-longtemps, ne s'épanouissent bien qu'au soleil. Terre légère sableuse, ou mieux terre de bruyère. Semer en mars et avril sur couche, recouvrir légèrement et repiquer en place. Arrosements modérés.

P. Thellussoni. Variété du précédent, à fleurs rouge écarlate, blanches au centre. Sous-variété à fleurs doubles. Même culture.

P. Thoruburni. Autre variété, à fleurs jaunes tachées de rouge. Même culture.

P. alba striata. Variété à fleurs blanches, rayées ou largement panachées de carmin. Même culture.

P. albiflora. Variété à fleurs blanches. Même culture.

P. aurantiaca. Pourpier orangé. — Variété à fleurs orangées plus grandes. Même culture.

P. Gilliesii *Hook.* Pourpier de Gillies. — Annuel; tiges de 15 à 20 cent., rougeâtres, rameuses, diffuses; feuilles courtes, presque cylindriques, rougeâtres; fleurs solitaires terminales, présentant les mêmes nuances que les précédentes, mais unicolores. Même culture. Se propage aussi facilement par ses bourgeons.

PRIMULA.

Primula veris *L.* **P. elatior** *Jacq.* Primevère des jardins. (*Primulacées.*) (Pl. IX, fig. 4.) — Vivace; tige presque nulle; feuilles radicales, ovales-oblongues, dentées; hampe de 10 à 15 cent.; fleurs en ombelles, simples ou doubles; mars-mai. Variétés à fleurs blanches, jaunes, pourprées, carnées, panachées, etc. Toute terre fraîche, mais mieux terre franche, légère; exposition ombragée. Semer en mars, ou bien en juillet, aussitôt après la maturité, ou bien enfin en automne, en terrines ou en pots remplis de terreau. Recouvrir légèrement, et mettre en place au printemps suivant. On peut aussi la propager par éclats ou séparation de pieds, après la floraison ou en automne; c'est même le meilleur mode pour les belles variétés. Parmi celles-ci, il y en a de plus délicates, qu'il faut couvrir de feuilles en hiver.

P. auricula *L.* Auricule, Oreille d'ours. (Pl. IX, fig. 3.) — Vivace; souche basse; feuilles ovales, dentées, quelquefois farineuses. Hampe de 10 à 15 cent. Fleurs en ombelles, simples ou doubles, offrant de nombreuses variétés, qu'on divise en : 1° anglaises ou poudrées; 2° françaises ou flamandes; 3° doubles ou mordorées. Terre franche, légère, substantielle. Exposition nord et est. Semer, en février et mars, en terrines ou pots remplis de terre de bruyère, recouvrir légèrement et repiquer en mai, ou semer en place, au printemps et à l'automne. Enfin, on propage par éclats, faits en automne, après la floraison. Recouvrir de feuilles sèches pendant les fortes gelées, et éviter surtout l'excès d'humidité. Cette plante vient très-bien en pots; il faut mettre ceux-ci en lieu sec, et les coucher en automne ou par les temps de pluie.

P. farinosa *L.* Primevère farineuse. — Vivace, haute de 10 cent.; fleurs roses; juin-juillet. Même culture.

P. grandiflora *L.* Primevère à grandes fleurs. — Vivace; haute de 10 cent.; fleurs variées; mars-mai. Semer en pépinière, en planche ou en pot, d'avril en juillet.

P. Sinensis, Cortusoïdes, etc. Voy. *Plantes vivaces.*

PULMONARIA.

Pulmonaria officinalis *L.* Pulmonaire. (*Borraginées.*) — Vivace; tige de 20 cent.; feuilles lancéolées, tachées de blanc; fleurs roses et bleues. Semer en pépinière, d'avril en juillet.

SALVIA.

Salvia officinalis *L.* Sauge officinale. (*Labiées.*) — Vivace; tige de 20 à 25 cent., sous-ligneuse; feuilles ovales-oblongues, blanchâtres, très-odorantes; fleurs violettes, en petits épis; juillet-août. Variétés à fleurs bleues et blanches, à feuilles tricolores, panachées de jaune et de rouge, à feuilles frisées. Exposition chaude. Terre légère. Semer en pépinière en juin-juillet. Boutures et éclats.

SANTOLINA.

Santolina Chamæcyparissus *L.* Santoline petit cyprès. (*Composées.*) — Vivace; tiges de 30 à 40 cent., sous-ligneuses, rameuses; feuilles un peu charnues, persistantes, blanchâtres; fleurs en capitules arrondis, d'un beau-jaune, très-odorantes; juillet-août. Exposition chaude. Terre légère. Semer sur couche, en mars-avril, ou en place en mai, ou en pépinière, en juin-juillet. Boutures et éclats. Couvrir pendant les grands froids.

S. tomentosa *Pers.* Santoline cotonneuse. — Semblable à la précédente; feuilles plus blanches. Même culture.

S. incana *L.* Santoline blanche, garderobe. — Tige de 20 à 30 c.; feuilles plus petites que dans les précédentes; fleurs jaunes. Même culture.

SAPONARIA.

Saponaria ocimoïdes *L.* Saponaire faux Basilic (*Caryophyllées.*) — Vivace; tige de 10 cent.; fleurs roses ou pourprées; mai-juin. Semer en pépinière en pot, depuis avril jusqu'en juillet. Éclats.

S. Calabrica, multiflora. Voy. *Plantes annuelles.*

S. officinalis. Voy. *Plantes vivaces.*

SAXIFRAGA.

Saxifraga aizoïdes *L.* Saxifrage faux Aizoon. (*Saxifragées.*) — Vivace; tige de 20 cent.; feuilles charnues; fleurs jaunes; juillet-août. Semer en pot, depuis avril jusqu'en juillet.

S. hypnoïdes *L.* Saxifrage mousse, gazon Turc. — Vivace; tige de 10 cent.; fleurs blanches, petites, nombreuses; mai-juin. Même culture. Exposition ombragée.

S. granulata *L.* Saxifrage granulée, Casse-pierre, Sanicle de montagne. — Vivace; tige de 20 à 30 cent.; feuilles réniformes; fleurs blanches; avril-juin. Variété à fleurs doubles. Même culture.

S. umbrosa *L.* Saxifrage ombreuse, Amourette, Mignonnette. — Tige de 20 à 30 cent.; feuilles en rosette; fleurs petites, blanches, ponctuées de rouge, en panicule; avril-mai. Éclats de touffes.

S. tridactylites. Voy. *Plantes annuelles.*

SCHISANTHUS.

Schizanthus pinnatus *Hort.* **S. porrigens** *R. et P.* Schizanthe à feuilles pennées. (*Personées.*) (Pl. X, fig. 3.) — Annuel; tige de 40 à 60 cent., rameuse, pubescente; feuilles pennées, découpées; fleurs en panicule terminale, lilas clair, à palais jaune, ponctué ou taché de pourpre brunâtre et de violet; au printemps et à l'automne, ou sur couche, en avril et juin, pour repiquer en motte en juillet. Pincer la tige principale pour la faire ramifier.

SILENE.

Silene bipartita *Desf.* Silène à fleurs roses. (*Caryophyllées.*) (Pl. XI, fig. 4.) — Annuel; tige de 20 à 30 cent.; feuilles spatulées ou lancéolées; fleurs roses, à pétales bifides; juin-août. Refleurit à l'automne. Terre légère, sablonneuse et chaude. Semer au printemps et en été, en place, ou mieux en automne, en place ou en pépinière. Tondre la plante après la floraison, pour la faire refleurir en automne.

S. hirsuta *L.* Silène velue. — Annuel; tige de 30 cent.; fleurs roses; juillet-août. Semer en avril et en septembre, en place, ou à l'automne, en pépinière.

S. pendula *L.* Silène à fleurs pendantes. — Annuel; tige de 20 à 30 cent., très-rameuse, pubescente; feuilles ovales-obtuses; fleurs rose vif; mai-août. Variété à fleurs blanches. Semer en avril-mai et septembre, en place, ou en juillet et en septembre, en pépinière.

S. integripetala *Chaub.* Silène à pétales entiers. — Annuel; tige rameuse; feuilles ovales, embrassantes, ciliées; fleurs rose vif, à pétales entiers. Semer en place, au printemps.

S. Virginica *L.* Silène de Virginie. — Vivace; tige de 25 à 30 c.; fleurs roses; juillet-août. Semer en automne, couvrir en hiver et mettre en place au printemps.

S. Schaftæ *Gmel.* Silène de Schafta. — Vivace; tiges de 10 cent., rameuses, traînantes; fleurs roses ou rouges; juillet-octobre. Semer en pépinière depuis avril jusqu'en juillet.

S. acaulis *L.* Silène sans tige. — Vivace; tige de 5 à 10 cent.; fleurs roses; juin-juillet. Semer en pépinière, en pot, depuis avril jusqu'en juillet.

S. armeria. Voy. *Plantes annuelles.*

STACHYS.

Stachys Corsica *D. C.* Epiaire de Corse. (*Labiées.*) — Vivace; tiges de 10 à 15 cent., rameuses, diffuses; feuilles cordées; fleurs roses; juin-juillet. Exposition demi-ombragée. Terre de bruyère. Semer sur couche, en mars-avril, ou en pépinière, en septembre.

STATICE.

Statice armeria *L.* **Armeria vulgaris** *Willd.* Statice Gazon d'Olympe. (*Plumbaginées.*) (Pl. X, fig. 5.) — Vivace, formant des touffes arrondies; tiges de 30 cent., diffuses; feuilles linéaires, très-nombreuses; fleurs rouges, en bouquets terminaux, longuement pédonculés; mai-août. Variétés à fleurs lilas, roses, blanches. Tout terrain, léger et frais. Semer en planche ou sur couche, au printemps. Éclats de pied. Couper les fleurs, dès qu'elles sont passées, pour obtenir une seconde floraison. Préserver surtout la plante contre les vers blancs, qui lui nuisent beaucoup.

S. pubescens *D. C.* **Armeria maritima** *Willd.* Statice maritime. — Variété de la précédente, à tige de 10 à 15 cent. et à feuilles plus courtes. Même culture.

S. bellidifolia. Statice à feuilles de Pâquerette. — Même culture.

TRIFOLIUM.

Trifolium Alpinum *L.* Trèfle des Alpes. (*Légumineuses.*) — Vivace; tige de 20 cent.; feuilles trifoliées; fleurs roses; juin-juillet. Semer en pépinière, en pots, d'avril en juillet.

T. badium *L.* Trèfle brun clair. — Vivace; tige de 20 cent.; feuilles trifoliées; fleurs jaune brunâtre; juin-juillet. Semer sur couche en avril et repiquer en pots.

T. repens *L. Var.* **Atro-purpurea.** — Vivace; feuille pourpre noirâtre. Multiplication de drageons.

VERBENA.

Verbena pulchella *Sweet.* **V. tenera** *Spreng.* Verveine gentille. (*Verbénacées.*) — Vivace, cultivée comme annuelle; tiges de 15 c., traçantes; feuilles découpées; fleurs bleu violacé; juin-octobre. Semer sur couche au commencement du printemps et repiquer sur couche, ou en pépinière, en septembre, pour repiquer et hiverner sous châssis.

V. crinoïdes. Verveine érinoïde. — Annuelle; tiges de 10 cent.; fleurs lilas; juin-octobre. Même culture.

VERONICA.

Veronica pulchella *L.* Véronique gentille. (*Personées.*) — Vivace; tige de 15 cent.; fleurs bleu foncé; mai-juin. Semer en pépinière, en pots, depuis avril jusqu'en juillet.

V. multifida. Véronique multifide. — Vivace; tige de 10 cent.; fleurs bleu pâle; mai-juillet. Même culture.

VIOLA.

Viola odorata *L.* Violette odorante ou des quatre saisons. (*Violariées*). — Vivace; tige de 10 à 15 cent.; feuilles cordées, crénelées; fleurs violettes, odorantes; mars-avril. Variétés à fleurs roses, blanches (Violette de Champlâtreux), bleu très-pâle (Violette de Parme), panachées de blanc, de rouge et de violet (Violette de Bruneau), à grandes fleurs blanches (*Viola grandiflora*) et à fleurs doubles dans toutes ces couleurs. Exposition demi-ombragée. Terre légère, douce, fraîche. Semer en pépinière, depuis avril jusqu'en juillet.

V. calcarata *D. C.* Violette éperonnée. — Vivace; tige de 10 cent.; fleurs violettes, à long éperon; mai-juillet. Semis en pots.

V. biflora *L.* Violette biflore. — Tige de 10 cent.; fleurs jaunes, réunies par deux au sommet des hampes; juin-juillet. Même culture.

V. Cenisia *D. C.* Violette du Mont-Cenis. — Vivace; tige de 15 cent.; fleurs violettes; juin-août. Même culture.

CHAPITRE III.

PLANTES VIVACES DE PLEINE TERRE.

ACANTHUS.

Acanthus mollis *L.* Acanthe sans épines, Branc-ursine. (*Acanthacées.*) — Plante vivace; tige de 50 cent. à 1 mèt.; feuilles grandes et larges, d'un beau vert, lisses ou légèrement pubescentes, élégamment découpées; bractées ovales, découpées, un peu épineuses; fleurs assez grandes, blanc rosé, à lèvre inférieure trilobée; juillet-septembre. Exposition chaude; tout terrain, mais mieux terre franche, légère, profonde, fraîche, bien drainée. Semer en pépinière, depuis avril jusqu'en juillet. On multiplie aussi par la division des racines. Couvrir de feuilles en hiver; cette plante craint la gelée et l'humidité.

A. spinosus *L.* Acanthe épineux. — Même culture.

ACHILLEA.

Achillea Ageratum *L.* Achillée visqueuse, Eupatoire de Mésué. (*Composées.*) — Tiges de 50 à 65 cent.; feuilles lancéolées, visqueuses; fleurs jaune d'or, à odeur forte; juillet-septembre. Tout terrain un peu sec et toute exposition. Semer en pépinière, d'avril en juillet. Éclats, en octobre.

A. filipendulina *Lam.* Achillée filipendule. — Tige de 1 m. 20 à 1 m. 50; feuilles longues, pennées, odorantes; fleurs jaunes, en corymbe serré; juillet-août. Même culture; on peut aussi semer sur couche en mars, et en place à l'automne.

A. macrophylla *L.* Achillée à grandes feuilles. — Tige de 60 cent.; feuilles larges, pennées; fleurs blanches; juillet-août. Terre meuble. Même culture. Arrosements fréquents en été.

A. millefolium *L.* Mille-feuilles, Herbe aux charpentiers. — Tige de 50 à 60 cent.; feuilles découpées; fleurs blanches, en corymbe; juin-septembre. Variétés à fleurs roses, à feuilles panachées. Culture de l'*A. Ageratum.*

A. moschata *L.* Achillée musquée. — Tige de 60 cent.; fleurs blanches; juillet-août. Même culture.

A. ptarmica *L.* **Ptarmica vulgaris** *Black.* Herbe à éternuer, Bouton d'argent. — Tige de 35 à 70 cent.; feuilles étroites, dentées; fleurs blanches, en corymbe; juillet-septembre. Culture de l'*A. macrophylla.*

A. aurea. Voy. *Pyrethrum.*

ACONITUM.

Aconitum napellus *L.* Aconit napel, Char de Vénus. (*Renonculacées.*) — Tige de 70 cent. à 1 m. 30; feuilles palmées, très-découpées; fleurs grandes, en casque, bleues, en longues grappes serrées, terminales; mai-juillet. Variétés à fleurs blanches. Les jardiniers comptent dix-huit variétés offrant toutes les nuances du bleu foncé au blanc. Tout terrain, et mieux terre douce, un peu sèche, à mi-ombre. Semer en pépinière, en pots, d'avril en juillet. Éclats ou division des touffes, en septembre-octobre.

A. cammarum *L.* Aconit à grandes fleurs. — Tige de 90 cent.; fleurs grandes, violettes, plus pâles au centre; juin-septembre. Même culture.

A. paniculatum *Lam.* Aconit paniculé. — Tige de 1 m.; fleurs d'un bleu luisant, à visière du casque terminée en pointe verte; juillet-août. Variété bicolore, ayant les sépales bleu pâle à bords bleu vif. (*A. variegatum.*) Même culture. On le force en serre chaude.

A. Japonicum *L.* Aconit du Japon. — Tige de 1 m.; fleurs bleues; juillet-novembre. Même culture.

A. anthora *L.* Aconit anthore. — Tige de 50 cent.; feuilles découpées; fleurs grandes, jaune pâle; juillet-août. Même culture. Plante délicate.

A. lycoctonum *L.* Aconit Tue-loup. — Tige de 1 m. à 1 m. 30; feuilles découpées; fleurs jaune pâle, à casque très-allongé; juin-août. Variété à feuilles plus découpées, à fleurs plus grandes, plus pâles. (*A. Pyrenaïcum* L.) Même culture.

ACTÆA.

Actæa spicata *L.* Actée en épi. (*Renonculacées.*) — Tige de 60 à 80 cent. ; feuilles découpées ; fleurs blanches ; mai-août. Terre un peu humide. Culture des Aconits. On peut aussi semer à l'automne.

A. racemosa *L.* Actée à grappes. — Même culture.

ADONIS.

Adonis vernalis *L.* Adonide printanière. (*Renonculacées.*) — Tige de 20 à 30 cent. ; feuilles palmées, très-découpées ; fleurs grandes, jaunes ; mars-avril. Toute terre légère et mieux terre de bruyère. Culture des Aconits. Semer aussi en terrine. Couvrir en hiver. Éclats, au printemps.

A. Pyrenaïca *D. C.* Adonide des Pyrénées. — Espèce très-voisine de la précédente. Même culture.

ALSTROEMERIA.

Alstrœmeria psittacina *Lehm.* Alstrœmère perroquet. (*Narcissées.*) (Pl. XIII, fig. 5.) — Tige de 50 à 70 cent., cylindrique, tachée de brun pourpre ; feuilles lancéolées, spatulées, ponctuées de pourpre ; fleurs à pédoncules anguleux, en ombelles terminales, accompagnées de bractées ; périanthe long de 5 à 6 cent., à 6 divisions dressées, presque égales, canaliculées, ciliées à la base, qui est pourpre violet ; taches de cette couleur sur le limbe ; sommet verdâtre ; juin-septembre. Exposition très-chaude. Terre légère, substantielle, formée d'un mélange, par parties égales, de terre franche, terre de bruyère et terreau de couche. Semer aussitôt après la maturité, sous châssis froid ; ou en février-mars, sur couche chaude et sous châssis ; ou bien encore semer en pots, au printemps et à l'automne, repiquer le jeune plant et conserver en hiver sous châssis. On peut aussi propager la plante par la division des racines ; mais, celles-ci étant très-fragiles, ce mode exige quelques précautions. La plante végétant de très-bonne heure à l'automne, il faut planter en septembre-octobre, pour obtenir la floraison l'année suivante. Couvrir les pieds, en hiver, de feuilles, que l'on enlève au commencement du printemps. Il sera bon de conserver quelques pieds en orangerie.

A. aurantiaca, pulchella, etc. Voy. *Plantes bulbeuses.*

ALTHÆA.

Althæa rosea *Cav.* **Alcæa rosea** *L.* Guimauve, Passe-rose, Rose trémière. (*Malvacées.*) — Tige de 2 à 3 m.; feuilles larges, arrondies, palmées; fleurs grandes, roses, en longues grappes terminales; juillet-septembre. Variétés nombreuses, à fleurs blanches, jaune foncé, cramoisi, noir, abricot, brun violacé, cerise, pourpre, saumon, violet, lie-de-vin, striées, panachées, etc ; simples, semi-doubles ou doubles. Terre franche, légère, substantielle. Semer en place, en juillet; ou en pépinière, en planche, depuis mai jusqu'en juillet, et replanter en septembre; ou sur couche, en juillet et août; couvrir le plant en hiver, et mettre en place en avril. Greffer en fente, de juin à septembre, sous cloche, les variétés rebelles au semis. Cette plante se ressème souvent d'elle-même.

A. Sinensis. Voy. *Plantes annuelles.*

ALYSSUM.

Alyssum incanum *L.* **Berteroa incana.** Alysse blanchâtre ou à feuilles de Giroflée. (*Crucifères.*) — Tige de 30 cent.; feuilles blanchâtres, soyeuses; fleurs blanches; juin-juillet. Terre un peu sèche. Semer en pépinière, depuis avril jusqu'en juillet. Éclats.

A. Wiersbeckii. Alysse de Wiersbeck. — Tige de 40 cent. ; fleurs jaunes; mai-juin. Même culture. Relever les pieds tous les trois ans.

A. saxatile, montanum, deltoïdeum. Voy. *Plantes pour bordures.*

ANCHUSA.

Anchusa sempervirens *L.* Buglosse toujours verte ou à larges feuilles. (*Borraginées.*) (Pl. XIV, fig. 5.) — Tige de 65 cent. à 1 m., dressée; feuilles larges, pubescentes, persistantes; fleurs bleues, en tête; avril-août. Vient en tout terrain, même dans les pierrailles, les décombres, etc. Préfère toutefois une terre profonde, un peu fraîche, mais pas trop substantielle, sans quoi ses racines seraient exposées à pourrir. Exposition au soleil. Semer en place, en juin-juillet et à l'automne; ou en pépinière, en planche ou en pots, depuis avril jusqu'en juillet. Éclats de pied, en février et mars. Boutures de racines.

A. Italica *L.* Buglosse d'Italie. — Tige de 60 cent. à 1 m. 20; feuilles oblongues, spatulées, à poils rudes; fleurs bleu d'azur, en panicules; mai-août. Même culture.

ANEMONE.

Anemone Japonica *Lindl.* **Clematis polypetala** *Hort.* Anémone du Japon. (*Renonculacées.*) (Pl. XV, fig. 5.) — Tige de 50 cent. à 1 m. 50; feuilles trilobées, à segments dentés; fleurs grandes, solitaires, terminales, longuement pédonculées, à divisions nombreuses, ovales ou linéaires, d'un beau rose; août-octobre. Variétés rose pâle, violet pourpré. Ces fleurs sont très-disposées à doubler. Tout terrain, et mieux terre de bruyère, fraîche, légère, ombragée. Semer en pépinière, en pots, depuis avril jusqu'en juillet. Les graines ne mûrissant pas toujours bien, on propage ordinairement la plante par drageons, ou par éclats de touffes faits au printemps, ou par la division des racines, en automne. La végétation est vigoureuse.

A. elegans *Decne.* Anémone élégante. — Espèce voisine de la précédente, mais plus robuste; fleurs moins nombreuses, plus pâles. Même culture. Exposition chaude et aérée.

A. coronaria *L.* Anémone des fleuristes. — Tige de 20 à 25 cent.; feuilles radicales, ternées, découpées; fleurs grandes, simples, doubles ou semi-doubles, de presque toutes les couleurs, unicolores ou panachées; avril-juin. Terre légère, mélangée de terreau consommé. Semer en pépinière, en pots, depuis avril jusqu'en juillet. Dans les climats tempérés ou chauds, on peut semer en automne en terrine ou sur planche bien préparée. On relève les racines ou *griffes*, quand les fanes sont desséchées, et on les conserve, dans un lieu qui ne soit ni trop sec ni trop humide, pour les employer à la multiplication, l'année suivante. On les plante, soit en février-mars, soit dans la seconde quinzaine de juillet, soit en décembre, à 5 cent. environ de profondeur. On arrose, si le temps est sec, et on garantit le plant des gelées. On bine et on sarcle avec soin, pour le débarrasser des plantes adventices. Cueillir les capsules avant qu'elles s'ouvrent, sans quoi le vent emporterait les graines.

M. Courtois-Gérard conseille, quand on possède un assez grand nombre d'Anémones de force à fleurir, de n'en planter que la moitié, de manière que chaque tubercule ne fleurisse que tous les deux ans, car alors les fleurs en sont plus belles.

A. hortensis *L.* **A. stellata** *Lam.* Anémone des jardins ou étoilée. — Espèce très-voisine de la précédente, et qui a produit, comme elle, de nombreuses variétés. Même culture.

A. Alpina *L.* Anémone des Alpes. — Tige de 20 cent.; feuilles découpées; fleurs blanches; juin-juillet. Variété à fleurs jaune soufre. (*A. sulphurea.*) Culture des précédentes.

A. pulsatilla *L.* Anémone pulsatille, Herbe du Vent, Coquelourde. — Tige de 25 à 30 cent.; feuilles très-découpées, soyeuses; fleurs solitaires, terminales, grandes, bleu violacé; avril-juin. Même culture. Terre sablonneuse, sèche. Exposition aérée.

A. vitifolia *Bot. Mag.* Anémone à feuilles de Vigne. — Tige de 50 à 80 cent., dichotomique; feuilles palmées, cordées à la base, lobées; fleurs grandes, blanches; août-octobre. Même culture. Exposition chaude. Rentrer ou couvrir en hiver.

A. vernalis *L.* Anémone printanière. — Tige de 20 cent.; fleurs blanches; juin-juillet. Même culture.

A. narcissiflora *L.* Anémone à fleurs de Narcisse. — Tige de 20 à 30 cent.; feuilles lobées, ciliées; fleurs blanc rosé, à centre jaune; mai-juillet. Même culture.

A. fragifera *L.* Anémone fraise. — Tige de 20 à 25 cent.; fleurs blanc rosé; mai-juin. Même culture.

A. pavonina *Lam.* Anémone œil-de-paon. — Tige de 20 à 30 cent.; feuilles trilobées; fleurs terminales très-grandes, à pétales nombreux, cramoisi, bleuâtre au centre; avril-mai. Même culture.

A. Halleri. Anémone de Haller. — Tige de 20 à 25 cent.; fleurs rose violacé; juin-juillet. Même culture.

A. hepatica. Voy. *Hepatica triloba.*

ANTHEMIS.

Anthemis tinctoria *L.* Anthemis des teinturiers. (*Composées.*) — Tiges de 70 cent. à 1 m. 20, rameuses, touffues; feuilles pennées; fleurs grandes, jaune safrané, à centre jaune pâle; juin et novembre. Semer en pépinière, depuis avril jusqu'en juillet, et repiquer à l'automne ou au printemps suivant. Éclats. Terre franche, légère.

A. nobilis *L.* Anthemis odorante, Camomille romaine. — Feuilles aromatiques; fleurs blanches; juin-août. Variété à fleurs doubles. Terre franche, sèche. Éclats de pied.

A. grandiflora. Voy. *Chrysantemum indicum.*

A. parthenioïdes. Voy. *Plantes annuelles.*

AQUILEGIA.

Aquilegia Skinneri *Paxt.* **A. Mexicana** *Hook.* Ancolie de Skinner. (*Renonculacées.*) (Pl. XVI, fig. 1.) — Tige de 60 à 90 cent.; feuilles glauques, longuement pétiolées ; fleurs pendantes, en cornet ; sépales verts ; pétales jaune verdâtre, à éperon d'un rouge vif, long de 4 cent.; étamines saillantes; mai-septembre. Cette plante est rustique, mais craint l'humidité. Exposition nord bien aérée, mais ombragée. Terre de bruyère, mêlée de bonne terre de jardin. Semer en pépinière, d'avril en juillet, ou en terrine, au printemps et à l'automne. Division des touffes au printemps, dans les sols humides, et à la fin de l'été, dans les terrains secs.

A. Alpina *L.* Ancolie des Alpes. — Tige de 30 cent.; fleurs bleues; juillet-août. Semer en pépinière, d'avril en juillet.

A. Canadensis *L.* Ancolie du Canada. — Tige de 35 à 50 cent. ; feuilles petites ; fleurs pendantes, solitaires, d'un beau rouge orangé ou safrané ; mai-juillet. Terre légère, fraîche, ombragée. Culture de la précédente. Se ressème souvent d'elle-même.

A. vulgaris *L.* **A. hortensis** *Hort.* Ancolie commune ou des jardins, Aiglantine, Gants de Notre-Dame. — Tige de 1 m. ; feuilles palmées, très-découpées; fleurs pendantes, bleu violacé ; mai-juin. Variétés à fleurs rouges, blanches, violet pâle, roses, panachées, et à fleurs doubles. Rustique, mais craignant l'humidité et la neige. Exposition ombragée. Tout terrain un peu sec, et mieux terre substantielle. Culture de la précédente, ou éclats de pied.

A. Sibirica *Lam.* Ancolie de Sibérie. — Tige de 30 à 35 cent.; fleurs solitaires, dressées, d'un beau bleu, à limbe des pétales blanc. Terre ordinaire, ou mieux terre de bruyère. Exposition ombragée. Même culture. Sujette à dégénérer quand on la multiplie de graines.

A. formosa *Hort.* Ancolie superbe. — Tige de 70 cent. ; feuilles découpées; fleurs roses, à sommet des pétales blanc, disposées en corymbes terminaux ; juin-juillet. Variété à fleurs doubles. Exposition un peu ombragée. Culture des précédentes.

A. jucunda *Fisch.* Ancolie agréable. — Tige de 30 à 40 cent. ; fleurs très-grandes, d'un beau bleu d'azur nuancé de blanc, à éperons courts, roulés en crosse. Terre légère, mélangée de terreau de feuilles. Culture des précédentes. Cette plante est robuste et vient bien dans les rocailles.

ASCLEPIAS.

Asclepias incarnata *L.* **A. amœna** *Mich.* Asclépiade incarnate. (*Asclépiadées.*) — Tige de 1 m. à 1 m. 30; feuilles lancéolées, glabres; fleurs roses, disposées en ombelle, à odeur de vanille; juillet-août. Variété à fleurs rouge pourpre. Terre légère, fraîche, et mieux terre de bruyère. Exposer au soleil. Semer en pépinière, en planche ou en terrines, d'avril en juillet, ou en automne, et couvrir l'hiver. Éclats de pied et rejetons.

A. tuberosa *L.* Asclépiade tubéreuse. — Tige de 60 cent.; feuilles lancéolées, velues; fleurs orangées, en ombelles; juillet-septembre. Même culture.

A. Cornuti *Decne.* **A. Syriaca** *L.* Asclépiade de Cornut, Herbe à la ouate. — Tige de 1 m. 30 à 1 m. 60; feuilles ovales, larges, épaisses, cotonneuses; fleurs nombreuses, penchées, blanc rosé, à odeur agréable; juillet-septembre. Graines munies de longues aigrettes soyeuses. Même culture. Se propage d'elle-même par ses racines traçantes.

A. curassavica, fruticosa, etc. Voy. *Plantes annuelles.*

ASTER.

Aster amellus *L.* **A. Oculus Christi** *Hort.* Astère Œil-du-Christ. (*Composées.*) (Pl. XV, fig. 2.) — Tige de 35 à 40 cent.; feuilles oblongues, lancéolées; fleurs nombreuses, disposées en corymbe, à disque jaune, à rayons violets ou d'un beau bleu; août-septembre. Variété à fleurs blanches; autre plus grande dans toutes ses parties. (*A. amelloïdes.*) Tout terrain et toute exposition, mais mieux terrain frais, exposé au midi. Semer au printemps, ou à l'automne, aussitôt après la maturité des graines. Éclats de touffes, au printemps et à l'automne. Relever les pieds et les changer de place tous les trois ou quatre ans.

A. Alpinus *L.* Astère des Alpes. — Tige de 20 cent.; feuilles spatulées, velues; fleurs grandes, solitaires, terminales, à disque jaune, à rayons bleus ou violets; juin-juillet. Variété à fleurs blanches. Tout terrain un peu humide. Exposition méridionale. Semer en pépinière, d'avril en juillet, ou en place, à l'automne. Éclats de pied.

Cette espèce vient dans les rocailles; elle convient aussi aux bordures.

A. decorus *L.* Astère agréable. — Tige de 1 m. 20; feuilles lancéolées; fleurs à disque jaune, à rayons violet pâle; septembre-octobre. Même culture. Terre légère.

A. Novæ Angliæ *L.* Astère de la Nouvelle-Angleterre. — Tige velue; feuilles lancéolées, embrassantes, étalées; fleurs grandes, bleu violacé, en corymbes terminaux; août-octobre. Même culture.

A. pendulus *Ait.* **A. horizontalis** *H. P.* Astère horizontale ou à fleurs pendantes. — Tiges de 60 à 70 cent. rameuses, couchées; feuilles lancéolées, prenant une teinte purpurine; fleurs très-nombreuses, petites, blanc rosé; octobre. Même culture.

A. grandiflorus *L.* Astère à grandes fleurs. —Tige de 65 cent., en touffes; feuilles lancéolées; fleurs terminales solitaires, bleu-pourpre, à odeur de citron; novembre. Même culture.

ASTRANTIA.

Astrantia major *L.* Radiaire, Sanicle femelle. (*Ombellifères.*) — Tige de 60 à 70 cent.; feuilles palmées, découpées; fleurs blanc rougeâtre, entourées d'une collerette blanchâtre, à rayons larges; juin-septembre. Variété à feuilles panachées de jaune. Exposition au soleil. Tout terrain. Semer en pépinière, en pots, d'avril en juillet. Éclats de pieds, en automne.

A. minor *L.* Petite Radiaire. — Tige de 30 cent.; fleurs blanc rosé; juin-juillet. Même culture.

BAPTISIA.

Baptisia australis *R. Br.* **Podalyria australis** *Vent.* Baptisia ou Podalyre de la Caroline. (*Légumineuses.*) — Tiges de 65 à 90 cent., en touffe; feuilles trifoliées; fleurs grandes, bleues, à carène blanchâtre, disposées en longues grappes; juin-juillet. Variété à fleurs blanches; autre plus petite. Exposition au midi. Terre franche, légère et chaude. Semer sur couche tiède au printemps, ou en pépinière, d'avril en juillet. Éclats de pied.

BETONICA.

Betonica grandiflora *W.* **Stachys grandiflora** *Benth.* Bétoine à grandes fleurs. (*Labiées.*) — Tige de 50 cent., velue; feuilles grandes, cordées à la base, oblongues, dentées; fleurs grandes, roses, verticillées, accompagnées de larges bractées. Terre ordinaire, franche, légère, demi-ombragée. Semer sur couche au printemps, ou en pépinière à l'automne. Éclats, faits à cette dernière époque.

B. orientalis *L.* **Stachys longifolia** *Benth.* Bétoine du Levant. — Plus petite que la précédente; feuilles lancéolées, vert pâle; fleurs roses ou pourpre pâle. Même culture. Propre aux bordures.

B. hirsuta *L.* Bétoine velue. — Tige de 35 cent.; fleurs rouge vif; juillet. Même culture.

BOLTONIA.

Boltonia glastifolia *Lhér.* Boltonie à feuilles de Pastel. (*Composées.*) — Tige de 1 m. 50 à 2 m.; feuilles lancéolées; fleurs à disque jaune, à rayons blancs, réunies en grandes panicules; août-octobre. Variétés à rayons teintés de pourpre ou de gris de lin. Terre légère, humide. Semer en place, au printemps ou à l'automne. Éclats.

B. asteroïdes *Lhér.* Boltonie Astère. — Tige de 70 cent. à 1 m.; feuilles lancéolées linéaires; fleurs petites, à disque jaune, à rayons blancs; août-octobre. Même culture.

BUPHTHALMUM.

Buphthalmum grandiflorum *L.* Buphthalme à grandes fleurs. (*Composées.*) — Tige de 50 à 60 cent.; feuilles lancéolées; fleurs grandes, jaune d'or plus foncé au centre; juillet-août. Exposition chaude. Terre franche, légère. Semer en place, au printemps ou à l'automne. Éclats, à cette dernière époque.

B. cordifolium *Wald.* **Telekia cordifolia** *D. C.* Buphthalme à feuilles en cœur. — Tiges de 1 m. 30, en touffe; feuilles ovales, les inférieures cordées, longues de 30 cent.; fleurs nombreuses, d'un beau jaune, à rayons longs; juin-octobre. Même culture.

CALCEOLARIA.

Calceolaria plantaginea *Sm.* **C. suberecta.** Calcéolaire à feuilles de plantain. (*Personnées.*) — Tige de 40 cent.; feuilles ovales, en rosette; fleurs jaunes, ponctuées de pourpre; mai-juin. Semer en juin-juillet, en place, en pépinière ou en pots, et repiquer en pots pour hiverner sous châssis. Boutures faites sous châssis, depuis la mi-août jusqu'en hiver.

C. rugosa, Youngii, etc. Voy. *Plantes annuelles*.

CAMPANULA.

Campanula nobilis *Lindl.* Campanule noble. (*Campanulacées.*) (Pl. XIV, fig. 4.) — Rhizomes rampants; tige velue, de 1 m. environ; feuilles cordiformes, velues; fleurs grandes, tubuleuses, pendantes, longues de 9 cent., d'un rouge vineux ou d'un beau violet pourpre, marquées de points plus foncés et bordées de blanc; juin-juillet. Variété à fleurs blanchâtres, ponctuées de violet. Bonne exposition. Terre légère, fraîche, substantielle. Semer les graines au printemps, ou à l'automne aussitôt après leur maturité, sans les recouvrir. Éclats de pied, en mars et à l'automne. Arroser abondamment, à l'époque de la floraison.

C. barbata *L.* Campanule barbue. — Tige de 50 cent. ; fleurs bleu pâle; juillet-août. Semer en pépinière, en pots, d'avril en juillet.

C. Bononiensis. Campanule de Bologne. — Tige de 60 cent. ; fleurs bleu foncé; août-septembre. Même culture.

C. Carpathica *Jacq.* Campanule des Carpathes. — Tiges de 35 à 40 cent., en touffes; feuilles en cœur, dentées; fleurs bleues, assez grandes; juin-septembre. Variété à fleurs blanches. Même culture.

C. cervicaria *L.* Campanule à fleurs en tête. — Tige de 90 cent. ; fleurs bleues; juillet-août. Même culture.

C. latifolia *L.* Campanule à larges feuilles. — Tige de 1 m. à 1 m. 20; fleurs bleu foncé, grandes, en épi; juin-août. Variétés à fleurs blanches, à fruits velus (*C. eriocarpa*), à grandes fleurs (*C. macrantha.*) Même culture.

C. grandis *Fisch.* Campanule magnifique. — Tige de 40 à 60 cent.; feuilles spatulées, crénelées, glabres; fleurs bleu pâle; juin-juillet. Même culture.

C. grandiflora *L.* **Platycodon grandiflorum** *Al. D. C.* Campanule à grandes fleurs. — Tige de 30 à 60 cent.; fleurs très-larges, bleu foncé; juillet-août. Variétés à fleurs bleu pâle, blanches, et à fleurs doubles. Terre de bruyère mélangée. Semer en pépinière, en planche, depuis avril jusqu'en juillet. Éclats.

C. lamiifolia *L.* Campanule à feuilles d'Orvale. — Tige de 90 cent.;

fleurs blanc jaunâtre; juin-juillet. Semer en pépinière, en pots, depuis avril jusqu'en juillet.

C. peregrina. Campanule voyageuse. — Tige de 60 cent.; fleurs bleues; juin-juillet. Même culture.

C. spicata *L.* Campanule en épi. — Tige de 30 cent.; fleurs bleu pâle; juillet-août. Même culture.

C. persicæfolia *L.* Campanule des jardins ou à feuilles de Pêcher. — Tige de 50 à 80 cent.; feuilles lancéolées; fleurs grandes, bleues, en épis lâches, terminaux; juin-septembre. Variétés à fleurs blanches et à fleurs doubles. Culture du *C. nobilis.*

C. trachelium *L.* Campanule gantelée, Gant de Notre-Dame. — Tige de 70 cent. à 1 m. 20; feuilles en cœur, aiguës; fleurs bleues, de moyenne grandeur; juillet-août. Variétés à fleurs blanches et à fleurs doubles. Culture du *C. barbata.*

C. thyrsoïdes *L.* Campanule à fleurs en thyrse. — Tige de 60 cent.; fleurs blanc jaunâtre; juin-juillet. Même culture.

C. lactiflora *Fisch.* Campanule à fleurs blanches. — Tige de 1 m.; feuilles oblongues, aiguës, dentées; fleurs blanches, de moyenne grandeur, en panicule terminale; juin-juillet. Même culture.

C. punctata *Lam.* Campanule ponctuée. — Fleurs jaunes. Même culture.

C. eximia. Campanule choisie. — Fleurs grandes, bleu clair. Même culture.

C. pyramidalis, vincæflora, etc. Voy. *Plantes annuelles.*

CATANANCHE.

Catananche cærulea *L.* Cupidone bleue. (*Composées.*) — Tige grêle, de 1 m.; feuilles étroites, dentées; fleurs en gros capitules d'un beau bleu de ciel, entourées d'écailles argentées, à pointe rougeâtre; juillet-octobre. Variétés à fleurs blanches, ou mêlées de blanc et de bleu. Exposition chaude. Terre légère. Semer en pépinière, d'avril en juillet, ou sur couche en avril, pour repiquer en mai. Arrosements modérés. Couverture en hiver.

CENTAUREA.

Centaurea montana *L.* Centaurée ou Jacée de montagne, Barbeau vivace. (*Composées.*) (Pl. XVII, fig. 2.) — Tiges de 35 à 50 cent., ascendantes; feuilles lancéolées; fleurs en capitules terminaux, d'un beau bleu; mai-août. Variétés à fleurs blanches ou rouge violacé. Exposition aérée. Tout terrain, et mieux terre légère, substantielle, profonde. Semer sur couche en février et mars, ou en pépinière depuis avril jusqu'en juillet, ou en place à l'automne, et préserver du froid. Éclats de pied, au printemps et à l'automne.

C. candidissima *Lam.* **C. cineraria** *L.* Centaurée blanche. — Tige de 30 à 40 cent.; feuilles blanches, élégamment découpées; fleurs jaune d'or en gros capitules. Même culture. Couverture ou orangerie en hiver. Exposition sèche.

C. macrocephala. Centaurée à gros capitules. — Tige de 90 cent.; fleurs jaunes; juillet-août. Culture de la Centaurée de montagne.

C. Phrygia *L.* Centaurée de Phrygie ou plumeuse. — Tige de 50 cent.; fleurs roses; juillet-août. Même culture.

C. Ragusina *L.* Centaurée de Raguse. — Tige courte, sous-frutescente; feuilles cotonneuses, blanchâtres; fleurs jaunes. Culture de la Centaurée blanche.

C. rhapuntica *L.* **Rhaponticum scariosum** *D. C.* Centaurée rhapontic ou scarieuse. — Tige de 75 cent.; fleurs roses; juillet-août. Culture de la Centaurée de montagne.

CENTRANTHUS.

Centranthus ruber *D. C.* **Valeriana rubra** *L.* Valériane rouge. (*Valérianées.*) (Pl. XIV, fig. 1.) — Tige de 65 cent. à 1 m.; feuilles lancéolées, glauques; fleurs nombreuses, éperonnées, rouges, en panicules terminales; juin-octobre. Variétés à fleurs pourpres, lilas, blanches. Tout terrain un peu sec, et mieux terre légère et chaude. Semer en toute saison, de préférence au printemps et à l'automne, en place, ou d'avril à juillet, en pépinière. Éclats de pied.

CHIRONIA.

Chironia decussata *Vent.* **C. frutescens** *L.* **Orphium frutescens** *Mey.* Chironie à feuilles en croix. (*Gentianées.*) (Pl. XV, fig. 1.) — Tige de 50 cent.; rameaux pubescents; feuilles décussées, un peu épaisses; fleurs grandes, rotacées, rouges ou rose vif, en corymbes terminaux; juin-septembre. Terre de bruyère, ou à défaut terre légère. Semer sur couche au printemps. Boutures, depuis avril jusqu'en août. Couvrir l'hiver, ou conserver en orangerie ou en serre tempérée, très-aérée, aussi près que possible des jours. Arroser modérément, la plante craignant l'humidité pendant la mauvaise saison.

CHRYSANTHEMUM.

Chrysanthemum Indicum *L.* **Pyrethrum Indicum** *Cav.* **Anthemis grandiflora** *Ram.* Chrysanthème des Indes. (*Composées.*) (Pl. XVIII, fig. 5.) — Tige de 65 cent. à 1 m. 20 cent.; feuilles ovales, diversement découpées, odorantes; fleurs en capitules, larges de 3 à 12 cent.; septembre-novembre. En orangerie la floraison se prolonge jusqu'en janvier. On compte aujourd'hui plus de deux cents variétés, différant de forme et de volume, et présentant toutes les nuances du blanc, du jaune et du pourpre. Exposition aérée et au soleil. Tout terrain, et mieux terre franche, substantielle. Semer sur couche, au printemps et en automne, pour repiquer le plant quand il est assez fort; ou en pépinière, depuis avril jusqu'en juillet. Éclats de pied, faits au printemps et à l'automne et plantés en pots ou en pleine terre. Boutures à froid, en avril, à l'ombre et à l'exposition nord; ou sous châssis, en octobre. Arroser abondamment en été, et surtout après la plantation, pour favoriser la reprise; plus tard, modérer les arrosements. Pincer, en juin, l'extrémité des tiges, pour les tenir basses, les forcer à produire des pousses latérales et à fleurir plus abondamment. Les sujets de semis fleurissant plus tôt, ceux qui proviennent de boutures faites à l'automne restent nains et fleurissent en hiver. Pour jouir des dernières fleurs, il faut, à l'approche des gelées, rentrer les pots en orangerie, surtout les variétés mignonnes, dites *pompon*, qui sont plus délicates que les autres et craignent même les premiers froids. Il est bon de faire de nouveaux pieds chaque année et de supprimer ceux qui ont plus de trois ans.

C. carneum *Adans.* Chrysanthème carné. — Tige de 60 cent.; feuilles découpées; fleurs rose pâle; mai-juillet. Variété à fleurs rose vif (*C. roseum*). Même culture.

C. serotinum *L.* **Pyrethrum serotinum** *Willd.* Chrysanthème tardif. — Tiges de 1 m. 20 à 1 m. 50, rameuses, en touffes; fleurs en gros capitules blancs; août-septembre. Même culture.

C. parthenium *Sm.* **Matricaria parthenium** *L.* Voy. *Plantes annuelles.*

CRYSOCOMA.

Chrysocoma Linosyris *L.* **Linosyris vulgaris** *D. C.* Chrysocome doré, Linosyris commune, Dorelle. (*Composées.*) — Tiges de 30 à 70 cent., en touffes; feuilles linéaires; fleurs en petits capitules jaune d'or, réunis en corymbe; mai-octobre. Terre légère, substantielle. Semer sur couche chaude au printemps, ou en pépinière en juillet, et repiquer en pots pour hiverner sous châssis. Éclats de pied, au printemps et à l'automne. Boutures sous châssis.

CINERARIA.

Cineraria aurita *Andr.* **C. cruenta** *Lhér.* **Senecio cruentus** *D. C.* Cinéraire pourpre. (*Composées.*) (Pl. XVI, fig. 3.) — Tige de 30 à 90 cent., rameuse; feuilles en cœur, dentées, vertes ou pourpres, velues; fleurs en capitules réunis en corymbe, à disque pourpre foncé, à rayons pourpre clair; février-juillet. Variétés et hybrides à fleurs blanches, roses, carmin, lilas, violettes, bleu tendre ou azur, unies, bicolores ou panachées. Variétés naines. Terre de bruyère, ou mieux mélange, par portions égales, de terre franche, terre de bruyère et terreau. Semer sur couche en mars, et recouvrir légèrement; en pépinière ou en pots, en juin et juillet, pour replanter en pots; hiverner sous châssis et mettre en place en avril; et, à ces deux époques, sur couche et sous châssis. Arroser le semis. Se propage encore par éclats et par boutures.

C. amelloïdes *L.* **Agathæa amelloïdes** *D. C.* Cinéraire à fleurs bleues, Astère d'Afrique. — Tiges de 50 cent., en touffes; feuilles ovales, dentées; fleurs à disque jaune, à rayons bleu de ciel; mars-septembre. Terre franche, substantielle. Même culture.

C. macrophylla *Led.* **Ligularia macrophylla** *D. C.* Cinéraire à grandes feuilles. — Tiges de 1 m. à 1 m. 20; feuilles ovales, glauques, de 50 à 60 cent.; fleurs en grands capitules jaunes; juin-juillet. Terrain frais, ombragé. Même culture.

C. maritima *L.* **Senecio cineraria** *D. C.* Cinéraire maritime. — Tige de 60 à 70 cent.; feuilles pennées, blanchâtres, soyeuses; fleurs jaune d'or; juillet-septembre. Semer en avril, sur couche, et en juin, en pépinière, pour repiquer en pots en août, et hiverner sous châssis. Arroser fréquemment et préserver des gelées.

C. populifolia *Lhér.* **Senecio populifolius** *D. C.* Cinéraire à feuilles de peuplier. — Tige de 1 m.; feuilles en cœur, cotonneuses, argentées à la face inférieure; fleurs jaunes; avril-juin. Même culture.

CIRSIUM.

Cirsium oleraceum *Scop*. **Carduus oleraceus** *Will*. **Cnicus oleraceus** *L*. Cirse oléracé. (*Composées.*) — Tige de 1 m.; feuilles épineuses, vert pâle, embrassantes; fleurs en gros capitules jaune pâle; juillet-août. Semer en pépinière, depuis avril jusqu'en juillet.

C. acaule *All*. **Carlina acaulis** *L*. Voy. *Plantes pour bordures*.

CORTUSA.

Cortusa Matthioli *L*. Cortuse de Matthiole. (*Primulacées.*) — Hampe de 20 à 30 cent., terminée par une ombelle multiflore; feuilles radicales longuement pétiolées, réniformes-suborbiculaires, anguleuses, incisées et dentées-aiguës; fleurs roses, rarement blanches. Terre de bruyère tourbeuse, mélangée d'un tiers d'ardoise pilée. Semer en pot ou terrine, dès que les graines sont mûres; placer à l'ombre. On multiplie aussi par division de pieds au printemps. Jolie plante pour rocher.

CRUCIANELLA.

Crucianella stylosa *Trin*. Croisette à long style. (*Rubiacées.*) — Tiges de 30 à 50 cent., rameuses, couchées; feuilles verticillées; fleurs roses, en bouquets terminaux; juin-août. Terre ordinaire, fraîche. Semer en place ou en pépinière, d'avril à juillet. Division des touffes, en mars.

CYCLAMEN.

Cyclamen Europæum *L*. Cyclamen d'Europe. (*Primulacées.*) (Pl. XVIII, fig. 2.) — Rhizome tubéreux; feuilles radicales, cordées ou réniformes, tachées de blanc à la face supérieure, rougeâtres à l'inférieure; hampes de 10 cent.; fleurs solitaires terminales, réclinées, à pétales oblongs, pourprés; avril-septembre. Variétés à fleurs roses, blanches, rose violacé, et à fleurs odorantes. Terre légère, fraîche. Semer en pépinière, en pots, d'avril en juillet; ou en terrines et sous châssis, aussitôt après la maturité. Division des tubercules, en ayant soin de laisser un œil à chaque fragment.

DAHLIA.

Dahlia variabilis *D. C.* **D.** pinnata *Hort.* **Georgina variabilis** *Willd.* Dahlia changeant. (*Composées.*) (Pl. XVIII, fig. 4.) — Racines grosses, fusiformes, en faisceau ; tige de 60 cent. à 2 m., rameuse ; feuilles décurrentes, pennées, à folioles dentées ; fleurs en larges capitules longuement pédonculés, à disque jaune, à rayons rouge écarlate sombre, velouté ; juin-novembre. Nombreuses variétés à fleurs doubles, blanches, jaunes, rouges, pourpres, violettes ou diversement mélangées de ces couleurs. Pour établir un certain ordre parmi ces variétés, quelques auteurs les ont réparties en six groupes : 1° fleurs pleines imitant une Renoncule double ; 2° fleurs pleines imitant la Renoncule, à demi-fleurons frisés ; 3° fleurs pleines imitant la Reine-Marguerite, et souvent à disque brillant ; 4° fleurs pleines à forme et grandeur du Souci double ; 5° fleurs doubles, pendantes, à demi-fleurons allongés, veloutés ; 6° fleurs semi-doubles, souvent pendantes, à fleurons et demi-fleurons grêles.

Les Dahlias viennent bien en tout terrain, mais ils préfèrent un sol léger, fumé depuis deux ans. On les propage de plusieurs manières : 1° par semis, qu'on fait en mars, sur couche ou en terrine et sous châssis, et en mai en place ; 2° par tubercules, que l'on conserve dans une cave sèche et dans un lieu non sujet à la gelée, et qu'on met en terre au printemps, après les avoir séparés, en ayant soin de laisser un peu de collet à chacun ; 3° par boutures, faites depuis avril jusqu'en juin, repiquées séparément dans de petits pots que l'on enfonce sur une couche tiède, arrosées légèrement, puis couvertes d'une cloche, qu'il faut ombrager au moment du soleil et soulever graduellement lorsqu'on est certain de la reprise ; 4° par la greffe Faucheux ou sur racines, faite assez à temps pour qu'il se forme des tubercules qui puissent passer l'hiver.

On plante les Dahlias en mai, à une exposition bien aérée, et à 1 m. 50 environ de distance. On met un paillis au pied, pour empêcher l'évaporation rapide de l'eau des arrosements. En juillet on ébourgeonne. Aux premières gelées on coupe les tiges, et on relève les tubercules de terre pour les conserver jusqu'au printemps suivant.

D. cosmæflora *Jacq.* Dahlia à fleurs de Cosmos. — Tige de 1 m. ; fleurs en capitules à disque pourpre et à rayons lilas ; juin-octobre. Semer sur couche en avril. Boutures.

DELPHINIUM.

Delphinium elatum *L.* Dauphinelle élevée, Pied-d'alouette vivace. (*Renonculacées.*) — Tiges de 1 m. 50 à 2 m.; feuilles palmées, très-découpées; fleurs grandes, éperonnées, d'un beau bleu, à pétale supérieur blanchâtre, réunies en longue panicule terminale; juin-juillet. Variété à fleurs doubles. Exposition chaude. Terre franche, légère, un peu fraîche. Semer en pépinière, depuis avril jusqu'en juillet; ou en place, au printemps et à l'automne. Éclats de pied au printemps. Couper les rameaux défleuris, pour prolonger la floraison.

D. grandiflorum *L.* Dauphinelle à grandes fleurs. — Tige de 60 cent., grêle, rameuse; feuilles à segments très-étroits; fleurs grandes, bleu azur à reflets violacés; juillet-août. Variété à fleurs doubles. Même culture.

D. Hendersonii *Hort.* Dauphinelle d'Henderson. — Feuilles palmées, découpées, ciliées; fleurs bleu vif, très-larges, étalées, à pétales couverts de poils jaunes, à éperon chiffonné, réunies en longues grappes terminales; août-septembre. Même culture.

D. triste *Hort.* Dauphinelle obscure. — Tige de 1 m. 20; fleurs noirâtres; juin-juillet. Même culture.

D. Alpinum *Kit.* Dauphinelle des Alpes. — Tige de 1 m. 30 à 2 m.; feuilles cordées à la base, découpées en 3-5-7 lobes; fleurs à calice large, bleu, et à pétales jaunâtres. Même culture.

D. pictum *Hort.* Dauphinelle tachée de blanc. — Tige de 1 m. 20; fleurs bleues mélangées de blanc; juillet-août. Culture des précédentes.

D. azureum *Hort.* Dauphinelle azurée. — Tige de 40 cent. à 1 m.; feuilles très-découpées, d'un vert glauque; fleurs bleu d'azur, en longs épis terminaux; juin-juillet. Variété à fleurs doubles. Même culture.

D. Barlowii *Hort.* Dauphinelle de Barlow. — Tige de 1 m. à 1 m. 30; fleurs larges de 3 à 4 cent., bleu d'azur chatoyant, en pyramide terminale; juin-juillet. Variété à fleurs semi-doubles. Même culture.

D. albiflorum *D. C.* Dauphinelle à fleurs blanches. — Tige de 1 m. à 1 m. 50; feuilles très-découpées; fleurs blanches, en longues grappes; juillet-août. Même culture.

DIANTHUS.

Dianthus caryophyllus *L.* Œillet des fleuristes. (*Caryophyllées.*) (Pl. XVI, fig. 4.) — Tige de 50 à 60 cent. ; feuilles longues, étroites, pointues ; fleurs de couleurs très-variées, à odeur de girofle ; juin-août. On a établi plusieurs classifications pour les innombrables variétés de cette plante ; l'une des plus anciennes, et qui est encore assez suivie, divise les Œillets en quatre groupes : 1° *Œillets grenadins* ou *à ratafia*, les plus parfumés ; 2° *prolifères* ou *à carte*, dont les fleurs atteignent 10 cent. ; 3° *fantaisie*, piquetés ou panachés de rose ou de cramoisi ; 4° *flamands*, à pétales parfaitement arrondis, sans dentelures, et avec de larges bandes de diverses couleurs sur un fond blanc pur. Les premiers sont cultivés surtout pour l'usage des liquoristes et des parfumeurs ; les Œillets à carte sont à peu près abandonnés, à cause des soins minutieux qu'exige l'arrangement de leurs fleurs, dont le calice est sujet à se fendre ou à crever. Restent donc les Œillets fantaisie et les flamands, qu'on subdivise de la manière suivante :

1° *Ardoisés*, unicolores, striés ou rubanés ;

2° *Avranchains*, fond jaune, plus souvent nankin, avec flammes plus ou moins intenses ;

3° *Anglais*, pétales à fond d'un blanc pur, ni laciniés, ni crénelés, mais bordés d'un liseré ;

4° *Fond blanc*, pétales fond blanc striés et quelquefois bordés ;

5° *Saxons*, pétales à fond jaune strié, quelquefois bordé en même temps ;

6° *Bichons*, couleurs apparentes seulement sur la superficie des pétales.

Les Anglais divisent les Œillets en : *bizarres*, à fleurs irrégulièrement panachées de taches et de bandes écarlates ou cramoisies ; *flakes*, à trois couleurs, et se distinguant par de larges bandes roses, écarlates ou pourpres, qui règnent dans toute la longueur des pétales ; *piquetés*, à fond blanc ou jaune, piqueté ou poudré d'écarlate, de rouge, de pourpre ou d'autres couleurs ; *fardés*, à pétales rouges ou pourpres en dessus et blancs en dessous.

L'Œillet demande une terre fraîche, substantielle et un peu légère, exempte d'humidité, surtout en hiver. Pour la composer on prend parties égales de terre franche et de terreau de fumiers de cheval et de vache; on peut y ajouter un peu de sable noir. Ce mélange, préparé un an avant de s'en servir, est passé souvent à la claie et repassé au crible de fer quand on veut empoter. Quelques jardiniers conseillent la terre de bruyère ou la terre franche, mélangée d'un tiers de terreau.

On sème au printemps, en terrines ou en pots; on lève le plant quand il a six ou huit feuilles, et on repique en terre franche bien ameublie et fumée ou terreautée. On peut aussi semer en place en mai. On bine et on arrose jusqu'à la fin de l'automne.

Il est difficile d'obtenir de la graine des beaux œillets; d'un autre côté, toutes les variétés ne se reproduisent pas exactement par semis. On préfère donc généralement recourir au marcottage, qui se fait dans le courant de juillet; on sèvre les marcottes au commencement d'octobre, et on les plante en pots qu'on met à l'abri d'un mur.

D. Alpestris *L.* Œillet des Alpes. — Tige de 15 à 20 cent.; fleurs rouges; juin-juillet. Semer en pépinière, en pots, depuis avril jusqu'en juillet.

D. collinus *L.* Œillet des collines. — Tige de 20 cent.; fleurs rose violacé; juillet-septembre. Même culture.

D. deltoïdes *L.* Œillet deltoïde. — Tige de 30 cent. ; fleurs roses striées de blanc; juin-août. Semer en pépinière, en planche, depuis avril jusqu'en juillet et à l'automne.

D. superbus *L.* Œillet superbe. — Tige de 30 à 50 cent., rameuse; fleurs blanc rosé ou carnées, à pétales velus à la base, à limbe élégamment découpé; juin-octobre. Même culture.

D. Scoticus *Hort.* Œillet d'Écosse. — Tige de 25 cent. ; fleurs variées; juin-juillet. Même culture. Les pieds provenant de graines semées au printemps fleurissent dans l'année et donnent des fleurs presque toutes doubles.

D. moschatus *L.* Œillet mignardise. — Tiges de 20 à 30 cent., très-rameuses; fleurs rouges, rosées ou blanches, simples ou doubles, à odeur agréable ; mai-juillet. Variété *couronnée,* à fleurs plus grandes et plus délicates. Exposition chaude et sèche. Bonne terre. Semer en pépinière, en avril et mai. Éclats. Marcottes simples en août.

D. barbatus, Gardneri. Voy. *Plantes annuelles.*

DICTAMNUS.

Dictamnus Fraxinella *L.* Dictame blanc, Fraxinelle. (*Diosmées.*)— Tige de 60 cent. à 1 m., visqueuse, glanduleuse; feuilles ailées, rappelant celles du frêne; fleurs grandes, pourpres, rayées de blanc ou de brun, en grappes; juin-juillet. Variétés à fleurs roses et blanches. Tout terrain, et mieux terre franche, légère, fraîche. Exposition du midi. Semer en pépinière, en planche, ou en terrines, depuis avril jusqu'en août, repiquer en pépinière et mettre en place au bout de deux ans. Éclats au printemps et à l'automne.

DIELYTRA.

Dielytra spectabilis *D. C.* **Fumaria spectabilis** *L.* Diélytre remarquable. (*Fumariacées.*) — Tiges de 50 cent. à 1 m.; feuilles élégamment découpées; fleurs en longues grappes pendantes, d'un beau rose; avril-mai. Terre franche, légère. Éclats de racines. Boutures, mises en pleine terre quand elles sont bien enracinées. Abriter avec soin des gelées de printemps. Se prête bien à la culture forcée.

D. eximia *D. C.* Diélytre distinguée. — Tiges de 35 à 40 cent.; feuilles très-découpées, pâles, glauques; fleurs roses, longues de 3 cent.; mai-août. Même culture. Couvrir en hiver.

D. formosa *D. C.* **Fumaria formosa** *Andr.* Diélytre belle. — Tige de 25 à 30 cent.; feuilles découpées, vert foncé; fleurs roses, plus petites que dans la précédente; mai-août. Même culture.

DIGITALIS.

Digitalis ferruginea *L.* **D. aurea** *Lindl.* Digitale ferrugineuse ou dorée. (*Personées.*) — Tige de 80 cent. à 1 m.; feuilles longues, lancéolées, réfléchies; fleurs jaune fauve en dehors, blanches en dedans, disposées en grappe terminale; juin-juillet. Terre légère, sèche, profonde. Semer d'avril en juillet sur couche, ou en place, ou en pépinière, et repiquer en automne. Boutures et rejetons. Couvrir en hiver.

D. purpurea, grandiflora. Voy. *Plantes annuelles.*

DORONICUM.

Doronicum Pardalianches *L.* Herbe aux panthères. (*Composées.*) — Tige de 60 à 70 cent., rameuse; feuilles velues, les inférieures cordées, les supérieures ovales ; fleurs jaunes, en grands capitules solitaires terminaux ; mai-juillet. Terre ordinaire. Semer en pépinière, en pots, depuis avril jusqu'en juillet. Éclats de touffes. Rejetons.

D. Caucasicum. Voy. *Plantes pour bordures.*

DRACOCEPHALUM.

Dracocephalum Virginianum *L.* **Physostegia Virginiana** *Benth.* Dracocéphale ou Cataleptique de Virginie. (*Labiées.*) (Pl. XIII, fig. 1.) — Tige de 65 cent. à 1 m.; feuilles lancéolées, dentées, aiguës ; fleurs nombreuses, grandes, rose tendre ou violacé, disposées en épi, sur quatre rangs ; juillet-septembre. Variété *grandiflora,* plus forte dans toutes ses parties. Ces fleurs dérangées de leur position naturelle restent plusieurs heures dans celle où on les a placées. Exposition chaude. Terre franche, légère, substantielle. Semer sur couche tiède en mars, ou en place en mai, ou en pépinière d'avril en juillet. Éclats et drageons. On doit renouveler les pieds tous les deux ou trois ans.

D. Austriacum *L.* Dracocéphale d'Autriche, Tête de dragon. — Tige de 20 à 30 cent.; feuilles lancéolées, étroites, découpées ; fleurs grandes, bleu violacé ; juin-août. Même culture. Tout terrain.

D. Canariense *L.* Dracocéphale des Canaries. — Tige de 1 m. ; fleurs violet pâle; juillet-août. Même culture.

ECHINACEA.

Echinacea purpurea *Mœnch.* **Rudbeckia purpurea** *L.* (*Composées.*) — Tige de 1 m.; feuilles lancéolées; fleurs en capitules solitaires, larges, à disque pourpre noir, à rayons pourpre violacé ; juillet-août. Variété à capitules plus larges et à disque saillant, un peu conique (*E. intermedia*), regardée par quelques auteurs comme une espèce. Terre franche, légère, fraîche. Semer sur couche en mars et avril, ou en place en mai. Éclats de pieds.

ECHINOPS.

Echinops Ritro *L.* Échinope azurée. (*Composées.*) — Tige de 70 à 80 cent.; feuilles très-découpées, blanches à la face inférieure ; fleurs en tête globuleuse, d'un beau bleu ; juillet-août. Exposition méridionale. Semer en mars sur couche, ou en place en mai. Éclats.

E. sphærocephalus *L.* Échinope à tête ronde, E. de Russie. — Tige de 1 à 2 m., rameuse; feuilles et fleurs comme dans l'espèce précédente. Même culture.

EPILOBIUM.

Epilobium spicatum *L.* Épilobe à épis, Laurier de Saint-Antoine, Osier fleuri. (*Onagrariées.*) — Tige de 1 m. 30 à 1 m. 60, pourprée; feuilles lancéolées; fleurs rose violacé, en grappe; juin-septembre. Variété à fleurs blanches. Semer en pépinière, en planche ou en pots, depuis avril jusqu'en juillet. Peut du reste se semer en toute saison et se propage aussi de rejetons. Terre ordinaire. Arroser abondamment.

E. augustifolium *Lam.* **E. Dodonæi** *Vill.* Épilobe à feuilles étroites. — Tige de 70 cent.; feuilles étroites; fleurs pourprées; juin-septembre. Variété à fleurs plus grandes. Même culture.

E. rorismarinifolium *L.* Épilobe à feuilles de Romarin. — Tige de 60 cent.; feuilles lancéolées, étroites; fleurs rose violacé; juin-juillet. Même culture.

ERANTHIS.

Eranthis hyemalis *Salisb.* **Helleborus hyemalis** *L.* Eranthis ou Hellébore d'hiver, Helléborine. (*Renonculacées.*) — Tige de 10 à 15 cent.; feuilles arrondies, lobées; fleurs jaunes; février-mars. Se ressème d'elle-même. Éclats de pieds à l'automne. Cultiver en pots, à l'ombre, dans les lieux humides, en terre franche, légère.

ERIGERON.

Erigeron glabellum *Nutt.* Vergerette glabre. (*Composées.*) — Tige de 30 à 50 cent., rameuse au sommet; feuilles lancéolées; fleurs ou capitules larges de 3 à 4 cent., à disque jaune, à rayons lilas; juin-août. Terre légère, un peu sèche. Semer en pépinière d'avril en juillet, et en place en mai ou aussitôt après maturité des graines. Éclats de pied en automne.

E. speciosum *D. C.* **Stenactis speciosa.** (*Lindl.*) Vergerette belle, à grandes fleurs. — Tiges de 60 à 70 cent.; feuilles lancéolées, luisantes; fleurs en capitules larges de 7 cent., à disque jaune, à rayons pourpre violacé; juin-septembre. Terre légère. Même culture. On peut aussi semer en avril sur couche, d'après M. Vilmorin, et obtenir la floraison dès la première année.

E. bellidifolium *L.* **Stenactis bellidifolia** *Lindl.* Vergerette à feuilles de Pâquerette. — Tige de 70 cent. ; fleurs blanc rosé ; juin-octobre. Culture de la précédente. Semer aussi en pépinière en septembre.

ERYNGIUM.

Eryngium Alpinum *L.* Panicaut des Alpes. (*Ombellifères.*) — Tige de 60 à 70 cent.; feuilles cordées, découpées, épineuses ; fleurs en tête, d'un beau bleu, entourées d'une collerette de même couleur ; juillet-août. Terre légère, chaude. Semer en pépinière d'avril en juillet, ou en place aussitôt après la maturité des graines. Repiquer de très-bonne heure. Se propage aussi de rejetons.

EUPATORIUM.

Eupatorium purpureum *L.* Eupatoire pourpre. (*Composées.*) — Tige de 70 cent. à 1 m., marquée de rouge brun ; feuilles lancéolées, verticillées ; fleurs en capitules pourprés ; août-octobre. Bonne exposition. Terre ordinaire, fraîche. Semer sur couche tiède en mars, ou en place aussitôt après la maturité des graines. Éclats de pied en automne.

FERULA.

Ferula communis *L.* Férule commune. (*Ombellifères.*) — Tige de 3 m.; feuilles grandes, embrassantes, élégamment découpées, ornementales ; fleurs jaunes, formant une immense ombelle ; juin-juillet. Semer en pépinière depuis avril jusqu'en juillet.

F. Tingitana *L.* Férule de Tanger. — Tige de 3 à 4 m.; fleurs jaunes ; juin-juillet. Même culture.

F. Neapolitana *D. C.* **Thapsia Garganica** *L.* Férule de Naples. — Tige de 60 cent.; fleurs jaune pâle ; juin-juillet. Même culture.

FUCHSIA.

Fuchsia coccinea *Ait.* Fuchsia écarlate. (*Onagrariées.*) (Pl. XVI, fig. 2.) — Tige de 2 m., très-rameuse ; feuilles ovales, opposées ou verticillées par trois ; fleurs pendantes, à calice rouge écarlate, à pétales enroulés bleu violacé, à filets rouges et anthères blanches dépassant les pétales; mai-octobre. Terre légère, et mieux terre de bruyère pure ou mélangée de terreau. Semer les graines, en les recouvrant peu, aussitôt après leur maturité, en pots remplis de terre de bruyère; on met ces pots sur les tablettes d'une serre, et on leur donne de la fraîcheur sans excès d'humidité. Boutures, faites sous cloche et sur couche tiède, et hivernées sous châssis. Se propage aussi de rejetons. En été ces plantes doivent être mises à mi-ombre et arrosées fréquemment. Les pieds cultivés en pots seront rentrés à l'approche des gelées.

Pour les autres espèces, voyez *Arbres et arbustes*.

GAILLARDIA.

Gaillardia perennis *Hort.* **G. lanceolata** *Mich.* Gaillarde vivace. (*Composées.*) (Pl. XV, fig. 4.) — Tige de 40 à 60 cent.; feuilles lancéolées, entières ou découpées; fleurs en capitules larges, à disque brun, à rayons jaune orangé, pourpres à la base; juin-septembre. Variété à fleurs jaune pâle. Terre franche, légère, sèche. Semer sur couche en mars, ou en place en mai, ou en pépinière depuis avril jusqu'en juillet. Boutures étouffées, sur couche tiède ou sous cloche. Éclats et marcottes. Couverture l'hiver. Rentrer dans l'orangerie les pieds qui sont cultivés en pots.

G. picta, stellata. Voy. *Plantes annuelles.*

GALEGA.

Galega officinalis *L.* Galéga commun ou officinal, Rue-de-Chèvre. (*Légumineuses.*) — Tige de 1 m. à 1 m. 30; feuilles ailées; fleurs bleu pâle en épis; juin-août. Variété à fleurs blanches. Terre fraîche. Semer en pépinière d'avril à juillet. Éclats.

G. orientalis *Lam.* Galéga d'Orient. — Tige de 1 m.; feuilles grandes, ailées; fleurs bleues; mai-juillet. Même culture.

GALEOBDOLON.

Galeobdolon luteum *L.* Galéobdolon jaune. (*Labiées.*) — Tige de 40 à 50 cent.; feuilles ovales, vert foncé; fleurs jaunes; avril-juin. Semer en pépinière depuis avril jusqu'en juillet, ou sur couche en mars, ou en place en mai. Éclats de pieds.

GENTIANA.

Gentiana lutea *L.* Gentiane jaune, grande Gentiane. (*Gentianées.*) — Tige de 1 m. 20 à 1 m. 60 ; feuilles grandes, larges, opposées et soudées à la base; fleurs grandes, d'un beau jaune, réunies en verticilles; juin-juillet. Exposition demi-ombragée. Terre légère, fraîche; et mieux terre de bruyère. Semer en pépinière, en pots, d'avril à juillet. Recouvrir légèrement. Rejetons et éclats.

G. asclepiadea *L.* Gentiane à feuilles d'Asclépiade. — Tige de 30 à 50 cent.; feuilles lancéolées, embrassantes; fleurs campanulées, d'un beau bleu ; juillet-août. Même culture.

G. cruciata *L.* Gentiane croisette. — Tige de 20 à 25 cent. ; fleurs bleues ; juillet-août. Même culture.

G. pneumonanthe *L.* Gentiane pneumonanthe. — Tige de 40 cent.; fleurs bleues; juillet-octobre. Même culture.

G. saponaria *L.* Gentiane saponaire. — Tige de 30 à 40 cent.; fleurs bleues, en bouquet terminal; août-septembre. Même culture.

G. acaulis, Alpina, Bavarica, campestris, nivalis, purpurea, verna. Voy. *Plantes pour bordures.*

GERANIUM.

Geranium sanguineum *L.* Géranium sanguin. (*Géraniacées.*) — Tige de 40 cent.; feuilles arrondies, lobées; fleurs rouge de sang; mai-août. Terre meuble, sèche. Semer en pépinière, en planche, depuis avril jusqu'en juillet. Éclats de pied, au printemps et en automne.

G. striatum *L.* Géranium strié. — Tige de 35 cent.; feuilles lobées, maculées; fleurs blanches, veinées de pourpre; mai-septembre. Même culture. Couvrir en hiver.

G. pratense *L.* Géranium des prés. — Tige de 50 cent.; fleurs bleu violacé; mai-août. Même culture.

GEUM.

Geum coccineum *Sm.* Benoîte écarlate. (*Rosacées.*) — Tige de 50 cent., rameuse; feuilles trilobées; fleurs grandes, écarlates; avril-août. Variété à fleurs doubles. Exposition chaude. Terre meuble, fraîche. Semer en place, sur couche, ou en pépinière, d'avril à juillet. Éclats de pieds.

G. Chilense *L.* Benoîte du Chili. — Comme la précédente.

G. montanum *L.* Benoîte des montagnes. — Tige de 20 cent.; fleurs jaunes; juin-juillet. Même culture.

G. reptans *L.* Benoîte rampante. — Comme la précédente.

G. rivale *L.* Benoîte des ruisseaux. — Tige de 30 cent.; fleurs rouge brun ; juin-juillet. Même culture.

GUNNERA.

Gunnera scabra *R.* et *P.* **G. tinctoria** *Mirb.* Gunnère rude. (*Gunnéracées.*) — Tige courte; feuilles très-grandes, semblables à celles des Rhubarbes, incisées, couvertes d'aspérités, longuement pétiolées; fleurs petites, jaunâtres, réunies en un gros cône central. Terrain très-humide. Couvrir l'hiver, ou rentrer en orangerie dans le nord de la France. Cette plante doit être isolée pour produire tout son effet.

GYPSOPHILA.

Gypsophila Steveni *D. C.* Gypsophile de Stéven. (*Caryophyllées.*) — Tige de 40 cent., très-rameuse; fleurs blanches, très-nombreuses; juillet-août. Terre légère, sèche. Semer en pépinière, en planches, d'avril à juillet et à l'automne. Cette plante est très-propre à orner les bouquets.

G. paniculata *L.* Gypsophile paniculée. — Tige de 70 cent.; fleurs blanches. Même culture.

HEDYSARUM.

Hedysarum Caucasicum *Marsh.* Sainfoin du Caucase. (*Légumineuses.*) — Tige de 40 à 50 cent., purpurine; feuilles ailées; fleurs pourpre violacé, pendantes, réunies en longue grappe terminale; mai-juillet. Terre ordinaire, et mieux terre légère, chaude. Semer en pépinière d'avril en juillet. Éclats. Couvrir en hiver.

H. coronarium. Voy. *Plantes annuelles.*

HELENIUM.

Helenium autumnale *L.* Hélénium d'automne. (*Composées.*) — Tige de 1 m. 50 à 2 m.; feuilles lancéolées; fleurs en capitules jaunes, de moyenne grandeur, réunis en corymbe terminal; août-novembre. Semer en avril en place, ou sur couche, ou en pépinière, et repiquer sur couche. Division des racines faite au printemps. Terre ordinaire.

H. Californicum *Hort.* Hélénium de Californie. — Tige de 50 cent.; feuilles lancéolées; fleurs en capitules jaunes, nombreux; août-septembre. Même culture.

HELIANTHUS.

Helianthus multiflorus *L.* Soleil vivace. (*Composées.*) — Tige de 1 m. à 1 m. 20; fleurs en capitules de moyenne grandeur, à disque brun, à rayons jaunes; août-septembre. Variétés à fleurs doubles et semi-doubles. Semer en avril et mai, en place ou en pépinière. Division des touffes, au printemps et à l'automne. Terre ordinaire.

H. pubescens *Bot. reg.* **H. mollis** *Lam.* Soleil pubescent. — Tige de 1 m.; feuilles lancéolées, scabres en dessus, pubescentes en dessous; fleurs jaunes; août-septembre. Même culture.

H. rigidus *Desf.* **Harpalium rigidum** *Cass.* Soleil à feuilles rudes. — Tige de 1 m. à 1 m. 30; feuilles lancéolées, couvertes de poils rudes; fleurs jaunes; août-septembre. Même culture.

HELICHRYSUM.

Helichrysum orientale *Gaertn.* **Gnaphalium orientale** *L.* Immortelle d'Orient ou vivace. (*Composées.*) — Tige de 30 à 40 cent., cotonneuse ainsi que les feuilles; fleurs en capitules arrondis, d'un beau jaune, réunis en corymbe; avril-août. Semer en place ou en pépinière, en avril-mai et en septembre. Boutures. Arroser modérément. Renouveler les pieds tous les deux ou trois ans. Ces fleurs séchées se conservent très-longtemps, et on leur donne diverses couleurs. Cette plante est cultivée en grand dans le Midi, et on en fait des couronnes pour l'ornement des tombeaux.

HELIOTROPIUM.

Heliotropium Peruvianum *L.* Héliotrope du Pérou. (*Borraginées.*) — Tige de 50 cent. à 1 m. 50; feuilles ovales, lancéolées, persistantes; fleurs petites, lilacées, réunies en corymbe, et exhalant une odeur de vanille; juillet-octobre. Exposition méridionale, bien aérée. Terre franche, légère, ou terreau pur. Semer sur couche, en mars et avril, et repiquer sur couche. Boutures sur couche tiède, en février-mars et en été. On met la plante en pleine terre en été, et elle demande alors beaucoup d'eau. On la cultive aussi en pots, elle fleurit moins bien; mais on peut ainsi la conserver en hiver dans une bâche, une serre tempérée, ou dans les appartements.

H. Voltairianum *Hort.* Héliotrope de Voltaire. (Pl. XIV, fig. 2.) — Variété de la précédente, à tiges plus hautes, à feuilles d'un vert noirâtre, à fleurs bleu foncé, plus nombreuses. Même culture.

H. grandiflorum *Hort.* Héliotrope à grandes fleurs. — Autre variété à fleurs grandes, lilacées. Même culture, ainsi que la variété *Triomphe de Liége*, à grandes fleurs bleues.

HELLEBORUS.

Helleborus niger *L.* Hellébore noir, Rose de Noël. (*Renonculacées.*) — Tige de 20 à 30 cent.; feuilles grandes, digitées, à 7 ou 9 divisions; fleurs grandes, blanches, plus ou moins lavées de rose; décembre-février. Terre franche, légère. Exposition à mi-ombre. Semer les graines en place aussitôt après leur maturité. Éclats.

HEPATICA.

Hepatica triloba *Chaix.* **Anemone hepatica** *L.* Hépatique trilobée, Anémone hépatique. (*Renonculacées.*) — Tige courte, presque nulle; feuilles radicales, trilobées, vert foncé et vif marqué de blanc, passant au rouge en vieillissant; fleurs nombreuses, d'un beau bleu; février-mars. Variétés à fleurs roses ou blanc rosé et à fleurs doubles. Semer les graines en terrines, aussitôt après leur maturité. Hiverner sous châssis, et repiquer en place aux premiers beaux jours. Éclats de pied faits à la main, et non avec un instrument tranchant, au printemps ou en octobre. Terre douce, fraîche, ombragée. Couvrir en hiver. Cette plante se ressème souvent d'elle-même.

HERACLEUM.

H. Sibiricum *L.* Berce de Sibérie. (*Ombellifères.*) — Tige de 60 cent.; feuilles grandes, élégamment découpées, ornementales; fleurs blanches; mai-juin. Semer en pépinière, en pot, depuis avril jusqu'en juillet, ou en place, aussitôt après la maturité des graines. Éclats de pied.

H. amplifolium, Alpinum, Sphondylium. Berce à grandes feuilles, Alpine, branc-ursine. — Espèces semblables à la précédente, mais plus grandes. Même culture.

HESPERIS.

Hesperis matronalis *L.* Julienne des jardins. (*Crucifères.*) — Tige de 60 cent. à 1 m.; feuilles lancéolées; fleurs violet pâle, odorantes; mai-juillet. Variétés à fleurs blanches et à fleurs doubles. Terre franche, substantielle. Semer en pépinière d'avril à juillet. Éclats. Boutures faites sur place, à l'ombre, après la floraison. Arrosements modérés.

HIBISCUS.

Hibiscus palustris *L.* Ketmie des marais. (*Malvacées.*) — Tige de 1 m. à 1 m. 50; feuilles ovales, dentées, cotonneuses et blanchâtres à la face inférieure; fleurs rose pâle, larges de 10 à 12 cent.; juillet-septembre. Variété à fleurs blanches. Bonne terre profonde. Exposition ombragée. Semer sur couche ou en terrine, en mars avril, et repiquer en pots; ou bien semer en pépinière d'avril à juillet. Boutures sur couche. Éclats de racines faits avec précaution. Arrosements abondants en été.

H. roseus *L.* Ketmie rose. — Semblable à la précédente, mais plus grande; fleurs roses. Même culture. Exposition chaude.

HIERACIUM.

Hieracium aurantiacum *L.* Épervière orangée. (*Composées.*) — Tiges de 30 à 50 cent., traçantes; feuilles ovales, en rosette; fleurs en capitules de moyenne grandeur, orangés ou jaune capucine vif; juin-septembre. Terre légère, substantielle, fraîche. Semer en pépinière d'avril à juillet. Rejetons. Arroser fréquemment en été. Couvrir en hiver. Changer de place tous les deux ou trois ans.

HYPERICUM.

Hypericum calycinum *L.* Millepertuis à grandes fleurs. (*Hypéricinées.*) — Tiges de 30 à 40 cent., couchées; feuilles grandes, ovales, parsemées de points transparents; fleurs d'un beau jaune, larges de 7 à 8 cent.; juin-septembre. Terre légère. Rocailles. Semer sur couche en mars, ou en pépinière en septembre. Éclats de pied.

H. pyramidatum *W.* Millepertuis en pyramide. — Tige de 80 cent.; feuilles ovales; fleurs jaunes; juin-septembre. Même culture.

LIATRIS.

Liatris scariosa *W.* **Serratula scariosa** *L.* Liatris scarieuse ou écailleuse. (*Composées.*) — Tige de 60 à 70 cent.; feuilles lancéolées, à bords rudes; involucre à écailles spatulées et bordées de pourpre;

fleurs en gros capitules rouge violacé; août-octobre. Terre légère. Semer sur couche sourde au printemps, ou en pépinière d'avril à juillet, ou en place aussitôt après la maturité des graines. Éclats de racines. Couvrir en hiver.

L. spicata *W.* **Serratula spicata** *L.* Liatris en épi. — Tige de 60 à 70 cent.; feuilles linéaires, ciliées; fleurs en capitules pourpres réunis en long épis; août-octobre. Même culture.

LIGUSTICUM.

Ligusticum Peloponesiacum *L.* Livêche du Péloponèse. (*Ombellifères.*) — Tige de 1 m. 20 à 1 m. 40 cent., droite; feuilles découpées; fleurs blanches en ombelle; juin-juillet. Terre ordinaire. Exposition chaude. Semer en pépinière, en pots, depuis avril jusqu'en juillet. Éclats de pieds faits au printemps.

LINARIA.

Linaria triornitophora *W.* Linaire pourpre ou à grande fleur. (*Personées.*) (Pl. XIV, fig. 3.) — Tige de 60 à 70 cent., rameuse, diffuse; feuilles lancéolées, verticillées; fleurs grandes, rose violacé, à palais jaune veiné, à éperon strié, très-long; juin-septembre. Variétés à fleurs carnées, violettes, rose pâle. Semer en place au printemps et à l'automne, ou en pépinière d'avril à juillet. Éclats de pied faits au printemps. Couvrir l'hiver ou abriter sous châssis les pieds cultivés en pots. En pleine terre, arrosements modérés ou presque nuls. Cette plante se ressème souvent d'elle-même.

L. Alpina, cymbalaria. Voy. *Plantes pour bordures.*

LINUM.

Linum perenne *L.* **L. montanum** *D. C.* Lin vivace ou des montagnes. (*Linées.*) — Tige de 30 à 70 cent.; feuilles lancéolées; fleurs grandes d'un beau bleu; juin-août. Variété à fleurs blanches; autre plus haute et plus robuste (*L. Sibiricum*, Lin de Sibérie). Tout terrain, et mieux terre franche, légère. Semer en pépinière en juin-juillet et à l'automne, ou en pots depuis avril jusqu'en juillet. Eclats de pied en automne. Le *Bon Jardinier* recommande de changer de place tous les ans après la floraison.

LITHOSPERMUM.

Lithospermum purpureo-cœruleum *L.* Grémil bleu-pourpre. (*Bor-*

raginées.) — Tige de 50 cent.; feuilles lancéolées, rudes; fleurs bleues et pourpres; mai-août. Terre légère. Exposition chaude. Semer en planche de pépinière, depuis avril jusqu'en juillet.

L. canescens *Lehm.* Grémil blanchâtre. — Tige droite; feuilles ovales, blanchâtres en dessous; fleurs jaune d'or, en épi scorpioïde. Même culture.

L. sericeum *D. C.* **Anchusa Virginica** *L.* Grémil soyeux, Buglosse de Virginie. — Tige droite, rude; feuilles lancéolées; fleurs jaunes en épi; juillet-août. Même culture.

LOBELIA.

Lobelia cardinalis *L.* **Rapuntium cardinale** *Presl.* Lobélie cardinale. (*Lobéliacées.*) (Pl. XIII, fig. 2.) — Tige de 30 cent. à 1 m.; feuilles lancéolées, dentées; fleurs rouge ponceau en longues grappes; mai-novembre. Variétés à fleurs roses ou carnées. Terre franche, légère, fraîche en été, ou mieux terre de bruyère. Exposition au soleil. Semer en pépinière d'avril à juillet, ou sur couche tiède, sous châssis ou sous cloche, au printemps et à l'automne; ou enfin en place en juin-juillet. Bouturage des racines fait au printemps. Marcottes et éclats au printemps et à l'automne. En hiver couvrir les pieds, ou mieux les rentrer en orangerie.

L. syphilitica *L.* Lobélie syphilitique. — Tige de 50 cent.; feuilles lancéolées; fleurs d'un beau bleu en épi terminal; août-octobre. Variétés à fleurs violet pourpre, plus belles (*L. speciosa*), et à grandes fleurs (*L. grandiflora*). Même culture.

L. cœlestis *Hort.* Lobélie céleste. — Touffes peu élevées, rameuses; fleurs d'un beau bleu en épis terminaux. Terre substantielle. Même culture.

L. fulgens *L.* Lobélie flamboyante. — Tige de 1 m. à 1 m. 30; feuilles lancéolées; fleurs d'un beau rouge en grappes; juillet-octobre. Même culture. Séparer les pieds tous les ans.

LUNARIA.

Lunaria rediviva *L.* **L. odorata** *Lam.* Lunaire vivace ou odorante. (*Crucifères.*) — Tige de 1 m.; feuilles grandes en cœur; fleurs rose violacé, en grappe terminale; mai-juin. Semer en pépinière, en planche, depuis avril jusqu'en juillet.

LUPINUS.

Lupinus polyphyllus *R. B.* Lupin polyphylle. (*Légumineuses.*) — Tige de 1 m. 50; feuilles digitées; fleurs bleues en longues grappes; juin-juillet. Variétés à fleurs blanches ou diversement panachées. Terre légère et chaude. Semer en place durant tout le printemps, ou en pépinière, en avril et mai, si l'on veut obtenir la floraison dès la première année; on peut encore semer en pot sur couche en mars, et repiquer sur place en mai : enfin quelques jardiniers conseillent de semer les graines aussitôt après leur maturité et d'hiverner sous châssis les jeunes plants.

L. macrophyllus *Benth.* Lupin à larges feuilles. —Tige de 1 m. 50; fleurs rouge-brun en longues grappes; juin-juillet. Même culture.

L. tristis *Benth.* Lupin obscur. — Tige de 1 m. 50; fleurs brunes; juin-juillet. Même culture.

L. villosus *Willd.* Lupin velu. — Tige de 1 m. ; feuilles simples; fleurs rosées ; juin-juillet. Même culture.

L. rivularis *D. C.* Lupin des ruisseaux. — Tige de 1 m.; fleurs jaune pâle; juin-juillet. Même culture.

L. argenteus *Ph.* Lupin argenté. — Fleurs blanches.

L. perennis *L.* Lupin vivace. — Fleurs bleues.

L. sericeus *Ph.* Lupin soyeux. — Fleurs pourpres. Toutes ces espèces se cultivent comme la première.

LYCHNIS.

Lychnis Chalcedonica *L.* Lychnide de Chalcédoine, Croix de Jérusalem. (*Caryophyllées.*) (Pl. XVII, fig. 5). — Tige de 60 cent. à 1 m.; feuilles lancéolées; fleurs rouge écarlate, à pétales échancrés, réunies en cime; juin-juillet. Variétés à fleurs roses, carnées, blanches, safranées, et à fleurs doubles. Tout terrain, et mieux terre franche, légère, fraîche. Exposition méridionale. Semer en place en juillet, et en pépinière, 1° à l'automne, pour repiquer en place; 2° en juin-juillet; 3° en avril-mai, pour obtenir la floraison dès la première année. Boutures en mai-juin. Éclats en février-mars et à l'automne. Garantir du froid les variétés doubles.

L. fulgens *Fisch.* Lychnide éclatante. — Tige de 30 à 50 cent.; fleurs larges, écarlates, à pétales bifides; juillet. Exposition à mi-ombre. Semer en place en avril, ou en pépinière depuis avril jusqu'en juillet. Éclats.

L. flos Jovis *Desr.* **Agrostemma flos Jovis** *L.* Lychnide, fleur de Jupiter. — Tige de 50 cent.; feuilles oblongues; fleurs rose pourpré; juin-octobre. Même culture. Craint l'humidité.

L. Alpina *L.* Lychnide des Alpes. — Tige de 60 à 80 cent.; feuilles linéaires; fleurs nombreuses, rouge pourpre, à pétales bifides, réunies en cimes terminales; avril-mai. Même culture.

L. viscaria *L.* Lychnide visqueux, Bourbonnaise. — Tige de 30 cent.; fleurs pourprées; mai-juillet. Variété à fleurs doubles. Même culture.

L. coronaria. Voy. *Agrostemma.* (Plantes annuelles.)

L. flos cuculi. Voy. *Plantes pour bordures.*

LYSIMACHIA.

Lysimachia vulgaris *L.* Lysimaque commune. (*Primulacées.*) — — Tige de 80 cent.; feuilles lancéolées, verticillées par trois; fleurs jaunes en longues grappes terminales; juin-août. Terre franche, légère, humide. Semer en pépinière depuis avril jusqu'en juillet. Rejetons et éclats. Renouveler les pieds tous les trois ou quatre ans.

L. salicifolia *Mill.* Lysimaque à feuilles de saule. — Tige de 1 m.; feuilles lancéolées, opposées; fleurs blanches en épis terminaux; juillet-septembre. Même culture.

L. verticillata *Bieb.* Lysimaque verticillée. — Tige de 60 cent.; feuilles verticillées; fleurs jaunes en grappe terminale.

L. augustifolia *Willd.* Lysimaque à feuilles étroites. — Tige de 30 à 40 cent.; feuilles lancéolées; fleurs jaunes en panicule; juin-novembre. Même culture.

L. nummularia *L.* Lysimaque monnoyère. — Tiges rampantes; feuilles arrondies; fleurs jaunes; mai-juillet. Même culture. Propre à garnir les suspensions.

MACLEYA.

Macleya cordata *R. Br.* **Bocconia cordata** *Willd.* Macleya à feuilles en cœur. (*Papavéracées.*) — Tige de 1 m. 30 à 2 m.; feuilles grandes, en cœur, découpées, blanches en dessous; fleurs blanches en panicule; juillet. Semer au printemps et à l'automne. Éclats de pieds.

MÉLITTIS.

Melittis melissophyllum *L.* Mélitte à feuilles de Mélisse. (*Labiées.*) — Tige de 30 à 50 cent.; feuilles ovales, opposées; fleurs grandes, mêlées de blanc et de pourpre; mai-juin. Terre légère, fraîche. Exposition ombragée. Semer en pépinière, en pots, d'avril en juillet. Éclats. Relever tous les deux ans pour tailler les racines, qui tracent beaucoup.

MIMULUS.

Mimulus moschatus *Dougl.* Mimule musqué. (*Personées.*) (Pl. XVII, fig. 3.) — Tiges de 15 à 20 cent., rameuses, étalées, velues, traçantes, exhalant, ainsi que les feuilles, une forte odeur de musc; fleurs jaunes, petites; mai-septembre. Exposition un peu ombragée. Terre légère, fraîche, ou mieux terre de bruyère. Semer en avril sur couche, et en septembre en pépinière, pour repiquer et hiverner sous châssis. Éclats de pied. La plante se ressème d'elle-même, et les graines lèvent au printemps suivant si on ne les dérange pas. Cette espèce est propre à garnir les vases à suspension; elle se cultive aussi comme annuelle, de même que les suivantes.

M. cardinalis *Hort.* Mimule écarlate. — Tige de 50 cent.; fleurs rouges; mai-septembre. Variétés à fleurs rouge de sang, rouge-vermillon, orangées, roses, rose pourpré, etc. Même culture.

M. punctatus *Hort.* Mimule ponctué. — Tige de 30 cent.; fleurs jaunes ponctuées de brun; mai-septembre. Même culture.

M. rivularis *Nutt.* Mimule des ruisseaux. — Tige de 30 cent.; fleurs jaunes tachées de pourpre; mai-septembre. Même culture.

M. speciosus *D. C.* Mimule maculé. — Tige de 30 cent.; fleurs jaunes maculées de brun; mai-septembre. Variété à fleurs rubis. Même culture. Couvrir en hiver.

M. luteus *L.* **M. guttatus** *D. C.* Mimule jaune. — Tige de 30 à 40 cent.; fleurs grandes, d'un beau jaune ponctué de pourpre; mai-août. Même culture. Boutures de racines.

MONARDA.

Monarda fistulosa *L.* Monarde fistuleuse. (*Labiées.*) — Tiges de 1 m. à 1 m. 20; feuilles ovales, dentées, odorantes; fleurs roses, en verticilles fasciculés; juin-août. Variétés à fleurs pourpres et violettes. Terre légère, substantielle, ombragée. Semer sur couche au printemps, ou en pépinière à l'automne. Éclats de racines à cette dernière époque. Relever les pieds tous les ans. Couvrir en hiver.

M. coccinea *Michx.* **M. didyma** *L.* Monarde pourpre. — Tige de 50 à 70 cent.; feuilles ovales, dentées, d'un beau vert, odorantes; fleurs d'un rouge vif, accompagnées de bractées de même couleur; juin-août. Même culture. Renouveler la terre tous les deux ans.

M. alba *L.* Monarde blanche. — Même culture.

MONSONIA.

Monsonia speciosa *L.* **Geranium speciosum** *Thunb.* Monsonie élégante. (*Géraniacées.*) — Tige de 20 à 30 cent.; feuilles palmées, lobées; fleurs larges de 10 cent., blanc rosé, veiné de carmin et de pourpre; avril-juin. Terre franche, légère. Semer en pots sur couche tiède au printemps. Boutures de racines faites à la même époque et en automne. Éclats.

M. lobata *Willd.* Monsonie lobée. — Tiges de 15 à 20 cent., rameuses; feuilles cordiformes, lobées; boutons d'un rouge vif; fleurs rose rougeâtre, veiné de carmin. Même culture.

MORINA.

Morina longifolia *Wall.* Morine à longues feuilles. (*Dipsacées.*) — Tige de 70 cent. à 1 m.; feuilles longues, très-découpées, épineuses, exhalant, quand on les froisse, une odeur forte et particulière; fleurs blanc rosé ou carminé, en longs épis; juin-août. Terre fraîche, meuble. Semer en pépinière, en pots, d'avril à juillet, et repiquer en pots. Éclats de pieds en automne. Couvrir en hiver.

M. Persica *L.* Morine de Perse. — Même culture.

MULGEDIUM.

Mulgedium Plumieri *Cass.* **Sonchus Plumieri** *L.* Mulgédie ou Laiteron de Plumier. (*Composées.*) — Tige de 1 m.; feuilles pennées, roncinées; fleurs en capitules bleu violacé, réunis en grappe terminale. Terre profonde, fraîche. Semer sur couche au printemps.

M. Alpinum. Mulgédie des Alpes. — Même culture.

MYRRHIS.

Myrrhis odorata *Scop.* **Scandix odorata** *L.* Myrrhis odorant, Cerfeuil musqué. (*Ombellifères.*) — Tiges de 1 m., rameuses, touffues; feuilles très-découpées; fleurs blanches, en ombelles terminales; fruits allongés, noirs à la maturité, très-aromatiques. Semer sur couche au printemps, ou en pépinière à l'automne. Cette espèce est cultivée aussi comme plante potagère.

NARDOSMIA.

Nardosmia fragrans *Cass.* **Tussilago suaveolens** *Desf.* Nardosmie ou Tussilage odorant, Héliotrope d'hiver. (*Composées.*) — Tiges de 30 à 40 cent.; feuilles grandes, arrondies, longuement pétiolées; fleurs en capitules blanc pourpré, très-odorants, réunis en panicule; novembre-janvier. Tout terrain, et mieux terre franche, légère, fraîche. Semer au printemps. Boutures de racines. Eclats de pied et rejetons.

NEJA.

Neja gracilis *Don.* Néja grêle. (*Composées.*) — Tige de 50 cent., sous-ligneuse, rameuse; feuilles linéaires, soyeuses, blanchâtres; fleurs en capitules terminaux jaunes, passant au rouge après la floraison; mars-septembre. Terre de bruyère sableuse. Semer sur couche au printemps. Boutures. Rentrer en hiver.

OENOTHERA.

Œnothera rosea *Ait.* Énothère rose. (*Onagrariées.*) — Tige de 30 à 35 cent.; feuilles lancéolées; fleurs nombreuses, roses, en épi; juin-octobre. Exposition au soleil. Terre franche, légère. Semer sur couche en avril, ou en pépinière en juin-juillet, à l'automne, et en avril-mai, si l'on veut obtenir la floraison dès la première année. Arrosements fréquents. Cette plante se ressème souvent d'elle-même. Éclats.

O. speciosa *Nutt.* Énothère superbe. — Tiges de 70 cent. à 1 m., sous-ligneuses, traçantes; feuilles lancéolées, pubescentes en dessous; fleurs très-grandes, blanches, rosées en dehors, odorantes, le soir surtout, réunies en grappes terminales; juillet-octobre. Même culture. Garantir de l'humidité en hiver.

O. macrocarpa *Pursh.* Énothère à gros fruit. — Tiges couchées; feuilles lancéolées, luisantes; fleurs jaunes, larges de 10 cent., à calice glauque, marqué de taches brunes; juin-septembre. Même culture. Boutures herbacées, en juin-juillet, et boutures de racines.

O. Fraseri *Pursh.* Énothère de Fraser. — Tige de 50 cent., dure; feuilles lancéolées; fleurs grandes, jaunes, terminales; mai-août. Même culture.

O. tetraptera, Drummondii, taraxacifolia, acaulis, etc. Voy. *Plantes annuelles.*

ONONIS.

Ononis rotundifolia *L.* Bugrane à feuilles rondes. (*Légumineuses.*) — Tige de 40 à 50 cent., sous-ligneuse; feuilles trifoliées; fleurs nombreuses, grandes, jaune lavé et strié de rouge; mai-juillet. Exposition chaude. Tout terrain, et mieux terre légère. Semer en pépinière, en pots, d'avril à juillet. Boutures de racines. Éclats.

O. natrix *L.* Bugrane gluante. — Tige de 50 cent.; feuilles trifoliées; fleurs jaunes striées de rose; mai-juin. Même culture.

O. fruticosa *L.* Bugrane frutescente. — Tige de 1 m.; rameaux blanchâtres; feuilles trifoliées; fleurs roses en grappes; mai-juin. Variété à fleurs blanches. Même culture. Marcottes, repiquées en septembre.

O. pubescens. Voy. *Plantes annuelles.*

OROBUS.

Orobus vernus *L.* Orobe printanier. (*Légumineuses.*) — Tiges de 30 à 40 cent., rameuses, diffuses; feuilles ailées; fleurs nombreuses, pourpre violacé, en grappes lâches; mars-mai. Variété à fleurs bleu pâle ou azuré, plus grandes. Terre ordinaire. Semer en pépinière, en pots, d'avril en juillet, ou en place, aussitôt après la maturité, ou bien enfin à l'automne, en pépinière, pour repiquer au printemps suivant. Éclats de pieds en automne. Couper les tiges après la première floraison, pour en obtenir une seconde.

O. luteus *L.* Orobe jaune. — Tige de 50 cent.; feuilles ailées; fleurs jaunes; avril-mai. Même culture.

O. niger *L.* Orobe noir. — Tige de 60 cent.; fleurs rouge brun; juin-juillet. Même culture, et mieux semer en planche.

O. varius *Curt.* Orobe bigarré. — Tiges de 50 à 60 cent.; feuilles ailées ; fleurs à étendard rose, à aile et carène jaunes, en grappes unilatérales ; mai-juin. Même culture.

O. lathyroïdes *L.* Orobe à feuilles de gesse. — Tige de 40 cent.; feuilles bifoliées, à larges stipules ; fleurs nombreuses, d'un beau bleu, en épis terminaux ; juin-juillet. Même culture.

O. aureus *Stev.* Orobe doré. — Tige de 40 à 50 cent.; feuilles ailées; fleurs jaune d'or, en grappes axillaires. Même culture.

PÆONIA.

Pæonia sinensis *Hort.* Pivoine de Chine. (*Renonculacées.*) — Tige de 70 cent., souvent rameuse; feuilles ternées, vert foncé, glabres, à pétiole souvent pourpré en dessus ; fleurs blanches, larges de 12 à 15 cent., à pistil rouge; juin-juillet. On ne cultive que les variétés à fleurs doubles. Toute exposition. Terre franche, meuble, substantielle. Semer en pépinière, ou en pots, d'avril à juillet; mettre en place en septembre. Eclats de racines, munis d'un œil au collet, faits au printemps ou à l'automne. Arrosements. Renouveler la terre tous les deux ou trois ans.

P. fimbriata *Hort.* Pivoine frangée. — Tige de 40 à 60 cent.; feuilles ternées, vert mat à la face supérieure, glauques à l'inférieure; fleurs pourpres, assez petites, mais très-doubles ; mai-juin. Même culture.

P. corallina *Retz.* **P. mascula** *Desf.* Pivoine corail ou coralline, P. mâle. — Tige de 50 à 70 cent., rameuse, rougeâtre ; feuilles grandes, glabres, ternées, à pétiole rougeâtre ; fleurs simples, larges de 12 à 15 cent., rouges, pourpres ou violacées ; avril-mai ; fruit à graines rouges, ornemental; août-novembre. Même culture.

P. officinalis *W.* Pivoine officinale ou des jardins, Pivoine femelle. — Tige de 50 à 60 cent.; feuilles ternées, glabres et un peu glauques en dessous ; fleurs rouges ; juin-juillet. Variétés à fleurs doubles, carné tendre passant au blanc, roses, cramoisi foncé, écarlate pourpré, panachées. Même culture. On peut semer aussi en août.

P. tenuifolia *L.* Pivoine à feuilles menues. — Tige de 50 à 60 cent.; feuilles très-découpées ; fleurs pourpre foncé; avril-mai. Variété à fleurs doubles, cramoisi ponceau. Même culture.

P. albiflora *Pall.* Pivoine de Sibérie ou à fleurs blanches. — Tige de 50 à 70 cent., simple, rougeâtre ; feuilles ternées, glabres, vert foncé en dessus, pâles en dessous; fleurs solitaires, odorantes, d'abord rosées en dehors, puis entièrement blanches, larges de 10 à 14 cent., à ovaires verts surmontés de stigmates rouges; mai-juin. Variétés rameuses et à fleurs doubles. Même culture.

P. fragrans *Anders.* **P. edulis** *Salisb.* Pivoine odorante ou comestible. — Tige de 1 m.; feuilles ternées, à pétiole quelquefois pourpré; fleurs rose pourpré, larges de 10 à 12 cent., à odeur de rose; juin-juillet. Variété à fleurs doubles. Terre de bruyère. Même culture. Le *Bon Jardinier* conseille de tenir en bâche quelques pieds de cette espèce, ainsi que de la suivante.

P. Witmanniana *Bot. Reg.* Pivoine de Witmann. — Espèce nouvelle, rustique, à fleurs jaunes.

P. peregrina *Mill.* Pivoine voyageuse, Rose de Sérane. — Tige de 40 à 50 cent.; feuilles ternées, vert foncé en dessus, glauques et pubescentes en dessous; fleurs rouges; juin-juillet. Même culture.

P. anomala *L.* Pivoine anomale. — Fleurs pourpre violacé.

PAPAVER.

Papaver orientale *L.* Pavot du Levant ou de Tournefort. (*Papavéracées.*) — Tige de 80 cent. à 1 m. 20 ; feuilles grandes, pennées, velues ; fleurs très-grandes, à pétales roses ou rouge orangé, tachés de noir à la base; mai-juin. Variété à fleurs rouge vif. Terre ordinaire, et mieux fraîche, substantielle. Semer en pépinière, d'avril à juillet, ou en terrines, aussitôt après la maturité des graines, et en automne; mettre en place de bonne heure au printemps suivant. Les pieds trop forts sont difficiles à la reprise. Rejetons en février et à l'automne.

P. bracteatum *Lindl.* Pavot à bractées. — Tige de 1 m. à 1 m. 30; fleurs rouge de sang tachées de noir ; mai-juin. Même culture.

P. hybridum *Hort.* Pavot hybride. — Intermédiaire aux deux précédents, dont il provient. Fleurs écarlates et pourpres. Même culture.

P. croceum *L.* Pavot safrané. — Tige de 40 cent.; fleurs orangées; juillet-août. Même culture.

P. Cambricum *L.* **Meconopsis Cambrica** *Vig.* Pavot gallois ou cambrique, Méconopsis à fleurs jaunes. — Tige de 40 cent.; feuilles pennées, velues, d'un vert gai ; fleurs grandes, jaunes, longuement pédonculées; juillet-août. Terre légère, humide. Semer en pépinière depuis avril jusqu'en juillet, et en septembre.

P. Wallichii *Auct.* **M. Wallichii** *Hook.* Méconopsis de Wallich.

—Feuilles glauques, velues; fleurs grandes, d'un beau bleu d'azur, en panicule. Même culture.

P. nudicaule *D. C.* Pavot à tige nue. — Tige de 50 cent.; fleurs jaunes; juin-juillet. Même culture, ou bien encore semer en pots.

PEDICULARIS.

Pedicularis verticillata *L.* Pédiculaire verticillée. (*Personées.*) — Tige de 30 cent., simple, pubescente; feuilles pennées; fleurs pourpres, en épi terminal; mai-juin. Terre légère, fraîche. Semer en pépinière, en pots, depuis avril jusqu'en juillet. Éclats de pied.

P. palustris. Voy. *Plantes annuelles.*

PENTSTEMON.

Pentstemon campanulatus *Willd.* **Chelone campanulata** *Cav.* Pentstémon campanulé. (*Personées.*) — Tige de 60 cent. à 1 m.; feuilles lancéolées; fleurs campanulées, roses en dehors, blanchâtres à l'intérieur, réunies en grappe terminale; mai-octobre. Variétés offrant toutes les nuances de pourpre et de violet. Semer sur couche en mars, et en pépinière d'avril en juillet. Boutures et éclats. Rentrer l'hiver. Cette espèce et les suivantes craignent l'excès d'humidité.

P. barbatus *Benth.* **Chelone barbata** *Cav.* Pentstémon barbu. — Tiges de 65 cent. à 1 m.; feuilles lancéolées; fleurs couleur de feu, en grappe; juin-octobre. Variétés à fleurs blanches et écarlates. Exposition chaude. Terre franche, légère. Semer sur couche en mars, ou en pépinière en juin-juillet, et replanter en pots, qu'on abrite l'hiver sous châssis ou en orangerie. Boutures et éclats.

P. pubescens *Sol.* **P. lævigatus** *Ait.* Pentstémon pubescent. — Tige de 50 à 80 cent.; feuilles lancéolées, glabres ou pubescentes; fleurs tubuleuses, lilacées, en panicules; mai-octobre. Variétés à fleurs violettes, roses et blanches. Même culture.

P. digitalis *Nutt.* Pentstémon à fleurs de digitale. — Tige de 65 cent.; feuilles ovales; fleurs blanches, en panicules terminales; juillet-août. Semer en pépinière, en juin et juillet et à l'automne. Terre légère.

P. perfoliatus *Hort.* Pentstémon perfolié. — Tige de 1 m.; fleurs blanches et lilas; juin-septembre. Même culture.

P. venustus. Pentstémon superbe. — Tige de 40 cent.; fleurs bleu violacé; juin-août. Même culture.

P. Richardsoni. Pentstémon de Richardson. — Tige de 1 m.; fleurs rose violacé, mai-octobre. Même culture.

P. pulchellus *Hort.* Pentstémon gentil. — Tige de 80 cent.; feuilles lancéolées; fleurs violet foncé (*P. atroviolaceus*) ou pourpres (*P. purpureus*); mai-octobre. Semer en pépinière d'avril à juillet.

P. glandulosus *Dougl.* Pentstémon glanduleux. — Tige de 50 cent.; feuilles ovales; fleurs grandes, velues, violet clair. Même culture.

P. gentianoïdes, elegans, Hartwegii. Voy. *Plantes annuelles.*

PHLOMIS.

Phlomis tuberosa *L.* Phlomide tubéreuse. (*Labiées.*) — Tige de 1 m. 30, rougeâtre; feuilles cordées; fleurs moyennes, violettes, verticillées; mai-août. Exposition au soleil. Terre légère. Semer sur couche en mars-avril, ou en pépinière, en pots, d'avril en juillet. Séparation des tubercules. Boutures et marcottes. Arroser souvent en mai et juin. Relever les pieds tous les trois ans.

P. Samia *L.* Phlomide de Samos. — Tige de 70 cent. à 1 m.; feuilles larges, cordées; fleurs grandes, jaunes, verticillées. Exposition chaude. Semer comme la précédente. Éclats de pieds.

P. laciniata *L.* **Eremostachys laciniata** *Bung.* Phlomide laciniée. — Tige de 1 m. 50 à 2 m., laineuse; feuilles longues de 30 cent., très-découpées; fleurs moyennes, rose pourpré; août. Même culture.

PHLOX.

Phlox paniculata *L.* Phlox paniculé. (*Polémoniacées.*) — Tiges de 60 à 1 m., nombreuses, droites; feuilles lancéolées, échancrées à la base; fleurs lilas, en panicules terminales; août-septembre. Variétés à fleurs rouge pâle, blanches, et à feuilles panachées. Terre franche, légère, fraîche. Semer en pépinière, d'avril en juillet et à l'automne. Boutures et éclats de touffes à l'automne et au printemps. Renouveler la terre tous les deux ou trois ans.

P. decussata *Hort.* **P. acuminata** *Pursh.* Phlox décussé ou acuminé. — Tiges de 70 cent. à 1 m.; feuilles lancéolées, pubescentes; fleurs roses, à centre plus foncé; septembre-octobre. Variétés nombreuses. Plante très-rustique. Tout terrain. Culture de la précédente.

P. setacea *L.* **P. subulata** *Benth.* Phlox à feuilles subulées. — Tiges courtes, rameuses, couchées; feuilles linéaires, subulées, fasciculées; fleurs assez grandes, rose-pourpre, à centre plus foncé; avril-mai. Variétés à feuilles plus larges et à fleurs blanches. Terre de bruyère. Exposition demi-ombragée. Même multiplication. Rentrer en hiver les pieds cultivés en pots et couvrir les autres.

P. pyramidalis *Sm.* **P. maculata** *L.* **P. penduliflora** *Sw.* Phlox pyramidal, à tiges maculées ou à fleurs pendantes. — Tiges de 1 m. à 1 m. 20, tachées de brun ; feuilles lancéolées ; fleurs lilas pourpre, odorantes, en panicules pyramidales ; juillet-septembre. Variété à fleurs d'un blanc pur (*P. candida* ou *suaveolens*). Terrain un peu humide. Même culture.

P. triflora *Mich.* Phlox à trois fleurs. — Fleurs grandes, rose pâle, réunies par trois ; août-septembre. Même culture.

P. Carolina *L.* Phlox de la Caroline. — Tige de 1 m. ; feuilles lancéolées ; fleurs pourpre foncé, en panicules lâches ; juillet-septembre. Variétés plus petites, à feuilles panachées, à fleurs très-grandes, rouge vif (*P. ovata*), ou rouge violacé et odorantes (*P. nitida*). Même culture.

P. reflexa *Sw.* Phlox à feuilles réfléchies. — Tige de 1 m. 30, ponctuée de pourpre ; feuilles lancéolées, les inférieures réfléchies ; fleurs grandes, pourpre violacé vif et brillant, en panicule compacte ; septembre-octobre. Même culture.

P. Drummondii. Phlox de Drummond. — Voy. *Plantes annuelles.*

PHYTOLACCA.

Phytolacca decandra *L.* Phytolaque, Raisin d'Amérique. (*Phytolaccées.*) — Tiges de 2 m., rouge pourpre, très-rameuses ; feuilles grandes, vertes et rougeâtres ; fleurs petites, blanches, lavées de rouge, en longues grappes ; fruits noirs, en grappes, d'un bel effet ; août-septembre. Terre franche, légère, chaude. Semer en pépinière ou en terrines d'avril à juillet, et en place, en mai. Éclats de racines. Il serait difficile de trouver une plante vivace d'une culture plus facile et d'un effet plus ornemental.

PODOPHYLLUM.

Podophyllum peltatum *L.* Podophylle à feuilles peltées. (*Berbéridées.*) — Tige de 1 m. 50 à 2 m. ; feuilles peltées, à 5 ou 7 lobes, réunies par deux à l'extrémité de pétioles longs de 25 cent. ; fleurs blanches, solitaires, en soucoupe ; mai-juin. Terre douce, fraîche, ombragée. Semer sur couche en mars et avril. Rejetons et éclats.

P. palmatum *L.* Podophylle palmé. — Feuilles palmées; fleurs à odeur d'ananas. Même culture.

POLEMONIUM.

Polemonium cæruleum *L.* Polémoine bleu, Valériane grecque. (*Polémoniacées.*) (Pl. XIII, fig. 4.) — Tiges de 35 à 65 cent., nombreuses; feuilles ailées; fleurs bleues, rotacées; mai-juillet. Variété à fleurs blanches. Exposition aérée. Toute terre, un peu sèche. Semer en pépinière, en pots, ou en planche, depuis avril jusqu'en juillet. Séparation de touffes. Cette plante se ressème d'elle-même.

POTENTILLA.

Potentilla amœna *Hort.* Potentille agréable. (*Rosacées.*) (Pl. XVII, fig. 1.) — Tiges de 65 cent., rameuses, diffuses; feuilles à 3 ou à 5 folioles; fleurs jaunes striées de rouge; juin-octobre. Variété à fleurs roses. Exposition demi-ombragée. Terre meuble, un peu sablonneuse, riche en humus. Semer en pépinière, en pots, ou en planche, en juin et juillet. Rejetons et éclats de souche, en automne ou mieux au printemps. Relever et soutenir les rameaux.

P. Nepalensis *Hook.* Potentille du Népaul. — Tiges de 30 à 50 cent.; feuilles digitées; fleurs rouge rosé ou amarante; juin-septembre. Même culture.

P. atrosanguinea *Hook.* Potentille noir pourpré. — Tige de 40 à 60 cent.; feuilles argentées en dessous; fleurs pourpre noir; juin-septembre. Terre ordinaire. Semer aussi à l'automne. Même culture.

P. aurea *Hort.* Potentille dorée. — Tige de 20 à 30 cent.; fleurs jaune d'or; juin-juillet. Même culture.

P. hæmatochrus *Lehm.* **P. Mac-Nabiana** *Hort.* Potentille couleur de sang. — Tige de 40 à 60 cent.; feuilles ternées, argentées en dessous; fleurs rouge foncé; juin-juillet. Variétés à fleurs rouge pâle, orangées, jaune strié de cramoisi, etc. Même culture.

P. grandiflora *Hort.* Potentille à grandes fleurs. — Tige de 15 à 20 cent.; fleurs jaunes; juillet-août. Même culture.

P. caulescens *D. C.* Potentille ascendante. — Tige de 20 à 30 cent.; fleurs blanches; juin-juillet. Même culture.

PRIMULA.

Primula Sinensis *Lindl.* **P. prænitens** *Ker.* Primevère de Chine. (*Primulacées.*) (Pl. XVIII, fig. 1.) — Tige courte, charnue; feuilles cordées à la base, à 7 lobes dentés; hampes axillaires, nombreuses, longues de 20 à 30 cent., portant des fleurs à calice renflé vésiculeux, à corolle rose; février-avril; refleurit à l'automne. Variétés à fleurs blanches, carmin, rouge cuivré, à pétales frangés, à fleurs doubles. Terre légère, et mieux terre de bruyère, mélangée d'un quart de vieux terreau. Semer en pépinière, en planche ou en pot, en juin et juillet, et repiquer en pot pour hiverner sous châssis, ou bien semer sur couche en mars et avril. Éclats et boutures. Cette espèce convient beaucoup pour orner les appartements en hiver. Tenue en serre tempérée, elle fleurit la plus grande partie de l'année.

P. cortusoïdes *L.* Primevère à feuilles de Cortuse. — Tige courte; feuilles ovales, cordées, découpées; hampes de 30 cent.; fleurs carmin; avril-septembre. Même culture. Exposition demi-ombragée.

P. veris, auricula, farinosa, grandiflora. Voy. *Plantes pour bordures.*

PSORALEA.

Psoralea macrostachya *D. C.* Psoralée à gros épis. (*Légumineuses.*) — Tige de 1 m.; feuilles trifoliées; fleurs violet foncé, en longs épis; juillet-août. Terre légère. Semer sur couche en mars et avril. Arroser abondamment en été.

PYRETHRUM.

Pyrethrum tanacetum *D. C.* **Tanacetum balsamita** *L.* **Balsamita suaveolens** *Desf.* Pyrèthre à feuilles de Tanaisie, Baume-Coq, Menthe-Coq. (*Composées.*) — Tige de 70 cent. à 1 m., blanchâtre; feuilles ovales, vert grisâtre, odorantes; fleurs en petits capitules jaunes, réunis en corymbe; août-septembre. Exposition chaude, aérée. Terre ordinaire, et mieux franche, légère, un peu sèche. Semer sur couche en mars-avril, ou en place en mai, ou en pépinière aussitôt après la maturité des graines. Drageons et éclats.

P. Achilleæfolium *Bieb.* **Achillea aurea** *Lam.* Pyrèthre à feuilles d'Achillée, Achillée dorée. — Tiges de 50 cent.; feuilles très-découpées, cotonneuses; fleurs en grands capitules jaune d'or; juillet-septembre. Même culture. Relever les pieds tous les trois ans.

RANUNCULUS.

Ranunculus asiaticus *L.* Renoncule des fleuristes. (*Renonculacées.*) — Tige de 20 à 40 cent., quelquefois rameuse; feuilles ternées, découpées; fleurs jaunes; juillet-août. Variétés à fleurs rouges de diverses nuances et panachées, simples, semi-doubles ou doubles, et à cœur vert. Les Renoncules-Pivoines ont des feuilles plus découpées, des fleurs plus grandes et plus belles. Terre légère, substantielle, fraîche, et mieux terre franche, sablonneuse, riche en humus. Exposition du levant ou du midi. Semer en pépinière depuis avril jusqu'en juillet, ou en place en mai. Se propage aussi de griffes, qu'on plante vers la fin de décembre, ou bien en février et mars, en pleine terre, à 5 cent. environ de profondeur. Garantir du froid les semis et les plantations. Sarcler et arroser, si le temps est sec, jusqu'à la floraison; cesser les arrosements dès que la fleur est passée. Pour plus de détails, voy. *Anemone coronaria.*

Les variétés les plus estimées sont celles qui ont une tige longue et forte, un feuillage très-découpé, la fleur bien détachée, à corolle très-double, de 7 à 8 cent. de largeur, à couleurs vives et pures, ou de diverses nuances d'une même couleur.

R. aconitifolius *L.* Renoncule à feuilles d'Aconit, Bouton d'argent. — Tige de 30 cent.; feuilles digitées; fleurs blanches, nombreuses; mai-juin. Variété à fleurs doubles. Terre fraîche, un peu ombragée. Semer en pépinière, en pots, d'avril à juillet. Éclats de pied. Arroser souvent, mais peu à la fois. Couvrir durant les froids rigoureux. Relever les pieds tous les trois ans.

R. glacialis *L.* Renoncule glaciale. — Tige de 15 à 20 cent.; fleurs blanches; juillet-août. Même culture.

R. gramineus *L.* Renoncule graminée. — Tige de 30 cent.; feuilles lancéolées; fleurs jaunes; mai-juin. Même culture.

R. acris *L.* Renoncule âcre, Bassinet, Bouton d'or. — Tige de 40 à 50 cent.; feuilles découpées; fleurs jaunes; mai-juin. Variété à fleurs doubles. Même culture. Relever tous les deux ou trois ans.

R. bulbosus *L.* Renoncule bulbeuse. — Tige de 35 à 40 cent.; feuilles découpées; fleurs jaunes; mai-septembre. Même culture.

R. repens *L.* Renoncule rampante. — Tige courte; feuilles palmées; rameaux longs, traçants; fleurs jaunes; mai-juin. Variété à fleurs doubles. Même culture.

R. parnassifolius *L.* Renoncule à feuilles de Parnassie. — Tige de 15 à 20 cent.; fleurs blanches; juillet-août. Même culture.

R. ficaria. Voy. *Ficaria,* aux plantes pour bordures.

R. lingua, flammula, aquatilis. Voy. *Plantes aquatiques.*

RHEUM.

Rheum Nepalense *L.* **R. australe** *Auct.* Rhubarbe du Népaul. (*Polygonées.*) — Tige de 1 m. 50; feuilles grandes, larges, longuement pétiolées, ornementales; fleurs verdâtres; mai-octobre. Semer en pépinière depuis avril jusqu'en juillet. Éclats de pieds au printemps.

R. palmatum, undulatum. Rhubarbe palmée, ondulée. — Espèces semblables à la précédente. Même culture.

RHEXIA.

Rhexia Virginica *L.* Rhexia de Virginie. (*Mélastomacées.*) — Tige de 50 cent., carrée, rougeâtre; feuilles ovales, bordées de rouge; fleurs grandes, rouge carminé; juin-juillet. Exposition ombragée. Terre de bruyère, fraîche, ou terre tourbeuse. Semer sur couche en avril; repiquer en pot pour hiverner sous châssis, et mettre en place au printemps suivant. Éclats de pied, faits après la floraison et avec beaucoup de soins. Drageons.

R. Mariana. Rhexia du Maryland. — Même culture.

RUDBECKIA.

Rudbeckia speciosa *Wend.* Rudbeckie superbe. (*Composées.*) — Tige de 70 cent.; feuilles lancéolées; fleurs en capitules terminaux, larges de 8 cent., à disque pourpre noirâtre, à rayons jaune safrané; août-septembre. Exposition demi-ombragée. Terre franche, légère. Semer sur couche en avril, ou en pépinière en juin-juillet et en septembre, et repiquer en pots, que l'on hiverne sous châssis. Boutures et éclats. Rentrer ou couvrir durant l'hiver.

R. fulgida *Ait.* Rudbeckie éclatante. — Tige de 50 cent.; fleurs en capitules à disque noir, à rayons jaune verdâtre; juillet-août. Semer sur couche fin mars pour repiquer sur couche, ou en pépinière en juin et juillet. Éclats de pied, en automne ou en mars.

R. bicolor *Hort.* Rudbeckie bicolore. — Tige de 60 cent.; fleurs en capitules jaunes; juin-septembre. Même culture.

R. laciniata, hirta, Drummondii. — Même culture.

R. purpurea. Voy. *Echinacea purpurea.*

SALVIA.

Salvia cardinalis *Kunth.* **S. fulgens** *Cav.* Sauge cardinale ou éblouissante. (*Labiées.*) (Pl. XVIII, fig. 3.) — Tige de 1 m. à 1 m. 30; feuilles velues à la face supérieure, blanches et laineuses à l'inférieure; fleurs en longs épis, à calice brun violacé, à corolle d'un rouge pourpre éclatant, large de 5 à 6 cent.; août-novembre. Exposition chaude. Terre substantielle. Semer sur couche au commencement de mars, et repiquer sur couche. Boutures faites sur couche au printemps, conservées en serre durant l'hiver, et mises en place au printemps suivant. Rentrer l'hiver. Arroser modérément dans cette saison et beaucoup au contraire en été.

S. splendens *Ker.* Sauge éclatante. — Tige de 1 m. 25; feuilles glabres; fleurs grandes, rouge écarlate éclatant, en longs épis; septembre-novembre. Même culture.

S. patens *Benth.* Sauge à larges fleurs. — Tige de 1 m. à 1 m. 50; feuilles cordées ou ovales; fleurs grandes, d'un beau bleu, en longs épis; juin-août. Variété à fleurs blanches. Semer en pépinière, en planche ou en pots, depuis avril jusqu'en juillet. Conserver les racines, en terre sèche, pendant l'hiver, pour mettre en place au printemps. Boutures étouffées.

SANGUINARIA.

Sanguinaria Canadensis *L.* Sanguinaire du Canada. (*Papavéracées.*) — Tige de 15 à 25 cent.; feuilles embrassantes, cordées à la base, veinées de rouge, à pétiole brun; fleurs blanches, solitaires, terminales; avril-mai. Exposition ombragée. Terre légère, riche en humus, un peu humide. Semer sur couche en mars et avril. Éclats de racines.

SAPONARIA.

Saponaria officinalis *L.* Saponaire officinale. (*Caryophyllées.*) — Tige de 40 à 70 cent; feuilles lancéolées, opposées; fleurs rose violacé, odorantes, en cimes épaisses; juillet-septembre. Variétés à fleurs pourpres, rose pâle et à fleurs doubles. Tout terrain. Semer en pépinière depuis avril jusqu'en juillet. Division des touffes. Rejetons.

S. ocimoïdes. Voy. *Plantes pour bordures.*

SCABIOSA.

Scabiosa Alpina *L.* **Cephalaria Alpina** *D. C.* Scabieuse des Alpes. (*Dipsacées.*) — Tige de 1 m. 50; feuilles opposées; fleurs jaune pâle en capitules; juin-juillet. Semer en pépinière, en pots, d'avril en juillet. Éclats de pied.

S. Caucasica *Curt.* Scabieuse du Caucase. — Tige de 1 m.; feuilles découpées; fleurs bleu lilacé, en larges capitules; juin-octobre. Même culture. Semer aussi en automne.

S. graminifolia *L.* Scabieuse graminée. — Tige de 30 cent.; fleurs bleu pâle; juin-juillet. Même culture.

SCHOENUS.

Schœnus mariscus *L.* Choin marisque. (*Cypéracées.*) — Tige de 1 m. 20; feuilles linéaires; fleurs brunes; juin-août. Semer en pépinière, en planche, depuis avril jusqu'en juillet. Éclats de pied.

SCUTELLARIA.

Scutellaria macrantha *Fisch.* Scutellaire à grandes fleurs. (*Labiées.*) — Tige de 15 à 25 cent.; feuilles lancéolées; fleurs grandes, bleues, en épi terminal; mai-juillet. Semer au printemps, sur couche. Boutures et éclats.

SERRATULA.

Serratula pinnatifida *H. P.* Sarrète à feuilles pennées. (*Composées.*) — Tige de 50 à 60 cent.; feuilles pennées, très-découpées; fleurs en capitules rose violacé; juillet-août. Semer sur couche, en mars-avril, ou en place, en mai. Éclats de pied.

S. speciosa *Ait.* **Liatris elegans** *W.* Sarrète élégante. — Tige de 50 à 60 cent.; feuilles linéaires; fleurs en capitules lilas, réunis en épi; septembre-octobre. Même culture.

S. scariosa, spicata. Voy. *Liatris.*

SOLDANELLA.

Soldanella Alpina *L.* Soldanelle des Alpes. (*Primulacées.*) — Tige de 10 à 15 cent.; feuilles réniformes; fleurs pourpre violacé, pendantes; avril-juillet. Variétés à fleurs blanches et rougeâtres. Exposition demi-ombragée. Terre légère, et mieux terre de bruyère mêlée de graviers. Semer en pépinière, en pots, d'avril en juillet et à l'automne. Éclats de racines, en octobre. Couvrir durant l'hiver.

S. montana *L.* Soldanelle des montagnes. — Même culture.

SOLIDAGO.

Solidago Canadensis *L.* Verge d'or du Canada. (*Composées.*) — Tige de 70 cent. à 1 m. 50; feuilles lancéolées; fleurs en capitules jaunes, nombreux, groupés en longues panicules terminales; juillet-octobre. Tout terrain, et mieux terre franche, légère. Semer en place, en avril-mai, ou en pépinière, à l'automne. Éclats de pieds, dans cette dernière saison. Cette plante étant très-envahissante, il est bon de relever les touffes tous les trois ou quatre ans.

S. altissima, bicolor, fusca, glabra, etc. — Même culture.

SPIGELIA.

Spigelia Marylandica *L.* Spigélie du Maryland. (*Loganiacées.*) — Tige de 30 à 35 cent.; feuilles ovales, oblongues, aiguës; fleurs longues, tubuleuses, rouges en dehors, jaunes au dedans, un peu odorantes, réunies en longs épis; juin-août. Exposition demi-ombragée. Terre légère, fraîche, ou mieux terre de bruyère humide. Semer sur couche au printemps. Boutures et éclats de pieds. Rentrer ou couvrir en hiver.

S. anthelmia *L.* Spigélie anthelminthique. — Fleurs blanches au dedans, pourprées en dehors, beaucoup plus petites que dans l'espèce précédente. Même culture.

SPIRÆA.

Spiræa ulmaria *L.* Spirée ulmaire, Reine des prés. (*Rosacées.*) — Tige de 70 cent. à 1 m.; feuilles pennées, très-découpées ; fleurs petites, blanches, nombreuses, en corymbe; juin-juillet. Variétés à fleurs doubles, à feuilles panachées. Terre humide. Semer en place, en mars-avril et en septembre. Éclats de pied. Rejetons, boutures et marcottes. Arroser fréquemment en été.

S. filipendula *L.* Spirée filipendule. — Tige de 50 cent.; feuilles ailées; fleurs blanches, petites, nombreuses, en cyme large; juin-juillet. Variété à fleurs doubles. Terre sablonneuse, fraîche. Même culture. Racines.

S. aruncus *L.* Spirée barbe de bouc ou de chèvre. — Tige de 70 cent. à 1 m. 30; feuilles pennées, très-découpées; fleurs blanches, petites, nombreuses, en grande panicule; juin-juillet. Exposition demi-ombragée. Même culture.

S. lobata *L.* Spirée à feuilles lobées ou du Canada. — Tige de 70 cent. à 1 m.; feuilles pennées, très-découpées; fleurs roses, odorantes; juillet-août. Terrain frais. Même culture.

STATICE.

Statice limonium *L.* (*Plumbaginées.*) — Tige de 30 à 70 cent.; feuilles grandes, glauques, ovales ou lancéolées; fleurs petites, nombreuses, d'un beau bleu, en corymbe paniculé; mai-août. Exposition chaude. Terre franche, légère, humide. Semer en pépinière, en pots, depuis avril jusqu'en juillet. Éclats de touffes.

S. scoparia *M. B.* **S. Gmelini laxiflora** *Boiss.* Staticé à balais. — Tige de 30 à 65 cent., rameuse; feuilles larges; fleurs bleu pâle, très-nombreuses; juin-septembre. Même culture.

S. latifolia *Smith.* **S. coriaria** *Hofm.* Staticé à larges feuilles. — Tige de 50 à 60 cent., rameuse; feuilles très-larges, obtuses, à longs pétioles; fleurs rose violacé, accompagnées de bractées blanches. Même culture.

S. Tatarica *L.* **Goniolimon Tataricum** *Boiss.* Staticé de Tartarie. — Tige de 30 à 50 cent., rameuse; feuilles blanchâtres, lancéolées; fleurs rouge pâle, en corymbe paniculé; juin-juillet. Variétés à fleurs d'un rouge assez vif, à feuilles étroites. Même culture.

S. speciosa *L.* **Goniolimon speciosum** *Boiss.* Staticé élégant. — Tige de 30 à 35 cent.; feuilles spatulées; fleurs petites, roses, nombreuses, en large corymbe; mai-juillet. Même culture.

S. pseudo-armeria *Desf.* **Armeria pseudo-armeria** *Murr.* Staticé faux arméria. — Tige de 50 cent.; feuilles lancéolées; fleurs roses, assez grandes, en cymes volumineuses; mai-septembre. Semer en pépinière en juin et juillet, et replanter en pots pour hiverner sous châssis.

S. armeria, pubescens. Voy. *Plantes pour bordures.*

STEVIA.

Stevia purpurea *W*. Stévia pourpre. (*Composées.*) (Pl. XV, fig. 3.) — Tige de 50 cent.; feuilles lancéolées; fleurs en capitules pourpres, nombreux, réunis en corymbe; juin-octobre. Variété à fleurs roses. Exposition au midi. Terre franche, légère, chaude. Semer sur couche en mars-avril, et repiquer sur couche. Éclats de pied. Couvrir ou rentrer en hiver.

S. serrata *Cav*. Stévia à feuilles en scie. — Tige de 40 à 50 cent.; feuilles dentées; fleurs blanches; juillet-octobre. Même culture.

STIPA.

Stipa pennata *L*. Stipe plumeuse. (*Graminées.*) — Tige de 50 cent., grêle; feuilles longues, linéaires; fleurs verdâtres, en épi plumeux, très-élégant; mai-juin. Terre sèche. Semer en pépinière d'avril à juillet, ou en place en mai.

SYMPHYTUM.

Symphytum asperrimum *Marsch*. Consoude à feuilles rudes. (*Borraginées.*) — Tige de 1 m. à 1 m. 30, rameuse, hérissée de poils rudes ainsi que les feuilles; fleurs bleues, en longues grappes; mai-juin. Variété à fleurs blanchâtres. Terre ordinaire, et mieux sablonneuse et chaude. Semer en place au printemps, ou en pépinière à l'automne. Boutures de racines. Éclats de pieds à l'automne ou au printemps. Marcottes.

TANACETUM.

Tanacetum vulgare *L.* Tanaisie. (*Composées.*) — Tige de 1 m. à 1 m. 30; feuilles ailées, d'un beau vert; fleurs en capitules jaune vif, odorants, réunis en corymbe; août-septembre. Exposition au soleil. Terre franche, un peu sablonneuse, fraîche. Semer en place au printemps, ou en pépinière à l'automne. Rejetons.

T. Balsamita. Voy. *Pyrethrum*.

THALICTRUM.

Thalictrum aquilegifolium *L*. **T. atropurpureum** *Jacq*. Pigamon à feuilles d'Ancolie, Colombine plumeuse. (*Renonculacées.*) — Tige de 80 cent. à 1 m., pourprée; feuilles élégamment découpées, vert glauque lavé de pourpre; fleurs petites, blanc rosé, en grandes panicules; mai-juillet. Terre légère. Semer en pépinière, en planche, en avril-mai, ou en pots, en juin-juillet. Éclats et drageons.

T. glaucum *Desf.* Pigamon glauque. — Tige de 80 cent. à 1 m.; feuilles vert glauque; fleurs jaunes; mai-juillet. Même culture.

TRADESCANTIA.

Tradescantia Virginica *L.* Éphémère de Virginie. (*Commélinées.*) — Tiges de 40 à 50 cent., très-nombreuses, rameuses; feuilles lancéolées; fleurs bleu violacé, en ombelles; mai-octobre. Variétés à fleurs bleues, pourpres, blanches et à fleurs doubles. Terre légère, fraîche, ombragée. Semer sur couche en mars-avril. Éclats de racines en avril et octobre.

TROLLIUS.

Trollius Europæus *L.* Trollie d'Europe. (*Renonculacées.*) — Tiges de 50 à 60 cent.; feuilles palmées, lobées; fleurs grandes, jaune d'or; avril-mai. Exposition du midi. Terre franche, légère, mêlée de terre de bruyère, humide, un peu ombragée. Semer en place au printemps. Éclats de pied en automne.

T. Asiaticus, Caucasicus. — Même culture.

TUSSILAGO.

Tussilago nivea *L.* **Petasites niveus** *D. C.* Tussilage blanc de neige. (*Composées.*) — Tige de 20 cent.; fleurs blanc rosé; mars-mai. Semer en pépinière, en pots, depuis avril jusqu'en juillet. Éclats de pieds.

URTICA.

Urtica nivea *L.* **Bœhmeria nivea** *Jacq.* Ortie cotonneuse ou blanc de neige, Apoo. (*Urticées.*) — Tige de 1 à 2 m.; feuilles larges, blanc de neige à la face inférieure, ornementales; fleurs verdâtres. Terre franche. Semer en terrines ou en pots, au printemps et à l'automne, en recouvrant très-peu les graines. Repiquer au printemps suivant.

VERBASCUM.

Verbascum phœniceum *L.* Molène pourpre. (*Personées.*) — Tige de 50 cent. à 1 m.; feuilles grandes, ovales; fleurs pourpre violacé, en grappes; mai-août. Variétés à fleurs roses ou lilas. Exposition au levant. Terre légère, substantielle. Semer en pépinière d'avril en juillet, ou en place aussitôt après la maturité des graines. Eclats de pied.

V. pyramidatum. Molène pyramidale. — Fleurs jaunes. Même culture.

VERBENA.

Verbena chamædrifolia *Juss.* **V. Melindres** *Bot. reg.* Verveine à feuilles de Chamædrys. (*Verbénacées.*) (Pl. XVI, fig. 5.) — Tiges de 30 à 40 cent., diffuses ; feuilles ovales, lancéolées, découpées; fleurs rouge vif; juin-octobre. Semer sur couche en mars et avril, ou bien aussitôt après la maturité des graines. Boutures et marcottes, faites d'août en octobre, relevées en automne, et mises en pots que l'on hiverne sous châssis, pour mettre en pleine terre à la fin de mai. Pincer l'extrémité des rameaux.

V. teucrioïdes *Hook.* Verveine fausse Germandrée. — Tiges de 60 cent.; fleurs grandes, blanches ou rosées; juin-octobre. Même culture.

V. incisa *Hook.* Verveine à feuilles découpées. — Tiges de 30 cent.; feuilles oblongues, découpées; fleurs rose pourpre, en épis terminaux; juin-octobre. Même culture. Rentrer l'hiver.

V. hybrida *Hort.* — Les trois espèces précédentes ont donné un grand nombre de variétés et d'hybrides, offrant toutes les nuances de blanc, de rouge et de violet. On les cultive de la même manière; il faut avoir soin de bien mélanger les couleurs dans les massifs.

VERNONIA.

Vernonia Novæboracensis *W.* Vernonie de New-York. (*Composées.*) — Tige de 1 m. 20 à 1 m. 50; feuilles lancéolées; fleurs en capitules pourpres, réunis en corymbe; août-septembre. Terre franche. Semer sur couche en mars et avril. Éclats de pied et drageons.

V. præalta *W.* Vernonie élevée. — Tige de 2 m. à 2 m. 40; feuilles lancéolées; fleurs pourpre violacé; septembre-novembre. Même culture.

V. anthelminthica. Vernonie anthelminthique. — Même culture.

VERONICA.

Veronica spicata *L.* Véronique à épi. (*Personées.*) (Pl. XIII, fig. 3.) — Tiges de 30 à 50 cent.; feuilles crénelées ; fleurs bleues, en épi; juin-août. Variétés à fleurs roses et blanches. Toute terre un peu fraîche. Semer sur couche en mars-avril, ou en place en mai, ou en pépinière, en pots, d'avril à juillet. Éclats de pied faits à l'automne.

V. Virginiana *L.* Véronique de Virginie. — Tige de 1 m. à 1 m. 50; feuilles verticillées, soyeuses; fleurs blanches, en longs épis; juillet-octobre. Même culture.

V. teucrium *L.* Véronique germandrée. — Tiges de 30 à 35 cent., diffuses; feuilles ovales; fleurs bleues veinées de rouge; juin-juillet. Même culture.

V. chamædrys *L.* Véronique petit chêne. — Tiges de 15 à 20 cent.; feuilles cordées; fleurs moyennes, bleu pourpre; juin-juillet. Même culture.

V. salicifolia *Forst.* Véronique à feuilles de saule. — Tige de 40 cent.; feuilles lancéolées; fleurs bleu clair, en épis terminaux; juillet-novembre. Variété à fleurs blanches. Terre légère, riche en humus. Semer en pépinière en juillet, et replanter en pots pour hiverner sous châssis. Boutures à froid. Arroser fréquemment.

V. Lindleyana *Hort.* Véronique de Lindley. — Tige de 60 cent.; feuilles lancéolées, vert pâle; fleurs blanches teintées de lilas, en grappes axillaires; juillet-novembre. Même culture.

V. multifida, pulchella. Voy. *Plantes pour bordures.*

VINCA.

Vinca major *L.* Grande Pervenche. (*Apocynées.*) — Tiges de 80 cent. à 1 m. 20, rampantes; feuilles ovales, d'un beau vert brillant; fleurs axillaires solitaires, bleu tendre, en entonnoir; mai-septembre. Variétés à fleurs blanches et à feuilles panachées. Exposition du nord, ombragée. Terre ordinaire, et mieux légère, fraîche. Vient même dans les rocailles. Semer sur couche en mars, ou en place en mai, ou en pépinière en septembre. Éclats de pied et rejetons.

V. minor *L.* Petite Pervenche. — Tiges de 70 cent. à 1 m. traçantes, très-rameuses; feuilles plus petites; fleurs bleues; avril-août. Variétés à fleurs rouges, pourpres, violacées, blanches, à fleurs doubles et à feuilles panachées. Même culture.

V. herbacea *Kit.* Pervenche herbacée. — Tiges rampantes; feuilles lancéolées-linéaires; fleurs bleu vif. Variétés à fleurs rougeâtres et à fleurs doubles. Même culture.

V. rosea. Voy. *Plantes annuelles.*

ZYGOPHYLLUM.

Zygophyllum fabago *L.* Fabagelle. (*Rutacées.*) — Tiges de 70 cent. à 1 m., rameuses; feuilles pédalées, un peu charnues; fleurs géminées, un peu irrégulières, rouge orangé à la base, blanches au sommet; juin-septembre. Exposition chaude. Terre sablonneuse, sèche. Semer en place, en automne et au printemps, ou mieux en pots, sur couche tiède, dans cette dernière saison; repiquer l'année suivante en pépinière, et mettre en place deux ans après; dans le nord, il sera préférable de rentrer le plant en orangerie, la première année. Boutures, faites en pleine terre, au midi, ou même en pots sur couche chaude, et rentrées, comme les jeunes plants, dans les climats froids. Éclats de pied. Dans les régions chaudes ou tempérées, la plante se ressème souvent d'elle-même.

CHAPITRE IV.

PLANTES BULBEUSES.

AGAPANTHUS.

Agapanthus umbellatus *Lhér.* **Crinum Africanum** *L.* Agapanthe à ombelles, Tubéreuse bleue. (*Liliacées.*) — Tige de 70 cent. à 1 m.; feuilles longues de 40 cent., larges, planes; fleurs bleues, réunies en ombelle au nombre d'environ quarante; juillet-août. Variétés à petites feuilles, à feuilles rubanées de vert et de blanc. Exposition chaude. Semis en terre de bruyère. Bulbilles ou œilletons séparés au printemps, et replantés en pots remplis de terre franche légère. Arrosements modérés. Couvrir de litière, ou rentrer en orangerie pendant les grands froids.

ALBUCA.

Albuca alba *Lam.* **A. altissima** *Jacq.* Albuca blanc ou élevé. (*Liliacées.*) — Tige de 1 m. à 1 m. 30; feuilles lancéolées linéaires, canaliculées; fleurs jaunes au dehors, blanches en dedans, rayées de vert, réunies en épi; septembre-octobre. En pots remplis de terre franche légère ou de terre de bruyère mélangée. Caïeux, séparés quand les feuilles sont sèches. Arrosements abondants pendant la végétation. Renouveler la terre tous les ans à l'automne et cesser les arrosements en hiver. Orangerie.

A. major *L.* **A. lutea** *Lam.* Albuca grand ou jaune. — Tige de 35 à 70 cent.; feuilles étroites, presque planes; fleurs verdâtres, bordées de jaune, en épi; mai-juin. Même culture.

A. fastigiata *L.* Albuca fastigié. — Même culture.

ALLIUM.

Allium Moly *L.* Ail Moly ou doré. (*Liliacées.*) (Pl. XIX, fig. 3.) — Tige cylindrique, nue; feuilles radicales, lancéolées, engaînantes; fleurs grandes, étalées, d'un beau jaune doré, à odeur alliacée très-pénétrante, réunies en ombelles; juin-juillet. Variété à fleurs blanches. Tout terrain, et mieux terre sèche, sablonneuse. Semer en place au printemps. Caïeux. Se cultive très-bien en pots.

A. azureum *Pal.* **A. cærulescens** *Don.* Ail azuré. — Bulbe arrondi; tige nue; feuilles radicales, lancéolées; fleurs bleu d'azur, en cime; mai-août. Même culture.

A. roseum *L.* Ail rose. — Bulbe arrondi; tige nue; feuilles lancéolées-linéaires, enroulées au sommet; fleurs roses, en grandes ombelles; juin-juillet. Même culture.

A. liliiflorum *Hort.* **A. Neapolitanum** *Cyrill.* **A. album** *L.* **Var.** Ail de Naples ou à fleurs de lis. — Feuilles larges, engaînantes; fleurs grandes, blanches, en cime; mars-avril. Même culture.

A. magicum *L.* Ail magique. — Tige nue; feuilles lancéolées; fleurs lilacées, à odeur agréable; mai-juin. Même culture.

ALSTROEMERIA.

Alstrœmeria aurantiaca *L.* Alstrémère orangée. (*Narcissées.*) — Tige de 1 m.; feuilles lancéolées; fleurs orangées; juillet-septembre. Bonne terre légère. Semer en pépinière ou en pots d'avril en juillet, et à l'automne; repiquer au printemps suivant. Éclats de racines faits avec précaution. Arrosements modérés. Conserver l'hiver sous châssis froid.

A. pulchella *L.* Alstrémère gentille ou du Chili. — Tige de 1 m.; feuilles lancéolées; fleurs de couleurs variées; juillet-septembre. Même culture.

A. pelegrina *L.* Alstrémère pélégrine, Lis des Incas. — Tige de 35 à 50 cent.; feuilles lancéolées, contournées; fleurs blanches, à divisions ouvertes, les supérieures lavées et rayées de rose foncé, les inférieures jaunes à la base et ponctuées de pourpre; juin-octobre. Même culture.

A. Ligtu *L.* Alstrémère Ligtu ou à fleurs rayées. — Tiges de 25 à 35 cent., lavées de rouge; feuilles petites, étroites, réunies en rosette au sommet de la tige; fleurs grandes, odorantes, rouges, en ombelle; février-mars. Variété à fleurs, dont trois divisions sont blanches et rouges. Même culture.

A. hæmantha *R.* et *P.* Alstrémère écarlate. — Tige de 70 cent. à 1 m.; feuilles longues, lancéolées, ciliées; fleurs grandes, rouge écarlate rayé de pourpre, à deux divisions jaunes lavées de rouge au sommet. Même culture.

A. pallida *Grah.* Alstrémère à fleurs pâles. — Tige grêle; feuilles linéaires; fleurs à divisions extérieures rose pâle, les intérieures jaunes rayées de rouge. Même culture.

A. versicolor *Hort.* Alstrémère à fleurs changeantes. — Tiges de 1 m., couchées; feuilles linéaires, contournées; fleurs de couleurs très-variées; juillet-septembre. Même culture. Couverture sèche en hiver.

A. rosea, tricolor, etc. Alstrémère rose, tricolore, etc. — Même culture.

A. psittacina. — Voy. *Plantes vivaces.*

AMARYLLIS.

Amaryllis lutea *L.* **Sternbergia lutea** *Ker.* Amaryllis jaune, Narcisse d'automne. (*Narcissées.*) — Bulbe ovoïde; tige de 10 à 16 cent.; feuilles vert foncé, longues de 20 à 25 cent.; fleur solitaire, en entonnoir, d'un jaune vif; septembre-octobre. Exposition au levant, et mieux au midi. Terre franche, légère, et mieux terreau de feuilles bien consommé, mélangé de terre franche, de terreau de couches et d'un peu de sable fin. Caïeux, plantés en mai. Relever les bulbes tous les trois ou quatre ans. Se cultive aussi en pots, sous châssis.

A. carnea *Schult.* **Zephyranthes rosea** *Herb.* Amaryllis rose. — Bulbe petit, brun; tige de 20 à 30 cent.; feuilles linéaires; fleur solitaire, rose; août-septembre. Même culture.

A. nivea *Schult.* **Zephyranthes candida** *Herb.* Amaryllis blanche. — Bulbe arrondi, brun rougeâtre; tige de 10 à 16 cent.; feuilles lancéolées; fleurs solitaires, à divisions intérieures d'un blanc pur, les extérieures lavées de rose au sommet; septembre-octobre. Même culture.

A. Atamasco *L.* **Cooperia Atamasco** *K.* **Zephyranthes Atamasco** *Herb.* Amaryllis Atamasco ou de Virginie. — Bulbe allongé, brun; tige de 20 à 25 cent.; feuilles longues, étroites; fleurs solitaires, blanches, lavées de rose; juillet-août. Même culture.

A. formosissima *L.* **Sprekelia formosissima** *Heist.* Amaryllis superbe, à fleurs en croix, Reine de beauté, Lis de Saint-Jacques. (Pl. XX, fig. 3.) — Bulbe brun, entouré de nombreux caïeux ; tige de 20 à 35 cent.; feuilles étroites, presque linéaires; fleurs grandes, panachées, bilabiées, solitaires, terminales, écarlate velouté, à lobes figurant une croix rouge ; juillet-septembre. Exposition au midi. Terre franche, mélangée d'un quart de terreau et un quart de terre de bruyère. Bulbes plantés en pleine terre au printemps ou en pots à l'automne. Caïeux plantés en pots, en orangerie ou en serre tempérée. Arroser seulement au printemps. Cette plante se cultive très-bien sur des carafes, et on peut avancer la floraison en chauffant.

A. cybister *Lindl.* **Sprekelia cybister** *Herb.* Amaryllis saltimbanque. — Fleurs de forme très-bizarre, à divisions rouge-cramoisi à la base, passant peu à peu vers le sommet au vert foncé. Exposition du midi. Terre légère et chaude. Graines ou caïeux, semés en pots en orangerie, ou en pleine terre sous châssis. Couvrir en hiver, ou rentrer en serre tempérée.

A. vittata *Lhér.* **Hippeastrum vittatum** *Herb.* Amaryllis à rubans, Belladone d'été ou de Rouen. — Bulbe arrondi ; tige de 60 cent. à 1 m.; feuilles longues, vert foncé, teintées de rouge ; fleurs grandes, à tube verdâtre lané de rouge, à limbe blanc, rayé de carmin foncé, exhalant une odeur de cassis ; juin-juillet. Variétés nombreuses. Même culture.

A. reginæ *L.* **Hippeastrum reginæ** *Herb.* Amaryllis de la reine ou du Mexique. — Bulbe verdâtre; tige de 50 à 60 cent.; feuilles lancéolées; fleurs campanulées, d'un beau rouge ponceau, verdâtres à la base; mai-juin. Terre franche, mêlée de terre de bruyère. Caïeux. Se cultive beaucoup mieux en pots en serre chaude, où elle fleurit en hiver et au commencement du printemps.

A. ambigua *Sweet.* **Hippeastrum longiflorum** *Bot. Mag.* Amaryllis à longues fleurs. — Bulbe très-allongé; tige de 65 cent.; feuilles longues de 70 cent. et plus, larges, canaliculées ; fleurs grandes, nombreuses, blanches, à divisions portant une longue bande carminée ; juin-juillet. Enterrer les bulbes profondément et couvrir l'hiver, ou mieux mettre dans de grands vases et rentrer en serre tempérée.

A. belladona *L.* **Coburgia belladona** *Herb.* Amaryllis belladone ou à fleurs roses. (Pl. XX, fig. 4.) — Bulbe allongé, très-gros ; tige de 50 à 70 cent.; feuilles allongées, canaliculées, poussant longtemps après les fleurs; fleurs grandes, penchées, campanulées, roses, mêlées de blanc, odorantes, réunies par dix à douze; juillet-octobre. Variétés à fleurs plus pâles ou plus foncées et à fleurs blanches. Exposition très-chaude. Terre franche, légère, chaude, riche en humus, mélangée d'un peu de plâtre. Caïeux, enlevés en septembre-octobre, ou aussitôt après la floraison, et replantés immédiatement. Planter les bulbes à 20 cent. de profondeur. Couverture ou châssis en hiver. Garantir les feuilles de la gelée et de la pourriture. Renouveler la terre tous les trois ou quatre ans. Vient moins bien en pots.

A. **blanda** *Gawl.* Amaryllis agréable. — Feuilles longues, linéaires ; fleurs blanches passant à la teinte rosée. Même culture.

A. **aurea** *Ait.* **Lycoris aurea** *Herb.* Amaryllis dorée, Lis jaune doré. — Bulbe arrondi, brun ; tige de 65 cent.; feuilles longues, linéaires ; fleurs jaune d'or, assez grandes, à divisions étroites et ondulées, réunies en ombelle, au nombre de six à dix ; juillet-août. Terre légère, renouvelée tous les ans. Propagation par caïeux. Châssis en hiver, ou serre tempérée.

A. **Sarniensis** *L.* **Nerine Sarniensis** *Herb.* Amaryllis ou Lis de Guernesey. — Bulbe ovoïde, brun ; tige de 30 à 35 cent.; feuilles planes, assez longues; fleurs rouge-cerise, comme sablées de poudre d'or, en ombelle de huit à dix ; septembre-octobre. Fleurit tous les trois ans. Graines, caïeux, et mieux bulbes. Même culture.

A. **curvifolia** *Jacq.* A. **fothergilla** *And.* **Nerine curvifolia** *Herb.* Amaryllis à feuilles recourbées. — Bulbe allongé, pyriforme ; tige de 1 m.; feuilles linéaires, recourbées en faux, glauques ; fleurs d'un rouge éclatant, réunies en ombelle par huit à dix ; juillet-août. Même culture.

A. **undulata** *Jacq.* **Nerine undulata** *Herb.* Amaryllis ondulée. — Bulbe ovale, roux; feuilles linéaires, canaliculées; fleurs petites, rose-pourpre lavé de gris de lin, à divisions étroites, ondulées ; septembre-octobre. Terre de bruyère. Même culture.

A. **crispa** *Jacq.* **Hessea crispa** *Herb.* **Strumaria crispa** *Ker.* Amaryllis à fleurs crépues. — Hampe presque latérale ; fleurs grandes, rouge foncé, en ombelles à divisions ondulées; septembre-octobre. Même culture.

A. **Josephinæ** *Red.* **Brunswigia Josephinæ** *Ker.* Amaryllis de Joséphine. — Bulbe ovoïde, gros; tige de 35 à 70 cent.; feuilles lancéolées-linéaires, recourbées, glauques ; fleurs longues, rose terne rayé de rose foncé, réunies au nombre d'environ soixante en une ombelle de plus de 1 mètre de circonférence ; août-septembre. Même culture.

A. orientalis *L.* **Brunswigia multiflora** *Hort.* **Coburgia multiflora** *Herb.* Amaryllis orientale, girandole ou multiflore. — Bulbe arrondi, très-gros ; feuilles oblongues, courtes, vert foncé ; fleurs écarlates ; août-septembre. Même culture.

A. ciliaris *L.* **Buphane ciliaris** *Herb.* **Brunswigia ciliaris** *Ker.* Amaryllis ciliée. — Bulbe ovoïde oblong, assez petit ; feuilles ciliées, brun noirâtre ; fleurs en ombelle, très-nombreuses, à tube très-long, blanc verdâtre, à divisions violet foncé bordées de blanc. Même culture.

A. disticha *L.* **Buphane toxicaria** *Herb.* **Brunswigia toxicaria** *Kl.* Amaryllis distique ou vénéneuse. — Feuilles paraissant après les fleurs ; fleurs petites, rose tendre, très-nombreuses, formant une large ombelle. Même culture.

ANIGOSANTHOS.

Anigosanthos flavida *Spreng.* Anigosanthe jaunâtre. (*Hémodoracées.*) — Tige de 65 cent., glabre ; rameaux cotonneux ; feuilles en glaive ; fleurs jaune pâle lavé de vert, à tube velu, à limbe marqué de violet, au nombre de quinze à vingt ; juillet-août. Drageons plantés en pots en octobre, et mis en pleine terre au printemps. Arrosements modérés. Châssis ou orangerie en hiver.

A. coccinea, cruenta, rufa. Anigosanthe écarlate, sanguinolente, rousse. — Même culture.

ANOMATHECA.

Anomatheca juncea *Ker.* **Gladiolus junceus** *L.* **Lapeyrousia juncea** *Pourr.* Anomathèque jonc. (*Iridées.*) — Bulbe très-petit ; tige de 40 à 65 cent., rameuse ; feuilles en glaive ; fleurs rose vif, en épi lâche ; mai-juin. Terre de bruyère. Bonne exposition. Caïeux plantés en octobre, en pots.

ANTHOLYZA.

Antholyza cunonia *L.* Antholyze du Cap? (*Iridées.*) — Fleurs comme papilionacées, rouges, à carène verte, en épis ; mai-juin. Semer en pots remplis de gros sable et de terre de bruyère, tenus l'hiver en lieu sec et à l'abri des gelées.

A. meriana, ringens, Æthiopica, etc. Même culture.

APHYLLANTHES.

Aphyllanthes Monspeliensis *L.* Aphyllanthe de Montpellier, Bragalou. (*Liliacées.*) — Plante rappelant par son port l'Œillet prolifère. Tiges nues, de 20 à 40 cent.; fleurs bleues, brunâtres à l'extérieur, entourées de bractées rougeâtres ; mai-juillet. Semer en place au printemps. Éclats.

ARISTÆA.

Aristæa major *And.* **A. capitata** *Curt.* **Gladiolus capitatus** *L.* Aristée à fleurs en têtes. (*Iridées.*) — Tige de 1 m. à 1 m. 30, teintée de pourpre ; feuilles distiques, en glaive, longues de 70 cent. à 1 m.; fleurs bleues, en longs épis terminaux ; juillet-août. Exposition chaude. Terre franche, légère. Semer au printemps, sur couche, sous châssis ou sous cloche. Éclats de racines et drageons. Abriter l'hiver en orangerie ou en serre tempérée.

A. cyanæa *Ait.* **Ixia Africana** *L.* **Moræa Africana** *Thunb.* Aristée à fleurs bleues. — Semblable à la précédente, mais plus petite; fleurs bleues, en cimes terminales; avril-mai. Même culture.

ARUM.

Arum dracunculus *L.* Gouet serpentaire. (*Aroïdées.*) — Tige de 60 à 90 cent., marbrée de noir ; feuilles larges, engaînantes ; spathe très-grande, verte au dehors, violet-pourpre foncé en dedans, à odeur stercoraire ; fleurs en long spadice brun noirâtre au sommet; mai-juin. Fruits d'un beau rouge, en épi. Exposition demi-ombragée. Terre fraîche. Semer en pépinière en pots, d'avril en juillet. Éclats de souches.

A. crinitum *D. C.* **A. muscivorum** *L.* **Dracunculus crinitus** *Schott.* Gouet attrape-mouche. — Tige de 40 à 50 cent., marbrée de brun ; feuilles découpées, engaînantes ; spathe tachée de vert au dehors, hérissée de soies violettes en dedans ; fleurs brunes, en long spadice. Terre douce et fraîche. Même culture. Couverture en hiver.

A. maculatum *L.* Gouet tacheté, Pied de veau. — Tige de 30 à 40 cent.; feuilles larges, hastées, engaînantes ; spathe d'un jaune verdâtre, souvent bordée de rouge violacé; fleurs jaunes; fruits d'un rouge vif. Variétés à feuilles tachées de noir ou panachées de jaune. Terre ordinaire, fraîche. Éclats de pieds à l'automne.

ASPHODELUS.

Asphodelus luteus *L.* Asphodèle jaune, Bâton de Jacob. (*Liliacées.*) — Tige de 80 cent. à 1 m.; feuilles petites, pointues, vert glauque; fleurs nombreuses, d'un beau jaune, en longs épis; mai-juillet. Variété à fleurs doubles. Exposition du midi. Terre ordinaire. Semer en pépinière en avril et mai, ou en pots en juin et juillet, ou enfin en place au printemps. Éclats de racines ou rejetons.

A. ramosus *L.* Asphodèle rameux, Bâton royal. — Tige de 60 à 80 cent.; feuilles radicales, très-longues; fleurs blanches, rayées de roux, en épis; mai-juin. Même culture.

BULBOCODIUM.

Bulbocodium vernum *L.* Bulbocode printanier. (*Mélanthacées.*) — Souche tubéreuse; feuilles radicales, lancéolées, se développant après les fleurs; fleurs radicales, tubulées, très-longues, à onglet blanc, à limbe pourpre lilacé; mars-avril. Exposition chaude. Terre légère. Graines et caïeux en place, à l'automne et au printemps. Couvrir pendant les grands froids. Relever les bulbes tous les deux ou trois ans.

B. autumnale *Lap.* **Merendera bulbocodium** *L.* Bulbocode d'automne. — Feuilles linéaires, naissant presque en même temps que les fleurs; fleurs solitaires, tubuleuses, violet lilacé; septembre-octobre. Variété à fleurs panachées de blanc. Terre fraîche. Même culture.

B. tigrinum. Bulbocode tigré. — Même culture.

CANNA.

Canna Indica *L.* Balisier canne d'Inde. (*Scitaminées.*) — Tige de 1 m. 50 à 1 m. 60; feuilles longues de 50 cent., larges de 20 cent., engaînantes; fleurs rouge écarlate, orangé à la base, irrégulières, de grandeur moyenne, en longs épis terminaux; août-octobre. Variétés à fleurs d'un rouge plus ou moins vif. Semer sur couche au commencement de mars; repiquer en juin, sur couche ou en pot, et mettre en place au mois de mai suivant. Arroser abondamment pendant l'été. Aux premières gelées, couper les tiges, relever les tubercules et les conserver en cave, comme nous l'avons vu pour les Dahlias. On les met en place au printemps suivant, en divisant les touffes. On peut voir fleurir les *Canna* dans la même année, en les plantant en pots et les conservant en serre chaude.

C. angustifolia *L.* **C. speciosa** *H. P.* Balisier superbe ou à feuilles étroites. — Tige de 60 cent.; feuilles étroites, engaînantes; fleurs à divisions supérieures écarlates, les inférieures jaunes ponctuées de rouge.

C. aurantiaca *Rosc.* Balisier à fleurs orange. — Tige de 1 m. 20.

C. coccinea *Hort.* Balisier écarlate. — Tige de 60 cent.

C. gigantea *Desf.* **C. latifolia** *Rosc.* Balisier gigantesque ou à larges feuilles. — Tige de 1 m. 50 à 1 m. 70; fleurs écarlate et jaune.

C. flaccida *Rosc.* Balisier flasque. — Tige de 1 m. 50; fleurs jaunes.

C. glauca *L.* Balisier glauque. — Feuilles très-larges; fleurs jaune pâle.

C. pedunculata *Sims.* Balisier pédonculé. — Fleurs plus grandes et plus nombreuses que dans le précédent.

C. limbata *Rosc.* Balisier à fleurs bordées. — Fleurs superbes, écarlate vif et jaune doré.

C. edulis. Balisier édule. **C. discolor.** Balisier bicolore. — Tige rougeâtre; feuilles larges, bordées de rouge.

Toutes ces espèces fleurissent à la même époque que le *C. Indica,* et se cultivent de même. Le *C. glauca* est plus délicat et demande un peu plus d'humidité.

CHLIDANTHUS.

Chlidanthus fragrans *Lindl.* **Clinanthus fragrans** *Herb.* Chlidanthe odorant. (*Narcissées.*) — Tige de 35 cent ; feuilles longues, linéaires; fleurs longues de 10 cent. et plus, d'un beau jaune jonquille, à odeur d'encens. Terre légère. Semis en pots. Séparation des bulbes. Couvrir pendant l'hiver.

CLIVIA.

Clivia nobilis *Lindl.* **Imantophyllum Aitoni** *Hook.* Clivie noble. (*Narcissées.*) — Tige de 40 à 50 cent.; feuilles de même longueur, découpées en lanières; fleurs tubuleuses, penchées, rouge ponceau, groupées en cime terminale; fruits rouges. Terre meuble, riche en humus. Semer en pots, aussitôt après la maturité des graines, et arroser fréquemment. Serre tempérée.

COLCHICUM.

Colchicum autumnale *L.* Colchique d'automne, Veillotte. (*Mélanthacées.*) (Pl. XXI, fig. 4.) — Bulbes arrondis; tige de 10 cent.; feuilles longues, paraissant au printemps avec le fruit, et longtemps après les fleurs ; fleurs radicales, rose violacé, longuement tubuleuses; septembre-octobre. Variétés à fleurs pâles, blanches, roses, rouges, pourpres ou panachées, et à fleurs doubles. Terre sablonneuse, profonde, fraîche. Semer en pépinière, en pots, depuis avril jusqu'en juillet. Caïeux, replantés dans ce dernier mois. Cette plante fait de jolies bordures.

C. variegatum *L.* Colchique panaché. — Feuilles étroites, ondulées; fleurs marquées de petits carreaux pourpres en forme de damier. Variétés à fleurs blanches et à fleurs doubles. Même culture.

CONVALLARIA.

Convallaria maialis *L.* Muguet de mai. (*Liliacées.*) (Pl. XIX, fig. 2.) — Rhizomes traçants; tige de 15 cent., nue; feuilles radicales, ovales, lisses; fleurs blanches, en grelot, très-odorantes, disposées en épi unilatéral; avril-juin. Variétés à fleurs rouge pourpre clair, à fleurs plus grandes, à fleurs doubles, à feuilles panachées et rubanées de jaune d'or, à tiges plus élevées. Toute terre fraîche et ombragée, et mieux terre grasse et riche. La terre de bruyère convient parfaitement. Semer en pépinière, en pots, depuis avril jusqu'en juillet, ou en place, aussitôt après la maturité des graines. Rejetons et éclats de racines, en février-mars et à l'automne. La plante se propage d'elle-même et trace beaucoup; on peut replanter les pieds en mottes. En mettant en pots, que l'on couvre d'un châssis en octobre, on obtient la floraison en décembre.

C. polygonatum *L.* **Polygonatum vulgare** *Desf.* Sceau de Salomon. — Rhizome longuement traçant; tige de 40 à 50 cent.; feuilles ovales, un peu embrassantes; fleurs blanches, pendantes, solitaires ou réunies par deux ; avril-mai. Variété à fleurs doubles, odorantes. Exposition demi-ombragée. Terre douce. Même culture.

C. multiflora *L.* **Polygonatum multiflorum** *Desf.* Muguet multiflore. — Tige de 50 à 65 cent.; feuilles lancéolées; fleurs blanchâtres, pendantes, réunies par groupes de deux à six; mai-juin. Même culture.

CROCUS.

Crocus vernus *All.* Safran printanier, Crocus des fleuristes (*Iridées*) (Pl. XX, fig. 2). — Bulbe arrondi; feuilles radicales, linéaires; fleurs radicales, jaunes, à stigmates odorants; février-mars. Variétés à fleurs d'un blanc pur ou rayé de violet, de blanc ou de gris, ou variées de diverses couleurs. Terre légère, sablonneuse, sèche, pas trop forte ni trop fumée. Semer sur couche en mars-avril. Séparation des caïeux, en automne. Relever les bulbes, tous les deux ou trois ans, au commencement de l'été.

C. luteus *Lam.* Safran jaune. — Feuilles à gaînes larges; fleurs grandes, d'un beau jaune d'or.

C. sulfureus *Curt.* Safran soufré. — Fleurs jaune pâle, à divisions extérieures rayées de pourpre.

C. aureus *Sm.* **C. Mœsiacus** *Sims.* Safran doré ou de Mœsie. — Fleurs grandes, jaune d'or, à divisions extérieures rayées de pourpre.

C. Suzianus *Curt.* **C. præcox** *H. Bor.* Safran de Suze ou précoce. — Fleurs petites, jaunes, fortement rayées de pourpre.

Toutes ces espèces fleurissent au printemps, et se cultivent comme le *C. vernus;* elles produisent un charmant effet en corbeilles ou en bordures. On les cultive aussi sur des carafes ou en pots remplis de mousse fraîche.

C. sativus *L.* **C. officinalis** *Pers.* Safran cultivé ou officinal. — Bulbe petit, arrondi; feuilles radicales, linéaires; fleurs pourpre violacé, à stigmates orangés, très-odorants; septembre-octobre. Même culture.

C. Neapolitanus *Ten.* **C. serotinus** *Salisb.* Safran de Naples ou tardif. — Fleurs grandes, pourpre violacé, à divisions intérieures très-pâles; octobre-novembre. Même culture.

DIANELLA.

Dianella cærulea *Sims.* Dianelle bleue (*Liliacées*). — Tige de 70 cent. à 1 m., flexueuse; feuilles en glaive, engaînantes, distiques; fleurs d'un beau bleu, en longues panicules terminales; mars-juin. Exposition demi-ombragée. Terre substantielle. Semer en pépinière, en pots, depuis avril jusqu'en juillet, ou sur couche en mars-avril. Éclats de pied, au printemps et à l'automne. Terre tempérée.

ERYTHRONIUM.

Erythronium dens canis *L.* **E. maculatum** *Lam.* Erythrone dent de chien ou tachetée. (*Liliacées.*) — Bulbes nombreux, fasciculés; tige de 15 à 18 cent.; feuilles radicales, ovales, marquées de taches brun rougeâtre; fleur solitaire terminale, penchée, pourpre au dehors, blanche à l'intérieur; avril-mai. Variété à fleurs lavées de rose. Exposition ombragée. Terre légère, et mieux terre de bruyère. Graines et caïeux. Relever les bulbes tous les quatre ou cinq ans.

E. Americanum *L.* Érythrone d'Amérique. — Fleurs jaunes.

E. albidum *Lem.* Érythrone à fleurs blanches. — Même culture.

EUCOMIS.

Eucomis regia *Ait.* **Basilea coronata** *Jun.* **Fritillaria regia** *L.* Eucomis royal ou couronné. (*Liliacées.*) — Tige de 20 à 35 cent., tachée de brun; feuilles radicales, un peu ondulées, ponctuées de noir; fleurs petites, verdâtres, en grappe terminée par un bouquet de feuilles; septembre-octobre. Terre franche mélangée de terre de bruyère et de sable. Graines et caïeux. Arrosements modérés pendant l'été. Orangerie en hiver.

E. punctata *Lhér.* Eucomis ponctué. — Tige tachée de brun; feuilles radicales, lancéolées, canaliculées; fleurs verdâtres, en longue grappe couronnée par un bouquet de feuilles courtes. Même culture.

FERRARIA.

Ferraria undulata *L.* Ferrarie ondulée. (*Iridées.*) — Rhizome tubéreux; tige de 65 cent., rameuse; feuilles engaînantes, vert foncé, les inférieures marquées de points rouges ou bruns; fleurs terminales, brun pourpré violacé, veloutées, marquées d'un cercle bleu et ponctuées de jaune sur les bords; avril. Terre légère. Caïeux séparés et plantés quand les feuilles sont sèches. Serre tempérée.

F. pavonia. Voy. *Tigridia.*

FRITILLARIA.

Fritillaria imperialis *L.* **Petilium imperiale** *Lem.* Fritillaire impériale, couronne impériale. (*Liliacées.*) — Bulbe très-gros, à odeur forte, ainsi que toute la plante; tige de 80 cent. à 1 m. 20 cent.; feuilles lancéolées; fleurs rouge orangé, pendantes, réunies en couronne au sommet de la tige, et surmontées par un bouquet de feuilles; mars-avril. Variétés à fleurs blanches, jaunes, rouges, orange, à double couronne, à fleurs doubles, à fleurs très-grandes et nombreuses (*F. maxima*), à feuilles panachées, etc. Exposition au soleil. Terre meuble, substantielle et bien drainée. Semer en pépinière, en pots, depuis avril jusqu'en juillet, ou aussitôt après la maturité des graines. Caïeux, séparés en juillet et replantés immédiatement à 30 ou 35 cent. de profondeur; on obtient ainsi des fleurs l'année suivante. Relever les bulbes tous les trois ou quatre ans.

F. Meleagris *L.* Fritillaire méléagre, pintade ou damier. — Bulbe petit, comprimé; tige de 20 à 30 cent.; feuilles petites, linéaires; fleurs pendantes, à petits carreaux blancs, jaunes, rouges ou pourpres, figurant un damier ou une plume de pintade; mars-avril. Exposition demi-ombragée. Terre franche, substantielle, fraîche, ou mieux terre de bruyère. Semer en automne, dans des terrines qu'on rentre en orangerie pendant l'hiver. Caïeux, plantés en juillet-août. Couvrir pendant les grands froids.

F. Persica *L.* Fritillaire de Perse. — Bulbe arrondi; tige de 60 à 70 cent.; feuilles oblongues, contournées, glauques; fleurs bleu lilacé, penchées, réunies de vingt à trente en grappe terminale, nue; avril-mai. Terre franche, légère. Même culture. Rentrer quelques pieds en orangerie.

F. lactea, involucrata, latifolia. Fritillaire jaune, involucrée, à larges feuilles. — Même culture.

F. Thompsoniana. Voy. *Lilium*.

F. regia. Voy. *Eucomis*.

FUNKIA.

Funkia subcordata *Spreng.* **Hemerocallis Japonica** *Thunb.* Hémérocalle du Japon ou à feuilles en cœur. (*Liliacées.*) — Rhizomes fibreux, fasciculés; tige de 30 à 35 cent.; feuilles radicales, cordiformes, plissées, d'un vert gai; fleurs nombreuses, à long tube, d'un beau blanc, odorantes, en grappes munies de larges bractées; juillet-octobre. Terre franche, légère, profonde, substantielle, fraîche. Semer en pépinière, en pots depuis avril jusqu'en juillet. Éclats de souches, en septembre. Couvrir pendant les grands froids.

F. ovata *Spreng*. **Hemerocallis cærulea** *And.* Hémérocalle bleue. — Tige de 50 cent.; feuilles ovales, cordées, vert foncé; fleurs bleu violacé; mai-juillet. Même culture. Ces plantes craignent beaucoup les limaces.

F. lancifolia, Sieboldiana. — Même culture.

GALANTHUS.

Galanthus nivalis *L.* Galanthine, Perce-neige, Galant des neiges. (*Narcissées.*) (Pl. XIX, fig. 1.) — Bulbe petit, allongé; tige de 15 à 18 cent., comprimée; feuilles étroites, au nombre de deux; fleurs solitaires ou géminées, terminales, petites, inclinées, à divisions extérieures d'un blanc pur; les intérieures plus petites, rayées et tachées de vert; janvier-février. Variété à fleurs doubles. Exposition ombragée. Tout terrain, et mieux terre légère, un peu humide. Semer en place, au printemps ou à l'automne. Caïeux, plantés en octobre. Relever les pieds tous les trois ans.

GALAXIA.

Galaxia ixiæflora *D. C.* Galaxie à fleurs d'Ixia (*Iridées.*) — Rhizome bulbo-tubéreux; tige droite, grêle; feuilles lancéolées-linéaires, engaînantes; fleurs violettes, tachées de couleur de fer à la base des divisions. Variétés à fleurs pourpres ou lilacées. Terre légère, et mieux terre de bruyère, bien drainée. Caïeux, plantés en octobre.

G. ovata *Thunb.* Galaxie à feuilles ovales. — Feuilles courtes, larges; fleurs moyennes, d'un beau jaune. Même culture.

GLADIOLUS.

Gladiolus cardinalis *Curt.* Glaïeul cardinal (*Iridées.*) (Pl. XX, fig. 1.) — Rhizome bulbo-tubéreux; tige de 50 cent. à 1 m.; feuilles en glaive, distiques, glauques; fleurs grandes, écarlates, brillantes, à trois divisions marquées dans le milieu d'une tache blanche, réunies, souvent au nombre de plus de quarante, en épi unilatéral; juillet-août. Variétés à fleurs rose tendre, cinabre, violettes, gris de lin, amarantes, orangées, blanc pur, saumon, etc. Terre légère, et mieux mélange de terreau de feuilles, terre de bruyère et sable. Semer sur couche, au printemps. Caïeux, plantés en mars-avril ou en octobre, à 6 ou 8 m. de profondeur. Biner et arroser abondamment pendant les fortes chaleurs. Couper les tiges, quand les feuilles sont sèches et les fleurs passées, et relever les bulbes pour les faire mûrir. Abriter en hiver par un châssis qu'on retire quand le temps est doux.

G. psittacinus *Lindl.* **G. Natalensis** *Reinv.* Glaïeul perroquet. — Tige de 1 m. 30; feuilles distiques, en glaive; fleurs jaunes, marquées de taches mordorées; août-septembre. Variété à fleurs rouges. Même culture.

G. Gandavensis. Glaïeul van Houtte ou de Gand. — Variété du précédent; tige de 1 m. à 1 m. 50; fleurs écarlates, nuancées d'amarante, de jaune et de vert. Sous-variétés à fleurs carnées, cramoisies, rose tendre saumoné, rouge-groseille ou acajou, rose vif, etc. Même culture.

G. ramosus *Hort.* **G. blandus** *Ait.* Glaïeul rameux ou rose. — Tige de 1 m. à 1 m. 50; feuilles en glaive, bordées; fleurs blanc carné lavées de rose et à bandes pourpre violacé, en longs épis compactes; août-septembre. Variétés à fleurs cinabre, vermillon, blanc pur, rouge-feu, roses, etc. Même culture. Relever les bulbes en novembre.

G. Colvillii *Sw.* Glaïeul de Colville. — Tige de 1 m.; feuilles étroites, plissées; fleurs rouge-brique, à bande jaunâtre. Même culture.

G. communis *L.* Glaïeul commun. — Bulbe petit, arrondi; tige de 50 cent., fleurs roses, en épi mi-latéral; mai-juin. Variétés à fleurs rouges, carnées et blanches. Même culture, mais en plein air.

G. Byzantinus *Mill.* **G. grandiflorus** *H. P.* Glaïeul de Constantinople ou à grandes fleurs. — Tige de 1 m.; feuilles larges; fleurs semblables à celles du précédent, mais plus grandes, plus nombreuses et plus colorées. Exposition abritée. Même culture.

G. versicolor *And.* Glaïeul tricolore. — Tige de 33 m.; feuilles linéaires; fleurs à tube jaune, à gorge pourpre-noir, à limbe écarlate. Variétés nombreuses. Même culture. Châssis l'hiver.

G. tristis *L.* Glaïeul triste. — Tige de 65 cent.; fleurs jaune sombre, rayées et ponctuées de pourpre, odorantes. Même culture.

G. pulcherrimus *Hort.* Glaïeul magnifique. — Tige de 70 cent. à 1 m.; feuilles très-longues, glauques; fleurs grandes, rose lilacé, à divisions inférieures portant au centre une tache blanche entourée d'azur. Même culture. Orangerie, en hiver.

G. capitatus. Voy. *Aristæa.*

HÆMANTHUS.

Hæmanthus coccineus *L.* Hémanthe écarlate. (*Narcissées.*)—Bulbe gros; tige de 15 à 20 cent.; feuilles larges, paraissant après les fleurs; fleurs rouges, réunies par 20 à 30 en ombelle entourée d'un involucre écarlate; août-septembre. Exposition chaude. Terre légère. Semer sur couche ou en pots. Caïeux, plantés au printemps. Châssis en hiver. Renouveler la terre tous les deux ans. Vient mieux en serre chaude.

H. puniceus, pubescens, multiflorus. Hémanthes pourpre, pubescent, multiflore. — Même culture.

HELONIAS.

Helonias bullata *L.* **H. latifolia** *Mich.* Hélonias rose. (*Mélanthacées.*) — Rhizome fibreux; tige de 30 cent.; feuilles lancéolées, engaînantes; fleurs roses, en épi; mai-juin. Exposition demi-ombragée. Terre légère, fraîche, et mieux terre de bruyère. Semer sur couche en mars-avril. Rejetons, plantés à l'automne. Vient bien en pots.

H. asphodeloïdes, erythrosperma. Hélonias faux asphodèle, à graines rouges. — Même culture.

HEMEROCALLIS.

Hemerocallis flava *L.* Hémérocalle jaune, Lis asphodèle, Lis jaune. (*Liliacées.*) — Rhizome tubéreux, fibreux; tige de 60 cent. à 1 m.; feuilles longues, étroites, aiguës; fleurs d'un beau jaune pâle, odorantes; juin-juillet. Variété à fleurs panachées. Exposition demi-ombragée. Terre franche, légère. Semer en pépinière, en pots, depuis avril jusqu'en juillet. Éclats de touffes, en automne, quand les feuilles sont desséchées. Relever les pieds tous les trois ans.

H. graminea *Bot. Mag.* Hémérocalle graminée. Feuilles étroites; fleurs jaune clair, peu odorantes. — Même culture.

H. fulva *L.* Hémérocalle fauve. — Tige de 1 m. à 1 m. 20; fleurs rouge fauve; juillet-août. Variétés à fleurs rouge-brique, à feuilles panachées et rayées de blanc. Même culture.

H. disticha *Don.* Hémérocalle distique. — Tige de 60 à 70 cent.; feuilles longues, étroites, distiques; fleurs grandes, jaune pâle au dehors, roussâtres au dedans. Même culture.

H. Japonica, cærulea, lancifolia, Sieboldiana. — Voy. *Funkia*.

HYACINTHUS.

Hyacinthus orientalis *L.* Hyacinthe d'Orient, Jacinthe. (*Liliacées.*) (Pl. XXI, fig. 1.) — Bulbe arrondi, turbiné; tige de 30 cent., nue; feuilles longues, planes, canaliculées; fleurs bleues, odorantes, en grappe; mars-avril. Très-nombreuses variétés, à fleurs blanches, bleues, indigo, roses, paille, panachées de vert, etc., et à fleurs doubles. On les divise en Jacinthes de Hollande et Jacinthes de Paris. Bonne exposition. Terre douce, meuble, légère, sablonneuse, bien préparée, mais non récemment fumée. Si l'on n'a pas une terre convenable, on peut employer un mélange par parties égales de terre franche ordinaire, de terreau et de terre de bruyère; sous un climat humide et froid, on augmenterait la proportion de cette dernière. Semer en pépinière, en pots, depuis avril jusqu'en juillet, ou en planche, en septembre-octobre, et couvrir d'un paillis. Relever la troisième année. Les plantes ainsi obtenues ne fleurissent que la quatrième ou la cinquième année. Il est donc préférable de planter des ognons, ce qui se fait depuis la mi-septembre jusqu'à la mi-novembre. On les place à 18 cent. de distance et à 12 cent. de profondeur. On couvre pour garantir des gelées. Au printemps, on donne un léger binage. Quand la fleur est passée, on coupe les tiges rez terre; puis on relève les bulbes en juillet, on les fait sécher un peu à l'air et on les conserve dans un endroit sec jusqu'au moment de la plantation. On peut cultiver ces plantes dans les appartements, en pots ou sur des carafes; mais il ne faut pas les exposer brusquement à une chaleur trop forte, et, dans le dernier cas, la couronne seule doit être en contact avec l'eau, qu'on a soin de renouveler lorsque le besoin s'en fait sentir, et de tenir toujours au même niveau. Les plantes traitées ainsi commencent à fleurir en janvier.

Enfin, on peut cultiver les jacinthes dans de la mousse fraîche, que l'on met dans un pot sans trop la fouler, en ayant soin de les arroser souvent; elles fleurissent tout aussi bien que les autres.

H. campanulatus, Peruvianus, stellaris. — Voy. *Scilla.*

IRIS.

Iris Xiphioïdes *Ehrh.* Iris Xiphioïde, Iris d'Angleterre. (*Iridées.*) (Pl. XXI, fig. 3.) — Bulbe tubéreux; tige de 40 cent.; feuilles longues, striées, canaliculées; fleurs à divisions extérieures larges; juin-juillet. Variétés de toutes les couleurs. Exposition demi-ombragée. Toute terre un peu humide, et mieux terre de bruyère. Semer en pépinière, en pots, depuis avril jusqu'en juillet. Caïeux et éclats, à l'automne. Relever les bulbes tous les ans, après la dessiccation des feuilles, et les couvrir en lieu sec, pour les replanter à l'automne. Couvrir en hiver.

I. Xiphium *L.* Iris Xiphion, Iris d'Espagne. (Pl. XXII, fig. 3.)— Bulbe tubéreux ; tige de 50 cent. ; feuilles longues, striées, canaliculées; fleurs à divisions extérieures étroites; mai-juin. Variétés de toutes les couleurs. Même culture.

I. Germanica *L.* Iris d'Allemagne, Flambe. — Rhizome tubéreux, fibreux ; feuilles en glaive, distiques ; tige de 60 cent. ; fleurs grandes, à divisions antérieures, bleu violacé, à barbes orangées, les intérieures d'un beau bleu; avril-mai. Variétés à fleurs bleu pâle, blanches, jaunes, etc., et à fleurs odorantes. Même culture.

I. variegata *L.* Iris panachée. — Feuilles en glaive, distiques; fleurs blanches, veinées de pourpre foncé; mai-juin. Nombreuses variétés de couleur et de grandeur. Même culture.

I. Florentina, Suziana, pumila, Sibirica, Persica, etc. Iris de Florence, de Suze, naine, de Sibérie, de Perse. — Même culture.

I. pseudo-acorus. Voy. *Plantes aquatiques.*

IXIA.

Ixia bulbocodium *L.* **Trichonema bulbocodium** *Ker.* Ixia bulbocode. (*Iridées.*)— Tige de 8 à 10 cent.; feuilles longues, larges, engaînantes; fleurs grandes, évasées, pourpres; mai-juin. Variétés à fleurs rouges, blanches, bleues, violettes, jaunes, et à fond rembruni. Terre de bruyère, mélangée de terreau de feuilles et d'un peu de sable. Semer, sur couche, au printemps, en terrains bien drainés et sous châssis, ou mieux à la fin de l'été, en pleine terre. Caïeux et bulbes, plantés en automne, et arrosés modérément. Cette plante se cultive beaucoup mieux en pots, sous châssis. Relever les bulbes tous les deux ans, et mettre les pots, après la floraison, en lieu sec et à l'abri de la pluie; il est préférable de faire cette opération tous les ans, après que les tiges et les feuilles sont desséchées, et de conserver les bulbes en lieu sec, jusqu'à l'automne suivant.

I. crocata *L.* **Gladiolus crocatus** *Pers.* **Tritonia crocata** *Ker.* Ixia safranée ou orangée. — Tige de 33 cent.; feuilles larges; fleurs en entonnoir, rouge orangé, réunies en épi; mai-juin. Variétés à fleurs rouge-ponceau, jaune plus ou moins foncé, rosées, rouge pâle, tachées de jaune, de rouge ou de brun. Même culture.

I. maculata *L.* **I. viridis** *Thunb.* Ixia vert ou maculé. — Tige de 33 cent.; feuilles longues, étroites, en glaive; fleurs en entonnoir, à fond rembruni, tranchant, à divisions vertes, jaunes et pourpres au sommet, réunies en épi compacte; mai-juin. Variétés à fleurs violettes, rouge pourpre ou rayées de blanc et de jaune. Même culture.

I. polystachya *H. P.* **I. incarnata** *Andr.* Ixia phalangère. — Tige grêle, de 33 cent., feuilles très-longues, étroites, fleurs petites, rosées, odorantes, formant ordinairement trois épis; mai-juin. Variétés à fleurs blanches, à fond vert, jaunâtres, rayées de rouge carmin, etc. Même culture.

I. longiflora *Jacq.* **Sisyrinchium flexuosum** *Spr.* Ixia à longues fleurs. — Tige de 10 à 15 cent.; feuilles étroites, en glaive; fleurs à tube long, rougeâtre, à divisions jaune pâle, bordées de rouge en dehors, réunies en épi; juin-juillet. Même culture.

I. tricolor, grandiflora, etc. Voy. *Sparaxis*.

LACHENALIA.

Lachenalia tricolor *Jacq.* Lachenalie tricolore. (*Liliacées.*) — Bulbe blanchâtre, de grosseur moyenne; tige de 30 à 35 cent.; feuilles engaînantes, ponctuées de pourpre au sommet; fleurs nombreuses, pendantes, en tube, à divisions extérieures jaunes bordées de vert, les intérieures plus longues, verdâtres, bordées de pourpre, réunies en grappe terminale très-longue; avril-mai. Mélange de terre franche, de terre siliceuse et de terreau. Caïeux, séparés en juillet et plantés en octobre, de même que les bulbes. Couvrir l'hiver, ou rentrer en serre pour avancer la floraison.

L. pendula *Ait.* Lachenalie à fleurs pendantes. — Bulbe blanc, donnant beaucoup de caïeux; tige ponctuée de rouge, pourprée au sommet; fleurs en tube, à divisions extérieures rouge vif, les intérieures plus longues, crénelées, bordées de vert et de violet au sommet; décembre-janvier. Même culture.

L. luteola *Jacq.* Lachenalie à fleurs jaunes. — Tige et feuilles comme les précédentes; fleurs grandes, pendantes, à divisions extérieures jaunes bordées de vert, les intérieures plus longues, verdâtres, bordées de jaune. Même culture.

LEUCOIUM.

Leucoïum vernum *L.* **Nivaria verna** *Mœnch.* Nivéole de printemps, Perce-neige. (*Narcissées.*) — Tige de 15 à 20 cent.; feuilles linéaires; fleurs blanches, solitaires, terminales, penchées, à divisions blanches, tachées de vert à l'extrémité; mars-avril. Variété à fleurs doubles. Exposition demi-ombragée. Terre franche, légère. Semer en pépinière, en pots, depuis avril jusqu'en juillet. Caïeux, séparés en juillet et replantés en octobre. Relever les bulbes tous les deux ou trois ans.

L. æstivum *L.* **Nivaria æstivalis** *Mœnch.* Nivéole d'été ou à bouquet. — Tige de 50 cent.; feuilles linéaires; fleurs blanches, à divisions intérieures tachées de vert au sommet, réunies en bouquet terminal; avril-mai. Même culture.

LIBERTIA.

Libertia pulchella *Spr.* Libertie élégante. (*Commélinées.*) — Tige de 15 à 20 cent.; feuilles lancéolées-linéaires, distiques; fleurs blanches; avril-mai. Terre légère, ou mieux terre de bruyère mélangée de terre franche. Semer sur couche au printemps. Éclats de touffes. Rentrer en serre tempérée.

LILIUM.

Lilium candidum *L.* Lis blanc commun. (*Liliacées.*) — Bulbe écailleux, ovoïde, de moyenne grosseur; tige de 1 m. à 1 m. 30; feuilles lancéolées; fleurs grandes, blanches, terminales; juin-juillet. Variétés à fleurs en épi, à fleurs tachées de rouge, à feuilles bordées ou panachées. Terre douce ordinaire. Semer en pépinière, en pots, d'avril en juillet. Caïeux, séparés aussitôt que les feuilles sont desséchées, et replantés tout de suite, à 12 ou 15 cent. de profondeur. Bouturage des écailles. Relever les bulbes tous les trois ou quatre ans.

L. Japonicum *Thunb.* Lis du Japon. — Tige de 1 m.; feuilles lancéolées; fleurs très-grandes, solitaires, terminales, penchées, blanches, légèrement pourprées en dehors. Terre franche, siliceuse. Même culture.

L. longiflorum *Thunb.* Lis à longues fleurs. — Tige de 50 à 60 cent.; feuilles lancéolées; fleurs très-grandes, longues, d'un blanc pur. Variété à feuilles étroites. (*L. eximium.*) Même culture.

L. odorum *Planch.* Lis odorant. — Tige de 30 à 40 cent.; feuilles lancéolées, étroites; fleurs campanulées, penchées, solitaires, terminales, blanches, tachées de violet en dehors. Même culture.

L. Brownei *Hort.* Lis de Brown. — Tige de 50 cent.; fleurs solitaires, terminales, blanches, lavées de pourpre violacé à l'extérieur. Même culture.

L. Wallichianum *Schultz.* Lis de Wallich. — Bulbes écailleux, ovoïdes, groupés; tige de 1 m. 50 à 2 m.; feuilles lancéolées; fleurs solitaires, terminales, longues et larges de 18 à 20 cent., blanches, lavées de jaunes au dedans et de vert au dehors. Même culture.

L. cordifolium *Thunb.* Lis à feuilles en cœur. — Tige de 1 m.; feuilles en cœur; fleurs blanches, lavées de violet à l'intérieur. Exposition demi-ombragée. Terre légère, humide, un peu tourbeuse. Même culture.

L. giganteum. *Wall.* Lis gigantesque. — Tige de 1 m. 60 à 2 m.; feuilles inférieures en cœur, les supérieures ovales; fleurs lavées ou tachées de pourpre à l'intérieur, en longue grappe terminale. Même culture.

L. superbum *Lam.* Lis superbe. (Pl. XX, fig. 5.) — Bulbe arrondi; tige de 1 m. 50 à 2 m. 50, lavée de violet; feuilles lancéolées, verticillées à la base de la tige, éparses au sommet; fleurs de moyenne grandeur, pendantes, à divisions arquées, rouge safrané ou orangé parsemé de points poupre-brun, réunies, au nombre de trente à cinquante, en grappes terminales. Variété à fleurs jaunâtres. Exposition demi-ombragée. Terre de bruyère, chaude et sèche. Dans les sols humides et froids, les bulbes sont sujets à fondre. Culture du Lis blanc. Abriter contre les gelées.

L. Philadelphicum *L.* Lis de Philadelphie. — Tige de 65 cent.; feuilles ovales, verticillées; fleurs dressées, rouges, à base verdâtre et ponctuée de noir. Même culture. Les caïeux étant très-petits et traçant beaucoup, il faut, pour ne pas les perdre, tenir la plante en pots enterrés.

L. croceum *Red.* Lis orangé ou safrané. (Pl. XXII, fig. 4.) — Tige de 1 m. à 1 m. 30; feuilles lancéolées, étroites; fleurs dressées, rouge orangé ou safrané, ponctuées de noir, en grappes terminales; juin-juillet. Tout terrain. Culture du Lis blanc.

L. pumilum *Red.* Lis nain. — Tige de 30 à 40 cent.; feuilles courtes, étroites; fleurs comme dans l'espèce précédente. Même culture.

L. Carolinianum *Mich.* Lis de la Caroline. —Tige grêle, de 70 cent. à 1 m.; feuilles oblongues, verticillées; fleurs jaune orangé, à gorge tigrée de violet à l'intérieur, longuement pédonculées. Terre de bruyère. Même culture.

L. Thompsonianum *Lindl.* **Fritillaria Thompsaniana** *Royle.* Lis de Thompson.—Feuilles linéaires-aiguës; fleurs lilacées, assez petites. Terre légère, substantielle. Même culture. Garantir de l'humidité en hiver.

L. Martagon *L.* Lis Martagon. (Pl. XXII, fig. 5.) — Bulbe ovoïde; tige de 70 cent. à 1 m., ponctuée de noir; feuilles lancéolées, verticillées; fleurs pendantes, rouge pourpre, ponctuées de noir, à divisions révolutées, réunies en grappe terminale, à odeur forte; juillet-août. Variétés à fleurs blanches piquetées de pourpre, jaune brillant, roses, carnées, safranées, pourpres piquetées de blanc, et à fleurs doubles. Terre franche, légère. Semer en terrine, en septembre, pour mettre en place l'année suivante. Caïeux, récoltés après la dessiccation des feuilles, en juillet, et replantés aussitôt, ainsi que les bulbes. Couvrir pendant l'hiver, et renouveler la terre tous les deux ou trois ans.

L. Pomponium *L.* Lis de Pompone, Lis Turban. — Tige droite; feuilles verticillées, ciliées; fleurs pendantes, rouge ponceau, à divisions enroulées en turban; juillet-août. Exposition ombragée. Terre légère, fraîche. Même culture.

L. bulbiferum *L.* Lis bulbifère. — Tige de 70 cent. à 1 m., brune; feuilles lancéolées, portant des bulbilles à leur aisselle; fleurs dressées, à divisions réfléchies, rouge orangé, marquées d'une large tache plus pâle, et ponctuées de brun. Variété à fleurs doubles, à feuilles panachées, à tige plus petite. Terre ordinaire. Culture du Lis blanc.

L. tigrinum *Ker.* Lis tigré. — Tige de 1 m. à 1 m. 70, pourprée, velue; feuilles lancéolées; fleurs nombreuses, rouge orangé, ponctuées de pourpre noir, à divisions révolutées, réunies en panicule terminale; juillet-août. Même culture.

L. lancifolium *L.* **L. speciosum** *Thunb.* Lis à feuilles lancéolées. — Tige de 1 m.; feuilles longues, lancéolées; fleurs grandes, larges, blanches, odorantes. Variétés à fleurs pourpres, roses, rouges, ponctuées. Même culture.

MORÆA.

Moræa Sinensis *Thunb.* **Ixia Sinensis** *L.* Morée de la Chine, Iris tigrée. (*Iridées.*) — Rhizome tubéreux; tige de 50 cent., comprimée, rameuse; feuilles en glaive; fleurs jaune safran, taché de rouge; mai-juin. Exposition chaude. Terre franche, légère, assez sèche. Semer sur couche au printemps. Éclats de pied. Couvrir en hiver.

MUSCARI.

Muscari comosum *L.* Muscari chevelu. Vaciet, Ail à toupet. (*Liliacées.*) (Pl. XXI, fig. 2.) — Bulbe petit; tige de 30 à 50 cent.; feuilles longues, assez larges; fleurs brun violacé, en longue grappe, les supérieures stériles, portées sur de longs pétioles bleu violacé; mai-juillet. Variété à fleurs brun olivâtre, pourpres au sommet. Terre légère. Semer en pépinière, en pots, depuis avril jusqu'en juillet. Caïeux, séparés des bulbes qu'on relève tous les trois ans.

M. monstrosum *Mill.* Muscari monstrueux, faux Muscari, Lilas de terre, Jacinthe de Sienne, Jacinthe monstrueuse ou paniculée. — Variété du précédent, à fleurs toutes stériles. Même culture.

M. moschatum *Willd.* **Hyacinthus muscari** *L.* Muscari odorant, Jacinthe musquée. — Bulbe petit, feuilles longues; fleurs brun violacé, à odeur de musc, en épi globuleux; avril-mai. Même culture.

M. racemosum *Mill.* Muscari à grappes. — Tige de 15 à 20 cent.; feuilles linéaires; fleurs d'un beau bleu, odorantes, en épi globuleux; avril-juin. Même culture.

M. botryoïdes *Mill.* Muscari raisin. — Même culture.

NARCISSUS.

Narcissus poëticus *L.* Narcisse des poëtes, Claudinette, Porillon. (*Narcissées.*) (Pl. XXII, fig. 1). — Bulbe allongé; tige de 30 à 50 cent.; feuilles étroites; fleurs solitaires, terminales, blanches, à couronne courte, bordée de pourpre, odorantes, avril-mai. Variétés à fleur blanc pur, jaunâtres et à fleurs doubles, sans couronne. Terre franche, légère, fraîche. Semer en pépinière, en pots, depuis avril jusqu'en juillet. Caïeux, séparés en juillet et replantés en octobre. Arroser pendant les sécheresses. Relever les bulbes tous les deux ou trois ans, lorsque les feuilles sont desséchées.

N. Tazetta *L.* Narcisse à bouquets. — Tige de 30 à 40 cent.;

feuilles longues; fleurs grandes, jaunes, odorantes, en bouquets; mai-juin. Variétés à fleurs doubles. Même culture. Couvrir l'hiver. On peut le mettre en septembre, pour le forcer, en pots ou sur des carafes; il fleurit en janvier.

N. pseudo-narcissus *L.* Narcisse sauvage, faux narcisse, Aiault, Porion. — Tige de 30 à 40 cent.; feuilles longues; étroites; fleurs jaunes, à couronne longue; avril-mai. Variétés à fleurs blanches et à fleurs doubles. Même culture, ainsi que pour les *N. aureus, odorus, polyanthos* et *concolor*.

N. Jonquilla *L.* Jonquille. (Pl. XXII, fig. 2.) — Bulbe petit, lisse; tige de 30 à 40 cent.; feuilles très-étroites, en forme de jonc, lisses; fleurs d'un beau jaune, très-odorantes; avril-mai. Variété à fleurs doubles. Terre franche, légère, douce, substantielle; fraîche, on mélange, par parties égales, de terre franche, de terreau de feuilles et de terreau consommé. Même culture. Planter les bulbes, en septembre, à une profondeur de 6 à 9 cent., suivant la nature du sol.

ORNITHOGALUM.

Ornithogalum Pyrenaïcum *L.* Ornithogale des Pyrénées. (*Liliacées.*) —Tige de 70 cent. à 1 m.; feuilles linéaires, canaliculées; fleurs blanches ou blanc jaunâtre, à divisions marquées sur le dos d'une raie longitudinale verte; mai-juin. Terre légère, fraîche. Semer en pépinière, en pots, depuis avril jusqu'en juillet. Caïeux, séparés en juillet et plantés en octobre. Relever les bulbes tous les deux ou trois ans.

O. thyrsoïdes *Jacq.* Ornithogale à fleurs en thyrse. — Tige de 40 à 50 cent.; feuilles lancéolées; fleurs blanches, odorantes, en thyrse; mai-juin. Même culture. Se propage aussi par les bulbilles qui naissent sur les feuilles ou dans l'aisselle des bractées.

O. umbellatum *L.* Ornithogale en ombelle, Dame d'onze heures. — Tige de 15 à 25 cent.; feuilles étroites; fleurs blanches, étoilées, odorantes, en ombelle terminale; mai-juin. Culture de l'*O. Pyrenaïcum.*

O. pyramidale *L.* Ornithogale pyramidal, Épi de lait, Épi de la vierge. — Tige de 40 à 50 cent.; feuilles longues, linéaires; fleurs blanches étoilées, en épi; juin-juillet. Même culture.

O. fimbriatum *Marsch.* Ornithogale frangé.—Tige de 10 à 15 cent.;

feuilles longues, étroites, blanchâtres, ciliées; fleurs blanches, striées de vert; avril-mai. Même culture. Se cultive aussi en pots.

O. nutans *L.* **Myogalum nutans** *Link.* Ornithogale penché. — Tige de 15 à 25 cent.; feuilles très-longues, linéaires; fleurs à divisions verdâtres extérieurement et bordées de blanc, accompagnées de bractées roussâtres, et réunies en épi lâche. Même culture.

O. Arabicum *L.* Ornithogale d'Arabie. — Fleurs blanches, marquées à la base de taches jaunes et vert brunâtre, en grappes. Même culture. Cette espèce fleurit en pot ou en carafe dans les appartements.

PANCRATIUM.

Pancratium maritimum *L.* Pancrais maritime, Lis-Narcisse. (*Narcissées.*) — Bulbe arrondi, ovoïde; tige comprimée; feuilles longues, étroites, d'un vert glauque; fleurs terminales, dressées, blanches, rayées de vert, odorantes; juin-juillet. Terre légère, sablonneuse. Semer sur couche, au printemps. Caïeux séparés en septembre et plantés en octobre. Bulbes, plantés assez profondément, et relevés tous les quatre ou cinq ans. Dans le Nord, cultiver en pots et rentrer l'hiver en orangerie.

P. Illyricum *L.* Pancrais d'Illyrie. — Feuilles lancéolées; fleurs semblables à celles de l'espèce précédente, mais plus petites, plus odorantes et plus nombreuses; mai-juin. Même culture.

P. Amancaès *Ker.* Pancrais Amancaès. — Tige de 60 cent.; feuilles longues, linéaires; fleurs en ombelle, très-grandes, d'un beau jaune, à divisions étroites, à couronne frangée. Culture des Amaryllis.

Les autres espèces de *Pancratium* sont de serre chaude.

PATERSONIA.

Patersonia longiscapa *Sw.* Patersonie à longue hampe. (*Iridées.*) — Rhizome fibreux; tige rameuse, flexueuse; feuilles radicales, lancéolées-linéaires, longues de 35 cent., étroites, serrées; fleurs bleu pâle, à tube long, grêle, à limbe étalé; mai-juin. Culture des *Ixia.*

PHALANGIUM.

Phalangium ramosum *Lam.* **Anthericum ramosum** *L.* Phalangère rameuse, herbe à l'araignée. (*Liliacées.*) — Rhizome fibreux; tige de 50 cent. à 1 m., rameuse au sommet; feuilles longues, étroites;

fleurs nombreuses, blanches, à nervures transparentes, en longs épis terminaux; juin-juillet. Exposition aérée. Terre légère, substantielle, sèche. Semer en pépinière, en pots, depuis avril jusqu'en juillet. Éclats de racines, faits après la fanaison des feuilles.

P. liliago *Schreb.* **Anthericum liliago** *L.* Phalangère simple ou à fleurs de lis. — Rhizome charnu; tige de 30 à 60 cent., simple; feuilles planes, assez larges, fasciculées; fleurs blanches, en épis; juin-juillet. Même culture.

P. liliastrum *Pers.* **Anthericum liliastrum** *L.* Phalangère faux lis, Lis de Saint-Bruno, Lis des Allobroges. — Rhizome fibreux; tige de 30 à 50 cent.; feuilles longues, étroites, planes, canaliculées; fleurs grandes; blanches, en épi terminal, presque unilatéral; juin-juillet. Exposition abritée et demi-ombragée. Même culture.

P. planifolium *D. C.* **Anthericum planifolium** *L.* Phalangère à feuilles planes. — Tige de 35 à 50 cent., rameuse au sommet; feuilles longues, linéaires, tordues; fleurs blanches, rose violacé en dehors, en panicules lâches; juin-juillet. Même culture.

PHORMIUM.

Phormium tenax *Forst.* Lin de la Nouvelle-Zélande. (*Liliacées.*) — Rhizome tubéreux; tige de 2 m. à 2 m. 50; feuilles longues de 1 m. et plus, distiques, coriaces, vert glauque; fleurs d'un beau jaune, nombreuses, en panicule terminale; juillet-août. Terre franche, légère, fraîche. Rejetons, plantés en pots sur couche tiède, au printemps. Arrosements abondants en été. Couverture ou orangerie en hiver.

P. Cookianum *Le Jol.* Phormium de Cook. — Tige de 1 m. à 1 m. 50; fleurs rouges, marquées de vert. Plus rustique que le précédent. Même culture.

POLYANTHES.

Polyanthes tuberosa *L.* Tubéreuse des jardins. (*Liliacées.*)—Bulbe allongé, brun; tige de 1 m. à 1 m. 50; feuilles longues, étroites; fleurs blanches, lavées de rose, en épi, à odeur très-suave; juin-juillet. Variétés à fleurs plus ou moins grandes, doubles ou semi-doubles, à feuilles panachées. Terre franche, légère, substantielle. Caïeux, séparés au printemps, et plantés sur couche. Bulbes, mis en pots au mois de mars, sur couche et sous châssis. Arrosements modérés d'abord, plus abondants lorsque la plante végète. Enlever les châssis quand les froids sont passés, et retirer les pots de la couche, pour les mettre à une exposition demi-ombragée, quand les boutons sont près de s'ouvrir.

SANSEVIERA.

Sanseviera carnea *Andr.* **Reineckea carnea** *Kunth.* Sansévière carnée. (*Liliacées.*) — Rhizome tubéreux, épais; tige pourprée, lisse; feuilles linéaires-lancéolées, d'un vert gai; fleurs nombreuses, blanc rosé, odorantes, en épi, accompagnées de bractées brun rougeâtre; juillet-août. Terre franche, légère. Œilletons, plantés au printemps. Couverture l'hiver. Se cultive aussi comme les *Ixia.*

S. sessiliflora *Gawl.* Sansévière à fleurs sessiles. — Rhizome noueux; tige de 15 à 20 cent., pourprée; feuilles linéaires, distiques; fleurs carnées, sessiles, en épi. Même culture.

SCILLA.

Scilla amœna *L.* **Hyacinthus stellaris** *Jacq.* Scille agréable, Jacinthe étoilée. (*Liliacées.*) — Bulbe irrégulier, jaune verdâtre; tige de 25 cent; feuilles longues, lancéolées, d'un vert gai; fleurs étoilées, d'un beau bleu; avril-mai. Exposition découverte. Terre légère, meuble, douce. Semer en pépinière, en pots, depuis avril jusqu'en juillet. Caïeux, séparés en juin et plantés immédiatement. Relever les bulbes tous les quatre ou cinq ans.

S. bifolia *L.* Scille à deux feuilles. (Pl. XIX, fig. 4.) — Bulbe très-petit, produisant de nombreux caïeux; tige de 10 à 16 cent.; feuilles lancéolées, linéaires, canaliculées; fleurs petites, bleues, en épi lâche; mars-avril. Même culture. Tenir en pots, pour ne pas perdre les bulbes.

S. campanulata *Ait.* Scille campanulée.—Tige de 30 cent.; feuilles oblongues, lancéolées; fleurs bleu violacé, en grappe lâche terminale; mai-juin. Variété à fleurs blanches. Même culture.

S. Italica *L.* Scille d'Italie, Lis-Jacinthe. — Tige de 15 à 20 cent.; feuilles oblongues-linéaires, canaliculées; fleurs bleues, odorantes, en longue grappe terminale; avril-mai. Même culture.

S. maritima *L.* **Squilla maritima** *Steinh.* **Ornithogalum Squilla** *B. M.* Scille maritime, Squille. — Bulbe très-gros; tige de 1 m. à 1 m. 50, cylindrique, droite, nue; feuilles radicales, longues, canaliculées, d'un beau vert; fleurs blanches, petites, très-nombreuses, en longue grappe terminale; août-septembre. Terre sablonneuse, et mieux sable de mer. Même culture. Rentrer en orangerie pendant l'hiver. Se cultive en pots ou sur des carafes dans les appartements.

S. nutans *Sm.* **Agraphis patula** *Link.* **Hyacinthus non scriptus** *L.* Scille penchée, petite Jacinthe. (Pl. XIX, fig. 5.) — Bulbe petit; tige de 30 à 35 cent.; feuilles linéaires, étroites; fleurs bleues, en grappe unilatérale, penchée au sommet; mars-mai. Même culture.

S. Peruviana *L.* **Hyacinthus Peruvianus** *Hort.* Scille ou Jacinthe du Pérou. — Bulbe assez gros, tige de 35 cent.; feuilles longues, lancéolées, ciliées; fleurs bleues, en grappe terminale; mai-juin. Variétés à fleurs blanches et grisâtres. Même culture. Enfoncer les bulbes de 10 à 15 cent. Le *Bon Jardinier* conseille avec raison d'en conserver quelques pieds en pots sous châssis froid.

S. Sibirica *Andr.* **S. præcox** *Willd.* Scille de Sibérie ou précoce. — Bulbe arrondi; feuilles longues, lancéolées; fleurs bleu violacé; février-mars. Même culture.

S. umbellata *Ram.* Scille à fleurs en ombelle. — Bulbe petit, conique; tige de 10 à 16 cent.; feuilles longues, linéaires; fleurs bleues, étoilées, odorantes, en ombelle terminale; avril-mai. Même culture.

S. autumnalis *L.* Scille d'automne. — Tige de 10 à 20 cent.; feuilles linéaires, courtes; fleurs lilas pâle, en épi terminal; septembre-octobre. Variété à fleurs roses. Même culture.

S. tricolor. Voy. *Lachenalia.*

SISIRYNCHIUM.

Sisirynchium Bermudiana *L.* Bermudienne à petites fleurs. (*Iridées.*) — Rhizome fibreux; tige de 15 à 30 cent., comprimée, rameuse; feuilles étroites, en glaive; fleurs bleues, terminales, entourées d'une spathe; juin-juillet. Variété à fleurs blanches. Terre franche, légère, un peu humide. Semer en pépinière, en pots, depuis avril jusqu'en juillet. Éclats de pied, au printemps. Couvrir de feuilles durant les grands froids.

S. striatum *Smith.* **Moræa striata** *Jacq.* Bermudienne striée ou à réseau. — Rhizome fibreux; tige de 65 cent.; feuilles distiques, en glaive; fleurs grandes, blanc jaunâtre, veinées à la base, odorantes, en ombelle terminale; juin-septembre. Même culture. Se ressème d'elle-même.

S. bicolor *Hort.* Bermudienne bicolore. — Tige de 30 à 40 cent.; feuilles larges; fleurs grandes, étoilées, bleu violacé, tachetées de jaune; juin-juillet. Même culture. Rentrer l'hiver en orangerie.

SMILACINA.

Smilacina racemosa *Desf.* Smilacine à grappes. (*Liliacées.*) — Rhizome fibreux; tige de 30 à 40 cent.; feuilles ovales, aiguës, pubescentes; fleurs petites, blanc jaunâtre ou verdâtre, en grappe paniculée, terminale; juin-juillet. Exposition ombragée. Terre de bruyère, humide. Semer sur couche, en mars-avril, ou en pépinière, en pots, d'avril en juillet. Éclats et drageons.

S. bifolia *Desf.* **Maianthemum bifolium** *D. C.* **Convallaria bifolia** *L.* Smilacine à deux feuilles. — Tige de 10 à 20 cent.; feuilles peu nombreuses, ovales-cordées; fleurs d'un blanc pur, odorantes, en petite grappe terminale; mai-juin. Baies rouges. Même culture.

SPARAXIS.

Sparaxis grandiflora *Ait.* **Ixia grandiflora** *Curt.* Sparaxide à grandes fleurs. (*Iridées.*) — Tige dressée; feuilles distiques, en glaive, engaînantes; fleurs grandes, à divisions violet foncé, marquées de blanc à la base; avril-mai. Nombreuses variétés de couleur. Culture des *Ixia.*

S. bulbifera *Ker.* Sparaxide bulbifère. — Feuilles portant des bulbilles à l'aisselle; fleurs j unes; avril-mai. Même culture.

S. tricolor *Ker.* **Ixia tricolor** *Curt.* Sparaxide tricolore. — Fleurs à fond jaune d'or, à limbe rouge cramoisi ou vermillon très-éclatant, ces deux couleurs séparées par un trait noir velouté; avril-mai. Même culture.

S. versicolor *Kert.* Sparaxide à fleurs changeantes. — Fleurs à fond jaune, à limbe écarlate, séparés par une bande blanche.

S. anemonæflora *Jacq.* Sparaxide à fleurs d'anémone. — Fleurs jaune-paille. Même culture, ainsi que les suivantes.

R. fragans *Bot. Mag.* Sparaxide odorante. — Fleurs jaune vif.

S. blanda *Swartz.* Sparaxide agréable. — Fleurs bleu d'azur.

S. liliago *Sw.* Sparaxide faux lis. — Fleurs bleu et blanc.

S. stellaris *Don.* Sparaxide étoilée. — Fleurs pourpre violacé.

S. lineata *Sw.* Sparaxide rayée. — Fleurs blanc et rose.

S. Griffini *Sw.* Sparaxide de Griffin. — Fleurs pourpre et jaune.

S. pendula *B. R.* Sparaxide à fleurs pendantes. — Fleurs pourpre foncé.

Ces espèces, assez nombreuses, ont donné par la culture des variétés plus nombreuses encore, parmi lesquelles on remarque surtout les suivantes : Blanche à deux taches (*alba-bimaculata*), pourpre noir (*atro-sanguinea*), noir-orange (*nigro-aurantiaca*), bleue (*cærulea*), à deux taches (*bimaculata*), brillante (*fulgens*), verte (*viridis*), panachée (*variegata*), etc. Elles fleurissent à la même époque que la Sparaxide à grandes fleurs, et se cultivent de la même manière.

TIGRIDIA.

Tigridia pavonia *Juss.* **Ferraria pavonia** *L.* Tigridie à grandes fleurs ou queue de paon. (*Iridées.*) — Bulbe ovoïde; tige de 40 à 60 cent., noueuse, rameuse; feuilles longues, en glaive, aiguës, plissées; fleurs à centre creusé en coupe, à limbe étalé; divisions extérieures entières, violettes à la base, cerclées de jaune, tachées de pourpre, écarlates au sommet; les intérieures plus petites, échancrées, jaunes, tigrées de pourpre; mai-août. Variétés à fleurs jaunes, orangées, violettes, maculées de pourpre, etc. Exposition chaude. Terre légère, meuble, substantielle, très-riche en humus. Semer en pépinière, en planche ou en pots, en avril et mai, ou mieux en juin et juillet. Caïeux, séparés en mars-avril, et replantés immédiatement, à 5 cent. de profondeur, ainsi que les bulbes. Culture analogue d'ailleurs à celle des *Ixia.* Couvrir de feuilles sèches pendant l'hiver, ou mieux relever les bulbes, quand les feuilles sont passées, et conserver en un lieu sec.

TRILLIUM.

Trillium sessile *L.* Trille sessile. (*Liliacées.*) — Rhizome tubéreux; tige de 15 à 25 cent., pourprée; feuilles ovales, vert foncé, tachées de blanc; fleurs sessiles, longues, brun rougeâtre, à étamines violettes; avril-mai. Exposition ombragée. Terre de bruyère. Graines semées en place aussitôt après leur maturité. Éclats de racines.

T. grandiflorum *Sal.* Trille à grandes fleurs. — Tige de 30 à 40 cent.; feuilles rhomboïdales; fleurs pédonculées, grandes, blanches, penchées; mai-juin. Même culture.

T. rhomboïdeum *Hort.* Trille droit. — Tige de 20 à 30 cent.; fleurs très-grandes, droites, pourpre noirâtre; avril-juin. Même culture.

T. cernuum *L.* Trille penché. — Tige de 12 à 15 cent.; fleurs penchées, blanches en dehors, pourpres en dedans; avril-mai. Même culture.

T. pendulum *L.* Trille pendant. — Tige de 10 à 15 cent.; fleurs blanches, pendantes; avril-mai. Même culture.

TRITOMA.

Tritoma uvaria *Ker.* Tritoma à grappes. (*Liliacées.*) — Tige de 1 m.; feuilles nombreuses, très-longues, en glaive; fleurs grandes, pendantes, écarlates, en longue grappe terminale; août-septembre. Exposition méridionale. Terre légère, sablonneuse, meuble, mélangée de terreau. Semer en pépinière, en pots, d'avril en juillet. Œilletons, plantés en mai. Rentrer en orangerie et arroser très-peu durant l'hiver.

T. media *Ker.* Tritoma moyen. — Tige de 30 à 40 cent.; feuilles longues, étroites, glauques; fleurs pendantes, à tube orangé, à limbe jaune bordé de vert, en grappes serrées; mars-avril. Même culture.

T. pumila *Ker.* Tritoma nain. — Tige de 20 à 25 cent., marbrée; feuilles courtes; fleurs rouge safrané, à tube court, en grappe terminale; septembre-novembre. Même culture.

TULIPA.

Tulipa Gesneriana *L.* Tulipe de Gesner ou des fleuristes. (*Liliacées.*) — Bulbe ovoïde; tige de 50 à 60 cent.; feuilles oblongues, pointues; fleurs solitaires terminales, paraissant en avril-mai, et présentant d'innombrables variétés de couleurs; on les divise en Tulipes à fond blanc ou *flamandes*, et Tulipes à fond coloré ou *bizarres*. Terre douce, substantielle, légère, mêlée de terreau bien consommé. Nous ne saurions mieux faire que de reproduire ici le passage suivant, dans lequel M. Courtois-Gérard a parfaitement résumé la culture de ces plantes.

« On multiplie les tulipes de graines, semées en pleine terre depuis septembre jusqu'en novembre, ou de caïeux, qu'on replante en septembre au plus tard. La plantation des oignons à fleurs doit avoir lieu à la fin d'octobre ou au commencement de novembre. Après avoir bien préparé le terrain, on le divise ordinairement par plates-bandes d'environ 1 m. de largeur; on trace un rang au milieu, puis deux de chaque côté, les disposant de manière qu'ils soient à égale distance, et les deux premiers à 12 ou 15 cent. du bord, et, comme pour les Jacinthes, on ouvre un sillon avec la binette, en commençant la plantation par le rang du milieu, pour lequel on choisit les plus élevées; car, en admettant qu'on ne possède pas une collection classée par noms et couleurs, elle doit au moins être rangée par hauteurs. On places ces tulipes à environ 15 cent. les unes des autres sur la ligne, et on les appuie légèrement, de manière qu'elles soient recouvertes d'environ 8 cent. de terre; puis on rapproche la terre, afin qu'il n'existe aucun vide.. On procédera de même pour chaque rang, en ayant soin de placer les oignons en échiquier. Après la plantation, on étend sur le tout un bon paillis de fumier à moitié consommé, et jusqu'à la floraison tous les soins consistent à donner quelques binages, à arracher les mauvaises herbes, et en quelques bassinages au printemps si la température l'exige.

« La floraison est ordinairement dans toute sa beauté vers les premiers jours de mai. Si l'on veut prolonger la durée des fleurs et jouir de tout leur éclat, il faut, vers la fin d'avril, élever une petite charpente, sur laquelle on étend une toile au moment du soleil. Aussitôt que les Tulipes sont défleuries, on étête celles dont on ne veut pas conserver la graine, afin que la séve reste concentrée dans l'oignon, ce qui augmentera sa vigueur pour la floraison de l'année suivante. On laisse les oignons en terre jusqu'à leur pafaite maturité, qui a lieu ordinairement vers la fin de juin; mais pour les arracher il faut choisir un beau temps; à mesure qu'on les retire de terre, on détache les caïeux et les vieilles racines; puis, en frottant légèrement avec le pouce, on enlève les vieilles écorces. Mais il faut surtout éviter de laisser les oignons exposés au soleil, car le plus grand nombre seraient perdus. On place chaque rang immédiatement dans une case avec un numéro d'ordre, puis l'on dépose tous ces oignons dans un lieu bien aéré, mais où ils ne puissent pas être atteints par la gelée. »

T. stenopetala *Delaun.* **T. Turcica** *Hort.* Tulipe turque ou à lobes étroits. — Tige glabre; feuilles lancéolées, étroites, aiguës; fleurs solitaires terminales, dressées, à divisions étroites, d'un beau rouge, jaunes à la base, à bords ondulés. Variétés à fleurs blanches et rouge-laque, à fleurs plus courtes, à divisions dentées, échancrées ou festonnées, etc. On les appelle vulgairement ***Dragonne, Flamboyante, Mont-Etna,*** etc. Elles produisent un bel effet. Même culture.

T. suaveolens *Roth.* Tulipe odorante ou Duc de Thol.—Tige courte; feuilles ovales-lancéolées; fleurs rouge vif, à divisions bordées de jaune, à onglet taché de jaune verdâtre, très-odorantes; mars-avril. Variétés à fleurs bordées de blanc, ou panachées, et à fleurs plus grandes. Même culture. Se force très-bien en pots.

T. oculus-solis *St-Am.* Tulipe œil du soleil. — Bulbe allongé; tige et feuilles assez grandes; fleurs grandes, d'un rouge vif, à onglet marqué d'une tache noir velouté, entourée de jaune; avril-mai. Même culture.

T. Clusiana *D. C.* Tulipe de L'Écluse. — Bulbe petit, cotonneux; tige de 25 à 30 cent.; feuilles lancéolées, étroites, aiguës; fleurs petites, pourpre violacé à la base, à divisions aiguës, les trois extérieures rose vif bordé de blanc, les intérieures blanches; avril-mai. Même culture.

T. sylvestris *L.* Tulipe sauvage. (Pl. XXI, fig. 5.) — Bulbe allongé; tige de 40 à 50 cent.; feuilles étroites, aiguës, pliées, peu nombreuses; fleurs solitaires terminales, jaune vif; avril-mai. Variété à fleurs doubles, dont la hampe plus faible a besoin d'être soutenue. Exposition ombragée. Semer en pépinière, en planche ou en pots, depuis avril jusqu'en juillet. Caïeux, relevés tous les ans, après la dessiccation des feuilles, et replantés immédiatement.

T. Celsiana *Vent.* Tulipe de Cels. — Bulbe allongé; tige de 30 à 40 cent.; feuilles étroites; fleurs jaune safrané, à divisions extérieures rouges en dehors; mars-avril. Même culture. Cette espèce est plus délicate que la précédente.

T. Gallica *Delaun.* Tulipe Française. — Tige de 20 à 30 cent.; feuilles lancéolées; fleurs terminales, solitaires, odorantes, à divisions extérieures aiguës, vertes en dehors, tachées de rouge au sommet; avril-mai. Culture de la Tulipe sauvage.

URGINEA.

Urginea Japonica *Steinh.* Urginéa du Japon. (*Liliacées.*) — Bulbe moyen, pointu; tige de 20 à 30 cent.; feuilles longues, étroites, à bords enroulés en dedans; fleurs petites, rose violacé, en long épi terminal; août-septembre. Terre légère, meuble. Semer en pépinière, en pots, depuis avril jusqu'en juillet. Caïeux. Couvrir pendant l'hiver, ou rentrer en orangerie.

U. fugax *Steinh.* Urginée fugace. — Feuilles se développant après la hampe; fleurs blanches, rayées de violet. Même culture.

UVULARIA.

Uvularia sinensis *Gawl.* **Disporum fulvum** *Salisb.* Uvulaire de la Chine (*Mélanthacées.*) — Tige rameuse; feuilles lancéolées; fleurs pendantes, rouge brunâtre; avril-mai. Terre de bruyère. Semer en pépinière, en pots, depuis avril jusqu'en juillet. Éclats de racines, en automne. Couverture en orangerie, pendant l'hiver. Relever les pieds tous les deux ou trois ans.

U. amplexifolia. *L.* Uvulaire des Alpes. — Tige rameuse; feuilles cordiformes, amplexicaules; fleurs axillaires, jaunes ou blanchâtres, à segments étalés, un peu réfléchis en dehors. Terre légère, un peu sèche. Même culture.

U. perfoliata. *L.* Uvulaire perfoliée. — Fleurs axillaires, pendantes; mai-juin. Même culture.

VELTHEIMIA.

Veltheimia Capensis *Red.* Veltheimia du Cap. (*Liliacées.*) — Tige de 40 à 45 cent., tachée de rouge brun; feuilles oblongues, ondulées; fleurs rose pourpré, en longs épis; février-avril. Exposition chaude. Terre franche, légère. Multiplication par caïeux, à l'automne. Arrosements modérés. Relever les pieds et renouveler la terre tous les deux ou trois ans.

V. glauca *Bot. Mag.* Veltheimia glauque. — Fleurs jaune rougeâtre. Variété à fleurs plus foncées. (*V. rubra.*) Même culture, et mieux châssis froid.

V. intermedia *Gled.* Veltheimia intermédiaire. — Même culture.

VERATRUM.

Veratrum album *L.* Varaire blanc, Hellébore blanc. (*Mélanthacées.*) — Rhizomes traçants; tige de 1 m. à 1 m. 60; feuilles grandes, sessiles, ovales, plissées; fleurs étalées, vertes en dehors, blanches en dedans, en longues panicules terminales; juin-août. Exposition ombragée. Terre fraîche. Semer en pépinière, en pots, depuis avril jusqu'en juillet. Éclats de racines.

V. nigrum *L.* Varaire noir. — Tige de 80 cent. à 1 m. 20; feuilles comme dans l'espèce précédente, mais plus grandes; fleurs étalées, pourpre noirâtre, en panicule terminale; juin-août. Même culture.

VIEUSSEUXIA.

Vieusseuxia glaucopis *D. C.* **Iris pavonia** *Curt.* **I. tricuspis** *Thunb.* Vieusseuxie à taches bleues. (*Iridées.*) — Feuilles longues, étroites; fleurs étalées, à grandes divisions marquées à la base d'une large tache bleue; mai-juin. Graines et caïeux. Culture des *Ixia.*

WACHENDORFIA.

Wachendorfia thyrsiflora *L.* Wachendorfie à fleurs en thyrse. (*Hémodoracées.*) — Bulbe petit, à chair rouge; tige de 1 m. à 1 m. 30; feuilles radicales, larges, engaînantes, canaliculées; fleurs grandes, campanulées, d'un beau jaune, légèrement odorantes, en épi terminal; mai-juin. Culture des *Ixia.*

W. graminea *Thunb.* Wachendorfie graminée. — Feuilles en glaive, canaliculées; fleurs en panicule étalée; juin-juillet. Même culture.

WATSONIA.

Watsonia rosea *Ker.* Watsonie rose. (*Iridées.*) — Rhizome tubéreux bulbeux; tige de 1 m.; feuilles grandes, en glaive, distiques; fleurs grandes, roses, en entonnoir, à limbe large de 5 à 6 cent., en longue grappe ou panicule terminale; juillet-août. Culture des *Ixia,* et mieux serre tempérée.

W. Meriana *Ker.* **Gladiolus Merianus** *Thunb.* Watsonie de Mérian. — Tige de 70 cent. à 1 m.; feuilles en glaive. striées; fleurs roses ou rougeâtres, très-ouvertes, en long épi unilatéral. Même culture.

W. Merianella *Eckl.* **Gladiolus hirsutus** *Jacq.* Watsonie velue. — Feuilles étroites, en glaive, pubescentes, surtout à la base, qui est engaînante; fleurs roses, à bords un peu ondulés. Même culture, et mieux châssis pendant l'hiver.

W. aletroïdes *T. M.,* **strictiflora** *B. M.,* **marginata** *B. M.* — Fleurs roses.

W. punctata *H. K.,* **plantaginea** *B. M.,* **compacta** *L. C.* — Fleurs bleues.

W. humilis *B. M.,* **rubens** *Ker.,* **angusta** *B. J.,* **spicata** *Bilb.* —

Fleurs rouges. Toutes ces espèces se cultivent à peu près comme le *W. Meriana*, et demandent les mêmes soins.

WITSENIA.

Witsenia corymbosa *Sm.* Witsénie en corymbe. (*Iridées.*) — Rhizome tubéreux ; tige de 30 à 35 cent., dressée, aplatie, rameuse, portant les cicatrices des feuilles tombées ; feuilles en éventail, linéaires, distiques ; fleurs nombreuses, bleu d'azur, en corymbe terminal ; septembre-novembre. Terre de bruyère. Semer sur couche chaude, en mars-avril, ou en pépinière, en pots, d'avril en juillet. Boutures de racines, faites en pots et sur couche. Éclats et marcottes. Couverture l'hiver, et mieux serre tempérée.

W. major. *Sm.* Witsénie à grandes fleurs. — Espèce semblable à la précédente, mais à fleurs plus grandes, plus belles, en long épi terminal. Même culture.

CHAPITRE V.

PLANTES AQUATIQUES.

ACORUS.

Acorus calamus *L.* Acorus odorant. (*Aroïdées*). — (1) Rhizome traçant; tige de 1 m. à 1 m. 50, comprimée; feuilles engaînantes, en glaive, striées, d'un beau vert; fleurs jaunâtres, odorantes, en spadice ou châton cylindrique; juin-août. Cette plante ne fleurit bien que dans l'eau. Exposition chaude et ombragée. Terre très-humide, marécageuse ou submergée. Les graines mûrissant rarement sous nos climats, on propage cette espèce par éclats de racines, faits en automne ou au printemps, ou bien par la transplantation des pieds sauvages dans les jardins.

A. gramineus *L.* Acorus graminé. — Espèce semblable à la précédente, mais plus délicate, surtout la variété à feuilles panachées de blanc, de rose et de vert. Exposition ombragée. Terre de bruyère humide. Multiplication par éclats. Châssis froid ou orangerie, en hiver.

ALISMA.

Alisma plantago *L.* Plantain d'eau, Fluteau. (*Alismacées.*) (Pl. XXIII, fig. 2). — Rhizome traçant; tige de 30 cent. à 1 m,; feuilles ovales-lancéolées; fleurs blanches, roses ou rougeâtres; juin-septembre. Semer en pépinière, en pots, depuis avril jusqu'en juillet. Éclats.

APONOGETON.

Aponogeton distachyon Thunb. Aponogéton à deux épis. (*Naïa-*

(1) Toutes les plantes décrites dans ce chapitre sont vivaces.

dées). — Rhizome tubéreux, traçant; feuilles ovales, allongées, flottantes, longuement *pétiolées*, d'un beau vert, teintées de pourpre dans leur jeune âge; fleurs en épi bifurqué, très-odorantes, accompagnées d'une double rangée de bractées d'un beau blanc, qui verdissent avec l'âge; avril-novembre. Eaux profondes. Graines semées depuis avril jusqu'en juillet. Éclats de rhizomes. Dans le Nord, cette plante ne fleurit qu'en serre tempérée.

ARUNDO.

Arundo donax *L.* Roseau à quenouille. (*Graminées.*)— Tiges de 3 à 4 m., fistuleuses, noueuses; feuilles longues, aiguës, d'un vert glauque; fleurs en panicules élégantes, pourprées; août-septembre. Variété à feuilles panachées. Terre profonde, humide; bord des eaux. Marcottes, boutures, buttage des touffes; rejetons enlevés avec soin et mis sur couche tiède. Arrosements modérés. Couper les vieilles tiges, au printemps.

A. Phragmites *L.* Roseau à balais. — Tige de 2 m.; fleurs en panicule terminale. Même culture.

BUTOMUS.

Butomus umbellatus *L.* Butome à ombelles, Jonc fleuri. (*Alismacées,*) (Pl. XXIII, fig. 4.) — Tige nue, de 70 cent. à 1 m.; feuilles droites, linéaires, très-longues; fleurs très-nombreuses, assez grandes, roses ou blanc rosé, en ombelles terminales; juin-août. Variété à feuilles panachées. Terre marécageuse, bord des eaux. Semer en pépinière, en pots, depuis avril jusqu'en juillet. Éclats de pieds.

CALLA.

Calla palustris *L.* Calla des marais. (*Aroïdées.*) — Rhizome épais, traçant; tige droite, nue; feuilles planes, cordées, longuement pétiolées; fleurs jaune blanchâtre, en spadice ou châton terminal, accompagné d'une grande spathe, blanche au dedans, verte au dehors; fruits rouge brunâtre. Terrains marécageux. Éclats et rejetons.

C. Ethiopica. Voy. *Richardia.*

CALTHA.

Caltha palustris *L.* Caltha des marais, Populage, Souci d'eau. (*Renonculacées*). (Pl. XXIV, fig. 3.) — Tige de 30 à 33 cent.; feuilles cordées, arrondies, crénelées; fleurs jaune d'or; avril-mai, et quelquefois en septembre. Variétés à fleurs plus grandes ou plus petites, et à fleurs doubles. Terre franche, humide; bord des eaux. Semer en pépinière, en planche, depuis avril jusqu'en juillet. Boutures et éclats. Les rameaux de cette plante s'enracinent aux nœuds et facilitent sa propagation.

CARDAMINE.

Cardamine pratensis *L.* Cardamine des prés. (*Crucifères.*) — Tige de 15 à 20 cent.; fleurs rose lilacé, en corymbe terminal; mars-avril. Variété à fleurs doubles et à fleurs blanches. Semer sur couche, en mars-avril, ou en place, en mai et en septembre. Arrosements abondants.

CAREX.

Carex pseudo-cyperus *L.* Laiche faux souchet. (*Cypéracées.*) — Cette espèce peut contribuer à l'ornement des eaux, comme plusieurs de ses congénères, parmi lesquelles nous citerons les *Carex acuta*, *cyperoïdes*, *paludosa*, *paniculata*, *pendula*, *provincialis*, *riparia*, *stricta*, etc. On les propagera facilement par la transplantation des pieds sauvages qui croissent en abondance dans les endroits humides. Mais il sera bon quelquefois de les repiquer d'abord en pépinière ou en pots.

CERATOPHYLLUM.

Ceratophyllum demersum *L.* Cératophylle nageant, Cornifle. (*Cératophyllées.*) — Tiges flottantes; feuilles dichotomiques, linéaires, d'un vert sombre; fleurs verdâtres; juin-juillet; fruits épineux. Variété à feuilles d'un vert gai et à fruits lisses. (*C. submersum.*) Eaux stagnantes. Graines jetées simplement dans l'eau, ou éclats.

CYPERUS.

Cyperus papyrus *L.* Souchet à papier, Papyrus. (*Cypéracées.*) — Rhizome traçant; tiges de 2 à 4 m. nues, triangulaires au sommet; feuilles radicales, longues; fleurs roussâtres, en épis nombreux, longuement pédonculés, formant une ombelle terminale très-élégante, entourée d'un involucre. Éclats de touffes. Rentrer en serre, pendant l'hiver.

C. alternifolius *L.* Souchet à feuilles alternes. — Tige de 50 cent. à 1 m.; feuilles planes, longues de 15 à 25 cent.; fleurs roussâtres, en petite panicule terminale. Même culture.

C. asperifolius *Desf.* Souchet à feuilles rudes. — Tige de 50 cent. à 1 m., droite, terminée par un petit bouquet de feuilles planes, lancéolées, aiguës; fleurs jaunâtres, en petites panicules axillaires. Même culture.

C. longus *L.* Souchet long. — Tige de 1 m. à 1 m. 40, droite, presque nue; feuilles planes, carénées, larges, rudes; fleurs roussâtres, longuement pédonculées, en ombelle terminale; août-septembre. Se cultive comme les précédents, mais passe l'hiver en plein air.

C. rotundus, flavescens, mucronatus, etc. — Même culture.

C. glomeratus, vegetus. Voy. Plantes annuelles.

EPILOBIUM.

Epilobium hirsutum *L.* **E. grandiflorum.** *All.* Epilobe velu ou à grandes fleurs. (*Onagrariées.*) (Pl. XXV, fig. 4.) — Tige de 60 cent. à 1 m., pubescente, rameuse, produisant beaucoup de stolons à la base; feuilles oblongues-lancéolées, velues, ciliées; fleurs pourprées, grandes, en large panicule terminale; juin-septembre. Bord des eaux. Semer en pépinière, en planche, en juin-juillet. Éclats et rejetons.

E. molle *L.* Epilobe mou. — Espèce voisine, ou peut-être simple variété de la précédente. Même culture.

E. spicatum *Lam.* Epilobe à épi. — Voy. Plantes vivaces.

EQUISETUM.

Equisetum fluviatile *L.* Prêle des fleuves. (*Equisétacées.*) — Rhizome long, traçant; tiges cylindriques, droites, cannelées, articulées; les unes stériles, de 50 cent. à 1 m.; à chaque nœud de longs et nombreux rameaux, en verticille; les autres fertiles, de 20 cent. à 30 cent., simples, nues, blanc rougeâtre, terminées par un bel épi épais et conique, brunâtre; mars-avril. Terrains marécageux, bords des eaux. Éclats de pied.

E. eburneum *Schreb.* Prêle blanc d'ivoire. — Tiges fertiles, blanc pur; épi nuancé de blanc, de jaune, de vert ou de noir; avril-mai. Même culture.

E. hyemale *L.* Prêle d'hiver ou des tourneurs. — Tiges toutes fertiles, de 60 cent. à 1 m. 20, d'un vert glauque; épi ovoïde-oblong, roussâtre; mars-mai. Même culture.

E. limosum *L.* Prêle des marais. — Tiges toutes fertiles, de 50 cent. à 1 m. 20. peu rameuses, vertes; épi oblong; mai-août. Variété à plusieurs épis. (*E. Polystachyon.*) Même culture.

ERIOPHORON.

Eriophoron vaginatum *L.* Linaigrette à gaînes (*Cypéracées*). — Plante gazonnante, touffue; tiges de 30 à 50 cent., triangulaires; feuilles radicales, nombreuses, rudes; fleurs verdâtres; fruits en épi solitaire terminal, muni de larges aigrettes d'un blanc soyeux et argenté, très-élégantes; mars-avril. Éclats de pied.

E. polystachyon *L.* **E. latifolium** *Host.* Linaigrette commune. — Se distingue de la précédente par ses épis plus nombreux, formant une sorte d'ombelle. Même culture.

E. gracile, angustifolium, etc. Même culture.

GLYCERIA.

Glyceria aquatica *Wahl.* **G. spectabilis** *Mert.* **Poa aquatica** *L.* Glycérie aquatique en remarquable. (*Graminées.*) — Tiges de 1 m. 50 à 2 m., dressées; feuilles larges, planes, d'un beau vert; fleurs verdâtres, en grande panicule rameuse, étalée, terminale; juillet-août. Terrains marécageux, bords des eaux. Semer en pépinière, depuis avril jusqu'en juillet. Éclats de pied.

G. fluitans *R. Br.* **Festuca fluitans L. Poa fluitans** *Scop.* Glycérie flottante, Fétuque flottante, Herbe à la manne, Manne de Prusse, etc. — Tige de 1 m. à 1 m. 20; feuilles linéaires, souvent flottantes; fleurs verdâtres, en panicule; juin-août. Même culture.

HIPPURIS.

Hippuris vulgaris *L.* Pesse commune. (*Haloragées.*) — Tiges de 20 à 50 cent., dressées, simples, effilées; feuilles verticillées; fleurs blanc sale; mai-juillet. Variété stérile, à feuilles molles très-allongées. Eaux courantes ou stagnantes. Éclats de touffes.

HOTTONIA.

Hottonia palustris *L.* Hottonie des marais, Plumeau, Mille-feuille aquatique. (*Primulacées.*) (Pl. XXV, fig. 5.) — Tige de 30 à 35 cent., dressée, nue, fistuleuse; feuilles très-découpées, pectinées, submergées. Fleurs lilas pâle, en grappes terminales; mai-juin. Variété à fleurs blanc-rosé. Sol un peu argileux, aquatique. Semer en pépinière, d'avril à juillet. Éclats de pied.

HOUTTUYNIA.

Houttuynia cordata *Thunb.* Houttuynie à feuilles en cœur. (*Saururées*). — Rhizome rampant; tige de 40 à 50 cent., dressée; feuilles cordées, glabres, à nervures très-marquées, fortement odorantes; fleurs en spadice court, entouré à la base d'un involucre blanc, pétaloïde. Terrain très-humide; bord des eaux. Culture de la précédente.

HYDROCHARIS.

Hydrocharis morsus ranæ *L.* Morrène aquatique, Mors de grenouille. (*Hydrocharidées.*) — Tige grêle, submergée, de longueur très-variable, traçante; feuilles longuement pétiolées, arrondies, flottantes; fleurs axillaires, à divisions intérieures blanches, jaunes à la base; juin-août. Eaux stagnantes. Semis des graines dans l'eau. Éclats de pied.

IRIS.

Iris pseudo-acorus *L.* Iris des marais, Iris jaune, Glaïeul des marais, faux Acorus. (*Iridées.*) (Pl. XXIII, fig. 5.) — Rhizome traçant; tige de 75 cent. à 1 m. 20; feuilles en glaive, longues de 1 m.; fleurs jaunes; juin-juillet. Terres marécageuses, bord des eaux. Semer en pépinière, en pots, d'avril à juillet. Division des pieds ou des rhizomes, à l'automne.

I. fœtidissima *L.* Iris fétide, Gigot. — Tige de 1 m.; feuilles en glaive, d'un vert gai; fleurs petites, bleu gris ou plombé, rayé de noir; mai-juin. Graines rouges. Va[illegible]tés à fleurs jaune sale varié de pourpre, à feuilles panachées de blanc. Terre fraîche. Même culture.

JUNCUS.

Juncus maritimus *L.* Jonc maritime. (*Joncées.*) — Tige de 1 m. et plus, droite, forte, d'un beau vert; feuilles roides, piquantes; fleurs en panicule lâche, panachée de brun. Graines et éclats de touffes. Quelques autres espèces se recommandent soit par leur port, soit parce qu'elles servent de liens pour attacher les plantes.

LEERSIA.

Leersia orizoïdes *Sw.* Léersie à fleurs de riz. (*Graminées.*) — Tige de 60 cent. à 1 m., à nœuds velus; feuilles, planes, rudes; fleurs en panicule lâche, étalée. Bord des eaux. Culture des *Glyceria.*

LIMNOCHARIS.

Limnocharis Humboldtii *Rich.* **Stratiotes Humboldtii.** Limnocharis de Humboldt (*Hydrocharidées*). — Tiges flottantes; feuilles ovales, oblongues, échancrées, disposées en rosace à la surface des eaux; fleurs grandes, jaune-citron, à onglet orangé. Culture des *Hydrocharis.* Rentrer l'hiver. Cette plante vient mieux en serre tempérée.

LYTHRUM.

Lythrum salicaria *L.* **Salicaria vulgaris** *Mœnch.* Salicaire. (*Salicariées.*) (Pl. XXIV, fig. 5.) — Tige de 1 m. 20, rougeâtre, carrée; feuilles lancéolées; fleurs nombreuses, roses, en épi; juillet-septembre. Variété à fleurs pourpres ou rose foncé, plus serrées (*L. roseum superbum*). Terre très-humide, bord des eaux. Semer en pépinière, en pots, depuis avril jusqu'en juillet. Drageons.

L. virgatum *L.* **Salicaria virgata** *Mœnch.* Salicaire effilée. — Tige de 1 m. à 1 m. 50; feuilles lancéolées; fleurs grandes, rose pourpre, en épis paniculés lâches; juillet-août. Même culture.

L. verticillatum *L.* Salicaire verticillée. — Même culture.

MARSILEA.

Marsilea quadrifolia *L.* Marsilée à quatre feuilles. (*Rhizocarpées.*) — Rhizome rampant; feuilles longuement pétiolées, à quatre folioles arrondies, en croix, ordinairement flottantes. Eaux courantes et stagnantes. Éclats de touffes.

MENTHA.

Mentha aquatica *L.* Menthe aquatique, M. rouge. (*Labiées.*) — Tige de 30 à 40 cent.; feuilles ovales lancéolées, presque glabres; fleurs pourpre clair, axillaires et terminales. Variétés à feuilles velues, à feuilles plissées et laciniées (*Menthe crépue*). Terre humide, bord des eaux. Semer en pépinière, d'avril en juillet. Éclats de touffes.

M. rotundifolia *L.* Menthe à feuilles rondes, Menthe crépue, Baume sauvage. — Tige et feuilles cotonneuses; fleurs roses, en épis cylindriques. Variété à fleurs blanches. Même culture.

M. Pulegium *L.* Menthe Pouliot. — Tige à rameaux inférieurs traçants; feuilles ovales, dentées, odorantes; fleurs roses, en glomérules réunis en épi lâche. Variété à fleurs lilacées. Même culture.

M. sylvestris, viridis, pyramidalis, sativa, etc. —Même culture.

MENYANTHES.

Menyanthes trifoliata *L.* Ményanthe à trois feuilles, Trèfle d'eau. (*Gentianées.*) (Pl. XXIV, fig. 2.)—Tige de 30 cent., dressée; feuilles à trois segments ovales, arrondis, entiers; fleurs blanches, lavées de rose à l'extérieur, à pétales épais, élégamment frangés, ciliés, réunies en grappe; mai-juillet. Terre marécageuse ou inondée. Semer en pépinière, en pots, depuis avril jusqu'en juillet. Éclats de pied.

M. nymphoïdes. — Voy. **Villarsie.**

MYOSOTIS.

Myosotis palustris *With.* Myosotis des marais, Scorpione, Ne-m'oubliez-pas. (*Borraginées.*) (Pl. XXV, fig. 1.) — Tige de 20 à 35 cent., traçante; feuilles oblongues, étroites; fleurs bleu de ciel, marquées de jaune à la base, en épi unilatéral arqué; avril-octobre. Exposition un peu ombragée. Terre légère, humide, marécageuse. Semer en place, en avril et mai. Boutures et éclats.

NELUMBIUM.

Nelumbium speciosum *D. C.* Nélombo. (*Nélumbiacées.*) — Rhizome long, traçant; feuilles émergées, creusées en coupe, de 35 à 40 cent. de diamètre, blanchâtres ou rosées; fleurs larges de 20 à 25 cent., d'un beau rose, à odeur agréable; août-septembre, Réceptacle turbiné, tronqué.

Le *N. Caspicum* paraît n'en être qu'une variété.

Le *Bon-Jardinier* expose ainsi la culture de ces magnifiques plantes :

« Les rhizomes du Nélombo se plantent au mois d'avril, dans des baquets remplis de terre vaseuse, dépourvue de terreau animal, que l'on recouvre de 10 à 15 cent. d'eau. Ces baquets se placent sous un châssis bien clos, exposé au soleil de manière que l'eau s'échauffe, et les plantes y séjournent jusqu'au moment où elles produisent des feuilles peltées et dressées ; les premières feuilles flottent à la surface de l'eau. Ces feuilles immergées se montrent en juin ; c'est à cette époque que l'on sort les Nélumbo des châssis et qu'on les place en plein soleil avec leur baquet ; les fleurs se montrent vers la mi-août. Après la chute des feuilles, on enlève l'eau des baquets ; les rhizomes restent dans la vase durant tout l'hiver, soit dans un coin de l'orangerie, soit dans tout autre endroit à l'abri de la gelée, jusqu'au retour du printemps où on les replante.

« Les *Nelumbium* se cultivent encore dans les bassins des serres chaudes, pourvu que l'eau y atteigne environ + 20°. Dans quelques parties de la Belgique, on a utilisé pour leur culture l'eau chaude qui sort pure de certaines cuisines. »

N. luteum *W*. Nelumbo jaune. — Rhizome très-gros ; feuilles larges, cordées ; fleurs longuement pédonculées, flottantes, jaunâtres, larges de 20 cent. Même culture.

NUPHAR.

Nuphar luteum *Smith*. **Nymphæa lutea** *L*. Nénuphar jaune, Plateau. (*Nymphéacées*.) — Rhizome traçant ; feuilles minces, ondulées et submergées, ou épaisses, cordiformes et flottantes ; fleurs jaunes ; odorantes ; juin-septembre. Culture des *Nymphæa*.

N. Spenneriana, sagittæfolia, etc. Nénuphars de Spenner, à feuilles en flèche, etc. — Même culture.

N. advena. — Voy. *Nymphæa*.

NYMPHÆA.

Nymphæa alba *L*. Nymphéa ou Nénuphar blanc, Lis d'étang. (*Nymphéacées*.) (Pl. XXIII, fig. 3.) — Rhizome traçant ; feuilles larges, en cœur, longuement pétiolées, flottantes ; fleurs grandes, à pétales nombreux, d'un blanc pur ; juin-août. Graines jetées dans l'eau, depuis avril jusqu'en juillet, ou aussitôt après la maturité. Rhizomes plantés dans la vase d'un terrain continuellement submergé,

N. cærulea *Sav*. Nymphéa ou Nénuphar bleu. — Rhizomes petits, arrondis ; feuilles petites, sinueuses, tachées de brun ; fleurs bleues, à odeur agréable. Même culture. Rentrer en serre durant l'hiver.

N. rubra *Roxb*. Nymphéa ou Nénuphar rouge. — Feuilles peltées, finement dentées, pubescentes en dessous ; fleurs rouges ou rosées.

Même culture. Conserver, pendant l'hiver, les rhizomes dans la terre humide, pour les submerger seulement au printemps.

N. versicolor *Curt.* Nymphéa panaché. — Fleurs grandes, blanches mélangées de vert et de pourpre. Même culture.

N. odorata *Ait.* Nymphéa ou Nénuphar odorant. —Feurs blanches, à odeur agréable. Même culture.

N. thermalis, Ortgiesiana, gigantea, Lotus, advena, elegans, scutifolia, etc. Nymphéas ou Nénuphars thermal, d'Ortgies, gigantesque, Lotos, étranger, élégant, à feuilles en bouclier, etc. — Toutes ces espèces exotiques, introduites depuis peu, se cultivent comme les précédentes, et réclament à peu près les mêmes soins que les Nélombo, durant l'hiver.

N. nelumbo *L.* Voy. *Nelumbium.*

OSMUNDA.

Osmunda regalis *L.* Osmonde royale. (*Fougères.*) — Rhizome épais, traçant; frondes (*feuilles*) en touffe, à limbe bipenné, dont quelques-unes s'élèvent à 1 m. et portent des sporanges jaunâtres, en panicule terminale compacte; juin-septembre. Exposition ombragée, sous les arbres. Terrain tourbeux, humide; bord des eaux. Éclats de pieds.

O. spicant *L.* **Blechnum spicant** *With.* Osmonde spicant. — Rhizome épais; frondes nombreuses, en touffes, quelques-unes s'élevant de 40 à 80 cent. et portant les sporanges à leur face inférieure; juin-août. Même culture.

PARNASSIA.

Parnassia palustris *L.* Parnassie des marais. (*Droséracées.*) — Tiges de 10 à 40 cent., dressées, simples; feuilles ovales, cordiformes; les radicales disposées en rosette; fleurs blanches veinées de vert, solitaires, terminales; juin-septembre. Terrain tourbeux, humide. Éclats de pieds.

PHALARIS.

Phalaris arundinacea *L.* Phalaris roseau, Phalaris rubané, Ruban de bergère. (*Graminées.*) (Pl. XXV, fig. 2.) — Tige de 1 m. à 1 m. 50; feuilles lancéolées, larges, à bords rudes; fleurs en panicule spiciforme, blanchâtre du côté de l'ombre, pourpre du côté du soleil; juin-juillet. Variété à feuilles rubanées de blanc, de jaunâtre et de rose

(*P. a. picta*). Terrain humide, bord des eaux. Semer en pépinière en planche, depuis avril jusqu'en juillet. Éclats et rejetons.

POLYGONUM.

Polygonum amphibium *L.* Renouée amphibie. (*Polygonées.*) (Pl. XXV, fig. 3). — Tiges submergées, nageantes ou terrestres; feuilles lancéolées, arrondies à la base, pétiolées, flottantes ou aériennes; fleurs rouges ou roses, en épis compactes, cylindriques, oblongs, solitaires-terminaux ; juillet-septembre. Graines semées en place ou en pépinière, ou jetées dans l'eau, aussitôt après leur maturité. Rhizomes plantés dans la vase.

P. bistorta *L.* Bistorte. —Rhizome très-épais, rampant, contourné; tiges de 50 à 80 cent., dressées, simples; feuilles ovales ou oblongues; fleurs roses, en épi ovoïde ou oblong-cylindrique, compacte, solitaire, terminal; mai-juillet. Même culture. Bord des eaux.

PONTEDERIA.

Pontederia cordata *L.* Pontédérie à feuilles en cœur. (*Pontédériacées*). — Tige courte; feuilles cordées, épaisses, longuement pétiolées, d'un beau vert; fleurs bleu vif, en épi droit, compacte, entouré d'une spathe; mai-juin. Terre tourbeuse; bord des eaux; bassins. Éclats de souches, faits au printemps.

POTAMOGETON.

Potamogeton natans *L.* Potamot nageant. (*Naïadées.*) — Tiges longues, submergées; feuilles grandes, épaisses, ovales, longuement pétiolées, flottantes; fleurs petites, verdâtres, en épis axillaires portés sur de longs pédoncules ; juillet-août. Variétés dans la grandeur et la forme des feuilles. Graines jetées dans l'eau. Éclats plantés dans la vase.

P. lucens *L.* Potamot luisant. — Tiges rameuses, cylindriques, épaisses; feuilles submergées, grandes, larges, membreuses-transparentes; épis fructifères cylindriques assez gros; juin-août. Même culture.

P. crispum, pectinatum, serratum, etc. — Même culture.

RANUNCULUS.

Ranunculus lingua *L.* Renoncule-langue, grande Douve. (*Renon-*

culacées.) (Pl. XXIV, fig. 1.) — Tige de 1 m. à 1 m. 50, droite, stolonifère; feuilles longues, lancéolées, aiguës; fleurs jaunes; juin-août. Terrains marécageux, bord des eaux. Semer en pépinière, depuis avril jusqu'en juillet. Eclats de pied, faits au printemps.

R. flammula *L.* Renoncule flammette, petite Douve. — Tige de 30 à 60 cent.; feuilles ovales ou lancéolées; fleurs jaunes, assez petites; juin-octobre. Même culture.

R. aquatilis *L.* Renoncule aquatique. — Tiges de longueur très-variable, submergées; feuilles découpées; fleurs blanches, à onglet jaune; avril-août. Nombreuses variétés dans la couleur des fleurs et surtout dans la forme et les découpures des feuilles. Eaux courantes et stagnantes.

RICHARDIA.

Richardia Æthiopica *Schott.* **Calla Æthiopica** *L.* Calla d'Éthiopie (*Aroïdées*). — Tige de 70 cent. à 1 m.; feuilles grandes, sagittées, d'un beau vert, longuement pédonculées; fleurs en spadice jaune, entouré d'une large spathe blanche odorante, roulée en cornet; février-avril. Variété à spathe triple; autre plus petite (*R. Æ. minor*). Exposition au soleil. Terre légère, constamment humide, ou mieux en pot, qu'on place dans un bassin. Éclats de souche. Orangerie ou serre tempérée, pendant l'hiver.

RUMEX.

Rumex hydrolapathum *Huds.* Patience aquatique, grande Patience, Parelle des marais. (*Polygonées.*)—Tige de 1 m. à 2 m. 50, forte, dressée, cannelée, rameuse; feuilles radicales atteignant 80 cent. de longueur; fleurs verdâtres, en grande panicule terminale; juillet-août. Terre très-humide, bord des eaux. Semer en pépinière, depuis avril jusqu'en juillet. Éclats.

R. aquaticus *L.* Patience d'eau. — Espèce voisine de la précédente; feuilles inférieures cordiformes. Même culture.

R. sanguineus *L.* Patience rouge de sang. — Tige de 50 cent. à 1 m., souvent rougeâtre; feuilles oblongues, à nervures rouge pourpre; fleurs verdâtres, en épis lâches, effilés, terminaux; juin-août. Même culture.

R. maximus. *Schreb.* Grande Patience. — Tige de 1 à 2 m.; fleurs verdâtres; juillet-août. Même culture.

SAGITTARIA.

Sagittaria sagittifolia *L.* Sagittaire, Fléchière, Sagette. (*Alismacées.*) (Pl. XXIII, fig. 1.) — Rhizome noir, noueux; tige de 25 à 50 cent.; feuilles rubanées, longues, aquatiques, ou en flèche, aériennes; fleurs moyennes, blanches ou teintées de pourpre, verticillées, en épi terminal; juin-août. Terre inondée. Semer en pépinière, en pots, depuis avril jusqu'en juillet. Éclats de pied, au printemps.

S. Sinensis *Bot. Mag.* Sagittaire de Chine. — Espèce semblable à la précédente, mais à fleurs plus grandes; feuilles larges, spatulées. Même culture.

SAURURUS.

Saururus cernuus *L.* Saurure penché. (*Saururées.*) — Rhizome rampant; tige de 40 cent.; feuilles cordiformes, allongées, pétiolées; fleurs blanches, en longue grappe courbée au sommet. Terre très-humide, bord des eaux. Culture de l'*Houttuynia.*

SCIRPUS.

Scirpus lacustris *L.* Scirpe des étangs, Jonc des tonneliers. (*Cypéracées.*) — Rhizome épais, longuement traçant; tiges de 1 à 2 m., cylindriques, dressées; feuilles canaliculées-roulées; fleurs brunâtres, en cymes terminales; mai-juillet. Culture des *Carex* et des *Cyperus.*

S. sylvaticus *L.* Scirpe des bois. — Rhizome traçant; tiges de 40 à 30 cent., triangulaires; feuilles planes, larges, très-allongées; fleurs vert noirâtre, en corymbe terminal; mai-août. Même culture.

S. maritimus *L.* Scirpe maritime. — Rhizome traçant, noueux; tiges de 40 à 30 cent., triangulaires; feuilles planes, très-longues; fleurs brunâtres, en cyme terminale; juin-septembre. Même culture.

S. fluitans *L.* Scirpe flottant. — Tiges de 1 m. à 1 m. 50, rameuses, couchées ou nageantes; feuilles linéaires, fasciculées; fleurs verdâtres, en épis solitaires terminaux; juin-août. Même culture.

SIUM.

Sium latifolium *L.* Berle à larges feuilles. (*Ombellifères.*) — Tiges de 1 m. à 1 m. 20, glabres, fistuleuses, cannelées-anguleuses, rameuses à la partie supérieure; feuilles très-découpées; fleurs blanches, nombreuses, en ombelles terminales; juillet-septembre. Culture des Épilobes.

S. angustifolium *L.* Berle à feuilles étroites. — Tiges de 40 à 80 cent., fistuleuses, glabres, sillonnées, rameuses; feuilles très-découpées; fleurs blanches, en ombelles terminales; juillet-septembre. Même culture.

S. nodiflorum *L.* **Helosciadium nodiflorum** *Koch.* — Tiges de 30 cent. à 1 m., couchées, glabres, fistuleuses; feuilles pennées, découpées, d'un beau vert; fleurs blanches, en ombelles très-petites, axillaires; juillet-septembre. Même culture.

SPARGANIUM.

Sparganium ramosum *Huds.* Rubanier rameux. (*Typhacées.*) — Tige de 60 à 80 cent., robuste, dressée, rameuse au sommet; feuilles linéaires, très-longues, triquètres à la base; fleurs verdâtres, en cymes globuleuses réunies en panicule rameuse terminale; juin-août. Éclats de pied.

S. simplex *Huds.* Rubanier simple. — Tige de 40 à 80 cent., dressée, simple; feuilles linéaires, allongées, triquètres à la base; fleurs en épi simple terminal; juin-août. Même culture.

S. natans *L.* Rubanier nageant. — Tige de longueur variable, submergée-nageante, simple, très-grêle; feuilles linéaires, planes; fleurs en têtes globuleuses réunies en épi simple terminal; juin-août. Même culture.

STRATIOTES.

Stratiotes aloïdes *L.* Stratiote-Aloès. (*Hydrocharidées.*) — Plante ayant le port d'un Aloès; tige de 25 à 40 cent.; feuilles radicales, triangulaires, en glaive; fleurs blanches, peu apparentes; juillet-août. Culture des *Hydrocharis* et des *Limnocharis.*

S. Humboldtii. Voy. *Limnocharis.*

THALIA.

Thalia dealbata *L.* **Peronia stricta** *Red.* Thalie blanchâtre. (*Scitaminées.*) — Tige de 1 m. à 1 m. 20; feuilles radicales, ovales, droites, longuement pétiolées; fleurs rouge brun, en panicule lâche terminale; juillet-août. Variété à fleurs bleu violacé. Semer sur couche, en avril. Drageons, séparés et plantés au printemps. Mettre la plante dans l'eau, en mai. Submerger pendant l'hiver, ou rentrer en serre tempérée.

TYPHA.

Typha latifolia *L.* Massette à larges feuilles, Masse d'eau, Rauche, Quenouille, Canne de jonc, Roseau des étangs. (*Typhacées.*) Pl. XXIV, fig. 4.) — Tige de 1 m. 50 à 2 m.; feuilles très-longues, planes, en glaive, dressées, un peu glauques; fleurs femelles en épi cylindrique terminal, brun noir, velouté, surmonté d'un épi plus étroit, jaune soufre, formé par les fleurs mâles; juin-juillet. Variété plus petite, à feuilles plus étroites (*T. intermedia*). Eaux stagnantes, bassins. Semer en pépinière, en pots, depuis avril jusqu'en juillet. Division des touffes. Couper les tiges et les feuilles, entre deux eaux, au commencement de l'hiver. Ces plantes traçant beaucoup, il faut les empêcher de s'étendre.

T. angustifolia *L.* Massette à feuilles étroites. — Tige de 1 à 2 m., assez grêle; feuilles linéaires, étroites, un peu concaves en dedans, convexes au dehors; fleurs comme dans l'espèce précédente, mais épis plus espacés; juin-juillet. Même culture.

T. minima *L.* Massette naine. — Tiges très-courtes; feuilles glauques, creusées en gouttière; épis femelles globuleux. Même culture.

UTRICULARIA.

Utricularia vulgaris *L.* Utriculaire commune. (*Lentibulariées*). — Tige de 30 à 70 cent.; feuilles étalées, très-découpées, à segments capillaires; fleurs d'un beau jaune, marquées de lignes orangées, à éperon conique, réunies en grappes terminales, accompagnées de bractées écailleuses; juin-août. Terre tourbeuse, inondée; eaux stagnantes. Éclats de touffes.

U. intermedia, minor. — Même culture.

VALLISNERIA.

Vallisneria spiralis *L.* Vallisnérie spirale. (*Hydrocharidées.*) — Tige très-courte; feuilles radicales, longues, étroites, rubanées; fleurs rougeâtres, dioïques, solitaires, les mâles à pédoncules très-courts, les femelles à pédoncules très-longs, se déroulant en spirale et s'enroulant de nouveau après la fécondation. Culture de l'*Aponogeton*.

VERONICA.

Veronica beccabunga *L.* Véronique beccabonga, Cresson de cheval. (*Personées.*) — Tiges de 30 à 60 cent., succulentes, cylindriques, couchées et traçantes à la base; feuilles glabres, charnues, ovales ou oblongues; fleurs d'un beau bleu, en grappes lâches, axillaires et terminales; mai-septembre. Variété à fleurs bleu pâle. Terre marécageuse, bord des eaux. Semer en pépinière, en pots, depuis avril jusqu'en juillet. Éclats de pieds.

V. anagallis *L.* Véronique Mouron. — Tiges de 40 à 80 cent., succulentes, anguleuses; feuilles lancéolées; fleurs bleu pâle ou rosées, souvent veinées de bleu ou de rouge; mai-septembre. Même culture.

VILLARSIA.

Villarsia nymphoïdes *Vent.* **Limnanthemum nymphoïdes** *Link.* **Menyanthes nymphoïdes** *L.* Villarsie nymphoïde, faux Nénuphar. (*Gentianées.*) — Tiges de longueur très-variable, rameuses, submergées; feuilles entières, arrondies, cordées à la base, coriaces, luisantes en dessus, longuement pétiolées; fleurs grandes, d'un beau jaune, à bords déchiquetés, ciliés, solitaires à l'extrémité de longs pédoncules; juillet-septembre. Culture des *Menyanthes.*

CHAPITRE VI.

PLANTES GRIMPANTES.

ARISTOLOCHIA.

Aristolochia sipho *L.* Aristoloche Siphon, herbe aux pipes. (*Aristolochiées.*) — Arbrisseau, à tige de 6 à 10 m.; feuilles grandes, larges, cordiformes; fleurs géminées, pendantes, en forme de pipe, à languette triangulaire, plane, verdâtres, lavées de jaune et de rouge noir, veinées et ponctuées de brun ou de pourpre obscur; mai-juin. Exposition demi-ombragée. Tout terrain frais, et mieux terre franche, légère. Semer sur couche en avril, ou en pépinière à l'automne. Marcottes, avec du bois de deux ans incisé sur un nœud. La reprise étant assez difficile, on fera bien de planter de préférence des individus cultivés en pots. Cette plante convient pour garnir les tonnelles, les berceaux, les treillages, les hautes murailles, etc.

A. altissima *Desf.* Aristoloche élevée. — Arbrisseau à feuilles persistantes, cordiformes, ondulées; fleurs solitaires à l'aisselle des feuilles, mélangées de jaune et de brun, longuement pédonculées; mai-septembre. Culture de la précédente. Couverture, ou orangerie, durant l'hiver.

A. pubera *Hort.* Aristoloche pubescente. — Fleurs jaunes. Même culture.

A. sempervirens *L.* Aristoloche toujours verte. — Plante vivace, cultivée comme annuelle; tige longue, grêle; feuilles cordiformes, oblongues, aiguës, ondulées; fleurs solitaires mélangées de jaune et de brun. Semer comme la précédente.

A. triloba, anguicida, grandiflora, picta, labiosa, etc. Toutes ces espèces sont fort remarquables par la grandeur et la beauté de leurs fleurs; mais elles ne peuvent être cultivées qu'en serre chaude.

BIGNONIA.

Bignonia capreolata *L.* Bignone à vrilles. (*Bignoniacées.*) — Arbrisseau à tiges longues, flexibles; feuilles à deux folioles ovales, persistantes, à pétiole muni de vrilles; fleurs très-nombreuses, tubuleuses, courbées, rouge foncé à l'extérieur, jaunes au dedans; mai-juin. Exposition chaude. Terre franche, légère, fraîche. Semer en terrines, sur couche, au printemps, et recouvrir légèrement. Marcottes, rejetons, éclats enracinés. Boutures à bois de deux ans. Couvrir le pied de litière, en hiver.

B. speciosa *Hook.* Bignone superbe ou à fleurs pourpres. — Tige et feuilles comme dans l'espèce précédente; fleurs terminales, tubuleuses, pourpre veiné de lilas. Même culture, et mieux serre tempérée.

B. kerere *Aubl.* Bignone chérère. — Plante vivace; tiges glabres, sarmenteuses; feuilles comme les précédentes; fleurs tubuleuses, longues de 10 à 12 cent., d'un beau rouge pourpre, nuancé d'orangé et de jaune. Même culture.

B. radicans, grandiflora, Capensis, etc. Voy. *Tecoma.*

BOUSSINGAULTIA.

Boussingaultia baselloïdes *H. B.* Boussingaultie à feuilles de Baselle. (*Atriplicées.*) — Plante vivace; tige grimpante, sarmenteuse; feuilles ovales; fleurs blanches, petites, très-odorantes, en épis. Tubercules et boutures de tiges. Couverture en hiver.

BRYONIA.

Bryonia dioïca *L.* Bryone dioïque, Couleuvrée, Vigne blanche. (*Cucurbitacées.*) — Vivace; racine très-épaisse, charnue-farineuse; tiges très-longues, grêles, sarmenteuses, anguleuses, rudes, plus ou moins velues; feuilles palmées, d'un beau vert; fleurs petites, dioïques, blanc jaunâtre, en corymbes; juin-juillet. Fruits rouges. Toute terre un peu humide. Semer en pépinière, en planche, depuis avril jusqu'en juillet.

B. alba *L.* Bryone blanche ou monoïque. — Espèce vivace, voisine de la précédente; fleurs monoïques, en cymes axillaires; fruits noirs. Même culture.

B. Abyssinica *Lam.* Bryone d'Abyssinie. — Vivace; tige très-longue, quadrangulaire, velue; feuilles palmées, d'un beau vert, à pétioles munis de vrilles simples; fleurs monoïques, jaunâtres, géminées, axillaires; fruits de la grosseur d'une petite prune, d'abord jaune d'or, et passant par toutes les nuances jusqu'au rouge minium. Exposition du midi. Terre forte, profonde. Semer en pots, sous châssis, et repiquer en motte, quand les plants ont acquis 30 cent. de longueur.

CALYSTEGIA.

Calystegia pubescens *Lindl.* Calystégie pubescente. (*Convolvulacées.*) (Pl. XXVI, fig. 5.) — Vivace; racines fibreuses, très-traçantes; tige pubescente; feuilles hastées; fleurs grandes, rose tendre, à centre du rose le plus vif; juin-septembre. Variété à fleurs doubles. Terre légère. Semer en place, en avril et mai, ou en pépinière, depuis avril jusqu'en juillet. Éclats de racines et drageons. Arroser abondamment pendant les chaleurs.

C. sepium *R. Br.* **Convolvulus sepium** *L.* Liseron des haies. — Vivace; racines traçantes; tiges atteignant la longueur de plusieurs mètres; feuilles cordées, pétiolées; fleurs très-grandes, d'un beau blanc; juin-octobre. Variétés à fleurs grandes, roses, marquées de 5 bandes blanches et à fleurs toutes roses. (*C. incarnata.*) Exposition ombragée. Toute terre un peu humide. Semer en place, en avril-mai. Éclats de racines et drageons.

C. scammonea *Lam.* **Convolvulus scammonia** *L.* Scammonée du Levant. — Vivace; racine allongée, épaisse, charnue; tige grêle, un peu velue, de 1 m. 50 à 2 m.; feuilles hastées, aiguës; fleurs rougeâtres, moyennes, en petites grappes à l'extrémité de longs pédoncules axillaires.

CARDIOSPERMUM.

Cardiospermum halicacabum *L.* Cardiosperme, Corinde Alkékenge, Pois de cœur. (*Sapindacées.*) — Plante annuelle; tige de 1 m. 20, glabre; feuilles découpées; fleurs blanches, en grappe; juillet-août. Semer sur couche, en avril.

CELASTRUS.

Celastrus scandens *L.* Célastre grimpant, Bourreau des arbres. (*Célastrinées.*) — Arbrisseau à tige de 3 à 4 m., s'enroulant autour des arbres, qu'elle étrangle; feuilles ovales, aiguës, dentées; fleurs verdâtres, petites; mai-juin. Fruits rouges, à trois cornes. Tout terrain frais. Semer aussitôt après la maturité des graines. Boutures de racines.

CISSUS.

Cissus quinquefolia *Desf.* **Ampelopsis hederacea** *Mich.* **Hedera quinquefolia** *L.* Vigne vierge. (*Ampélidées.*) — Arbrisseau à tige et rameaux longs, grimpants, pourvus de vrilles et de racines adventives; feuilles à cinq folioles d'un beau vert, prenant une belle teinte rouge à l'automne; fleurs verdâtres, peu apparentes. Exposition demi-ombragée. Tout terrain frais. Boutures et marcottes.

C. orientalis, heterophylla, Roylii, Sieboldii, cordata, etc. — Même culture.

CLEMATIS.

Clematis viticella *L.* Clématite à fleurs bleues. (*Renonculacées.*) (Pl. XXVI, fig. 3.) — Arbrisseau à tiges de 3 à 4 m., grêles, sarmenteuses: feuilles à pétioles munis de vrilles, à neuf folioles ovales, souvent lobées, d'un vert sombre; fleurs moyennes, très-ouvertes, d'un beau bleu, solitaires, longuement pédonculées; juin-septembre. Variétés à fleurs violettes, pourpres, rouges ou roses, à fleurs plus grandes et à fleurs doubles. Exposition chaude et sèche. Tout terrain, et mieux terre franche, légère, mélangée de terre de bruyère. Semis, au printemps et à l'automne, ou mieux aussitôt après la maturité des graines. Marcottes détachées la seconde année. Boutures et éclats de racines. Drageons. Les variétés se propagent par la greffe en fente sur la clématite à fleurs bleues simples.

C. viorna *L.* Clématite viorne. — Tige de 1 m. 50 à 3 m.; feuilles à 9-12 folioles; fleurs campanulées, à divisions épaisses, charnues, pourpres en dehors, jaunâtres en dedans, pendantes; juin-septembre. Même culture.

C. flammula *L.* **C. fragrans** *Ten.* Clématite odorante. — Tige de 6 à 7 m.; feuilles pennées; fleurs blanches, en grappes, à odeur agréable; juillet-août. Variété à fleurs plus grandes, lavées de rose à l'intérieur, plus tardives. (*C. rubella* Pers.) Même culture.

C. crispa *L.* Clématite à fleurs crépues. — Tige de 1 m. 40 à 2 m.; feuilles à 3 ou plusieurs folioles; fleurs grandes, rougeâtres, à bords crispés; juillet-août.

C. Balearica *Lam.* **C. calycina** *H. K.* Clématite des Baléares ou à grand calice. — Tige sarmenteuse; feuilles ternées, très-découpées, petites; fleurs blanches, pendantes, solitaires; novembre-avril. Même culture. Couverture l'hiver.

C. Virginiana *L.* Clématite de Virginie. — Tige de 2 m.; feuilles à trois folioles cordiformes, découpées; fleurs blanches, dioïques, odorantes, en panicules; juin-août. Même culture.

C. graveolens *Lindl.* Clématite de Tartarie. — Tige de 1 m. 50 à 2 m.; feuilles à trois folioles ternées, découpées; fleurs solitaires terminales, jaunes, à odeur forte. Même culture.

C. vitalba *L.* Clématite brûlante ou commune, Viorne, herbe aux gueux. — Tiges très-longues; feuilles penniséquées, à pétioles en vrille; fleurs blanches, en panicules axillaires; juin-août. Fruits munis de longues aigrettes soyeuses, blanches. Même culture.

C. patens *Decne.* **C. cærulea** *Lindl.* **C. azurea** *Hort.* Clématite étalée ou bleue. — Tiges grimpantes; feuilles ternées; fleurs terminales, solitaires, à sépales longs de 8 cent., d'un beau bleu, très-étalés; mai-juillet. Variétés *Monstrosa, Sophia, Helena,* etc. Même culture.

C. lanuginosa *Lindl.* Clématite laineuse. — Tige grimpante; feuilles à trois folioles cordées, velues, ainsi que les pétioles et les boutons; fleurs bleues, larges de 12 à 15 cent., très-ouvertes. Même culture.

C. montana *Wall.* Clématite de montagne. — Tige robuste, grimpante; feuilles à trois folioles découpées; fleurs axillaires, grandes, blanches, odorantes; mai-juin. Même culture.

C. eriostemon *Decne.* Clématite à étamines velues. — Tige grimpante; feuilles pennées, à folioles ternées; fleurs d'un beau bleu.

C. Hendersoni *Hort.* Clématite de Henderson. — Tige de 3 à 4 m.; feuilles à folioles trilobées; fleurs pendantes, campanulées, bleu violacé, en bouquets.

C. aristata *R. Br.* Clématite aristée. — Tige grimpante; feuilles à trois folioles cordiformes; fleurs blanches, dioïques, en corymbes terminaux. Même culture. Les boutures reprennent avec assez de difficulté.

C. cirrhosa *L.* Clématite à vrilles. —Tige de 2 m.; feuilles simples ou à trois folioles, persistantes; fleurs solitaires, pendantes, blanc verdâtre; octobre-novembre. On fera bien d'en rentrer un pied en orangerie pendant l'hiver.

C. Grahami *Benth.* Clématite de Graham. — Tige grimpante; feuilles pennées; fleurs nombreuses, dioïques, vert pâle, en panicules. Serre froide. Même multiplication.

C. smilacifolia *Wall.* Clématite à feuilles de smilax. — Tige grimpante; feuilles simples, grandes, panachées, longuement pétiolées; fleurs rouille en dehors, bleues en dedans, en panicule. Même culture.

C. macrophylla *Decne.* Clématite à larges feuilles. — Espèce semblable à la précédente, mais à feuilles beaucoup plus larges, longues de 25 à 30 cent.; fleurs rouille en dehors, blanches au dedans. Serre tempérée.

C. indivisa *Forst.* Clématite à feuilles indivises. — Tige grimpante; feuilles à folioles entières ou lobées (*C. i. lobata*); fleurs blanches, dioïques, en grandes panicules. Même culture.

C. Alpina *D. C.* **Atragene Alpina** *L.* Clématite des Alpes. — Tige grimpante, de 1 m. 50 à 2 m.; feuilles fasciculées, à folioles lancéolées; fleurs solitaires, grandes, d'un beau bleu; juin-juillet. Terre franche légère. Semer aussitôt après la maturité des graines. Marcottes.

C. Sibirica *D.C.* **Atragene Sibirica** *L.* Clématite de Sibérie. — Espèce semblable à la précédente, mais à fleurs blanches ou jaunâtres. Même culture.

C. florida *Thunb.* **Atragene Indica** *Desf.* Clématite des Indes ou à grandes fleurs. — Tiges sarmenteuses; feuilles ternées, à folioles ovales, à pétioles longs, volubiles; fleurs grandes, d'abord verdâtres, puis blanches; avril-novembre. Variété à fleurs doubles; autre à fleurs présentant un grand nombre d'appendices pétaloïdes pourpre-violacé (*C. f. bicolor* ou *Sieboldii*). Exposition chaude et sèche. Terre franche, légère. Même culture. Tenue en pot ou dans une bâche, la plante fleurit plus tôt.

C. campaniflora, glauca, Orientalis, etc. — Même culture.

COBOEA.

Cobœa scandens *Cav.* Cobéa grimpant. (*Polémoniacées.*) (Pl. XXVII, fig. 5) — Plante vivace, cultivée comme annuelle. Tige grêle, sarmenteuse, de 8 à 10 m. et plus; feuilles ailées, à trois paires de folioles ovales, glabres, quelquefois un peu pourprées, terminées par des vrilles rameuses; fleurs grandes, campanulées; calice glauque, à cinq angles ailés; corolle, d'abord jaune pâle, devenant peu à peu violet foncé ou pourpre vineux; juillet-octobre. Exposition chaude. Terre franche, légère. Semer en mars-avril, sur couche tiède, et mieux en terre de bruyère, sur couche et sous châssis; repiquer en pots, une seule plante par pot; mettre en place en mai. Boutures, marcottes et éclats de pied, au printemps ou à l'automne. Arroser copieusement en été. On peut aussi tenir cette plante en pots, qu'on rentre l'hiver en orangerie, après avoir coupé les tiges, non pas rez terre (auquel cas elles ne repousseraient pas), mais à 50 cent. au-dessus du collet des racines; elle redevient alors vivace.

C. stipularis *Benth.* — Même culture; plus rustique.

CUCUMIS.

Cucumis myriocarpus *Naud.* **C. prophetarum** *Jacq.* (*non L.*). **C. grossularioïdes** *Hort.* Concombre groseille. (*Cucurbitacées*). — Plante annuelle; tiges de 2 m. et plus, striées, hérissées de poils rudes, un peu anguleuses; feuilles grandes, lobées, cordées à la base, longuement pétiolées; fleurs jaune vif, réunies 2 à 5 à l'aisselle des feuilles; fruit globuleux, hérissé de poils rudes, simulant une très-grosse groseille à maquereau, panaché de bandes longitudinales vertes, alternativement très-claires et très-foncées, jaunissant à la maturité. Exposition chaude. Semer en place vers le 15 mai, ou mieux sur couche en mars-avril et repiquer le jeune plant en motte, quand il est bien repris; ou bien enfin planter sur une couche sourde pratiquée en faisant un large trou, qu'on remplit, soit de terreau, soit de fumier recouvert d'une bonne épaisseur de terre. Arroser fréquemment pendant les grandes chaleurs. Cette plante se ressème d'elle-même.

C. metuliferus *E. Mey.* Concombre métulifère ou porte-bornes. — Annuel; tiges de 1 m. 50 à 2 m., rameuses, vert foncé, anguleuses, hispides; feuilles larges, palmées, lobées, cordées à la base;

fleurs jaunes ; fruit ovoïde, long de 10 cent., glabre, d'abord jaune foncé taché de vert, devenant d'un beau rouge écarlate vif à la maturité, couvert de tubercules épais, coniques, longs d'environ 1 cent., recourbés, à sommet très-aigu et dur. Même culture.

C. dipsaceus *Ehrh.* **C. Bardana** *Fenzl.* **Momordica dasycarpa** *Hochst.* C. dipsacé, C. cardaire ou chardon, C. bardane, C. porte-soies, etc. — Annuel ; tiges de 1 à 2 m., très-rameuses, hérissées de poils rudes, acérés ; feuilles longues et larges, palmées, lobées, d'un vert gai et presque jaunâtre, rudes au toucher, très-longuement pétiolées ; vrilles simples, filiformes ; fruit ovoïde-cylindrique, obtus aux deux bouts, hérissé de poils roides, semblable à un capitule de cardaire, d'abord vert, passant ensuite au jaune. Même culture.

C. Figarei *Raf.-Del.* Concombre de Figari, Concombre-figue. — Plante vivace ; tiges de 3 à 4 m., grêles, rameuses ; feuilles palmées, lobées ; fruits pyriformes, hérissés ou pustuleux, sillonnés de bandes longitudinales alternativement plus pâles et plus foncées, jaunâtres à la maturité. Variété naine, à tiges de 50 cent. et à petites feuilles. Même culture.

C. Dudaïm, Chate, Colocynthis, etc. — Même culture.

CUCURBITA.

Cucurbita lagenaria *L.* **C. leucantha** *Auct.* **Lagenaria vulgaris** *Ser.* Courge, gourde, calebasse. (*Cucurbitacées.*) — Annuelle ; tiges de 3 à 4 m., munie de vrilles rameuses ; feuilles lobées, cordées à la base, pubescentes ; fleurs blanches, à odeur de musc ; fruits de forme très-variée, pyriformes, allongés, ventrus, étranglés, etc. (Gourde de pèlerin, cougourde, gourde-massue, gourde-trompette, etc.) Culture des *Cucumis*, et semis en avril-mai, en place ou en pépinière.

C. polymorpha *Duch.* Courge polymorphe, coloquinte, orangin, coquinelle, etc. — Tiges de 3 à 4 m. ; fruit sphérique, d'abord vert foncé, devenant d'un jaune orangé très-vif. Variétés panachées, à bandes claires, à peau verruqueuse, blanche, rayée, etc. Même culture.

C. ovifera *L.* Courge ovifère. — Annuelle ; tige grimpante ; feuilles lobées, denticulées ; fruit vert ou jaunâtre, semblable à une poire ou à une figue allongée. Même culture.

CYCLANTHERA.

Cyclanthera pedata *Schrad.* Cyclanthera grimpante. (*Cucurbitacées.*) — Plante annuelle; tige de 4 à 5 m.; fleurs jaune pâle; juillet-octobre. Semer en pépinière, en planche, en avril et mai.

CYNANCHUM.

Cynanchum Monspeliacum *L.* Scammonée de Montpellier. (*Asclépiadées*). — Plante vivace; tiges volubiles; feuilles cordées, pétiolées; fleurs petites, blanches ou rosées, odorantes, en corymbes longuement pédonculés. Semer en pépinière, depuis avril jusqu'en juillet. Éclats.

DECUMARIA.

Decumaria barbata *L.* Décumaire barbu. (*Philadelphées*). — Arbrisseau, à tige sarmenteuse; feuilles ovales-lancéolées, épaisses, luisantes; fleurs blanches, odorantes, en ombelle; août-septembre.

DELAIREA.

Delairea scandens *Lem.* Delairéa grimpant, Lierre d'été, Lierre de Copenhague. (*Composées.*) — Vivace; tiges grêles, sarmenteuses; feuilles palmées, anguleuses, luisantes, épaisses, d'un beau vert; fleurs jaunes, en corymbes axillaires. Culture du Cobéa. Boutures, rentrées l'hiver en orangerie.

DIOCLEA.

Dioclea glycinoïdes *D. C.* Dioclée glycinoïde. (*Légumineuses.*) — Plante vivace; tige sous-ligneuse, volubile, de 1 m. 30 à 1 m. 60; feuilles à trois folioles oblongues; fleurs rouge très-vif, en longs épis; automne. Exposition chaude. Boutures et drageons. Couvrir l'hiver, ou rentrer en serre tempérée.

DIOSCOREA.

Dioscorea Japonica *L.* Dioscorée ou Igname du Japon. (*Dioscorées.*) — Vivace; tige grimpante, glabre, à rameaux lisses; feuilles opposées, cordiformes, ovales-oblongues, pointues, d'un beau vert; fleurs verdâtres, en épis. Bouturage des tiges, à l'air libre ou sous cloche.

D. batatas *Decne*. Igname de Chine. — Même culture.

DOLICHOS.

Dolichos lablab *L*. **Lablab vulgaris** *Sav*. Dolique lablab ou d'Égypte, Lablab à fleurs violettes. (*Légumineuses.*) — Annuel ; tige de 3 m. ; feuilles à trois folioles ; fleurs violettes, en grappes ; septembre-octobre. Variété à fleurs blanches ; sous-variété naine, à tige de 80 cent. Terre franche, légère. Semer sur couche en avril et repiquer en pots.

D. sesquipedalis, unguiculatus. — Même culture.

D. lignosus *L*. Dolique ligneux. — Tige grimpante ; feuilles à trois folioles ovales ; fleurs nombreuses, rose pourpré ; avril-juillet. Même culture, mais en serre tempérée. Boutures.

ECCREMOCARPUS.

Eccremocarpus scaber *R.* et *P.* **Calampelis scabra** *Don*. Eccrémocarpe rude ou grimpant. (*Bignoniacées.*) — Vivace ; tiges sous-ligneuses, de 4 à 5 m. ; feuilles pennées, à folioles découpées ; fleurs tubuleuses, rouge-écarlate, en grappes latérales ; juillet-octobre. Exposition chaude. Semer sur couche en mars et repiquer sur couche ; ou en pépinière, en pots, depuis avril jusqu'en juillet ; ou en terrine sous châssis, aussitôt après la maturité des graines et hiverner sous châssis, pour mettre en place au printemps. Couverture ou orangerie, en hiver.

FUMARIA.

Fumaria fungosa *Hort*. **Corydalis fungosa** *Vent*. **Adlumia cirrhosa** *Raf*. Fumeterre fongueuse, Adlumie à vrilles. (*Fumariacées.*) — Plante bisannuelle ou vivace ; tige de 4 à 5 m., glabre ; feuilles très-découpées, à pétioles munis de vrilles ; fleurs blanc rosé ; juin-septembre. Semer en pépinière, en planche, en juin-juillet, et repiquer en pots pour hiverner sous châssis.

GELSEMIUM.

Gelsemium nitidum *Mich*. **Bignonia sempervirens** *L*. Gelsémie luisante, Jasmin de la Caroline. (*Bignoniacées.*) — Tige volubile ; feuilles lancéolées ; fleurs assez grandes, en entonnoir, d'un beau jaune, odorantes; juin-juillet. Exposition chaude. Culture des *Bignonia.* Semer sur couche et sous cloche. Boutures et marcottes.

GLYCINE.

Glycine Sinensis *Curt.* **Wisteria Sinensis** *D. C.* **Apios Sinensis** *Spr.* Glycine de Chine. (*Légumineuses.*) (Pl. XXVII, fig. 3.) — Tige ligneuse, grimpante; feuilles imparipennées, à 11-13 folioles ovales-lancéolées, paraissant très-tard; fleurs grandes, bleu pâle, à odeur suave, en grappes pendantes, longues de 20 à 25 cent., souvent au nombre de plus de cinq cents; avril-mai. Refleurit souvent à l'automne. Variétés à fleurs lilas foncé et blanches. Exposition chaude. Tout terrain, et mieux terre légère, fertile. Semer en pépinière, depuis avril jusqu'en juillet. Boutures. Marcottes, couchées ou debout. Greffe sur racines. Cette belle plante se recommande au plus haut degré par sa vigoureuse végétation.

G. frutescens *L.* **Wisteria frutescens** *Nutt.* Glycine frutescente, Haricot en arbre. — Tiges volubiles; feuilles pennées, à folioles ovales; fleurs violettes, en épis; septembre-novembre. Drageons. Marcottage des pousses de l'année précédente. Boutures de racines. Tailler très-long. Pour en obtenir une belle floraison, il faut la palisser contre un mur.

G. Backousiana, floribunda. — Même culture.

HEDERA.

Hedera helix *L.* Lierre grimpant. (*Araliacées.*) — Arbrisseau, à tige grimpante, haute de 10 à 12 m.; feuilles persistantes, d'un beau vert; fleurs petites, verdâtres, en ombelle; septembre-octobre. Baies noires. Variétés à feuilles plus ou moins lobées; panachées de blanc et de jaune; à baies jaunâtres; à feuilles larges, cordées, presque entières (*H. Regnoriana*); à feuilles plus grandes (*H. hibernica*). Toute exposition et tout terrain. Semer en pépinière, depuis avril jusqu'en juillet. Boutures en rameau. Employé surtout pour cacher la nudité des murs et des vieux troncs d'arbres.

HIBBERTIA.

Hibbertia volubilis *Andr.* Hibbertia grimpante. (*Dilléniacées.*) — Arbrisseau à rameaux rosés; feuilles ovales, luisantes; fleurs grandes, d'un beau jaune ; juin-septembre. Terre de bruyère. Boutures sur couche et sous châssis, au printemps. Orangerie, pendant l'hiver.

H. dentata *R. Br.* Hibbertie dentée. — Tige de 2 m. à 2 m. 50; fleurs grandes, d'un beau jaune; avril-juin. Même culture.

H. grossulariæfolia *Sal.* Hibbertie à feuilles de groseillier. — Rameaux d'un rouge vif; feuilles rougeâtres; fleurs jaunes; juin-août. Même culture.

HUMULUS.

Humulus lupulus *L.* Houblon. (*Urticées.*) — Vivace; tiges grêles, sarmenteuses, volubiles, longues de plusieurs mètres; feuilles palmées, lobées, cordées à la base; fleurs verdâtres; juillet-août. Fruits, en forme de cônes, à écailles vertes, herbacées, membraneuses. Semer sur couche en mars-avril, ou en place en mai, ou en pépinière en juin-juillet.

IPOMOEA.

Ipomœa purpurea *L.* **Convolvulus mutabilis** *Salisb.* **Pharbitis hispida** *Chois.* Ipomée ou Liseron pourpre, Volubilis. (*Convolvulacées.*) (Pl. XXVIII, fig. 2). — Plante annuelle; tige de 2 m. 50 à 3 m., velue; feuilles cordées, pubescentes, pétiolées; fleurs grandes, blanc mêlé de violet en dehors, pourpres au-dedans, réunies par 3-5 en ombelle serrée; juin-septembre. Variétés à fleurs bleu-violacé, bleues, roses, blanches, vermillon (*J. Kermesina*), panachées, etc. Toute exposition et tout terrain. Semer en place, en avril-mai.

I. hederacea *L.* Ipomée à feuilles de lierre, Liseron de Michaux. — Annuelle; tige de 2 m.; fleurs nombreuses, satinées, d'un beau bleu; juin-octobre. Variété à tige longue de 5 m. (*I. nil*). Même culture.

I. limbata *Hort.* Ipomée à fleurs bordées. — Annuel; tige de 3 m., velue; feuilles cordiformes; fleurs très-larges, violet foncé, bordées de blanc et marquées de cinq lignes carmin, en étoile; août-octobre. Semer sur couche en avril et repiquer en pot, ou semer en place en mai.

I. althœoïdes *L.* **Convolvulus althœoïdes** *D. C.* Ipomée à feuilles d'althéa. — Vivace, cultivée comme annuelle; tige de 60 cent. à 1 m.; feuilles lobées, cordiformes; fleurs roses; juillet-août. Culture de l'Ipomée pourpre.

I. bona nox *L.* Ipomée épineuse. — Annuelle; tige de 3 m.; fleurs rose violacé; septembre-octobre. Semer sur couche en avril et repiquer en pot.

I. mutabilis *Ker.* Ipomée changeante. — Tige ligneuse; feuilles trilobées, cordées; fleurs grandes, bleu nuancé de rose, réunies en bouquets; juillet-septembre. Culture de l'Ipomée pourpre.

I. Learii *Hort.* **Pharbitis Learii** *Hook.* Ipomée de Lear. — Vivace; feuilles cordées, lobées; fleurs grandes, nombreuses, en entonnoir, bleu violacé; juillet-octobre. Même culture. Rentrer en hiver.

I. quamoclit *L.* **Convolvulus pinnatus** *Lam.* Ipomée cardinale. — Annuelle; tige de 1 m. 50 à 2 m. 50, rameuse; feuilles découpées, à segments linéaires; fleurs écarlate vif; juillet-septembre. Exposition chaude. Semer sur couche en mars et repiquer en pleine terre, ou en avril et repiquer en pot.

I. coccinea *L.* Ipomée écarlate, Jasmin rouge des Indes. — Annuelle; tige de 2 à 3 m.; feuilles cordées; fleurs nombreuses, écarlate vif; juillet-octobre. Variété à fleurs jaunes. Culture de l'Ipomée pourpre.

JASMINUM.

Jasminum officinale *L.* Jasmin blanc. (*Jasminées.*) — Arbrisseau; tiges flexibles, grimpantes; feuilles imparipennées; fleurs blanches, très-odorantes; juillet-octobre. Variété à feuilles panachées. Exposition du midi. Boutures et marcottes. Tondre et arroser en été. Couverture en hiver.

I. revolutum *Sims.* Jasmin triomphant. — Même culture.

LATHYRUS.

Lathyrus odoratus *L.* Gesse odorante, Pois d'odeur, pois de senteur, pois musqué ou à fleurs. (*Légumineuses.*) (Pl. XXVII, fig. 2.) — Plante annuelle; tige de 1 m. 20 diffuse, ailée, anguleuse; feuilles à deux folioles ovales, à pétioles terminés en vrilles; fleurs violettes, à odeur agréable, réunies par deux ou trois à l'extrémité de longs pédoncules; juin-septembre. Variétés à fleurs roses, blanches, azurées, noir pourpre, rouge brun, panachées, etc. Tout terrain. Semer, de mars en juin, en place, et mieux en pots, sur couche, pour avoir des fleurs plus tôt. Semer aussi à l'automne.

L. Tingitanus *L.* Gesse de Tanger. — Annuelle; tige de 1 m. 20; fleurs grandes, carmin ou rouge pourpre foncé; juillet-octobre. Semer en place depuis mars jusqu'en mai.

L. sativus *L.* Gesse cultivée. — Variété dite *de Lord Anson*. Plante annuelle; tige de 1 m.; fleurs bleu pâle; juillet-août. Même culture.

L. latifolius *L.* Gesse à larges feuilles, Pois vivace, P. de la Chine ou à bouquets. — Vivace; tige de 1 m. 30 à 1 m. 80; feuilles à deux folioles ovales, longues et larges; fleurs grandes, rose pourpré; juillet-septembre. Variété à fleurs blanches. Semer en pépinière, d'avril en juillet, ou en place, à l'automne ou au printemps, et repiquer l'année suivante.

LOASA.

Loasa lateritia *Hook.* **L. aurantiaca** *Hort.* Loasa orangé. (*Loasées.*) — Bisannuel; tige de 2 m.; feuilles découpées, couvertes de poils brûlants; fleurs larges, orangées ou rouge brique; juillet-octobre. Semer sur couche au commencement du printemps et repiquer sur couche, ou en pépinière en juillet et septembre, pour hiverner sous châssis.

LONICERA.

Lonicera caprifolium *L.* Chèvrefeuille des jardins. (*Caprifoliacées.*) (Pl. XXVII, fig. 4.) — Arbrisseau, à tige grêle, volubile; jeunes rameaux pubescents; feuilles ovales-oblongues, luisantes en dessus, glauques en dessous, les supérieures réunies et soudées par leur base; fleurs bilabiées, rouges en dehors, roses ou jaunâtres en dedans, verticillées, en cymes terminales, à odeur très-agréable, surtout le soir; mai-juin. Variétés à fleurs jaunâtres ou blanches, à feuilles panachées, à feuilles de chêne. Exposition demi-ombragée. Tout terrain et mieux bonne terre légère, fraîche. Semis, à l'automne ou au printemps. Boutures, drageons enracinés, éclats et marcottes. Cette espèce se prête bien à la taille et prend toutes les formes voulues.

L. Etrusca *Savi.* **L. semperflorens** *Hort.* Chèvrefeuille de Toscane ou d'Italie. — Tige volubile; feuilles pubescentes, obtuses; fleurs comme dans l'espèce précédente, mais se succédant plus longtemps. Même culture.

L. implexa *Ait.* Chèvrefeuille entrelacé. — Tige et rameaux glabres; feuilles coriaces, oblongues, persistantes; fleurs longues, grêles, rouge violacé en dehors, jaunâtres en dedans; juillet-octobre. Variété à feuilles inférieures soudées (*L. Balearica*). Même culture.

L. Periclymenum *L.* Chèvrefeuille des bois. — Tige pubescente au sommet, ainsi que les rameaux; feuilles lancéolées; fleurs blanches ou rosées, passant au jaune; juin-septembre. Fruits rouges. Même culture.

L. sempervirens *L.* Chèvrefeuille toujours vert ou de Virginie. — Tige glabre; feuilles persistantes; fleurs longues, presque régulières, en entonnoir, rouge vif en dehors, jaunes en dedans. Même culture.

L. Japonica *Andr.* **L. confusa** *D. C.* Chèvrefeuille du Japon. — Rameaux volubiles, pubescents; feuilles ovales, veloutées; fleurs nombreuses, d'abord blanches, puis jaunâtres, à odeur agréable. Même culture.

L. parviflora *Lam.* **L. dioïca** *Ait.* Chèvrefeuille à petites fleurs. — Tige volubile; feuilles ovales, glauques en dessous; fleurs courtes, jaune sale, lavées de pourpre au sommet. Même culture.

L. flava *Sims.* Chèvrefeuille à fleurs jaunes. — Tige et feuilles comme dans l'espèce précédente; fleurs nombreuses, pubescentes, jaune éclatant, très-odorantes. Même culture.

L. Sinensis *Wats.* **L. flexuosa** *Lodd.* Chèvrefeuille de Chine. — Rameaux violets, pubescents, volubiles; feuilles ovales, ciliées, souvent violacées en dessous; fleurs nombreuses, d'abord blanches, passant au rose carminé, très-odorantes. Même culture.

L. pallida *Host.* Chèvrefeuille à fleurs pâles. — Tige volubile; rameaux velus dans leur jeune âge; feuilles ovales, glabres; fleurs jaune pâle, très-odorantes; mai-juillet. Fruits rouges. Même culture.

LOPHOSPERMUM.

Lophospermum erubescens *Benth.* Lophosperme à fleurs roses. (*Personées.*) (Pl. XXVI, fig. 1.) — Plante vivace; tige sous-ligneuse, de 2 à 3 m. et plus; feuilles grandes, triangulaires, cordées, pubescentes; fleurs grandes, tubuleuses, longues de 8 cent., roses, présentant à l'intérieur deux lignes de poils jaunes; juillet-octobre. Exposition chaude. Terre substantielle, riche. Semer sur couche en mars, ou en pépinière en juin et juillet, et repiquer en pot pour hiverner sous châssis. Boutures.

L. scandens *Benth.* Lophosperme grimpant. — Tige de 3 m.; feuilles comme dans l'espèce précédente; fleurs glabres, nombreuses, rose vif; juillet-octobre. Variétés à fleurs carminées (*L. Andersoni*), jaspées de blanc (*L. Jacksoni*), etc. Même culture. Relever les tubercules à l'automne, pour les replanter au printemps.

MANDEVILLA.

Mandevilla suaveolens *Lindl.* **Echites suaveolens** *Alph. D. C.* Mandeville odorante. (*Apocynées.*) — Tige ligneuse, volubile; feuilles ovales, cordées à la base; fleurs grandes, blanches, en entonnoir, odorantes, en grappes axillaires et terminales; juin-juillet. Semer en pépinière, depuis avril jusqu'en juillet. Boutures. Rentrer l'hiver. Vient mieux en serre tempérée.

MAURANDIA.

Maurandia Barclayana *Bot. Mag.* Maurandia de Barclay. (*Personées.*) (Pl. XXVI, fig. 2.) — Vivace, cultivée comme annuelle ou bisannuelle; tige de 1 m. 50 à 3 m., ligneuse à la base; feuilles larges, anguleuses, hastées, cordées, plus souvent triangulaires; fleurs très-grandes, d'un beau bleu violacé, à calice couvert de longs poils bruns, visqueux, glanduleux; mai-octobre. Variétés à fleurs roses, lilas pourpre, violettes. Exposition chaude. Terre légère, substantielle, et mieux terre de bruyère. Semer sur couche en mars et avril et repiquer sur couche, ou en pépinière en juin et juillet et repiquer en pot pour hiverner en serre ou sous châssis; mettre en place, en mai. Boutures et marcottes. Couverture en hiver, et mieux orangerie ou serre froide.

M. antirrhiniflora *Hunb.* Maurandie à fleurs de muflier. — Tige de 3 m.; feuilles triangulaires, sagittées; fleurs lilas ou rose violacé; juin-octobre. Variétés à fleurs blanches (*M. albiflora*), pourpre clair (*M. Luceyana*), etc. Même culture.

M. semperflorens *Jacq.* Maurandie toujours fleurie. — Tige de 1 m. 50 à 3 m.; feuilles triangulaires, hastées; fleurs nombreuses, grandes, rose pourpre ou violacé; mai-octobre. Même culture.

MENISPERMUM.

Menispermum Canadense *L.* Ménisperme du Canada. (*Ménispermées.*) — Arbrisseau à tiges grêles, volubiles; feuilles petites, glabres, arrondies, cordiformes; fleurs petites, verdâtres, en grappes axillaires; juin-juillet. Terre ordinaire. Semer en pépinière, d'avril à juillet. Éclats, boutures et rejetons.

M. Carolinianum, Virginicum. — Même culture.

MITRARIA.

Mitraria coccinea *Cav.* Mitraire écarlate. (*Gesnériacées.*) — Arbrisseau à tiges grêles, grimpantes; feuilles petites, ovales; fleurs vermillon, pendantes à l'extrémité de longs pédoncules. Exposition chaude. Semer en pépinière d'avril en juillet. Couvrir en hiver.

MOMORDICA.

Momordica balsamina *L.* Momordique balsamine, pomme de merveille. (*Cucurbitacées.*) — Annuelle; tige de 2 m., volubile; feuilles palmées; fleurs jaune verdâtre; fruit ovoïde-arrondi, aminci aux deux bouts, tuberculeux, orangé, se déchirant irrégulièrement et laissant voir des graines noires entourées d'un arille rouge très-brillant; juillet-septembre. Culture des *Cucumis*.

M. charantia *L.* Momordique Papareh ou à feuilles de vigne. — Annuelle; tige de 2 m.; feuilles palmées, lobées; vrilles pubescentes; fruit oblong, acuminé, anguleux, tuberculeux, rougé safrané, à pulpe jaune; graines jaune marron, à arille rouge; juillet-septembre. Même culture.

PASSIFLORA.

Passiflora cærulea *L.* Passiflore à fleurs bleues, Grenadille bleue, Fleur de la passion. (*Passiflorées.*) (Pl. XXVI, fig. 4.) — Vivace; tiges grêles, de 4 à 5 m. et plus; feuilles à 5 lobes, à pétiole muni de glandes et de vrilles; fleurs solitaires axillaires, à corolle bleue, renfermant à l'intérieur une couronne de longs filaments rayonnants, plus courts que les pétales, diversement colorés, pourpres à la base, bleu pâle au milieu, bleu vif à l'extrémité; juillet-octobre. Variétés à fleurs blanches, purpurines, violettes ou presque noires. Exposition chaude. Terre douce, légère, meuble, fraîche. Semer sur couche tiède, en mars et avril, pour mettre en place en mai. Boutures et marcottes sur couche. Greffe. Couvrir pendant l'hiver. Renouveler souvent la terre. Rabattre la tige chaque année après la floraison.

P. incarnata *L.* Passiflore ou Grenadille incarnate. — Tige grimpante; feuilles à trois lobes aigus; fleurs pédonculées, solitaires axillaires, odorantes, blanc jaunâtre ou bleuâtre, à couronne frangée, pourpre au centre, violet pâle à la circonférence, avec un cercle de pourpre noir à la partie moyenne. Même culture. Il arrive parfois que les tiges gèlent en pleine terre; mais elles sont bientôt remplacées par d'autres, qui fleurissent dès le mois de juillet de la même année. Les autres espèces sont de serre chaude ou tempérée.

PERIPLOCA.

Periploca Græca *L.* Périploca de Grèce. (*Asclépiadées.*) — Arbrisseau à tige sarmenteuse; rameaux de 6 à 8 m., volubiles; feuilles ovales, aiguës; fleurs pourpre noirâtre, à odeur forte; juin-juillet. Exposition chaude, mais demi-ombragée. Tout terrain. Semer en pépinière, d'avril à juillet. Boutures, drageons, marcottes. Couvrir en hiver. Trace beaucoup.

P. angustifolia *Desf.* Périploca à feuilles étroites. — Même culture.

PHASEOLUS.

Phaseolus coccineus *L.* Haricot d'Espagne. (*Légumineuses.*) — Vivace, cultivé comme annuel; tige de 3 à 4 m.; feuilles à 3 folioles cordées; fleurs rouge écarlate, en grappes; juin-septembre. Variétés à fleurs blanches, panachées de blanc et d'écarlate. Semer en place, en avril-mai.

P. carocolla *L.* Haricot carocolle ou Limaçon, H. à grandes fleurs. — Vivace; tige sous-ligneuse; fleurs grandes, peu nombreuses, blanc lavé de rose. Semer sur couche en mars, repiquer en pot, et mettre en pleine terre en mai. Boutures. Rentrer l'hiver en lieu sec et tempéré.

ROSA.

Rosa Banksiana *Hort.* Rosier de Banks. (*Rosacées.*) (Pl. XXVII, fig. 1.) — Arbrisseau, à tige de 4 à 5 m. et plus; rameaux longs, sarmenteux; feuilles d'un vert foncé et luisant, se conservant assez avant dans l'hiver; fleurs blanches, en corymbe. Variétés à fleurs doubles, à fleurs jaunâtres, à fleurs odorantes, à rameaux épineux. Terre franche, légère, substantielle, un peu fraîche. Semis, au printemps. Boutures, greffes, marcottes, rejetons. Couvrir par les grands froids.

SCHIZANDRA.

Schizandra coccinea *Mich.* Schizandre écarlate. (*Schizandrées.*) — Vivace; tiges sous-ligneuses, grimpantes, très-rameuses; feuilles lancéolées; fleurs petites, écarlates, pédonculées; juillet-août. Semer en pépinière, en pots, depuis avril jusqu'en juillet. Rejetons. Couvrir le pied en hiver.

SCYPHANTHUS.

Scyphanthus elegans *D. C.* **Grammatocarpus volubilis.** Scyphanthe élégant. (*Loasées.*) — Vivace, cultivé comme annuel. Tige de 1 m. 50; fleurs jaune pâle; juin-octobre. Semer sur couche en avril, ou en pépinière en septembre, pour repiquer et hiverner sous châssis.

SICYOS.

Sicyos angulatus *D.C.* Sicyos à feuille anguleuse. (*Cucurbitacées.*) — Annuel; tige de 4 m., volubile; feuilles palmées, anguleuses; fleurs jaunâtres; fruit ornemental; juillet-septembre. Semer sur couche en avril.

SMILAX.

Smilax rotundifolia *L.* Salsepareille à feuilles rondes. (*Liliacées.*) — Arbrisseau, à tiges grimpantes, épineuses; feuilles cordées, à pétioles munis de vrilles; fleurs verdâtres, dioïques, en bouquets axillaires; septembre-octobre. Toute terre légère, fraîche. Semer au printemps, en pots ou en terrines, sur couche tiède et à l'ombre. Arroser assez fréquemment. La graine ne lève souvent que la seconde ou même la troisième année. Préserver de la gelée pendant l'hiver, et repiquer en pots, sur couche, au printemps suivant. Drageons enracinés séparés et plantés au commencement de l'automne. Couvrir les pieds pendant les fortes gelées.

S. aspera *L.* Salsepareille d'Europe, Liseron épineux, Liset piquant. — Tiges anguleuses, en touffes; feuilles cordées, coriaces, épineuses, d'un beau vert, persistantes; fleurs petites, jaunâtres, odorantes; septembre-octobre. Fruits pourpre noir. Même culture.

S. Mauritanica *L.* Smilax de Mauritanie. — Tige anguleuse, très-peu épineuse; feuilles lancéolées, cordées à la base; fleurs blanchâtres; fruits pourpre noir. Même culture.

SOLANUM.

Solanum dulcamara *L.* Morelle grimpante, Douce-amère, Vigne de Judée. (*Solanées.*) — Arbrisseau; tige de 2 m. à 2 m. 50, sarmenteuse; feuilles oblongues, cordées; fleurs violettes, en petites grappes; juin-septembre. Baies rouges. Variété à feuilles panachées. Semer en pépinière, en pots, depuis avril jusqu'en juillet. Marcottes et éclats.

S. macrantherum *Brong.* Morelle à grosses anthères. — Arbrisseau, semblable au précédent; fleurs grandes, odorantes, bleu lilacé, en grappes nombreuses. Boutures faites en serre et mises en pleine terre au printemps.

TAMUS.

Tamus communis *L.* Tamne commun, Sceau de Notre-Dame, Herbe aux femmes battues. (*Dioscorées.*) — Vivace; tige grêle, sarmenteuse, volubile, de 2 à 3 m.; feuilles grandes, cordées, d'un beau vert, longuement pétiolées; fleurs petites, blanc jaunâtre ou verdâtre, dioïques, en grappes axillaires grêles assez lâches; mai-juillet. Baies rouges du volume d'une petite cerise; août-octobre. Semer en pépinière, depuis avril jusqu'en juillet. Éclats de souches.

TECOMA.

Tecoma radicans *Juss.* **Bignonia radicans** *L.* Tecoma grimpant ou de Virginie, Jasmin de Virginie, Jasmin-trompette. (*Bignoniacées.*) (Pl. XXVIII, fig. 3.) — Arbrisseau à tige de 7 à 10 m.. sarmenteuse, grimpante, munie de petites griffes; feuilles imparipennées, à 9-11 folioles ovales-aiguës; fleurs longues, tubuleuses, rouge cinabre, en grappe; juillet-septembre. Variétés à fleurs plus grandes et plus rouges, à fleurs pourpres; autre variété plus petite. (*T. r. minor.*) Exposition chaude. Tout terrain, et mieux terre franche, légère, fraîche. Semer en terrines, sur couche, au printemps, et recouvrir légèrement. Marcottes, éclats enracinés, drageons et rejetons. Boutures à bois de deux ans. Tronçons de racines. Abriter les jeunes pieds contre le froid.

T. grandiflora *Del.* **Bignonia grandiflora** *Thunb.* Técoma de la Chine, Bignone à grandes fleurs. — Tige et feuilles comme dans l'espèce précédente; fleurs rouge cinabre, plus courtes, mais beaucoup plus larges, en panicules; août-septembre. Variété à fleurs orangées (*T. aurantiaca.*) Même culture, et greffe en fente sur le *T. radicans.*

T. spectabilis, Capensis, Jasminoïdes, australis, etc. — Très-belles espèces. Même culture, mais en serre tempérée. Les *T. stans* et *pentaphylla* sont de serre chaude.

THUNBERGIA.

Thunbergia alata *Hook.* Thunbergie ailée. (*Acanthacées.*) (Pl. XXVIII, fig. 1). — Plante vivace, cultivée comme annuelle; tige de 1 m. 25, grêle, sous-ligneuse; feuilles longues, anguleuses, cordiformes, à pétioles ailés; fleurs solitaires axillaires, assez grandes, à tube recourbé, jaunes, à centre pourpre-noir; juin-septembre. Variétés à fleurs blanches, pourpre noir au centre (*T. alba*); orangées à centre brun (*T. aurantiaca*); jaune beurre frais à cœur blanchâtre (*T. Fryeri*); blanches (*T. Backeri*); jaune pâle unicolore (*T. lutea unicolor*); à feuilles bordées de blanc, etc. Terre légère et chaude. Semer sur couche en avril, et repiquer sur couche, en pot ou en pleine terre.

T. fragrans *Ronb.* Thunbergie odorante. — Espèce assez semblable à la précédente; fleurs blanches. Même culture.

TRICHOSANTHES.

Trichosanthes colubrina *Jacq.* Trichosanthe couleuvre, herbe aux serpents. (*Cucurbitacées.*) — Annuel; tige de 3 m., rameuse, munie de vrilles bifurquées; feuilles grandes, palmées, lobées, cordées à la base; fleurs blanches, à divisions très-découpées, frangées; juin-juillet. Fruit atteignant 2 m. de longueur, cylindrique, enroulé à l'extrémité, bariolé de jaune, de rouge et de vert. Exposition chaude. Terre riche et substantielle. Semer en pots, sur couche chaude, en mars-avril, et repiquer sur couche.

T. anguina *L.* Trichosanthe serpent. — Annuel; tige pentagone, munie de vrilles bifides, très-longues; feuilles pubescentes, à trois lobes dentés, cordées à la base; fleurs blanches, à divisions frangées-ciliées; fruit oblong-cylindrique, à long bec, velu, hispide, se déchirant irrégulièrement. Même culture.

TROPOEOLUM.

Tropœolum majus *L.* Grande capucine, cresson du Mexique ou du

Pérou. (*Tropæolées.*) — Annuelle; tige de 1 m. 60 à 2 m., succulente; feuilles peltées, arrondies, d'un vert glauque; fleurs axillaires, irrégulières, jaune orangé, barbues-ciliées à l'intérieur, prolongées en un long éperon; juin-septembre. Variétés à fleurs brunes, jaune pâle, jaune citron, jaunes tachées de brun, blanchâtres, panachées, et à fleurs doubles. Tout terrain. Semer en mars et avril, en place ou en pépinière.

T. aduncum *Sm.* **Tropæolum peregrinum** *Jacq.* Capucine étrangère ou des Canaries, Pagarille. — Annuelle; tige de 3 à 4 m.; feuilles profondément divisées en cinq lobes; fleurs jaune pâle, à pétales supérieurs frangés et relevés, à éperon recourbé; juillet-novembre. Terre franche, légère, humide. Même culture.

T. tuberosum *R. P.* Capucine tubéreuse. — Vivace; rhizome tubéreux, charnu; tiges volubiles; feuilles peltées, à cinq lobes obtus; fleurs axillaires, à long pédoncule rose, à calice cinabre vif, à corolle jaune. Même culture. Relever les tubercules à l'automne, et les conserver en orangerie pour les replanter en avril.

VITIS.

Vitis labrusca *L.* Vigne lambrusque ou Isabelle, Raisin de renard. (*Ampélidées.*) — Arbrisseau, à tiges munies de vrilles; feuilles très-larges, trilobées, cordées à la base, cotonneuses, pâles en dessous; fleurs en grappe; baies globuleuses noires. Propre à couvrir les tonnelles.

CHAPITRE VII.

PLANTES GRASSES.

AGAVE.

Agave Americana *L.* Agavé d'Amérique. (*Narcissées.*) — Tige de 3 à 4 m., rameuse dans la partie supérieure; feuilles radicales, nombreuses, longues, très-charnues, épineuses; fleurs jaune verdâtre, à tube rétréci vers le milieu, réunies en une gigantesque panicule terminale. Variété à feuilles bordées de jaune. Exposition chaude. Terre légère, substantielle, sèche. Semer en pépinière, en pots, depuis avril jusqu'en juillet. Se propage surtout par œilletons. Les arrosements, peu abondants en été, doivent cesser en hiver. Cette plante fleurit rarement en France. Dans le nord, on la cultive souvent en caisse pour la rentrer en orangerie durant l'hiver.

A. filifera *Hort.* Agavé filifère. — Feuilles menues, dentées. Même culture, mais en serre tempérée.

A. fœtida *Haw.* **Fourcroya gigantea** *Vent.* Agavé pitte ou gigantesque. — Racines tubéreuses; tige de 5 à 6 m., très-rameuse; feuilles très-longues, assez épaisses, très-étalées; fleurs très-nombreuses, blanc verdâtre, en panicule terminale. Même culture. Couper la hampe immédiatement après la floraison, sans quoi la plante périrait.

ALOE.

Aloe fruticosa *Lam.* Aloès corne de bélier. (*Liliacées.*) — Tige de 70 cent. à 1 m. et plus; feuilles charnues, dentées, épineuses, renversées en dehors; fleurs tubuleuses, d'un rouge éclatant, en épi terminal. Serre tempérée ou orangerie en hiver. Terre légère, substantielle, un peu sableuse, ou mieux terre de bruyère. Arrosements modérés en hiver. Rempoter tous les ans au printemps, à la sortie de la serre.

A. margaritifera *L.* Aloès perlé. — Tige courte; feuilles triangulaires, à sommet aigu, à limbe couvert de petits tubercules blancs semblables à des perles; fleurs verdâtres, en épi terminal. Même culture.

A. variegata *L.* Aloès panaché ou perroquet. — Tige très-courte; feuilles épaisses, triangulaires, pointues, tachetées et bordées de blanc; fleurs rouges, en grappe.

On cultive de la même manière un grand nombre d'autres espèces, remarquables surtout par la variété et la bizarrerie de leurs feuilles.

BRYOPHYLLUM.

Bryophyllum calycinum *Salisb.* **Kalanchoe pinnata** *Pers.* Bryophylle à grand calice. (*Crassulacées.*) — Tige de 65 cent., charnue; feuilles opposées, pennées, à folioles charnues, crénelées; fleurs grandes, verdâtres, lavées de rouge à la base et au sommet, en panicule; avril et août-septembre. Serre tempérée, et mieux serre chaude. Terre franche légère. Boutures sur couche et sous cloche, au printemps et en été.

CEREUS.

Cereus flagelliformis *M.* **Cactus flagelliformis** *L.* Cierge fouet. (*Cactées.*) (Pl. XXIX, fig. 5.) — Tige grimpante ou traînante, de la grosseur du doigt, très-rameuse, à huit ou dix angles peu apparents, couverte, ainsi que les rameaux, de tubercules sétifères, très-rapprochés. Fleurs nombreuses, sessiles, longues de 7 à 8 cent. sur 5 à 6 cent. de largeur, rouge-carmin vif. Cette plante se cultive en orangerie ou dans les appartements. Terre franche, légère, sèche. Boutures de tiges ou de rameaux, dont on a soin de laisser sécher la plaie. Arrosements modérés, surtout en hiver, et seulement quand la plante commence à se flétrir par suite de la sécheresse de la terre. Tenir en pots étroits. Propre à garnir les vases à suspension, à faire des girandoles, des guirlandes, etc.

C. speciosissimus *D. C.* **Cactus speciosissimus** *Desf.* Cierge magnifique. (Pl. XXIX, fig. 3.) — Tige de 70 cent. à 2 m., articulée, rameuse, à trois ou quatre angles, présentant de petits amas d'un duvet cotonneux, blanchâtre, d'où naissent des épines. Fleurs latérâles, larges de 10 à 14 cent., écarlate pourpre, à reflets violacés irisés à l'intérieur. Variétés à rameaux triangulaires (*C. semperflorens*); à rameaux plats (*C. Quillardetii*); à rameaux, les uns triangulaires, les autres aplatis, et à fleurs rouge vif (*C. erubescens*). Même culture.

C. Peruvianus *Haw.* **Cactus Peruvianus** *L.* Cierge du Pérou. — Tige de 3 à 4 m., droite, rameuse, à huit angles obtus, munis de faisceaux de petites aiguilles fauves; fleurs longues de 15 cent., verdâtres, bordées de rose en dehors, blanches en dedans; juin-septembre. Variété à tige et rameaux très-irréguliers (*C. monstruosus*). Même culture.

C. grandiflorus *Mill.* **Cactus grandiflorus** *L.* Cierge à grandes fleurs. — Tiges diffuses, à cinq ou six angles, à duvet blanchâtre; fleurs très-grandes, jaunes en dehors, blanches en dedans, à odeur de vanille. Même culture, mais en serre chaude.

COTYLEDON.

Cotyledon orbiculata *Haw.* Cotylet orbiculaire. (*Crassulacées.*) — Tige de 1 m. à 1 m. 20, droite, charnue, ligneuse à la base; feuilles opposées, sessiles, arrondies, spatulées, acuminées, les inférieures plus grandes, plus épaisses, plus charnues et colorées en rouge vers les bords; fleurs rouge-ponceau, en panicule terminale; juin-juillet. Variété à feuilles obovales (*C. orbiculata obovata* D. C.). Serre froide, bien aérée. Terre de bruyère. Boutures.

C. coccinea *Cav.* **Echeveria coccinea** *D. C.* Cotylet écarlate. — Tige de 1 m., ligneuse; rameaux charnus; feuilles épaisses, spatulées, en rosettes; fleurs rouge safrané; janvier-février. Même culture.

CRASSULA.

Crassula lactea *H. K.* Crassule blanche. (*Crassulacées.*) — Tiges longues, charnues, couchées ou ascendantes, rougeâtres; feuilles épaisses, opposées, réunies à la base, à bords marqués de points blancs; fleurs moyennes, étoilées, blanc de lait, à odeur de vanille, réunies en panicules; novembre-janvier. Serre tempérée ou orangerie. Terre légère, et mieux terre de bruyère. Semer en pépinière, en pots, depuis avril jusqu'en juillet. Boutures, qu'on laisse se faner un peu à l'air avant de planter. Arroser peu, surtout en hiver.

C. cotyledon *Jacq.* **Crassula rotundifolia** *Hort.* Crassule à feuilles rondes. — Tige de 70 cent. à 1 m., dressée, épaisse, charnue; feuilles arrondies, épaisses, ponctuées, bordées de pourpre; fleurs roses, grandes, en cime; mai-juin. Même culture.

C. spatulata *Thunb.* **C. lucida** *Lam.* Crassule à feuilles spatulées. (Pl. XXIX, fig. 1.) — Tiges de 20 cent., sous-frutescentes, glabres, retombantes; feuilles arrondies, crénelées, glabres, luisantes en dessus; fleurs d'un rose carné, en corymbes paniculés; juillet à septembre. Même culture.

C. coccinea *Haw.* **C. ciliata** *L.* Crassule écarlate ou ciliée. — Tige de 70 cent. à 1 m.; feuilles ovales, ciliées; fleurs grandes, tubulées, rouge-écarlate brillant, réunies en ombelle terminale; juillet-septembre. Variété à feuilles lancéolées, à fleurs blanc pourpré, en corymbe (*C. bicolor*). Même culture.

C. perfossa *Lam.* Crassule perfoliée. — Tiges de 30 cent., couchées; feuilles opposées, soudées, formant de petits disques traversés par la tige; fleurs blanches, en corymbe; avril-août. Même culture.

C. lucida *L.* Crassule brillante. — Tiges nombreuses, touffues; feuilles cordées, crénelées; fleurs blanches teintées de rose, en corymbe paniculé; juillet-août. Même culture.

ECHINOCACTUS.

Echinocactus Ottonis *Lehm.* Échinocacte d'Otto. (*Cactées.*) — Tige globuleuse, à côtes épaisses, arrondies, portant des touffes d'épines grêles, brunâtres; fleurs sessiles, jaune-citron, en rosaces. Bonne serre tempérée, et mieux serre chaude. Terre substantielle mélangée de terre de bruyère. Multiplication par les œilletons qui naissent de la racine. Arrosements fréquents en été, nuls en hiver.

E. chlorophthalmus *Bot. Mag.* Échinocacte à œil vert. — Tige petite, globuleuse, à dix côtes vertes, tuberculeuses, saillantes, hérissées de faisceaux d'épines rouges à la base; fleurs larges de 8 cent., base rose pâle, sommet pourpre, réunies en rosace. Même culture.

E. rhodophthalmus *Bot. Mag.* Échinocacte à œil rouge. — Tige conique, à huit ou neuf côtes tuberculeuses, très-saillantes, munies d'épines droites; fleurs larges de 8 à 10 cent., évasées, à pétales nombreux roses, marqués de taches plus foncées. Même culture.

E. Eyriesii *Turp.* **Echinopsis Eyriesii** *Zucc.* Échinocacte d'Eyriès. — Tige charnue, globuleuse, prenant plus tard une forme oblongue, vert-noirâtre, à douze ou quinze côtes saillantes, portant des mamelons cotonneux, blanchâtres, d'où naissent des faisceaux d'épines courtes, noirâtres; fleur solitaire, à tube écailleux jaune verdâtre, à limbe formé de nombreux pétales d'un blanc pur. Même culture.

EPIPHYLLUM.

Epiphyllum Ackermanni *Haw.* Épiphylle d'Ackermann. (*Cactées.*) (Pl. XXIX, fig. 4.) — Tige de 35 à 65 cent., aplatie, articulée, à rameaux foliiformes, florifères. Fleurs naissant dans les échancrures des rameaux, à ovaire non épineux, couvert d'écailles pétaloïdes, réfléchies, vertes à la base, passant à un rouge de plus en plus vif à mesure qu'elles s'approchent de la fleur; corolle large de 10 à 14 cent., rouge écarlate clair. Fruits pulpeux, savoureux. Terre franche. Semer en pépinière, en pots, depuis avril jusqu'en juillet. Bouturer les rameaux, en laissant sécher les plaies. Arroser modérément pendant les grandes chaleurs. Rentrer aux premiers froids, et cesser les arrosements en hiver.

E. phyllanthus, speciosum, truncatum, etc. — Même culture.

EUPHORBIA.

Euphorbia officinarum *L.* Euphorbe officinal. (*Euphorbiacées.*) — Plante laiteuse, ayant tout à fait le port d'un *Cereus.* Tige dressée, charnue, haute de 1 à 2 m., de la grosseur du bras, marquée de côtes longitudinales, saillantes et épineuses, et portant des rameaux mamelonnés, ovoïdes, cannelés; fleurs petites, jaunâtres, en ombelles. Culture des *Cereus.* Multiplication par boutures de rameau.

E. antiquorum, Canariensis *L.* Euphorbes des anciens, des Canaries. — Espèces semblables à la précédente. Même culture.

MAMILLARIA.

Mamillaria longimamma *D. C.* Mamillaire à longs mamelons. (*Cactées*) — Tige arrondie, charnue, couverte de mamelons coniques, gros, longs de 2 cent., rangés en spirale et terminés par des faisceaux d'épines; fleurs larges de 5 cent., à divisions extérieures rougeâtres, les intérieures jaune-jonquille éclatant; fruit rouge vif. Terre légère, substantielle. Semer en pépinière, en pots, depuis avril jusqu'en juillet. Boutures de gemmes, de bourgeons ou de mamelons.

M. caput Medusæ *Otto*. Mamillaire tête de Méduse. — Tige globuleuse, à mamelons rayonnants, entremêlés d'amas d'un duvet blanc, cotonneux; fleurs sessiles, blanc sale, marquées de lignes plus foncées. Même culture.

M. echinata *D. C.* **M. densa** *Link* et *Otto*. Mamillaire hérissée. — Tige allongée, prolifère, à mamelons terminés par des épines jaune soufre; fleurs rougeâtres en dehors, blanches en dedans; mai-juin. Même culture.

M. discolor *Haw.* **M. pseudo-mamillaris** *Salm*. Mamillaire discolore. — Tige globuleuse, un peu déprimée, à mamelons forts, armés de faisceaux d'épines dont les extérieures sont blanches, les intérieures rousses; fleurs rouges en dehors, rosées en dedans. Même culture.

M. coronaria *Haw.* Mamillaire couronnée. — Tige de plusieurs décimètres; épines fortes, rousses; fleurs d'un beau rouge carmin. Même culture.

MELOCACTUS.

Melocactus communis *D. C.* **M. coronatus** *Lam.* **Cactus melocactus** *L.* Mélocacte commun, Cactier à côtes droites, Melon épineux. (*Cactées.*) — Tige de 10 à 20 cent., sphérique, vert foncé, présentant dix à quatorze côtes longitudinales élargies à leur base; aréoles larges, à duvet grisâtre, à aiguillons très-fins, aigus, rayonnés, jaunes, un peu rouges au sommet; fleurs d'un rose tendre, qui passe au cramoisi, naissant d'un mamelon cylindro-conique qui termine la tige; fruit oblong, lisse, un peu coloré en rouge. Variété à grosse tête (*macrocephalus*), oblongue (*oblongus*), verte (*viridis*), laineuse (*laniferus*), de la Havane (*Havanensis*), conique (*conicus*), de Grengel (*Grengelii*), etc. Serre tempérée, et mieux serre chaude. Bonne terre substantielle. Multiplication de boutures. Beaucoup d'eau en été, et presque pas en hiver.

MESEMBRYANTHEMUM.

Mesembryanthemum linguiforme *L.* Ficoïde linguiforme. (*Ficoïdées.*) — Tige courte, presque nulle; feuilles linguiformes, charnues, épaisses, réunies en rosette; fleurs jaunes, à pétales étalés, rayonnants; août-octobre. Exposition chaude et éclairée. Terre légère, meuble. Semer en pépinière, en pots, depuis avril jusqu'en juillet. Boutures faites en juin, en pots et sur couche tiède, et séparées au printemps suivant. Les autres espèces se cultivent de même.

OPUNTIA.

Opuntia vulgaris *D. C.* **Cactus opuntia** *L.* Figuier d'Inde, Figuier de Barbarie, Raquette, Semelle du pape. *(Cactées.)*—Tige articulée; rameaux charnus, épais, articulés, aplatis, ovales, garnis de nombreux faisceaux d'aiguillons; fleurs jaunes; juin-septembre. Fruits pulpeux, comestibles. Terre sablonneuse, sèche. Exposition chaude. Semer en pépinière, en pots, depuis avril jusqu'en juillet. Généralement on propage cette plante par boutures, qui reprennent très-facilement. Dans le nord de la France, rentrer en orangerie durant l'hiver, et éviter l'excès d'humidité.

O. coccinillifera *Mill.* Cactus à cochenilles. — Tige dressée, rameuse, articulée; rameaux aplatis, ovales-oblongs, très-peu épineux; fleurs rouges. Même culture.

O. tuna, ferox, horrida, etc. — Même culture.

PERESKIA.

Pereskia grandifolia *Sw.* Péreskie à grandes feuilles. (*Cactées.*)— Tige de 4 à 5 m., ligneuse, géniculée, épineuse, rougeâtre, rameuse; feuilles ovales, longues de 10 à 15 cent., d'un beau vert; fleurs moyennes, d'un beau rose, en corymbes terminaux. Cette espèce, et quelques autres du même genre, peuvent, d'après le *Bon Jardinier*, se palisser contre les murs des serres chaudes, où elles produisent un bel effet. Elles demandent peu d'arrosements.

ROCHEA.

Rochea falcata *D. C.* **Crassula obliqua** *Andr.* Rochéa à feuilles en faux. (*Crassulacées.*) (Pl. XXIX, fig. 2.) — Tige de 50 cent. à 1 m.; feuilles opposées, réunies à la base, épaisses, larges, charnues, courbées en faux, vert glauque ou grisâtre; fleurs écarlates, très-odorantes, en large corymbe terminal; juin-septembre. Variété plus grande dans toutes ses parties (*R. f. major*). Serre tempérée. Terre franche, mélangée de trois quarts de terreau, et mieux terre de bruyère. Boutures de feuilles, qu'on laisse sécher un peu à l'air. Rejetons et jeunes pousses. Arrosements modérés, nuls en hiver.

R. odoratissima *D. C.* Rochéa odorant. — Tige de 35 à 70 cent.; feuilles charnues, lancéolées, vert glauque; fleurs jaune verdâtre, en ombelles, à odeur agréable; mai-juin. Orangerie. Même culture.

R. perfoliata *D. C.* Rochéa perfolié. — Fleurs blanches, odorantes. Même culture.

SAXIFRAGA.

Saxifraga pyramidalis *Lap.* **S. Cotyledon** *L.* Saxifrage pyramidale. (*Saxifragées.*) — Tige de 1 m., droite, visqueuse; feuilles longues, spatulées, charnues, étalées, en rosette; fleurs nombreuses, blanches, petites, en longue panicule terminale; mai-juillet. Exposition demi-ombragée. Terre fraîche, ou mieux terre de bruyère. Semer sur place, ou mieux en pots, en orangerie, pour mettre en place au printemps. Éclats de pied et propagules.

S. Crassifolia *L.* **Bergenia crassifolia** *Mœnch.* **Megasea crassifolia** *Haw.* Saxifrage de Sibérie ou à feuilles épaisses. (Pl. XVII, fig. 4.) — Tiges de 33 cent.; feuilles obovales, dentées, grandes, épaisses; fleurs d'un beau rose, en grappes terminales; mars-mai. Terre franche, légère et fraîche, mi-soleil. Multiplie par séparation des drageons tous les trois ans.

SEDUM.

Sedum Telephium *L.* Orpin reprise, Grassette, Herbe aux charpentiers. (*Crassulacées.*) — Tige de 35 à 70 cent., peu rameuse; feuilles planes, ovales, dentées, charnues; fleurs rouge-pourpre, en corymbe serré; juillet-septembre. Variétés à fleurs blanchâtres, à feuilles violet noirâtre. Exposition demi-ombragée. Terre légère, sableuse; rocailles. Semer en pépinière, en pots, depuis avril jusqu'en juillet. Éclats, boutures et drageons.

S. populifolium *L. f.* Orpin à feuilles de peuplier. — Tiges de 20 à 35 cent., rameuses, diffuses, rouge-brunâtre; feuilles charnues, cordées, dentées, d'un vert gai, quelquefois légèrement teintées de rouge; fleurs blanches, plus ou moins lavées de rose, odorantes, en corymbes terminaux réunis en panicule; juillet-août. Même culture.

S. Rhodiola *H. P.* **Rhodiola rosea** *L.* Rhodiole, Orpin odorant. — Tige de 24 à 50 cent. : feuilles glauques, dentées; fleurs roses; juin-juillet. Même culture.

S. Sieboldii *Sw.* Orpin de Siébold. — Tige de 20 à 30 cent.; feuilles arrondies, gris de lin lavé de rose; fleurs nombreuses, d'un beau rose, en cymes terminales; juin-septembre. Même culture.

S. spurium *Marsch.* Orpin bâtard ou à fleurs roses. — Tiges de 15 à 20 cent., couchées, en touffes; feuilles en coin, dentées; fleurs roses, en corymbes terminaux; juillet-août. Même culture.

S. elegans *Lej*. Orpin élégant. — Tiges de 20 à 40 cent., glabres, glauques ou rougeâtres, grêles, ascendantes; feuilles linéaires, aiguës, souvent rougeâtres; fleurs d'un beau jaune, en corymbes terminaux; juin-juillet. Même culture.

S. album *L*. Orpin blanc, Trique-madame.—Tiges de 15 à 20 cent., ascendantes, en touffe; feuilles oblongues-linéaires, cylindriques; fleurs blanches ou rosées, à anthères brunes, en corymbes terminaux; juin-août. Même culture.

SEMPERVIVUM.

Sempervivum arboreum *L*. Joubarbe en arbre. (*Crassulacées*.) — Tige nue, de 1 m. 30; rameaux terminés par des rosaces de feuilles oblongues, spatulées; fleurs d'un beau jaune, en longue panicule dressée, compacte; février-mars. Variétés à feuilles pourpres ou panachées de blanc. Culture des *Sedum*, mais en serre tempérée.

S. tabulæforme *Haw*. Joubarbe tabulaire. —Tige de 50 à 60 cent.; feuilles spatulées, pubescentes, en large rosette étalée; fleurs jaunâtres, en panicule terminale. Même culture.

S. glutinosum *H. K.* Joubarbe visqueuse. —Tige de 40 à 70 cent.; feuilles grandes, spatulées, visqueuses, en rosette; fleurs jaunes en longue panicule lâche, terminale. Même culture.

S. tortuosum *H. K.* Joubarbe tortueuse. — Feuilles spatulées, épaisses, vert foncé, en rosettes arrondies; fleurs très-petites, jaunes, en grappe terminale; juillet-août. Même culture.

S. tectorum *L*. Joubarbe commune, Artichaut bâtard. — Tige de 30 à 60 cent., feuillée; feuilles ovales, pointues, ciliées, d'un vert gai, souvent rougeâtre, les inférieures réunies en rosette; fleurs rose pourpré, en corymbe terminal; juillet-août. Même culture, en pleine terre.

S. tomentosum *Lehm*. Joubarbe tomenteuse. — Tige de 15 à 20 cent.; feuilles spatulées, en rosette, couvertes de longs poils; fleurs rose vif, en corymbe terminal. Même culture.

STAPELIA.

Stapelia variegata *L*. **Orbea variegata** *Haw*. Stapélie bigarrée ou panachée, crapaudine. (*Asclépiadées*.) — Tiges de 30 à 40 c., charnues, quadrangulaires, dressées, nombreuses, en touffe, très-rameuses; feuilles réduites à des écailles; fleurs solitaires, larges de

5 à 6 cent., lisses, verdâtres en dessous, à cinq divisions ovales, rayées de brun pourpré et tachées de jaune soufre, à centre brun pourpré, exhalant une odeur fétide, surtout lorsqu'elles commencent à se faner; juin-septembre. Serre tempérée, ou mieux châssis aéré. Exposition bien éclairée. Terre franche, fertile, mêlée d'un peu de terre de bruyère. Multiplication par boutures de rameaux, sur couche et sous châssis. Arroser abondamment, mais à d'assez longs intervalles, en été. Cesser les arrosements durant l'hiver.

S. hirsuta *L.* Stapélie velue. — Tiges de 50 cent., nombreuses, charnues, quadrangulaires, rameuses, dentées; fleurs larges de 14 cent., velues, couleur lie de vin, à odeur fétide; juillet-octobre. Même culture.

S. grandiflora *Mass.* Stapélie à grandes fleurs. — Tiges à dents courbées; fleurs aussi grandes que dans l'espèce précédente, pourpre noir, à bords ciliés. Même culture.

CHAPITRE VIII.

ARBRES ET ARBUSTES.

ACACIA.

Acacia Julibrizin *D. C.* **Albizia Julibrizin** *Willd.* Acacia de Constantinople, Arbre de soie. (*Légumineuses.*)—Arbre de 8 à 10 m., à tige droite, à rameaux étalés, formant une cime large et arrondie; feuilles grandes, bipennées, très-élégantes, à folioles nombreuses; fleurs blanc rosé, en fascicules paniculés, à étamines longues, formant par leur réunion de superbes aigrettes soyeuses, violet tendre; août-septembre. Exposition chaude. Terre légère, meuble, substantielle. Semer sur couche et sous châssis, au printemps, en pots remplis de terre légère, mais plus substantielle que la terre de bruyère; repiquer les jeunes plants quand ils ont 12 à 15 cent. de hauteur, et arroser fréquemment, mais peu à la fois. Rentrer en orangerie pendant les premières années; plus tard, donner une couverture en hiver.

A. lophantha *Willd.* **Mimosa distachya** *Vent.* Acacia à deux épis. —Tige de 3 à 4 m.; rameaux flexueux; feuilles bipennées, à folioles petites, oblongues, aiguës; fleurs petites, jaune soufre, en longues houpes, légèrement odorantes; au printemps et à l'automne. Serre tempérée. Même culture.

A. dealbata *Link.* Acacia blanchâtre. — Tige de 6 à 10 m., couverte, ainsi que les rameaux et les feuilles, de poils blanchâtres, qui donnent à l'arbre un aspect farineux; feuilles bipennées, à folioles fines, souvent au nombre de plus de cent; fleurs jaunes, odorantes, en fascicules globuleux réunis en grappe paniculée; mars-mai. Même culture. Cette espèce vient bien en pleine terre dans le midi de la France.

A. Farnesiana *Willd.* Acacia de Farnèse, Casse du Levant. — Arbrisseau de 4 à 6 m.; rameaux épineux; feuilles bipennées, à folioles petites; fleurs petites, jaunes, odorantes, en capitules globuleux; août-septembre. Orangerie. Même culture. Lorsqu'on le cultive en pots, il faut changer la terre au moins tous les deux ans, lui donner des pots plus grands, et tailler modérément les rameaux.

A. emarginata *Wendl.* **A. stricta** *Willd.* Acacia échancré. — Arbrisseau à rameaux anguleux, feuilles (ou mieux *phyllodes*) longues, linéaires, obtuses, échancrées au sommet; fleurs très-petites, jaunes, en capitules. Exposition demi-ombragée. Terre de bruyère. Serre tempérée. Même culture.

A. paradoxa *D. C.* **A. undulata** *Willd.* Acacia paradoxal ou ondulé. — Tige droite, rameuse; feuilles alternes, lancéolées, ciliées; fleurs jaunes, très-nombreuses. Même culture.

A. rotundifolia *Bot. Mag.* Acacia à feuilles rondes. — Tige de 1 m. 50, rameuse, diffuse; feuilles arrondies; fleurs jaunes, en capitules globuleux très-nombreux. Même culture. Soutenir par un tuteur ou palisser sur un treillage.

A. falcata *Willd.* Acacia arqué. — Tige de 4 à 5 m.; rameaux anguleux; feuilles linéaires, courbées en faux; fleurs jaune-citron, en petits fascicules paniculés; mars-avril. Même culture.

A. heterophylla *Willd.* Acacia à feuilles variables. — Feuilles blanchâtres, recourbées en faux, simples ou quelquefois terminées par quelques folioles; fleurs blanchâtres, en petits capitules. Même culture.

A. longifolia *Willd.* Acacia à longues feuilles.—Tige de 4 à 6 m.; feuilles oblongues, lancéolées; fleurs jaune citron, en longs épis, à étamines saillantes; mars-avril. Même culture.

A. decipiens, juniperina, vestita, cultriformis, suaveolens, verticillata, floribunda, discolor, speciosa, pubescens, etc. — Même culture.

A. triacanthos. — Voy. *Gleditschia.*

Acacia (faux). — Voy. *Robinia.*

ACER.

Acer pseudo-platanus *L.* Érable sycomore ou faux platane. (*Acérinées.*) — Tige de 20 à 24 m.; feuilles opposées, palmées, à cinq lobes dentés, vert foncé en dessus, blanchâtres en dessous; fleurs jaune verdâtre, en longues grappes pendantes; avril-mai. Variété à feuilles panachées de blanc et de jaune. Terre légère, fraîche, substantielle. Semer en rigoles, en mars-avril, et recouvrir de feuilles ou de mousse.

A. platanoïdes *L.* Érable plane ou de Norvège. — Tige de 18 à 20 cent.; feuilles à cinq lobes profonds, aigus, vert foncé sur les deux faces; fleurs jaunes, en corymbes dressées; avril-mai. Variétés à feuilles multifides ou laciniées. Même culture.

A. campestre *L.* Érable champêtre. — Tige de 6 à 10 m., à écorce brune, subéreuse; feuilles petites, luisantes, à cinq lobes obtus et grossièrement dentés. Même culture.

A. Monspessulanum *L.* Érable de Montpellier. — Tige de 8 à 10 m.; feuilles petites, coriaces, luisantes, à trois lobes entiers, arrondis; fleurs jaunâtres, en corymbe. Même culture.

A. Pensylvanicum *L.* **A. Striatum** *Lam.* Érable jaspé. — Tige de 10 à 12 m., à écorce agréablement jaspée de blanc; feuilles à trois lobes aigus, dentés; fleurs verdâtres, en longues grappes pendantes. Même culture, ou mieux greffer sur le sycomore à quelques centimètres de terre.

A. Tataricum *L.* Érable de Tartarie. — Tige de 3 à 4 m., très-rameuse; feuilles en cœur, à peine lobées, dentées; fleurs blanches lavées de rose, en grappes courtes; mai-juin. Fruits rouges. Même culture.

A. Negundo *L.* **Negundo fraxinifolium** *Rafin.* Érable négundo ou à feuilles de frêne. — Tige de 15 à 20 m.; rameaux vert glauque, lisses; feuilles pennées, à cinq ou sept folioles oblongues; fleurs verdâtres, en longues grappes pendantes. Même culture. Bouturage des rameaux.

A. Neapolitanum, creticum, opalus, rubrum, saccharinum, etc. — Même culture.

ÆSCULUS.

Æsculus hippocastanum *L.* Marronnier d'Inde. (*Hippocastanées.*) (Pl. XXX, fig. 1.) — Tige de 20 à 25 m.; feuilles grandes, digitées; fleurs blanches panachées de rouge, en thyrse; mai-juin. Variétés à fleurs doubles, à feuilles panachées, lacinées. Tout terrain, et mieux terre fraîche, substantielle. Se propage par graines stratifiées, et supporte très-bien la taille et la tonte.

Æ. rubicunda *Lodd.* Marronnier à fleurs rouges. (Pl. XXXI, fig. 5.) — Arbre moins élevé que le précédent; feuilles plus vertes, gaufrées; fleurs d'un beau rouge; mai-juin. Même culture, ou greffe sur le marronnier commun.

Æ. pavia, flava, etc. — Voy. *Pavia.*

AILANTUS.

Ailantus glandulosa *Desf.* Ailante glanduleux, vernis du Japon. (*Rutacées.*) — Arbre de 18 à 20 m., à tige droite, recouverte d'une écorce grisâtre; feuilles imparipennées, à folioles nombreuses, grandes, oblongues, aiguës; fleurs verdâtres en panicule, à odeur désagréable; juillet-août. Exposition abritée. Tout terrain, et mieux terre légère et fraîche. Multiplication facile par graines, par rejetons, ou par le bouturage des rameaux ou des racines. Cet arbre croît rapidement, mais il a l'inconvénient de pousser de nombreux drageons.

ALNUS.

Alnus glutinosa *W.* **Betula alnus** *L.* Aune commun ou glutineux, Verne, Vergne. (*Bétulinées.*) — Tige de 20 à 22 m., à écorce grise; rameaux alternes, glutineux; feuilles grandes, ovales, d'un vert sombre; fleurs verdâtres, en chatons; mars-avril. Exposition fraîche. Terre légère, substantielle, humide; bords des eaux. Semer les graines, aussitôt après leur maturité, dans un endroit frais et ombragé, sur une planche de terre douce, légère, bien ameublée par un bon labour; recouvrir très-légèrement. Repiquer en pépinière à la fin de l'automne, et mettre en place à trois ou quatre ans. Boutures, marcottes, drageons.

A. incana *Willd.* **A. viridis** *D. C.* Aune blanc. — Écorce cendrée; feuilles ovales, acuminées, glauques. Même culture.

A. cordata *Ten.* Aune à feuilles en cœur. — Feuilles cordées, aiguës au sommet, finement dentées en scie. Terrain sec. Même culture, ou greffe en écusson sur l'aune commun.

AMORPHA.

Amorpha fruticosa *L.* Amorpha frutescent, faux indigo. (*Légumi-*

neuses.) — Arbrisseau, à tige de 2 à 4 m. ; feuilles imparipennées, à folioles nombreuses, ovales, obtuses; fleurs nombreuses, bleu-violacé, en épis axillaires et terminaux; août-septembre. Exposition chaude et abritée. Terre franche, légère, un peu sèche. Semer sur couche, au printemps. Marcottes, faites à la fin de septembre et sevrées l'année suivante. Boutures et drageons. Couverture pendant les grands froids.

A. Lewisii *Lodd.* Amorpha de Lewis. — Tiges peu élevées, divergentes; fleurs peu nombreuses, petites, violet foncé; juin-juillet. Même culture.

A. pumila *Mich.* Amorpha nain. — Feuilles sessiles; fleurs blanchâtres. Même culture.

AMYGDALUS.

Amygdalus nana *L.* **A. Georgica** *Desf.* Amandier nain ou de Géorgie. (*Rosacées.*)—Tige de 1 m. à 1 m.30; rameaux grêles; feuilles lancéolées; fleurs nombreuses, d'un beau rose; mai-juin. Refleurit quelquefois en septembre. Variété à fleurs doubles. Exposition chaude. Terre légère, substantielle. Semer en pépinière. Drageons. La variété à fleurs doubles se propage par la greffe sur le type.

A. argentea *Lam.* **A. orientalis** *Ait.* Amandier argenté ou d'Orient. — Tige de 3 à 4 m.; rameaux étalés; feuilles ovales-lancéolées, argentées; fleurs roses; avril-mai. Même culture.

A. pumila. — Voy. *Prunus Japonica.*

ANDROMEDA.

Andromeda poliifolia *L.* Andromède à feuilles de Pouliot. (*Ericinées.*) — Arbrisseau, à tiges de 30 à 40 cent., couchées, traçantes; feuilles oblongues, ou ovales-lancéolées, glauques ou blanchâtres en dessous, persistantes; fleurs d'un beau rose tendre; juillet-août. Variétés à fleurs rouges ou blanches, à feuilles plus larges ou plus petites. Exposition au nord. Terrain humide, et mieux terre de bruyère. Semer les graines immédiatement après la récolte, et recouvrir très-peu; abriter par des châssis, ou bien par une couche de mousse de 2 cent. d'épaisseur, qu'on enlève après la levée des plants. Un mode préférable consiste à semer en pots ou en terrines, qu'on recouvre d'une plaque de verre formant un couvercle, dont les bords sont lutés, de manière à fermer hermétiquement. Les jeunes plants sont très-délicats et demandent beaucoup de soins. Il faut les arroser souvent, mais peu à la fois. Au bout d'un an ou deux, on repique en pots ; à la quatrième ou cinquième année, on transplante à demeure au commencement du printemps ou à la fin de l'automne. Les andromèdes se multiplient aussi par marcottes, rejetons, éclats ou séparation de racines ; le bouturage est peu ou point employé. Couvrir les pieds de feuilles en hiver.

A. Mariana *L.* **Leucothoe Mariana** *D. C.* Andromède du Maryland. — Arbuste buissonneux, de 1 m. à 1 m. 30 ; rameaux pourpres ; feuilles ovales, luisantes, plus pâles en dessous ; fleurs blanches, campanulées ; juillet-août. Même culture.

A. arborea *L.* **Oxydendron arboreum** *D. C.* Andromède en arbre. — Tige de 16 à 20 m. ; feuilles persistantes, ovales ou oblongues-acuminées, souvent tachées de rouge ; fleurs blanches, en panicules terminales, rameuses ; juin-juillet. Même culture.

A. speciosa, axillaris, marginata, etc. — Même culture.

ANTHYLLIS.

Anthyllis barba Jovis *L.* Anthyllide barbe de Jupiter. (*Légumineuses.*) — Arbrisseau de 1 m. 30 à 1 m. 60 ; feuilles imparipennées, soyeuses et argentées en dessous, persistantes ; fleurs petites, jaunes, en bouquets ; mars-mai. Exposition chaude. Terre franche, légère, substantielle. Semis, boutures et marcottes. Couverture en orangerie. en hiver.

A. cytisoïdes, Hermanniæ. — Même culture.

ARALIA.

Aralia spinosa *L.* Aralie épineuse, Angélique épineuse. (*Araliacées.*) — Arbrisseau à tige de 2 à 4 m., épineuse ; feuilles grandes, tripennées, d'un beau vert ; fleurs petites, nombreuses, verdâtres, odorantes, en petites ombelles qui forment par leur réunion une grande panicule terminale ; août-septembre. Fruits roussâtres à la maturité. Exposition chaude, mais un peu ombragée. Terre légère, fraîche. Semer les graines, aussitôt après leur maturité, en terrines, qu'on rentre en orangerie pendant l'hiver et qu'on met sur couche tiède au printemps ; repiquer en pots que l'on rentre encore en orangerie, et mettre en place l'année suivante. Rejetons et boutures de racines. Couverture, en hiver.

A. sinensis, umbraculifera, etc. — Même culture.

ARBUTUS.

Arbutus Unedo *L.* Arbousier. (*Éricinées.*) (Pl. XXXIII, fig. 4.) — Arbrisseau de 4 à 5 m.; jeunes rameaux d'un beau rouge; feuilles larges, d'un beau vert, persistantes; fleurs roses, en grelot; septembre-janvier. Fruits rouges, charnus, semblables à des fraises. Variétés à fleurs blanches, à fleurs doubles, à feuilles panachées; autre plus petite, mais à fleurs plus grandes. Exposition au nord-ouest. Terre franche, légère, et mieux terre de bruyère. Semer les graines, aussitôt après leur maturité, sur couche tiède; repiquer en pots les jeunes plants dès qu'ils ont atteint la taille de 3 cent. Mettre en pleine terre à trois ans. Marcottes. Orangerie, dans le nord.

A. andrachne *L.* Arbousier andrachné. — Espèce plus délicate que la précédente; fleurs blanches; mars-mai. Même culture, ou greffe sur l'arbousier commun.

A. uva ursi *L.* **Arctostaphylos, uva ursi** *Spr.* Bousserole, Raisin d'ours. — Arbrisseau touffu, à tiges couchées; feuilles petites, luisantes; fleurs blanches; mai-juin. Fruits rouges. Même culture.

AUCUBA.

Aucuba Japonica *L.* Aucuba du Japon. (*Araliacées.*) (Pl. XXXVIII, fig. 5.) — Arbuste de 1 m. à 1 m. 50; feuilles grandes, persistantes, d'un vert brillant, ordinairement panachées, marbrées de jaune; fleurs petites, brunes, en panicule terminale; avril-juin. Exposition ombragée mais sèche. Terre franche légère. Boutures, faites au printemps. Marcottes, en pots. Cet arbuste a des fleurs dioïques, et nous ne possédons dans nos jardins que des pieds femelles.

AZALEA.

Azalea Indica *L.* **Rhododendron Indicum** *D. C.* Azalée de l'Inde. (*Ericinées.*) (Pl. XXXIX, fig. 2.) — Arbrisseau de 0 m. 50 à 2 m.; feuilles oblongues, lancéolées, soyeuses; fleurs rouges, en petits bouquets terminaux; avril-juillet. Variétés nombreuses, offrant toutes les nuances du blanc pur au rouge vif ou au rouge violacé. Variétés à fleurs doubles. Exposition ombragée. Terre de bruyère. Semis, rejetons, marcottes. Greffe herbacée ou par approche. Orangerie ou serre tempérée. Toutes les variétés peuvent se cultiver en pots. Elles se prêtent bien à la taille et prennent toutes les formes qu'on veut leur donner ; mais il faut pour cela commencer à les former dès leur jeune âge. Voyez, pour plus de détails, la culture des *Camellia.*

A. ledifolia *Hook.* **Rhododendron ledifolium** *D. C.* Azalée à feuilles de Lédon. — Arbrisseau à feuilles plus petites, ovales-lancéolées, velues ; fleurs blanches ou pourpres. Même culture.

A Pontica *D. C.* Azalée du Pont. — Arbrisseau à feuilles ovales, lancéolées, ciliées ; fleurs jaunes ou rouges, en corymbe, paraissant avant les feuilles. Cette espèce, de même que les suivantes, est beaucoup plus rustique que les azalées de l'Inde et vient parfaitement en plein air.

A. nudiflora *D. C.* Azalée à fleurs nues. — Arbrisseau à feuilles oblongues, aiguës ; fleurs paraissant avant les feuilles et présentant toutes les nuances du blanc au rouge. Même culture.

A. viscosa, glauca, calendulacea, etc. Fleurs blanches ou rouges. — Même culture.

BACCHARIS.

Baccharis halimifolia *L.* **Conyza halimifolia** *Desf.* Baccharide à feuilles d'halime, Séneçon en arbre. (*Composées.*) — Arbrisseau à tige de 2 à 4 m. ; feuilles obovales, dentées, persistantes ; fleurs blanchâtres, en petites capitules ; septembre-octobre. Exposition chaude et abritée. Terre légère, sablonneuse. Boutures et marcottes.

BERBERIS.

Berberis vulgaris *L.* Épine-vinette, Vinettier. (*Berbéridées.*) (Pl. XXXVII, fig. 4.)—Arbrisseau touffu, à tige de 2 à 3 m. ; feuilles ovales, dentées ; fleurs jaunes, en grappes pendantes ; mai-juin. Fruits rouges. Variétés à fruits violets ou jaunes, à gros fruits, à feuilles pourprées. Toute exposition et tout terrain. Semer en pépinière. Marcottes faites en automne, sevrées et mises en place deux ans après. Boutures et drageons. Cette espèce est rustique et propre à orner les bosquets.

B. sinensis, Canadensis, Cretica, etc. — Même culture.

BETULA.

Betula alba *L.* Bouleau blanc ou commun. (*Bétulinées.*) — Tige de 20 m., droite, couverte d'une écorce d'un blanc satiné; rameaux allongés, grêles, flexibles, rougeâtres, souvent pendants; feuilles rhomboïdales, aiguës, irrégulièrement dentées; fleurs monoïques, en chatons cylindriques, pendants. Toute exposition, excepté celle du midi. Terre légère, substantielle. Semer en pépinière, en terrain très-léger, frais et ombragé, exposé au nord autant que possible; recouvrir le semis d'une couche de terre très-mince, puis d'une couverture de feuilles ou de paille. Repiquer à la fin de la première année, ou au plus tard de la seconde. Planter à demeure à l'âge de quatre ou cinq ans. Les boutures et les marcottes s'emploient rarement.

B. pubescens, lenta, nigra, papyrifera, etc. — Même culture.

BROUSSONETIA.

Broussonetia papyrifera *Vent.* **Morus papyrifera** *L.* Mûrier à papier. (*Marées.*) — Grand arbre, à tige droite et à cime arrondie; feuilles rudes, cordées, entières ou lobées, dentées; fleurs dioïques, les mâles en chatons, les femelles en têtes globuleuses; fruits rouges, globuleux, semblables à des fraises; septembre-octobre. Variétés à fruits blancs, à feuilles très-découpées, à feuilles panachées, à feuilles en capuchon. Tout terrain et toute exposition. Graines, marcottes, boutures et drageons.

BUDDLEIA.

Buddleia globosa *Lam.* Budléya globuleux. (*Personées.*) — Tige de 2 à 3 m.; feuilles grandes, ovales, blanches en dessous, persistantes; fleurs très-petites, d'un beau jaune, odorantes, en cimes globuleuses; juin-juillet. Exposition abritée et demi-ombragée. Terre légère. Semer sur couche et sous châssis. Boutures et marcottes. Rentrer en orangerie dans les premiers temps; à trois ans, mettre en pleine terre et couvrir durant l'hiver.

B. Lindleyana *Bot. Reg.* Budléya de Lindley. — Fleurs en épis, lie de vin au dehors, pourpre violacé au dedans. Même culture.

B. Madagascariensis *Lam.* Budléya de Madagascar. — Fleurs odorantes, jaune clair, passant successivement au rouge, réunies en thyrse. Serre tempérée.

BUPLEVRUM.

Buplevrum fruticosum *L.* Buplèvre frutescent, Oreille de lièvre. (*Ombellifères.*) — Tiges de 1 m. 20 à 1 m. 60, nombreuses, touffues; feuilles ovales-oblongues, glauques, persistantes; fleurs petites, jaunes, en ombelle; juin-août. Exposition demi-ombragée. Terre franche, légère, fraîche. Semer en pépinière. Boutures et marcottes.

BUXUS.

Buxus sempervirens *L.* Buis commun ou toujours vert. (*Euphorbiacées*). — Tige de 4 à 5 m.; feuilles petites, ovales, d'un beau vert, persistantes; fleurs blanc jaunâtre; avril-mai. Variété naine, à feuilles étroites, à feuilles panachées. Toute terre légère. Semer en pépinière ou en place. Boutures et marcottes. Les variétés se propagent aussi par la greffe sur le type, la naine par éclats.

B. Balearica *Lam.* Buis de Mahon. — Tige de 5 à 6 m.; feuilles grandes, ovales, persistantes; fleurs petites, jaunes, en bouquets, à odeur agréable; mai-juin. Exposition chaude. Terre franche, légère. Semer sur couche tiède. Boutures, rentrées en orangerie la première année.

CALYCANTHUS.

Calycanthus floribus *L.* Calycanthe de la Caroline, arbre aux anémones. (*Calycanthées.*) — Arbrisseau, à tige de 2 à 3 m.; rameaux étalés; feuilles ovales; fleurs rouge-brun, à odeur agréable; mai-juin. Exposition chaude. Terre légère, fraîche, et mieux terre de bruyère. Marcottes par incision, sevrées et relevées la seconde année.

C. glaucus, occidentalis, præcox, etc. — Même culture.

CAMELLIA.

Camellia Japonica. *L.* Camellia du Japon. (*Théacées.*) (Pl. XXXIX, fig. 4) — Arbuste ou arbre de moyenne grandeur, pouvant s'élever à 6 ou 7 mètres, mais dépassant rarement 1 à 2 m. dans nos cultures; tige droite; rameaux étalés; feuilles larges, ovales, aiguës, d'un beau vert brillant, persistantes; fleurs grandes, régulières, rouges; mars-mai. On compte aujourd'hui plus de mille variétés à fleurs doubles, présentant toutes les nuances du blanc pur au rouge pourpre, et souvent panachées de deux ou trois teintes différentes. Terre de bruyère, mélangée d'un tiers de terre franche légère, ou, à défaut, mélange d'un tiers de terre de bruyère et de deux tiers de terreau de feuilles, en employant de préférence celui de feuilles de châtaignier.

On peut propager les camellias par le semis des graines, fait en novembre; mais ces graines sont rares et d'un prix élevé, et il faut attendre assez longtemps pour obtenir des plantes d'une certaine force; aussi ce moyen n'est-il guère mis en usage que lorsqu'on veut produire de nouvelles variétés. On préfère généralement employer la multiplication par boutures sous cloche ou par marcottes étranglées, ou enfin par la greffe sur les sujets simples. Il faut avoir soin de maintenir une température et une humidité bien égales, et de tenir les feuilles bien propres à l'aide de bassinages, ou de lavages à la main pour les camellias que l'on conserve dans les appartements. Dans les serres, on arrose avec de l'eau renfermant des matières organiques, résultat qu'on obtient en faisant macérer des feuilles.

Les camellias sont des arbustes de serre tempérée. Mais on peut aussi les tenir en orangerie; ils doivent y rester depuis la fin de septembre jusqu'à la fin de mai; l'orangerie doit être bien éclairée, avoir une température constante de 6 à 7 degrés, et il faut que l'air puisse y circuler librement. Les plantes sont rangées sur des gradins. En été, on les place à une exposition sèche, ombragée et un peu aérée. Elles viennent mieux en caisses qu'en pots; si on emploie ce dernier mode, il faut, à mesure qu'elles grandissent, les rempoter de temps en temps, après la floraison.

C. sasanqua *L.* Camellia-thé ou odorant. — Beaucoup moins cultivé que l'autre; il a des fleurs blanches et moins belles, mais douées d'une odeur agréable, quoique assez faible.

CARPINUS.

Carpinus betulus *L.* Charme. (*Cupulifères.*) — Arbre à tige droite, cannelée, de 12 à 15 m.; feuilles ovales, acuminées, dentées; fleurs monoïques, en chatons; mai-juin. Variétés à feuilles panachées et à feuilles très-découpées. Tout terrain et toute exposition. Semer en pépinière. Cet arbre, supportant très-bien la taille et la tonte, est surtout recherché pour former les palissades ou *charmilles.*

C. Americana, Orientalis, ostrya, etc. — Même culture.

CASSIA.

Cassia Marylandica *L.* Casse du Maryland. (*Légumineuses.*) — Tiges de 1 m. à 1 m. 30 ; feuilles paripennées, à folioles ovales; fleurs jaune d'or, en grappes; août-octobre. Semer en pépinière. Éclats de touffes. Arrosements fréquents.

CASTANEA.

Castanea vulgaris *Lam.* **Fagus castanea** *L.* Châtaignier. (*Cupulifères.*) — Grand arbre, à rameaux étalés; feuilles ovales-lancéolées, fortement dentées, glabres, luisantes, d'un beau vert; fleurs monoïques, en chatons. Variété à feuilles découpées. Exposition de l'est et du nord-est. Sols légers, meubles, profonds, substantiels. Semer en pépinière, au printemps, et transplanter au bout de deux à quatre ans, selon qu'on opère en terre légère ou en terre forte.

C. Americana, pumila. — Même culture.

CASUARINA.

Casuarina equisetifolia *L.* Casuarine à feuilles de prêle, Filao de l'Inde. (*Casuarinées.*) — Grand arbre à cime étendue, lâche, à rameaux pendants, divisés en ramules filiformes, articulés, cannelés régulièrement, et portant aux articulations de petites écailles verticillées; fleurs monoïques; cônes ovales arrondis, de la grosseur d'une noisette. Cet arbre, si remarquable par la beauté et la singularité de son port, demande un sol léger, et paraît préférer la terre de bruyère mélangée de terre franche et renouvelée, s'il est possible, tous les ans. On sème les graines, au printemps, en terrines, sur couche et sous châssis, pour repiquer l'année suivante en pots; on arrose fréquemment, mais peu à la fois. On reproduit aussi le Filao par marcottes, qui se font généralement dans des pots ou des cornets en l'air, et par boutures faites en pots, sur couche et sous châssis; mais on n'obtient pas d'aussi bons résultats.

Les jeunes plants, sans être délicats, craignent cependant une température trop basse et l'excès d'humidité, ainsi qu'une taille immodérée; ils exigent des tuteurs dans leurs premières années. Comme ils poussent très-vite, il faut de temps en temps augmenter la capacité des pots ou des caisses pour ceux que l'on cultive de cette manière; cette opération se fait lorsqu'on renouvelle la terre.

Le *C. torulosa* Ait. (*C. suberosa* Hort.) se cultive de la même manière; mais il exige l'orangerie durant l'hiver, ainsi que les *C. distyla* et *stricta*. Le *C. quadvivalvis* est plus rustique et supporte assez bien la pleine terre.

CATALPA.

Catalpa bignonioïdes *D. C.* **Bignonia catalpa** *L.* Catalpa. (*Bignoniacées.*) (Pl. XXX, fig. 4.) — Arbre à tige de 10 m., à cime arrondie; feuilles larges, cordiformes, verticillées, d'un beau vert; fleurs grandes, blanches, maculées de jaune et de pourpre, en grandes panicules; juillet-août. Exposition demi-ombragée. Terre franche, légère. Semer en mars, en terrine ou sous châssis, ou mieux en avril, en pleine terre sableuse, qu'on a soin de tenir humide. Dans les premiers temps, les jeunes pieds doivent être garantis du froid. On repique en pépinière la seconde année, et on met en place à la quatrième. On multiplie encore cet arbre par boutures ou par rejetons buttés. On en fait des avenues et des quinconces; mais en général il produit bien plus d'effet quand il est isolé.

C. Bungeana, Kæmpferi. — Même culture.

CÉANOTHUS.

Ceanothus Americanus *L.* Céanothe d'Amérique. (*Rhamnées.*) — Tige de 70 cent. à 1 m.; feuilles ovales, aiguës, dentées; fleurs petites, blanches, en grappes terminales; juillet-octobre. Variétés à fleurs roses et à feuilles étroites. Exposition demi-ombragée. Terre de bruyère. Semer au printemps, sur couche, ou à l'automne, en terrines qu'on rentre en orangerie durant l'hiver. Marcottes. Couverture en hiver.

C. azureus, Delilianus, dentatus, etc. — Même culture.

CELTIS.

Celtis australis *L.* Micocoulier de Provence (*Ulmacées.*) — Tige de 12 à 16 m.; feuilles ovales, longuement acuminées, dentées, vert foncé; fleurs petites, verdâtres; fruit petit, noir. Variété à feuilles panachées. Toute exposition. Terre légère, fraîche, profonde. Semer à l'automne, en pépinière, en rigoles; arroser fréquemment, et couvrir pendant l'hiver; repiquer la seconde ou la troisième année, selon la force des plants, et mettre ceux-ci à demeure dès qu'ils ont 65 cent. à 1 m. de hauteur.

C. occidentalis, cordata, Tournefortii, etc. — Même culture.

CERASUS.

Cerasus avium *L.* **Prunus avium** *Mœnch.* Merisier. (*Rosacées.*) — Arbre de 12 à 15 m.; feuilles ovales-lancéolées, d'un beau vert; fleurs blanches, très-abondantes; mai-juin. Fruits rouges ou noirâtres. Variété à fleurs doubles. Toute exposition et tout terrain. Semer les graines en pépinière, aussitôt après leur maturité, ou les stratifier durant l'hiver, pour semer au printemps. Repiquer à la fin de la première année, et mettre à demeure à deux ou trois ans. La variété se greffe en fente sur le type.

C. hortensis *Pers.* **Prunus Cerasus** *L.* Cerisier cultivé. — Arbre fruitier, cultivé aussi pour l'ornement, surtout les variétés à fleurs doubles ou semi-doubles; on les greffe en fente sur le merisier.

C. Mahaleb *Mill.* **P. Mahaleb.** *L.* Cerisier odorant, Bois de Sainte-Lucie. — Arbre de moyenne grandeur; feuilles ovales, un peu aiguës, dentées; fleurs blanches, odorantes, en corymbes; mai-juin. Fruits noirs ou rouges. Variété à larges feuilles. Toute exposition et tout terrain. Sert de sujet pour les diverses espèces et variétés du genre, surtout dans les terrains crayeux. Culture du merisier.

C. padus *D. C.* **P. padus** *L.* Merisier à grappes. — Petit arbre à feuilles ovales, acuminées, d'un beau vert; fleurs blanches, en longues grappes pendantes; mai-juin. Variété à feuilles panachées. Même culture. Se multiplie aussi par ses drageons.

C. Lauro-cerasus *Juss.* **P. Lauro-cerasus** *L.* Laurier-cerise, Laurier-amande. — Arbre de 4 à 5 m.; feuilles longues, ovales-lancéolées, très grandes, coriaces, persistantes, d'un beau vert brillant; fleurs petites, blanches; mai-juin. Fruits petits, noirs. Variétés à feuilles étroites ou panachées. Exposition ombragée. Culture des précédents.

C. Lusitanica *Juss.* Laurier du Portugal, Azarero.

C. Caroliniana *Juss.* Laurier du Mississipi.

C. Virginiana *Juss.* Cerisier de Virginie.

Ces trois espèces, et quelques autres, sont de beaux arbres qui se cultivent comme le merisier.

CERATONIA.

Ceratonia siliqua *L.* Caroubier. (*Légumineuses.*) — Arbre de moyenne grandeur, à tige tortueuse; feuilles articulées, paripennées, persistantes; fleurs petites, pourpre foncé, en grappes; juillet-août. Fruits en gousses, longues de 25 cent. Exposition chaude. Semer en pots sur couche et sous châssis; repiquer en pots qu'on rentre en orangerie durant les premiers hivers; mettre en place à sept ou huit ans. Bonne couverture pendant la saison froide. Malgré ces soins, il gêle quelquefois; aussi est-il mieux de le rentrer en orangerie sous le climat de Paris.

CERCIS.

Cercis siliquastrum *L.* Arbre de Judée, Gaînier. (*Légumineuses.*) (Pl. XXX, fig. 2.) — Arbre de 5 à 6 m., à tige tortueuse; feuilles arrondies, d'un beau vert; fleurs papilionacées, très-nombreuses, en bouquets, d'un beau rose violacé, paraissant avant les feuilles et naissant toujours sur le vieux bois; avril-mai. Variétés à fleurs blanches et à feuilles panachées. Exposition méridionale. Terre légère. Semer en rayons, au printemps, et repiquer en pépinière l'année suivante; abriter le semis, pendant les gelées, par une couche de feuilles. Mettre en place quand le jeune plant a environ 2 m. de hauteur. On peut former cet arbre en tige, en buisson ou en palissade.

C. Canadensis, Japonica, Sinensis. — Même culture.

CESTRUM.

Cestrum Parqui *L'Hér.* Cestreau à fruits noirs. (*Solanées.*) — Tiges de 1 m. à 1 m. 30, en touffes; feuilles lancéolées, ondulées, à odeur nauséabonde; fleurs jaunes, en panicules terminales, à odeur agréable, surtout le soir. Semer sur couche au printemps. Boutures et marcottes. On cultive, en serre chaude ou tempérée, quelques autres espèces de ce genre.

CHÆNOMELES.

Chænomeles Japonica *Pers.* **Cydonia Japonica** *L.* Coignassier du Japon. (*Rosacées.*) (Pl. XXXV, fig. 5.) — Arbuste à tiges de 1 m. à 1 m. 50, tortueuses, diffuses, épineuses; feuilles ovales, dentées; fleurs nombreuses, en bouquets, presque sessiles, d'un beau rouge foncé; avril-mai. Variétés à fleurs roses, blanc rosé, à fleurs doubles, à fruits jaunes lavés de pourpre, à feuilles panachées de blanc et de rose. Exposition demi-ombragée. Terre de bruyère. Boutures et marcottes, faites à l'ombre, en terre de bruyère pure. Greffe sur le coignassier commun. Pour que cet arbuste devienne plus beau, il faut lui donner un tuteur ou le palisser contre un mur.

CHIONANTHUS.

Chionanthus Virginica *L.* Chionanthe de Virginie, Arbre de neige. (*Jasminées.*) — Arbrisseau de 2 à 4 m.; feuilles grandes, ovales, aiguës; fleurs d'un beau blanc, en longues grappes; mai-juin. Exposition demi-ombragée. Terre franche, humide. Semer en terrines sur couche tiède. Greffe sur le frêne.

CHOROZEMA.

Chorozema ilicifolia *Lab.* Chorozème à feuilles de houx. (*Légumineuses.*) — Arbuste de 40 à 70 cent.; feuilles ovales, à bords épineux; fleurs petites, jaunes, tachées de rouge vif, en grappes; mai-août. Terre de bruyère. Semer au printemps sur couche et sous châssis. Boutures. Serre tempérée.

CITRUS.

Citrus aurantium *L.* Oranger. (*Hespéridées.*) — Arbre de moyenne grandeur, à tige droite; feuilles larges, articulées, ovales, acuminées; fleurs blanches, très-odorantes; juillet-août. Fruits rouge orangé. Nombreuses variétés dans la forme, la grandeur et la couleur des feuilles, des fleurs et des fruits. Madame Millet-Robinet résume parfaitement dans les lignes suivantes les règles de la culture de ce bel arbre :

« La terre d'oranger peut être très-composée ou très-simple. Voici la manière la plus facile de s'en procurer. On mêle par moitié de la terre de potager et du terreau composé de fumier de vache et de cheval. Les orangers prospèrent très-bien dans cette terre. On les multiplie facilement par les pepins semés en petits pots dans la terre que nous indiquons; mais il faut ensuite greffer le plan pour obtenir l'oranger qu'on cultive généralement. Il se greffe également bien sur citronnier, et les pepins de citron donnent des plants plus vigoureux. On les sème en mars et en avril sur couche et sous cloche, ou plus tard à l'air libre. Lorsqu'ils ont atteint la grosseur d'une plume, on peut les greffer à la Pontoise ou en écusson. Tant que les orangers sont jeunes, il faut les placer le plus près possible des jours; plus tard ils en ont moins besoin. Lorsque la poussière a sali les tiges et les feuilles, il faut les laver avec de l'eau et une éponge. On doit les rencaisser tous les deux ou trois ans jusqu'à l'âge de huit à dix ans, après quoi on peut ne les changer que tous les cinq à six ans. Le vase, proportionné à la grosseur de la tête, doit être plutôt trop petit que trop grand. Lorsqu'on l'a dépoté, on coupe l'extrémité des racines et on détache une partie de la terre qui se trouve entre celles qui restent avant de le remettre dans sa nouvelle demeure avec de nouvelle terre. Le pot ou la caisse doit être préparé de la manière suivante : on commence par mettre au fond du vase une petite couche de gravats ou de coquilles d'huître concassées, puis on place dessus la quantité de terre nécessaire pour que l'arbre se trouve à la hauteur voulue. On la foule, on pose l'arbre et on introduit de la terre tout autour avec une lame de bois. Si l'arbre avait une racine malade, il faudrait couper toute la partie attaquée jusque dans la motte; on donne ensuite une bonne mouillure. Le haut des racines doit arriver à la surface de la terre. Il faut à l'oranger de l'eau en été quand ses feuilles mollissent, très-peu en hiver. La taille se borne à arrêter les branches qui s'élancent trop, et à supprimer celles qui sont faibles et épuisées, et qui feraient confusion. Si on veut avoir beaucoup de fleurs, il ne faut pas conserver de fruits. »

La même culture s'applique aux citronniers, cédratiers, pamplemousses, et en général à toutes les espèces et variétés de ce genre.

CLADRASTIS.

Cladrastis tinctoria *Raf.* **Virgilia lutea** *Mich.* Virgilier à bois jaune. (*Légumineuses.*) (Pl. XXXII, fig. 2.)—Tiges de 5 à 7 m.; feuilles imparipennées, à folioles ovales; fleurs blanches, très-belles, odorantes, en longues grappes pendantes; juin-juillet. Exposition chaude. Terre ordinaire, un peu sèche. Semer en pépinière. Les marcottes reprennent assez difficilement.

COLUTEA.

Colutea arborescens *L.* Baguenaudier, faux Sené. (*Légumineuses.*) — Tige de 4 à 5 m.; feuilles ailées, glauques en dessous; fleurs jaune orangé, en grappes pendantes; juin-septembre. Fruit renflé, vésiculeux. Exposition demi-ombragée. Tout terrain, et mieux terre franche légère. Semer au printemps, sur couche ou sur place, en terre substantielle; arroser pendant les grandes chaleurs. Repiquer en pépinière, à l'automne, à 20 cent., et mieux l'année suivante, à 33 cent. Drageons. Élaguer modérément. Recéper l'arbre quand il est vieux.

C. alepica, media, orientalis, etc. — Même culture.

CORNUS.

Cornus sanguinea *L.* Cornouiller sanguin ou femelle. (*Araliacées.*) (Pl. XXXVIII, fig. 2.) — Tige de 3 à 5 m., en touffes; rameaux d'un beau rouge; feuilles opposées, ovales, aiguës; fleurs blanches, en ombelles terminales; juin-juillet. Fruit rouge noirâtre. Variété à feuilles panachées. Exposition demi-ombragée. Terre ordinaire, ou même crayeuse. Semer sur couche au printemps, et repiquer à l'automne. Marcottes, drageons et boutures.

C. mas *L.* Cornouiller mâle. — Tige de 4 à 6 m.; feuilles opposées, ovales; fleurs petites, jaunes, paraissant avant les feuilles; février-mars. Fruits rouges. Variété à fruits jaunes. Même terre et même exposition. Semer en pépinière, en septembre.

C. alba, alternifolia, circinata, cærulea, paniculata, rubra, sibirica, stricta, etc. — Même culture.

CORONILLA.

Coronilla Emerus *L.* Coronille des jardins. (*Légumineuses.*) (Pl. XXXIII, fig. 5.) — Arbrisseau de 1 m. 20 à 1 m. 50; feuilles imparipennées, à folioles petites, oblongues; fleurs d'un beau jaune taché de rouge; avril-juin. Variété naine. Exposition méridionale. Terre franche légère. Semer sur couche au printemps, et repiquer en pots à l'automne. Boutures, drageons et marcottes. Tondre la plante après la floraison, pour la faire refleurir à l'automne. Arrosements modérés.

C. glauca *L.* Coronille glauque. — Tige de 1 à 2 m.; feuilles d'un vert glauque; fleurs jaunes, en couronne; presque toute l'année. Même culture, mais en orangerie.

CORYLUS.

Corylus avellana *L.* Coudrier, Noisetier, Avelinier. (*Cupulifères.*) — Tige de 4 à 5 m.; feuilles ovales-arrondies, acuminées, dentées, velues; fleurs en chatons; février-mars. Variété à feuilles pourprées.

Toute exposition. Tout terrain, et mieux terre substantielle et fraîche. Semer les graines en février, après les avoir fait stratifier durant l'hiver. Boutures et drageons.

C. Byzantina, Americana, rostrata, etc. — Même culture.

CRATÆGUS.

Cratægus oxyacantha *L.* **Mespilus oxyacantha** *Gaertn.* Aubépine, Épine-blanche. (*Rosacées*) (Pl. XXVI, fig. 5.) — Tige de 8 à 10 m.; feuilles pennées; lobées; fleurs blanches, agréablement odorantes, en bouquets; mai-juin. Fruits rouges. Variétés à fleurs roses ou rouges, à fleurs doubles, à fruits noirs, etc. Toute exposition. Tout terrain, et mieux terre substantielle et fraîche. Semer les graines en rigole, aussitôt après leur maturité, ou les stratifier pour semer au printemps. Boutures de rameaux; mettre en terre une grosse branche, de manière à laisser sortir seulement les extrémités des rameaux et le gros bout. Drageons enracinés. Les variétés se greffent sur le type. Tailler modérément.

C. Azarolus *L.* Azerolier. — Tige de 10 à 12 m.; feuilles plus grandes et moins découpées que dans l'espèce précédente; fleurs blanches; fruits rouges ou jaunes. Même culture.

C. linearis *Pers.* Épine-parasol. — Rameaux étalés horizontalement; feuilles linéaires. Greffe en tête sur l'aubépine.

C. pyracantha *Pers.* **Mespilus pyracantha** *L.* Buisson ardent. — Arbrisseau buissonneux, très-épineux; tige de 1 m. 50 à 2 m.; feuilles ovales lancéolées, presque persistantes; fleurs blanches, lavées de rose, en corymbes axillaires; mai-juin. Fruits rouge de feu, très-nombreux, d'un bel effet, à l'automne. Même culture.

C. corallina, crus-galli, glabra, etc. — Même culture.

CYTISUS.

Cytisus laburnum *L.* Cytise, Aubours, Faux Ébénier. (*Légumineuses.*) (Pl. XXX, fig. 3.) — Tige de 5 à 7 m.; rameaux longs et pendants; feuilles à trois folioles oblongues; fleurs d'un beau jaune, en longues grappes pendantes; mai-juin. Variétés à feuilles découpées ou panachées. Exposition demi-ombragée. Tout terrain, même crayeux. Semer en pépinière, en terre meuble, au printemps; mettre en place, avec le pivot, l'année suivante.

C. purpureus *Jacq.* Cytise à fleurs pourpres. — Arbuste à rameaux étalés; fleurs rouge-violacé, assez grandes. Exposition ombragée. Terre humide. Greffe en tête sur le précédent.

C. Adami *Hort.* Cytise d'Adam. — Hybride des deux espèces précédentes; feuilles moyennes; fleurs rose-chamois. Par une singularité remarquable, on trouve quelquefois sur le même rameau des fleurs et des feuilles de ces trois cytises.

C. alpinus, capitatus, austriacus, etc. — Même culture.

DAPHNE.

Daphne laureola *L.* Lauréole. (*Thymélées.*) — Arbuste à tige de 1 m., rameuse; feuilles lancéolées, glabres, d'un beau vert brillant, plus pâles en dessous, persistantes; fleurs jaune verdâtre, odorantes, en petits bouquets axillaires; janvier-mars. Exposition très-ombragée. Terre légère, fraîche, substantielle. Semer en place, aussitôt après la maturité des graines; repiquer l'année suivante en pleine terre ou en pots. Cette espèce sert de sujet pour les autres.

D. Mezereum *L.* Mézéréon, Bois gentil, Bois joli. — Tige de 60 cent à 1 m.; feuilles lancéolées, caduques; fleurs petites, sessiles, rose-violacé, odorantes; décembre-février. Variétés à fleurs blanches, à grandes fleurs rouges, à feuilles panachées. Exposition demi-ombragée. Même culture.

D. Pontica *L.* Daphné du Pont. — Tige de 1 m.; rameaux flexibles; feuilles ovales, persistantes; fleurs verdâtres, odorantes, en petites grappes terminales; mars-mai. Même culture, et mieux orangerie en hiver.

D. Alpina, Gnidium, Fortunei, etc. — Même culture.

DEUTZIA.

Deutzia scabra *Hort.* **D. crenata** *Sieb.* Deutzia à feuilles rudes ou crénelées. (*Philadelphées.*) (Pl. XXXIII, fig. 1.) — Tige de 1 m. 50 à 2 m.; feuilles opposées, ovales, lancéolées, acuminées, crénelées-dentées, couvertes, surtout à la face inférieure, de poils courts et rudes; fleurs blanches, en grappes terminales; mai-juin. Variétés à grandes fleurs. Exposition abritée. Terre ordinaire. Culture des *Philadelphus*.

D. canescens *Sieb.* Deutzia blanchâtre. (Pl. XXXIV, fig. 1.) — Tige de 1 m. à 1 m. 50; rameaux et dessous des feuilles couverts d'un duvet blanchâtre; fleurs blanches, en panicules terminales. Même culture.

D. corymbosa, gracilis. — Même culture.

DIERVILLA.

Diervilla Japonica *R. Br.* **Weigelia rosea** *Lindl.* Dierville du Japon, Weigélia à fleurs roses. (*Caprifoliacées.*) (Pl. XXXIV, fig. 5.) — Arbrisseau à feuilles ovales, dentées au sommet; fleurs nombreuses, d'un beau rose, en petits bouquets axillaires et terminaux; avril-mai. Exposition demi-ombragée. Terre légère, et mieux terre de bruyère. Semis, marcottes et boutures étouffées. Vient mieux en pots enterrés à l'époque de la floraison.

D. Canadensis *Willd.* — Même culture.

DIOSPYROS.

Diospyros Lotus *L.* Plaqueminier d'Orient. (*Ébénacées.*) — Tige de 8 à 10 m.; feuilles lancéolées, blanchâtres; fleurs axillaires, pourpre foncé; juin-juillet. Exposition chaude. Terre franche, légère, fraîche. Semer au printemps, en terrine, sur couche tiède.

ELÆAGNUS.

Elæagnus angustifolia *L.* Chalef argenté ou à feuilles étroites, Olivier de Bohême. (*Éléagnées.*) — Arbre de 5 à 6 m.; rameaux et feuilles couverts d'un duvet cotonneux, argenté; fleurs nombreuses, petites, jaunes, très-odorantes; juin-juillet. Fruit semblable à une olive. Variétés à feuilles larges, obtuses, ovales. Exposition méridionales. Terre sablonneuse, humide, substantielle. Propagation facile par graines, marcottes, boutures et drageons. Pour que cet arbre produise tout son effet, il faut le planter parmi des essences à feuillage vert.

E. reflexa *Decne.* Chalef à feuilles réfléchies. (Pl. XXXVIII, fig. 4.) — Arbrisseau à rameaux flexibles, à feuilles présentant à la face inférieure des reflets métalliques; fleurs réfléchies; octobre. Même culture que le précédent, mais avec plus de soins, car il est plus délicat.

EPACRIS.

Epacris longiflora *Cav.* **E. grandiflora** *Sm.* Épacris à longues fleurs. (*Épacridées.*) — Tiges grêles, de 1 m. à 1 m. 20; feuilles ovales, petites, terminées en pointe; fleurs pendantes, tubuleuses, d'un beau rouge carminé, à divisions blanches; mars-avril. Refleurit quelquefois à la fin de l'été. Variétés à fleurs blanches, à grandes fleurs, etc. Culture des *Erica.*

E. pulchella, purpurascens, Copelandi, etc. — Même culture.

EPIGÆA.

Epigæa repens *L.* Épigée rampante. (*Éricinées.*) — Arbrisseau à tiges courtes, traçantes; feuilles oblongues, en cœur, persistantes; fleurs tubulées, à limbe étoilé, blanches, lavées de rouge, odorantes, en bouquets terminaux et latéraux; mars-mai et juillet. Terre tourbeuse, humide. Culture des *Erica.*

ERICA.

Erica *L.* Bruyère. (*Éricinées.*) (Pl. XXXIX, fig. 3.) — Ce genre renferme plusieurs centaines d'espèces, dont une douzaine seulement se trouvent dans nos climats; toutes les autres sont du Cap de Bonne-Espérance. Ce sont des arbustes ou des arbrisseaux, à feuilles délicates, petites, alternes, opposées ou verticillées, persistantes; à fleurs très-jolies, généralement en grelot, blanches, carnées, roses, rouges, purpurines, écarlates, jaunes, etc. Chacune d'elles fleurissant à une époque spéciale, on a toute l'année des bruyères en fleurs. Toutes ces plantes demandent la terre bien connue à laquelle elles ont donné leur nom. Les espèces d'Europe sont de pleine terre et peuvent orner en tout temps les massifs des jardins d'agrément. Les autres veulent être cultivées en pots, qu'on rentre l'hiver en orangerie, ou dans une bâche très-éclairée, en serre tempérée, ou même, quelques-unes, en serre chaude.

On propage ces végétaux de graines semées en mars, ou aussitôt après leur maturité, en terre de bruyère sablonneuse, mais non tourbeuse; on bassine tous les jours, et on abrite sous châssis en hiver les semis d'automne. On repique en pots au printemps, quand le plant est assez fort. Les semis de printemps sont repiqués à l'automne et rentrés en orangerie durant l'hiver. Un moyen plus aisé de multiplication est le bouturage fait en terrines ou en pots, remplis de terre bien tamisée ou de sable fin pur, qu'on tient constamment humide. On rempote, chaque année, après la floraison, dans des pots proportionnés à la vigueur des plantes, en ayant soin chaque fois de diminuer un peu la motte.

ERIOBOTRYA.

Eriobotrya Japonica *Lindl.* **Mespilus Japonica** *Thunb.* Néflier du Japon, Bibassier. (*Rosacées.*) (Pl. XXXVIII, fig. 3.) — Arbrisseau de 2 à 3 m.; feuilles grandes, lancéolées, cotonneuses, persistantes; fleurs blanches, odorantes, en panicule terminale; octobre-novembre. Refleurit quelquefois en mai. Fruit jaune, ombiliqué, semblable à une prune Mirabelle. Exposition chaude. Terre franche, légère. Semer en pots, qu'on rentre l'hiver en orangerie. Repiquer en pépinière, et attendre que le jeune plant soit assez fort pour le mettre en place. Couvrir le pied de litière bien sèche, dans les hivers rigoureux.

ERYTHRINA.

Erythrina crista galli *L.* Érythrine crête de coq. (*Légumineuses.*) — Arbrisseau de 1 à 2 m.; rameaux épineux; feuilles à trois folioles ovales-lancéolées; fleurs grandes, d'un beau rouge, en longues grappes terminales; juillet-août. Variété à fleurs panachées. Terre sèche, substantielle. Semis en pots. Boutures étouffées, faites en juin avec des pousses tendres. Relever les grosses souches à la fin de l'automne pour les rentrer en orangerie durant l'hiver et les remettre en place vers le 15 mai suivant.

E. laurifolia, fulgens, corallodendron, etc. — Même culture.

ESCALLONIA.

Escallonia floribunda *Humb.* Escallonie à fleurs blanches. (*Saxifragées.*) — Arbrisseau touffu, de 1 m. à 1 m. 60; feuilles oblongues, dentées, glabres; fleurs blanches, nombreuses, en panicule serrée; août-septembre. Terre franche mélangée de terre de bruyère. Cet arbrisseau supporte la pleine terre; mais, comme ses extrémités sont sujettes à geler, il fleurit rarement; aussi est-il préférable de le cultiver en pots.

E. rubra, coccinea, macrantha, etc. — Même culture.

EUCALYPTUS.

Eucalyptus robusta *Sm.* Eucalypte gigantesque. (*Myrtacées.*) — Arbre atteignant 50 mètres; feuilles ovales-oblongues, persistantes;

fleurs petites, en ombelles. Marcottes. Orangerie, dans le nord de la France.

E. cordata, resinifera, obliqua, argentea, etc. — Même culture, ou greffe sur l'espèce précédente.

EVONYMUS.

Evonymus Europæus *L.* Fusain commun, Bonnet de prêtre, Bois à lardoire. (*Célastrinées.*) (Pl. XXXII, fig. 3.) — Arbrisseau à tige de 3 à 4 m.; feuilles ovales, aiguës, dentées; fleurs blanches; mai-juin. Fruits rouges, s'ouvrant à l'automne et laissant voir des graines jaune orangé. Variétés à fruits blancs, à feuilles panachées. Toute exposition et tout terrain. Semer les graines aussitôt après leur maturité; elles lèvent au printemps de l'année suivante. Boutures, rejetons, marcottes. Les variétés se greffent sur le type.

E. Americanus *L.* Fusain toujours vert. — Arbrisseau de 2 à 3 m.; feuilles persistantes; fleurs jaunes; fruits rouges. Exposition chaude, demi-ombragée. Terre de bruyère. Même multiplication que l'espèce précédente, sur laquelle on peut aussi la greffer.

E. Sinensis, nanus, Japonicus, etc. — Même culture.

FAGUS.

Fagus sylvatica *L.* Hêtre, Foyard, Fayard, Fau. (*Cupulifères.*) — Arbre de 40 m., à tige droite, couverte d'une écorce lisse, grisâtre; feuilles ovales, aiguës, d'un beau vert; fleurs en châton. Exposition nord. Terre argilo-sableuse, fraîche, mêlée de terre végétale. Semer en pépinière, à l'automne, en rigoles couvertes de feuilles, ou stratifier la graine pour semer au printemps sous le couvert d'autres végétaux. Élaguer modérément.

Cette espèce présente un grand nombre de variétés intéressantes comme arbres d'ornement. Tels sont les hêtres pourpré, cuivré, ferrugineux, pleureur, à feuilles de fougère, à feuilles panachées, à larges feuilles, à crêtes, etc. On les propage par la greffe en fente sur le type.

FICUS.

Ficus Australis *Willd.* **F. rubiginosa** *Desf.* Figuier austral. (*Morées.*) — Arbre à rameaux courts; feuilles ovales, luisantes en dessus, couvertes d'un duvet ferrugineux en dessous. Terre franche, légère. Boutures, mises en pots après qu'on a laissé sécher la coupe, et placées sur couche chaude et sous châssis. Arrosements modérés. Orangerie.

F. macrophylla, repens, etc. — Même culture.

FONTANESIA.

Fontanesia phylliræoides *La Bill.* Fontanésie à feuilles de Filaria. (*Jasminées.*) — Arbrisseau à tige droite, de 2 à 3 m.; rameaux longs, flexibles; feuilles ovales-oblongues, presque persistantes; fleurs petites, d'abord blanches, puis rougeâtres, en grappes; mai-juin. Exposition chaude. Terre franche, légère, sèche. Semer en place, en bonne terre, exposée au levant. Boutures, marcottes et éclats. On peut en faire des palissades.

FORSYTHIA.

Forsythia viridissima *Lindl.* Forsythie à feuillage sombre. (*Jasminées.*) — Arbrisseau buissonneux épais; tiges de 3 à 4 m.; feuilles vert foncé, odorantes; fleurs très-nombreuses, campanulées, jaune d'or; mars-avril. Exposition chaude. Terre franche, légère. Boutures.

FRAXINUS.

Fraxinus excelsior *L.* Frêne commun. (*Jasminées.*) — Arbre de 30 à 40 m.; tige droite, recouverte d'une écorce unie, cendrée; feuilles opposées, imparipennées, à folioles lancéolées, dentées; fleurs verdâtres, en grappes. Variétés à écorce jaspée de jaune, à rameaux jaune doré, à branches pendantes ou étalées, à feuilles panachées de blanc, à feuilles entières, etc. Toute exposition, excepté celle du midi. Terre franche, profonde, légère, fraîche ou même humide. Semer en pépinière au printemps; repiquer les jeunes plants quand ils ont 66 cent. à 1 m., et mettre en place la cinquième ou la sixième année, en ayant soin de ne pas étêter le sujet. Boutures et marcottes. Les variétés se propagent par la greffe en fente sur le type. Cette essence doit être élaguée modérément.

F. Americana, Caroliniana, pubescens, etc. — Même culture.

FUCHSIA.

Fuchsia triphylla *L.* Fuchsia à trois feuilles. (*Onagrariées.*) — Arbuste à rameaux velus, à feuilles oblongues-acuminées, verticillées par trois; fleurs rouges, portées sur de courts pédoncules. Cette espèce a été la première découverte de ce genre; on en compte encore soixante-quatre autres qu'il serait trop long de décrire.

On cultive surtout les *F. corymbiflora, fulgens, macrostemma, arborescens, microphylla, serratifolia, spectabilis* et *coccinea*. Ce dernier est figuré et décrit dans les Plantes vivaces. Ces espèces ont donné par la culture plus de quatre cents variétés ou hybrides.

Les *Fuchsia* réclament une exposition abritée et ombragée, un sol léger et perméable, mais riche et substantiel. On les propage par semis, par boutures ou par greffe. On sème, vers la fin de février ou au commencement de mars, en terrines remplies de terre de bruyère fine et sableuse; on recouvre de 3 à 4 millim. de terre au plus, on arrose, on met les terrines sur couche chaude et sous châssis. Dès que les jeunes plants sont hauts de 3 à 4 cent. et qu'ils ont quatre ou six feuilles, on les repique isolément en petits godets; on les rempote à mesure qu'ils grandissent.

Les boutures se font en janvier ou février, si les sujets sont placés dans une serre chaude ou tempérée; ou seulement vers le mois de mars, s'ils sont en serre froide ou en orangerie. On choisit des pousses vigoureuses et trapues; on les coupe à la longueur de 8 à 10 cent., et on les incise dans un entre-nœud au moment de la plantation. Ces boutures réussissent même à l'ombre, en pleine terre et sans abri, mais mieux en petits godets remplis de terre de bruyère sableuse et tamisée.

Les Fuchsias, du moins un grand nombre de variétés, peuvent être cultivés en pleine terre et à l'air libre; on peut aussi les tenir toujours en serre tempérée. Mais le plus souvent on adopte une culture mixte, celle des plantes de serre froide ou d'orangerie, qui consiste à les mettre à l'air libre pendant la belle saison et à les rentrer durant l'hiver.

GARDENIA.

Gardenia florida *L.* Gardénie à large fleur, Jasmin du Cap. (*Rubiacées.*) — Arbrisseau à tige droite, de 1 m. 30 à 2 m.; feuilles opposées ou ternées, ovales-lancéolées, glabres, d'un beau vert, persistantes; fleurs larges, blanches, passant plus tard au jaunâtre, odorantes, solitaires, terminales; mai et septembre. Variété à fleurs doubles. Exposition chaude, mais un peu ombragée. Terre substantielle, un peu légère; la meilleure est un mélange, par parties égales, de terre franche et de terre de bruyère. Boutures en pots, sur couche et sous châssis, ou mieux sous bâche; arroser fréquemment. Marcottes ordinaires ou en cornets. Les unes et les autres se font en toute saison, mais de préférence au printemps. Arrosements modérés en hiver, abondants en été. Orangerie, dans le nord de la France. Couper de temps en temps les pieds rez terre, pour obtenir une belle floraison.

GARRYA.

Garrya elliptica *Dougl.* Garrya à feuilles ovales. (*Garryacées.*)— Arbrisseau touffu; tiges de 2 m. 50 à 4 m.; feuilles opposées, ovales-elliptiques, à bords ondulés, persistantes; fleurs dioïques, en chatons pendants; septembre-avril (nous n'avons en France que des pieds mâles). Exposition nord. Marcottes en pots et boutures herbacées à l'air libre et mieux en serre.

G. laurifolia, macrophylla, ovata. — Même culture.

GAULTHERIA.

Gaultheria procumbens *L.* Gaulthérie couchée, Thé de montagne ou de Terre-Neuve. (*Éricinées.*)—Arbuste, à tiges de 20 à 30 cent., grêles, couchées, ramifiées au sommet; feuilles ovales, dentées, vert foncé, pourpres à la base et en dessous, persistantes; fleurs axillaires, ordinairement solitaires, pédonculées, pendantes; calice rouge pourpré à la base; corolle ovoïde, urcéolée, blanche, légèrement purpurine; mai-septembre. Fruits rouges. Variété à fleurs rouge vif. Exposition ombragée, au nord. Terre de bruyère, fraîche. Semer les graines, à l'ombre et au frais, le plus tôt possible après leur récolte; repiquer les plants en pépinière, l'année suivante, à 16 cent. de distance et arroser abondamment en été. Mettre en place deux ans après. Marcottes. Rejetons. Éclats de touffes.

GENISTA.

Genista juncea *Scop.* Spartium junceum *D. C.* **Spartianthus junceus** *Link.* Genêt d'Espagne, Spartium. (*Légumineuses.*) (Pl. XXXVI, fig. 2.) — Arbrisseau de 2 à 3 m.; rameaux nus, en forme de jonc; feuilles réduites à des écailles; fleurs d'un beau jaune, à odeur agréable, en grappes; juillet-août. Variété à fleurs doubles, inodores. Exposition éclairée, chaude et sèche; massifs en pente. Terre franche, légère. Semer les graines en pleine terre, et abriter pendant le premier hiver, ou mieux en pots et abriter pendant deux ans; planter à demeure avec la motte. Les variétés se greffent sur le type.

G. alba *Lam.* **Cytisus albus** *Link.* Genêt blanc, Cytise à fleurs blanches. — Arbrisseau de 2 à 3 m.; rameaux effilés; feuilles petites, soyeuses; fleurs blanches; mai-juin. Variété à fleurs roses. Exposition chaude. Terre légère. Culture du précédent, sur lequel on peut aussi le greffer, bien que le cytise aubours soit préférable comme sujet.

G. scoparia *Lam.* **Sarothamnus scoparius** *Wimm.* Genêt à balais. — Arbrisseau, à tige rameuse, de 1 à 3 m.; rameaux dressés, effilés; feuilles petites, soyeuses; fleurs jaune d'or, très-nombreuses, odorantes; juin-juillet. Terre siliceuse, sèche. Même culture.

G. candicans, Sibirica, Ætnensis, etc. — Même culture.

GLEDITSCHIA.

Gleditschia triacanthos *L.* Févier d'Amérique ou à trois épines, Carouge à miel. (*Légumineuses.*) — Arbre à tige droite, de 15 à 18 m.; rameaux étalés, armés de fortes épines; feuilles paripennées; fleurs petites, verdâtres, en grappes latérales; fruits en gousses longues, plates, brunes, tachées de rouge. Exposition chaude et à l'abri des grands vents. Terre légère, profonde, substantielle, plutôt sèche qu'humide. Semer au printemps en rigoles, dans une plate-bande de terreau bien divisé exposée à mi-soleil, ou de terre de bruyère située au levant. Arroser si le temps est trop sec; couvrir de feuilles ou de fougère en hiver, et repiquer en pépinière au printemps suivant. Lorsqu'on opère en petit, il vaut mieux semer en terrine, sur couche et sous châssis, et rentrer en orangerie pendant le premier hiver. On plante à demeure, la quatrième année. Cette essence se reproduit encore par boutures de racines, par rejetons et par drageons.

G. monosperma, Sinensis, macracantha, Caspica, etc. — Même culture, ou greffe en fente sur le *G. triacanthos.* Toutes ces espèces, qui présentent plusieurs variétés, sont excellentes pour faire des haies, à cause des fortes épines dont elles sont armées.

GNIDIA.

Gnidia simplex *L.* **G. subulata** *Lam.* Gnidienne à feuilles de bruyère. (*Thymélées.*) — Arbuste à tiges de 33 à 50 cent., un peu grêles; feuilles nombreuses, linéaires, subulées, glabres; fleurs jaunes, odorantes, en fascicules terminaux; juin-juillet. Exposition chaude. Terre de bruyère presque pure, bien drainée, ou terre tourbeuse mêlée de sable. Semer les graines, aussitôt après leur maturité, en pots sur couche et sous châssis, ou en serre tempérée. Marcottes et boutures. Orangerie ou serre tempérée.

G. aurea, oppositifolia, etc. — Même culture.

GYMNOCLADUS.

Gymnocladus Canadensis *Lam.* **Guilandina dioïca** *L.* Bonduc, Chicot du Canada. (*Légumineuses.*) — Arbre à tige droite, de 10 à 12 m.; feuilles très-grandes, bipennées, à folioles ovales; fleurs blanches, tubuleuses, en grappes; juin-juillet. Toute exposition. Terre franche, légère. Semer en planches et couvrir la première année. Rejetons. Boutures de racines. Marcottage peu usité.

HIBISCUS.

Hibiscus Syriacus *L.* **Althæa frutex** *Hort.* Ketmie des jardins. (*Malvacées.*) (Pl. XXXV, fig. 3.) — Arbrisseau de 2 m. à 2 m. 50; feuilles ovales, trilobées; fleurs blanches, à onglet rouge vif; août-septembre. Variétés à fleurs rouge pourpre ou violettes, à fleurs doubles, à feuilles panachées. Exposition méridionale. Tout terrain et mieux terre franche, légère. Semer au printemps, en terrine, sur couche tiède; repiquer en pots, qu'on rentre en orangerie durant l'hiver.

H. splendens, Abelmoschus, Rosa Sinensis, etc. — Même culture.

HIPPOPHAE.

Hippophae rhamnoïdes *L.* Argousier, Griset. (*Éléagnées.*) — Arbrisseau épineux, de 2 m. à 2 m. 50; feuilles oblongues, argentées et tachées de roux, ainsi que les rameaux; fleurs jaunâtres; avril-mai. Fruits jaune rougeâtre; septembre. Culture des *Elæagnus.*

H. Canadensis, argentea. — Terre de bruyère. Même culture.

HYDRANGEA.

Hydrangea hortensia *D. C.* **Hortensia opuloïdes** *Lam.* Hortensia des jardins, Rose du Japon. (*Saxifragées.*) — Arbuste de 1 à 3 m.; feuilles larges, ovales, persistantes dans les hivers doux; fleurs rose pourpré, passant tantôt au rouge vif, tantôt au bleu pâle, au violet ou au blanc sale; juin-novembre. Exposition demi-ombragée. Terre fraîche. On le propage par rejetons enracinés. Arroser fréquemment en été, et couvrir de feuilles en hiver. Dans les climats froids, il vaut mieux le tenir en pots ou en caisses, qu'on rentre en orangerie pendant la mauvaise saison, et dont on renouvelle la terre tous les ans.

H. arborescens, Japonica, nivea, etc. — Même culture.

ILEX.

Ilex aquifolium *L.* Houx. (*Ilicinées.*) (Pl. XXXII, fig. 4.) — Arbre de 6 à 10 m.; feuilles épineuses, lisses, brillantes, persistantes; fleurs petites, blanchâtres; mai-juin. Fruits rouges, mûrs en septembre et persistant tout l'hiver. Variétés très-nombreuses dans la forme des feuilles, ainsi que dans leur couleur et celle des fruits. Toute exposition. Tout terrain. Semer les graines, aussitôt après leur maturité, en terre légère, et recouvrir les semis de feuilles ou de mousse. Les variétés, qui sont généralement plus délicates, se greffent sur le type. Il en est de même des espèces exotiques, parmi lesquelles on remarque les *Ilex Balearica*, *Canadensis*, *gigantea*, *latifolia*, etc. L'*I. microcarpa*, la plus belle espèce du genre, exige seule l'orangerie sous le climat de Paris.

INDIGOFERA.

Indigofera Dosua *Don.* Indigotier Dosua. (*Légumineuses.*) — Arbrisseau touffu; tiges de 1 m. à 1 m. 50; feuilles pennées, très-élégantes, à folioles ovales; fleurs rose pourpré, en grappes axillaires à l'extrémité des rameaux; mai-juin. Exposition chaude. Terre substantielle, fraîche. Semis en pépinière. Éclats enracinés.

I. decora *Lindl.* Indigotier élégant. — Fleurs rose tendre rayé de pourpre, en longues grappes; presque toute l'année. Même culture.

I. alba *Lindl.* Indigotier à fleurs blanches. — Même culture.

Les *I. australis*, *juncea*, *macrostachya*, sont de serre tempérée.

JASMINUM.

Jasminum fruticans *L.* Jasmin jaune ou à feuilles de cytise. (*Jasminées.*) — Arbuste buissonneux; tige de 1 m. 20 à 2 m.; feuilles simples ou trifoliées, persistantes; fleurs jaune d'or; mai-septembre.

Fruits noirs. Exposition chaude, du moins dans le nord. Terre légère. Se propage très-facilement de marcottes et de rejetons enracinés.

J. nudiflorum *Lindl.* Jasmin à fleurs nues. — Arbuste à rameaux anguleux; feuilles trifoliées; fleurs jaunes, inodores, paraissant avant les feuilles, à la fin de l'hiver. Propagation par boutures.

JUGLANS.

Juglans regia *L.* Noyer commun. (*Juglandées.*) — Arbre de 10 à 25 m.; rameaux formant une cime arrondie; feuilles imparipennées, à folioles grandes, ovales, glabres; fleurs en chaton; fruit ovoïde vert. Variété à feuilles de fougère ou à folioles incisées et découpées. Terre argilo-sableuse, fraîche. Stratifier les graines en hiver, et semer en place au printemps. Les variétés se greffent sur le type, de même que les espèces exotiques appelées Noyer noir, cendré, blanc, Pacanier, à feuilles de frêne, etc.

KALMIA.

Kalmia latifolia *L.* Kalmie à larges feuilles (*Ericinées.*)(Pl. XXXIX, fig. 1.) — Arbrisseau de 2 m. à 2 m. 30; feuilles oblongues, aiguës; fleurs roses ou carnées; mai-juin, quelquefois aussi en septembre. Variétés à fleurs rouges ou blanches. Exposition demi-ombragée, nord ou est de préférence. Terre de bruyère humide. Semer les graines, aussitôt après leur maturité, en terrines remplies de terre de bruyère mélangée de sable et un peu foulée; recouvrir d'une très-petite couche de terre bien fine et bien tamisée; arroser avec une pomme d'arrosoir à trous très-petits, de manière à produire la pluie la plus fine possible. Les terrines, tenues à l'ombre pendant l'hiver, sont plongées au printemps dans une couche tiède, sous châssis. Il faut habituer peu à peu les jeunes plants à l'action de l'air et les rentrer, durant les premiers hivers, en orangerie. Au bout de trois ou quatre ans, on peut les planter à demeure. Cette espèce se propage encore par marcottes, rejetons et boutures faites avec le jeune bois.

K. angustifolia, glauca, etc. — Même culture.

KERRIA.

Kerria Japonica *D. C.* **Spiræa Japonica** *L.* Kerria du Japon, Corète. (*Rosacées.*) (Pl. XXXIV, fig. 2.) — Arbuste à tiges de 1 m. 60 à 2 m., vertes, flexibles, rameuses, diffuses; feuilles ovales-aiguës, crénelées;

fleurs nombreuses, jaune d'or; février-avril. Refleurit souvent en été et à l'automne. Variété à fleurs très-doubles, semblables à de petites roses pompons. Exposition ombragée. Terre ordinaire, et mieux terre franche, légère, fraîche. Boutures et marcottes. On peut palisser cet arbuste, qui produit alors un très-bel effet.

KOELREUTERIA.

Kœlreuteria paniculata *Lam.* **Sapindus sinensis** *L.* Kœlreutérie ou Savonnier paniculé. (*Sapindacées.*) — Arbre de 3 à 4 m.; feuilles imparipennées, très-élégantes; fleurs d'un beau jaune, en larges panicules; juin-juillet. Terre légère fraîche. Graines semées en place. Boutures de rameaux ou de racines.

LAGERSTROEMIA.

Lagerstrœmia Indica *L.* Lagerstrémie des Indes. (*Salicariées.*) — Arbrisseau à tige droite, de 3 m., à écorce se détachant par plaques; rameaux rougeâtres; feuilles ovales; fleurs pourpres, en panicules; août-octobre. Variété à fleurs violettes. Exposition chaude. Terre franche, légère, substantielle. Boutures sur couche tiède à l'ombre et sous châssis. Rejetons. Couverture en hiver, et mieux orangerie dans le nord de la France.

L. elegans *Wall.* Lagerstrémie élégante. — Fleurs plus petites, mais d'un rose plus vif que dans l'espèce précédente. Même culture.

LAURUS.

Laurus nobilis *L.* Laurier franc, Laurier d'Apollon. (*Laurinées.*) — Arbre de 6 à 7 m.; feuilles ovales-lancéolées, vert foncé, persistantes; fleurs nombreuses, jaunâtres; mai-juin. Fruit noir. Variétés à feuilles plus larges ou plus étroites, ondulées ou panachées. Exposition chaude et abritée. Terre franche, légère. Semer les graines, immédiatement après la récolte, en terrines sur couche chaude, et rentrer l'hiver sous châssis ou en orangerie. Boutures. Les variétés se greffent sur le type. Couvrir l'hiver, sous le climat du nord, ou mieux rentrer en orangerie.

LEYCESTERIA.

Leycesteria formosa *Wal.* Leycestérie élégante. (*Caprifoliacées.*) — Tiges de 1 m. 50 à 2 m., fistuleuses, rameuses; feuilles ovales, aiguës, d'un beau vert; fleurs blanc rosé, en grappes pendantes;

juin-septembre. Fruits rouge violacé. Variété à feuilles découpées. Exposition ombragée. Terre ordinaire, fraîche. Graines et boutures. Culture des *Diervilla.*

LIGUSTRUM.

Ligustrum vulgare *L.* Troène. (*Jasminées.*) (Pl. XXXVI, fig. 4.) — Arbrisseau de 2 m. 50 à 4 m.; rameaux grêles, flexibles; feuilles lancéolées, presque persistantes; fleurs petites, blanches, en panicule terminale; mai-juillet. Baies noires. Variétés à feuilles panachées, à fruits blancs. Toute exposition. Terre franche. Semis, boutures, marcottes et rejetons.

L. Japonicum *Thunb.* Troène du Japon. — Tige de 4 à 5 m.; feuilles larges, persistantes; fleurs blanches; juin-juillet. Même culture, ou greffe sur l'espèce précédente.

LIQUIDAMBAR.

Liquidambar orientale *Mill.* **L. imberbe** *Ait.* Liquidambar ou Copalme du Levant. (*Myricées.*) — Arbre de 10 à 13 m.; tige nue dans le bas, très-ramifiée dans le haut; rameaux formant une cime pyramidale; feuilles glabres, à cinq lobes profonds, dentés; fleurs verdâtres, en fascicules globuleux; avril-mai. Exposition chaude et abritée. Terre légère, fraîche. Semer à l'ombre, au commencement d'avril, en pots ou en pleine terre. Rejetons. Marcottes par incision, en automne.

L. styraciflua. *L.* Liquidambar Copal, Copalme d'Amérique. — Port du précédent; cime plus large, moins rameuse; feuilles à lobes moins profonds, velues en dessous. Même culture. Plus sensible aux gelées.

L. peregrinum *L.* **Comptonia asplenifolia** *H. K.* Liquidambar ou Comptonie à feuilles de Cétérach. — Arbuste de 70 cent. à 1 m.; feuilles oblongues, vert foncé, découpées; fleurs en chaton; mars-mai. Exposition demi-ombragée. Terre de bruyère, fraîche. Même culture.

LIRIODENDRON.

Liriodendron tulipifera *L.* Tulipier de Virginie. (*Magnoliacées.*) (Pl. XXXI, fig. 2.) — Arbre à tige droite, régulière, de 20 à 30 m.;

feuilles à quatre lobes, tronquées au sommet, vert clair en dessus, blanchâtres en dessous; fleurs en forme de tulipe, jaune verdâtre, tachées de rouge; juin-juillet. Variété à fleurs jaune vif. Exposition au nord. Terre franche, profonde, fraîche. Semer les graines, aussitôt après leur maturité, en planches ou en terrines, et couvrir en hiver, pour repiquer la seconde ou la troisième année. Boutures et marcottes.

LONICERA.

Lonicera Tatarica *L.* **Chamœcerasus Tatarica** *Hort.* Chèvrefeuille de Tartarie, Chamécerisier, Cerisier nain. (*Caprifoliacées.*) — Tiges droites, de 2 m. 50 à 3 m.; feuilles cordées, vert bleuâtre; fleurs petites, roses en dehors, blanches en dedans; mars-avril. Fruits rouges. Variétés à fleurs toutes blanches ou rouge foncé. Toute exposition. Tout terrain. Graines et drageons.

L. Alpigena, Pyrenaïca, Xylosteum, etc. — Même culture.

L. Caprifolium, Etrusca, implexa, etc. — Voy. *Plantes grimpantes.*

MACLURA.

Maclura aurantiaca *Nult.* Maclura épineux, Oranger des Osages, Bois d'arc. (*Morées.*) — Grand arbre à feuilles ovales, acuminées, luisantes, portant de fortes épines à leur aisselle; fleurs verdâtres, en chatons axillaires; juin-juillet. Fruits ayant la forme et la couleur d'une orange. Toute exposition. Terre fraîche, substantielle. Boutures de rameaux ou de racines.

MAGNOLIA.

Magnolia grandiflora *L.* Magnolier à grandes fleurs. (*Magnoliacées.*) — Arbre de 20 à 30 m.; cime régulière; feuilles grandes, ovales-lancéolées, épaisses, d'un beau vert brillant en dessus, persistantes; fleurs très-grandes, blanches, très-odorantes, à étamines jaune d'or; juillet-novembre. Fruits en cône; graines rouge vif. Nombreuses variétés dans la forme et la grandeur des feuilles et des fleurs. Exposition abritée. Terre franche, substantielle, profonde, assez sèche. Semer les graines, aussitôt après leur maturité, en terrines remplies de terre légère bien terreautée, ou de terre franche sableuse, et mises au printemps sur couche tiède et sous châssis; repiquer à l'automne ou au printemps suivant, en pots, pour rentrer en orangerie pendant deux ans, après lesquels on met les plants en pleine terre. Dans le nord, cette espèce craint les hivers rigoureux.

M. umbrella *Desr.* **M. tripetala** *L.* Magnolia parasol. — Tige de 7 à 10 m.; feuilles très-grandes, lancéolées, molles, caduques, ainsi que dans les espèces suivantes; fleurs grandes, blanches, à odeur forte; juin-juillet. Fruits rouge carmin. Le *Bon Jardinier* conseille d'élever cette espèce en terre de bruyère, à mi-ombre, et de la planter ensuite en pleine terre franche, légère, un peu fraîche, reposant sur un sous-sol perméable.

M. macrophylla, Yulan, glauca, etc. — Même culture.

MAHONIA.

Mahonia aquifolium *Nutt.* **Berberis aquifolium** *Pursh.* Mahonie à feuilles de houx. (*Berbéridées.*)—Arbuste de 1 m. à 1 m. 50; feuilles imparipennées, à folioles ovales, épineuses, persistantes; fleurs jaune d'or, en grappes dressées, compactes; mars-mai. Fruits bleu noirâtre. Variété naine, rampante. Toute exposition. Terre légère, fraîche. Graines et rejetons. Culture des *Berberis.*

M. fascicularis *D. C.* **Berberis pinnata** *Lag.* Mahonie à fleurs fasciculées. (Pl. XXXIII, fig. 3.) — Tige de 2 m.; feuilles et fleurs comme dans l'espèce précédente. Fruits bleu pourpre. Même culture.

M. nervosa, intermedia, glumacea, etc. — Même culture.

Les *M. trifoliata, tenuifolia, Nepalensis, Leschenaultii,* se cultivent aussi de même, mais en orangerie.

MALUS.

Malus spectabilis *Desf.* **Pyrus spectabilis** *Ait.* Pommier à bouquets, Poirier de la Chine. (*Rosacées.*) (Pl. XXXVI, fig. 3.) — Arbrisseau à feuilles ovales-acuminées, crénelées; boutons rose carminé très-vif; fleurs très-grandes, blanches, lavées de rose; mai-juin. Fruits très-petits. Variété à fleurs semi-doubles. Terre ordinaire. Semis. Greffe sur pommier franc ou sur paradis. Vient bien en pots.

M. baccata, coronaria, sempervirens, etc. — Même culture.

M. Japonica. Voy. *Chænomeles.*

MELIA.

Melia Azedarach *L.* Azédarach, Lilas des Indes, Faux sycomore, Arbre saint, Margousier, etc. (*Méliacées.*) — Arbre à tige de 5 à

10 m., droite, couverte d'une écorce vert noirâtre; feuilles bipennées, à folioles ovales, aiguës, découpées; fleurs lilacées, odorantes, en panicules axillaires dressées; juin-septembre. Fruits jaunes. Exposition chaude. Terre franche, légère, substantielle, et mieux terre à orangers. Semer en terrines ou sur couche chaude et repiquer en pots, qu'on rentre en hiver, pour les mettre en mars sur une nouvelle couche. Mettre en place la troisième ou la quatrième année. Arrosements très-faibles en hiver, copieux en été. Dans le nord, couvrir les pieds de litière et entourer les branches de paille pendant la mauvaise saison, ou mieux rentrer en orangerie.

M. sempervirens *Wild.* Azédarach toujours vert, Margousier.— Espèce semblable à la précédente, mais plus petite et plus sensible au froid. Fleurit la deuxième année. Même culture.

METROSIDEROS.

Metrosideros lophantha *Vent.* **Callistemon lanceolatum** *D. C.* Métrosidéros en panache. (*Myrtacées.*) — Arbre de 2 à 3 m. à feuilles lancéolées, les plus nouvelles rougeâtres; fleurs à longues étamines rouge foncé, formant une sorte de goupillon autour des rameaux; juillet-août. Variété naine, plus florifère. Exposition chaude. Terre de bruyère pure ou mélangée de terre siliceuse légère. Semer au printemps en terrines remplies de terre de bruyère fine; recouvrir légèrement; mettre sur couche tiède et sous châssis; repiquer à l'automne et rempoter ensuite tous les ans. Orangerie ou serre froide, pendant l'hiver.

M. crassifolia, saligna, etc. — Même culture.

MORUS.

Morus rubra *L.* Mûrier rouge. (*Morées.*) — Arbre touffu, à feuilles ovales-cordiformes, à trois ou cinq lobes dentés, velues; fleurs en chatons; fruits rouges. Boutures, marcottes et rejetons.

M. alba, nigra, lucida, nervosa, etc. — Même culture.

MYRICA.

Myrica Gale *L.* Galé odorant, Piment royal ou aquatique, Myrte ou Poivre de Brabant. (*Myricées.*) — Arbrisseau touffu; feuilles lancéolées, glabres, un peu dentées en scie vers la pointe; fleurs en chaton, paraissant avant les feuilles; avril-mai. Baies rouge noirâtre.

Terre de bruyère ou sol tourbeux humide, bord des eaux. Semis, boutures et rejetons, au printemps.

M. cerifera, Pensylvanica, arguta, etc. — Même culture.

MYRTUS.

Myrtus communis *L.* Myrte commun. (*Myrtacées.*) — Arbrisseau à feuilles ovales-lancéolées, aiguës, ponctuées, persistantes; fleurs blanches; juin-septembre. Baies noires. Variétés à fleurs doubles, à fruits blancs, à feuilles panachées ou bordées de blanc. Exposition chaude. Terre franche, légère, et mieux terre de bruyère. Semis en pépinière. Boutures et marcottes, faites en été, sur couche et sous châssis. Arrosements abondants. Orangerie en hiver, dans le nord.

M. microphylla, tomentosa, etc. — Même culture.

NERIUM.

Nerium oleander *L.* Laurier-rose. (*Apocynées.*) — Arbrisseau touffu de 1 à 3 m.; feuilles lancéolées, vert grisâtre, opposées ou verticillées par trois; fleurs roses en bouquets terminaux; juillet-octobre. Variétés à fleurs blanches ou jaunâtres et à fleurs doubles. Exposition chaude. Terre à oranger bien fumée. Propagation facile de graines, boutures, marcottes et greffe. Arrosements copieux durant l'été, très-modérés en hiver. Orangerie dans le nord.

N. odorum, ochroleucum, etc. — Même culture.

ORNUS.

Ornus Europæa *Pers.* **Fraxinus ornus** *L.* Ornus commun, Frêne à la manne, Frêne à fleurs. (*Jasminées.*) — Arbre de 6 à 10 m.; feuilles imparipennées, à folioles lancéolées; fleurs blanchâtres, en panicules. Culture du frêne commun, sur lequel on peut le greffer.

O. rotundifolia, floribunda. — Même culture.

PÆONIA.

Pæonia Moutan *Sims.* **P. rosea** *et* papaveracea *Hort.* Pivoine en arbre. (*Renonculacées.*) —Arbrisseau rameux, buissonneux, de 1 m. à 1 m. 50; feuilles très-grandes, bipennées, à folioles glabres, glauques en dessous; fleurs très-grandes, rose vif au centre, rose pâle sur les bords, à étamines nombreuses jaune doré; avril-mai. Variétés à fleurs blanches, à fleurs doubles et semi-doubles. Toute exposition.

Terre à oranger mêlée de terre de bruyère ; il faut la renouveler tous les deux ou trois ans pour les pieds que l'on cultive en pots ou en caisses. On sème les graines en pépinière ou en pots, depuis avril jusqu'en juillet. Mais, comme les plantes ainsi obtenues restent sept ou huit ans avant de fleurir, on multiplie les Pivoines en arbre, dit le *Bon Jardinier*, par la division des racines semi-tuberculeuses ou par éclats, par boutures détachées à leur insertion, et enfin par la greffe en fente ou à la Pontoise sur tubercule de Pivoine herbacée, ou mieux de Pivoine en arbre ou de P. de Chine, qui ne produisent pas de rejetons comme la Pivoine officinale ; on obtient ainsi des plants qui fleurissent beaucoup plus tôt.

PALIURUS.

Paliurus aculeatus *Lam.* **Rhamnus paliurus** *L.* Paliure épineux, Argalou, Épine du Christ, Porte-chapeau. (*Rhamnées.*) Arbrisseau très-épineux, à tige de 2 m. 50 à 3 m. ; rameaux étalés, articulés ; feuilles petites, ovales, aiguës ; fleurs petites, jaunes, en grappes ; juin-août. Fruits aplatis, à centre relevé et recourbé en forme de bonnet phrygien. Exposition chaude. Terre légère, un peu fraîche. Semer les graines, aussitôt après leur maturité, en pots et sur couche. Rejetons plantés au printemps.

PAULOWNIA.

Paulownia imperialis *Sieb.* Paulownia impérial. (*Personées.*) (Pl. XXX, fig. 5.) — Arbre de 10 à 12 m., semblable au Catalpa par le port et le feuillage ; rameaux bruns ; feuilles opposées, un peu arrondies, en cœur à la base, très-grandes, surtout chez les individus jeunes et vigoureux, où elles atteignent quelquefois 50 cent. de diamètre ; fleurs bleu violacé, en panicules pyramidales fort élégantes, à odeur de violette très-agréable, paraissant avant les feuilles ; avril-mai. Fruit capsulaire, globuleux. Toute exposition. Tout terrain, et mieux terre fraîche et fertile. On peut le propager de graines, semées comme celles du Catalpa. Mais le mode de multiplication le plus facile et le plus usité est le bouturage des racines. Il pousse quelquefois de plus de 2 m. la première année. Il fait plus d'effet quand il est isolé, et surtout quand il se détache sur un rideau d'arbres verts. Pour jouir de toute la beauté de son feuillage, il faudrait le rabattre chaque année, afin d'avoir de jeunes rameaux, sur lesquels les feuilles sont beaucoup plus grandes.

PAVIA.

Pavia rubra *Lam.* **Æsculus Pavia** *L.* Pavia à fleurs rouges. (*Hippocastanées*). — Arbre à tige droite, de 5 à 6 m.; feuilles digitées, glabres; fleurs d'un beau rouge foncé, en thyrse; mai-juin. Exposition aérée et au soleil. Terre franche, légère, fraîche. Semer en terrines, qu'on rentre la première année. Marcottes. Greffe en fente sur le marronnier d'Inde. Les jeunes plants, étant très-sensibles au froid, demandent des soins dans les premiers temps.

P. macrostachya *D. C.* **P. edulis** *Poit.* Pavia nain ou à longs épis. (Pl. XXXI, fig. 3.) — Arbrisseau à feuilles digitées, à folioles cotonneuses en dessous; fleurs blanches, odorantes, en grandes panicules; juillet-août. Exposition demi-ombragée. Terre douce, fraîche; bord des eaux. Semer les graines aussitôt après leur maturité. Drageons.

P. lutea *Duh.* **P. flava** *D. C.* Pavia jaune. (Pl. XXXI, fig. 4.) — Arbre de 10 à 15 m.; feuilles digitées, pubescentes en dessous; fleurs jaune pâle, en thyrse ou panicule; mai-juin. Il se cultive comme le *P. rubra;* mais il est plus rustique et se sème en pleine terre.

P. hybrida, neglecta, discolor, etc. — Même culture.

PERSICA.

Persica vulgaris *Mill.* **Amygdalus Persica** *L.* Pêcher commun. (*Rosacées.*) — Cet arbre, bien connu, a produit plusieurs variétés naines et à fleurs doubles, qui font un très-bel effet lorsqu'on les taille en buisson. La floraison a lieu en mars-avril, et peut être avancée par la culture en pots sous châssis. Ces variétés se propagent de graines ou par la greffe.

PHILADELPHUS.

Philadelphus coronarius *L.* Seringat. (*Philadelphées.*) (Pl. XXXVIII, fig. 1.) — Arbrisseau de 2 à 3 m.; feuilles opposées, ovales, pointues; fleurs blanches, en bouquets terminaux, à odeur forte; juin-juillet. Variété naine, à feuilles panachées, à fleurs semi-doubles. Exposition méridionale. Tout terrain. Semer en pépinière. Boutures et marcottes herbacées. Rejetons. Séparation des pieds à l'automne

P. grandiflorus, inodorus, latifolius, etc. — Même culture.

PHYLLIREA.

Phyllirea latifolia *L.* Filaria à larges feuilles, Alaterne. (*Jasmi-*

nées.) — Arbrisseau à tige de 3 à 4 m., très-rameuse; feuilles ovales, aiguës, d'un beau vert, persistantes; fleurs nombreuses, blanc verdâtre; mars-avril. Fruits noirs. Exposition demi-ombragée. Terre légère et sèche. Semer les graines, aussitôt après leur maturité, en terrines qu'on couvre de feuilles durant l'hiver. Abriter contre les froids dans les premières années.

P. media, angustifolia, pendula, etc. — Même culture.

PISTACIA.

Pistacia vera *L.* Pistachier. (*Térébinthacées.*) — Arbre de 6 à 8 m., à écorce unie, cendrée; feuilles imparipennées, à folioles ovales; fleurs dioïques, rougeâtres, en grappes; mai-juin. Fruit ovoïde, vert, lavé de rouge. Exposition chaude. Terre franche, légère. Semer au printemps, sur couche chaude et sous châssis; repiquer en pots, qu'on rentre en orangerie pendant trois ou quatre ans, en les tenant sèchement. Marcottes.

P. terebinthus *L.* Pistachier sauvage, Térébinthe. — Arbre de 5 à 6 m., très-rameux, à cime étalée, arrondie; feuilles imparipennées, à folioles ovales; fleurs petites, rouge pourpe, en panicules; juin-juillet. Même culture.

P. lentiscus *L.* Lentisque. — Arbrisseau de 3 à 4 m., à rameaux tortueux; feuilles paripennées, à folioles petites, lancéolées, persistantes; fleurs pourprées, en grappe; mai-juin. Même culture.

PITTOSPORUM.

Pittosporum undulatum *And.* Pittospore ondulé. (*Pittosporées.*) — Arbrisseau de 1 m. 50 à 2 m.; feuilles oblongues, ondulées, persistantes; fleurs blanches, à odeur de jasmin; mai-juin. Exposition chaude. Terre franche, légère, renouvelée de temps en temps pour les individus cultivés en pots ou en caisses. Semer au printemps sur couche tiède et sous châssis. Marcottes et boutures. Orangerie dans le nord.

P. coriaceum, revolutum, Sinense, etc. — Même culture, ou greffe en fente sur l'espèce précédente.

PLANERA.

Planera crenata *Desf.* **P. Richardi** *Mich.* Planéra crénelé, Zelkoua, Orme de Sibérie. (*Ulmacées.*) — Arbre à tige droite, de 20 à 25 m., recouverte d'une écorce grise qui se détache par petites plaques; feuilles ovales, crénelées, coriaces; fleurs verdâtres; fruit semblable à celui de l'orme. Toute exposition. Tout terrain. Cet arbre n'ayant pas jusqu'à présent donné de bonnes graines, on le propage par marcottes ou par la greffe sur l'orme, soit en fente, soit en écusson.

P. ulmifolia *Mich.* **P. aquatica** *Gmel.* Planéra aquatique ou à feuilles d'orme.—Espèce semblable à la précédente, mais plus petite et moins rustique. Même culture.

PLATANUS.

Platanus vulgaris *Spach.* Platane. (*Platanées.*) — Arbre de 20 à 24 m., à écorce grise, se détachant par plaques; cime arrondie; feuilles palmées-lobées; fleurs en châtons; fruits globuleux, roussâtres. Variétés dans la forme et les découpures des feuilles. Exposition abritée. Tout terrain et mieux terre franche, légère, profonde, fraîche. Propagation très-facile par graines, boutures ou marcottes.

POINCIANA.

Poinciana Gilliesii *Hook.* Poincillade de Gillies. (*Légumineuses.*)— Arbrisseau de 2 à 3 m., rameux; tige et rameaux à écorce vert grisâtre, rayée et ponctuée de brun foncé; feuilles bipennées, à folioles petites, oblongues, vert clair en dessus, cendrées en dessous; fleurs grandes, jaune d'or, à étamines rouges, violacées, longuement saillantes, en larges grappes terminales; juillet-septembre. Exposition chaude. Terre franche, légère, sèche, profonde. Multiplication facile de graines et de boutures. Tailler les branches au tiers de leur longueur, vers la fin de l'hiver, pour obtenir une belle floraison. Orangerie ou serre tempérée, dans le nord.

POPULUS.

Populus alba *L.* Peuplier blanc, Ypréau, Blanc de Hollande. (*Salicinées.*) — Arbre de 30 à 40 m., à écorce gris blanchâtre, à cime large et élégante; feuilles ovales, aiguës, anguleuses, vert foncé en dessus, couvertes en dessous d'un duvet cotonneux argenté; fleurs en châton. Toute exposition. Terre légère, fraîche. Boutures à bois de deux ans, plantées en pépinière, et mises en place au bout de deux ou trois ans.

P. fastigiata *Desf.* **P. pyramidalis** *Ait.* Peuplier d'Italie ou pyramidal. — Arbre de 30 à 40 m.; rameaux dressés, formant une cime étroite, pyramidale; feuilles en losange. Même culture.

P. angulata *H. K.* Peuplier de la Caroline. — Arbre de 25 à 30 m.; rameaux fragiles, marqués d'angles fortement saillants; feuilles très-grandes, cordiformes, dentées. Même culture.

P. nigra, tremula, Virginiana, etc. — Même culture.

PRUNUS.

Prunus Japonica *Thunb.* **Amygdalus pumila** *Hort.* Prunier du Japon. (*Rosacées.*) (Pl. XXXIII, fig. 2.) — Arbrisseau à tige de 1 m.; feuilles lancéolées, dentées, bordées de pourpre; fleurs roses; avril-juin. Fruits petits, arrondis, rouges. Variétés à fleurs blanches ou écarlates, et à fleurs doubles. Culture des *Amygdalus,* ou greffe sur le prunier commun. On cultive aussi de la même manière deux variétés de ce dernier, l'une à fleurs doubles, l'autre à feuilles panachées.

P. cerasifera, glandulosa, incana, etc. — Même culture.

PTELEA.

Ptelea trifoliata *L.* Ptéléa trifolié, Orme de Samarie ou à trois feuilles. (*Rutacées.*) — Tige de 4 à 5 m.; rameaux étalés; feuilles à trois folioles ovales; fleurs verdâtres, en corymbes terminaux; juin-juillet. Fruits aromatiques, semblables à ceux de l'orme. Exposition demi-ombragée. Terre franche, légère. Semer les graines en pépinière, aussitôt après leur maturité. Marcottes.

PUNICA.

Punica granatum *L.* Grenadier. (*Granatées.*) (Pl. XXXIV, fig. 4). — Tige de 5 à 6 m., tortueuse; rameaux nombreux, touffus; feuilles ovales-oblongues, d'un beau vert; fleurs rouge écarlate, naissant sur les pousses de l'année; juin-septembre. Fruit gros, jaunâtre, couronné. Variétés à fleurs jaunes ou blanches, et à fleurs doubles. Exposition méridionale. Terre franche, ordinaire. Semis en pépinière. Rejetons. Boutures de rameaux. Marcottes étranglées, faites dans des pots dont on a soin de tenir la terre constamment humide, et sevrées vers la fin de l'été. Les variétés se greffent, en fente ou par approche, sur le type. Il en est de même du grenadier des Antilles, espèce plus petite, mais beaucoup plus florifère. Couverture en hiver.

Dans le Nord, on cultive surtout les Grenadiers comme arbres d'orangerie, et on les rentre tous les hivers. On les plante alors dans des caisses remplies d'une terre substantielle; on les place pendant l'été à l'exposition la plus chaude possible, et on les arrose souvent et abondamment. A l'automne, on les taille pour leur donner une forme régulière; il est bon de tailler court afin d'obtenir beaucoup de jeunes pousses, et par conséquent beaucoup de fleurs l'été suivant. A défaut d'orangerie, on peut les conserver, pendant la mauvaise saison, dans une cave qui ne soit pas trop humide.

QUERCUS.

Quercus pedunculata *Willd.* **Q. robur A,** *L.* Chêne commun, pédonculé ou à grappes, Gravelin. (*Cupulifères.*) — Tige droite, de 30 à 40 m.; rameaux étalés, tortueux; feuilles sinuées, lobées, presque sessiles, d'un beau vert; fleurs mâles en chàtons; fleurs femelles réunies deux ou trois, ainsi que les glands, en petites grappes pédonculées. Toute exposition. Sol siliceux, profond. Semer en place, ou en pépinière, et repiquer deux ans après, en supprimant le pivot, pour mettre en place à quatre ou cinq ans. Cette dernière opération se fait en automne, dans les terrains secs, et au printemps, dans les sols humides. Élaguer en laissant des chicots, que l'on coupe rez tronc, deux ans après.

Q. sessiliflora *Sm.* **Q. robur B,** *L.* Chêne à glands sessiles ou à trochets, Durelin, Rouvre. — Taille et port du précédent; feuilles pétiolées et atténuées en coin à la base; fleurs femelles agglomérées et presque sessiles, ainsi que les glands. Variété à feuilles velues et à glands plus petits. (*Q. pubescens* Willd.) Même culture.

Q. cerris *L.* Chêne cerris. — Feuilles oblongues, ovales, sinuées, à lobes aigus, velus en dessous, à pétiole court. Gland brièvement pédonculé, à cupule recouverte d'écailles recourbées en dehors.

Q. Toza *Bosc.* Chêne tauzin ou angoumois, Chêne brosse, Chêne noir. — Arbre peu élevé, à jeunes pousses pubescentes, légèrement rosées; feuilles oblongues, divisées en lanières inégales, profondes, obtuses, à face inférieure couverte de poils roussâtres. Glands presque globuleux. Même culture.

Q. fastigiata *Lam.* Chêne pyramidal ou des Pyrénées, Chêne-cyprès. — Rameaux dressés; feuilles presque sessiles, à lobes obtus. Fleurs femelles et glands longuement pédonculés. Cette espèce a le port du Peuplier d'Italie. Culture des précédents.

On cultive de la même manière un grand nombre d'espèces à feuilles caduques, originaires des deux continents, surtout du nouveau. On peut les greffer en fente sur le chêne pédonculé.

Q. ilex *L.* Chêne vert, Yeuse. — Tige de 10 à 15 m., ordinairement tortueuse; feuilles ovales, arrondies, dentées-épineuses, d'un beau vert en dessus, cotonneuses en dessous, persistantes. Il se cultive comme les précédents; mais il est plus délicat et demande plus de soins.

Q. suber, coccifera, etc. — Même culture.

RHAMNUS.

Rhamnus alaternus *L.* Nerprun alaterne. (*Rhamnées.*) — Tige de 4 à 6 m.; feuilles ovales, dentées, d'un beau vert, persistantes; fleurs verdâtres, odorantes; avril-juin. Variétés à feuilles larges ou étroites, panachées de blanc ou de jaune. Exposition nord, ombragée. Terre forte, fraîche. Semer les graines, aussitôt après leur maturité, en terrines, qu'on couvre de feuilles sèches durant l'hiver. Boutures et marcottes relevées au printemps. Les variétés se greffent sur le type. Couvrir le pied, en hiver.

R. catharticus, frangula, Balearicus, etc. — Même culture.

R. paliurus. — Voy. *Paliurus aculeatus.*

RHODODENDRON.

Rhododendron *L.* Rosage. (*Éricinées.*) (Pl. XXXIX, fig. 5.) — Grands arbustes de 2 m. et plus; feuilles lancéolées, longues souvent de 15 cent.; fleurs présentant toutes les nuances du blanc, du rose, du pourpre et du violet, et formant des bouquets touffus au sommet des rameaux; mai-juillet. Exposition du nord ou de l'est. Terre de bruyère. Semer au printemps, sur couche froide, ou en terrine et sous châssis; recouvrir à peine et arroser légèrement. Les jeunes plants, bien garantis du soleil, sont repiqués la deuxième, puis la quatrième année; lorsqu'ils sont assez forts, on les plante à demeure. Boutures, greffes et marcottes qui ne s'enracinent que la deuxième année. Arrosements abondants en été. Un certain nombre d'espèces demandent la serre tempérée durant l'hiver.

RHUS.

Rhus cotinus *L.* Sumac fustet, Arbre à perruques. (*Térébintha-*

cées.) (Pl. XXXVI, fig. 1.) — Arbrisseau de 1 à 2 m.; feuilles entières, rondes, aromatiques; fleurs petites, blanchâtres, portées sur de longs pédoncules qui forment après la floraison des aigrettes élégantes. Exposition chaude. Terre franche, légère. Semis sur couche, au printemps, et en pépinière à l'automne. Rejetons et boutures de racines.

R. typhina *L.* Sumac de Virginie ou amarante. — Arbre de 4 à 5 m.; feuilles imparipennées, à folioles lancéolées, dentées, prenant à l'automne une belle teinte rouge; fleurs rouges, en larges panicules. Variété à feuilles panachées. Même culture.

R. coriaria, glabra, Canadensis, etc. — Même culture.

RIBES.

Ribes aureum *Pursh.* Groseillier doré. (*Ribésiées.*) (Pl. XXXV, fig. 1.) — Arbrisseau buissonneux; tige de 2 à 3 m.; rameaux grêles, dressés; feuilles trilobées; fleurs d'un beau jaune doré, passant au rouge, en grappes courtes, penchées; avril-mai. Fruits petits, globuleux, noirs. Exposition chaude. Terre ordinaire. Semis, éclats, boutures et marcottes. Quand on le taille, il faut se contenter d'éplucher légèrement.

R. sanguineum *Pursh.* Groseillier sanguin ou à fleurs rouges. (Pl. XXXV, fig. 2.) — Tige de 1 à 2 m.; feuilles en cœur, crénelées; fleurs rose vif, en longues grappes pendantes; avril-mai. Variétés à fleurs rouges de sang et à fleurs doubles. Même culture. Tailler aussitôt après qu'il est défleuri, pour obtenir une seconde floraison.

R. palmatum, malvaceum, speciosum, etc. — Même culture.

ROBINIA.

Robinia pseudo-acacia *L.* Robinier faux acacia. (*Légumineuses.*) (Pl. XXXII, fig. 1.) — Arbre à tige droite, de 20 à 25 m.; feuilles imparipennées, à folioles ovales; fleurs blanches, très-odorantes, en grappes pendantes; mai-juin. Variétés sans épines, à cime arrondie. Exposition demi-ombragée. Terre franche, légère, siliceuse, fraîche. Semer au commencement du printemps, en recouvrant très-peu la graine. Rejetons. Les variétés se greffent en tête sur le type.

R. viscosa *Vent.* Robinier à fleurs roses, Robinier visqueux. (Pl. XXXI, fig. 1.) — Arbre présentant le port du précédent; rameaux rougeâtres, verruqueux, visqueux; fleurs rose pâle, en grappe; juin-août. Variétés nombreuses. Même culture.

R. hispida *L.* Robinier hispide, Acacia rose. (Pl. XXXVII, fig. 3.) — Arbrisseau de 2 à 4 m.; rameaux cassants, couverts de poils rougeâtres; fleurs d'un beau rose, en grappes axillaires pendantes; juin-septembre. Variété plus grande dans toutes ses parties; autre à fleurs rose violacé. Même culture. Greffe en fente ou sur racines, en février et mars, sur le Robinier faux-acacia.

R. Altagana *Pall.* **Caragana Altagana** *Poiret.* Robinier Altagan. — Arbre de 4 à 7 m.; feuilles pennées, à folioles ovales; fleurs jaunes, en grappes courtes; mai-juin. Récolter les graines un peu avant leur maturité. Culture des précédents.

R. frutescens, grandiflora, pygmæa, etc. — Même culture, ou greffe sur l'espèce précédente.

ROSA.

Rosa centifolia *L.* Rose à cent feuilles. (*Rosacées.*) — Arbrisseau buissonneux; tiges couvertes d'aiguillons presque droits; feuilles imparipennées, à folioles ovales; boutons ovoïdes, courts; calice étalé, glanduleux; pétales roses ou pourprés; fruit ovoïde, glanduleux, visqueux, hispide. Variétés *des jardins, Vilmorin, unique, mousseuse, œillet, pompon,* etc.

R. Gallica *L.* Rosier Français ou de Provins. — Arbrisseau buissonneux; aiguillons droits ou recourbés; calice réfléchi; pétales rose vif.

R. Indica *L.* Rosier Indien. (Pl. XXXV, fig. 4.) — Arbrisseau à tiges dressées, souvent rougeâtres, à aiguillons très-forts, recourbés; feuilles d'un beau vert, persistantes; fleurs roses, solitaires ou en panicule. Fruit ovoïde ou globuleux. Variétés *de Chine*, *Noisette, Ternaux, Thé*, *du Bengale,* etc.

R. alba *L.* Rosier blanc. — Tiges à aiguillons recourbés; feuilles à cinq folioles larges, glauques, pubescentes en dessous; fleurs grandes, blanc pur.

R. Damascena *Mill.* Rosier de Damas ou des quatre saisons. — Tiges à aiguillons nombreux, très-forts, dilatés à la base; feuilles imparipennées, à folioles ovales, un peu roides; boutons oblongs; fleurs blanches ou roses, odorantes, en corymbe; calice rabattu. Fruit ovoïde.

R. moschata *Ait.* Rosier musqué ou muscat. — Tiges ascendantes, à aiguillons minces, recourbés; feuilles imparipennées, à folioles lancéolées, aiguës; fleurs en corymbe, très-odorantes; calice velu; pétales blancs, à onglet jaune.

R. eglanteria *L.* Rosier églantier, Rosier jaune.—Tiges à aiguillons droits, épars; feuilles odorantes, pubescentes en dessous; fleurs jaunes, à odeur désagréable; fruits globuleux. Variétés *Jaune, Capucine.*

R. sulphurea *Ait.* Rosier soufré. — Tiges à aiguillons minces, recourbés; feuilles imparipennées, à folioles glabres; fleurs jaune soufre.

R. pimpinellæfolia *Ser.* Rosier pimprenelle. — Tiges très-rameuses, à aiguillons très-fins; feuilles imparipennées, à folioles petites, ovales ou arrondies; fleurs purpurines, roses ou blanc jaunâtre, à odeur suave. Fruit cartilagineux, arrondi, pourpre-noirâtre.

Ces espèces et quelques autres, indigènes ou cultivées de temps immémorial dans nos jardins, ont produit des milliers d'hybrides ou de variétés, presque toutes à fleurs doubles, et dont un grand nombre sont remontantes, ce qui permet d'avoir des fleurs toute l'année. Les rosiers demandent une terre franche, légère, meuble, substantielle, un peu fraîche, mélangée de terreau consommé. On les multiplie de graines semées à l'automne, pour obtenir des variétés, ou de rejetons, de marcottes, de boutures sous cloche, et par la greffe en écusson sur églantier. On plante les espèces rustiques en automne, et au printemps celles qui craignent la gelée, comme les Thés. A l'approche des froids, on empaille la tête des individus greffés, et on butte les francs de pied, puis on les couvre de feuilles ou de litière s'il survient de fortes gelées. On les taille, en mars, plus ou moins court, suivant leur vigueur; on pince les branches gourmandes; enfin on les débarrasse du bois mort.

R. Bancksiana. — Voy. *Plantes grimpantes.*

RUBUS.

Rubus fruticosus *L.* Ronce commune. (*Rosacées.*) — Arbrisseau à tiges couchées ou dressées, anguleuses, munies d'aiguillons; feuilles imparipennées, à folioles ovales, acuminées; fleurs roses; juin-novembre. Variétés sans épines, à feuilles panachées, à fleurs blanches, à fleurs doubles, à fruits blancs. Exposition demi-ombragée. Terre franche. Éclats, boutures et marcottes. Supprimer le bois mort, au printemps.

R. odoratus *L.* Ronce odorante, Framboisier du Canada. — Tiges de 2 m. à 2 m. 50, dressées, sans épines; feuilles larges, palmées, à cinq lobes; fleurs grandes, rouges; juin-septembre. Variété à fleurs blanches, plus grandes. Exposition ombragée. Terre fraîche. Même culture.

R. Idæus, arcticus, laciniatus, etc. — Même culture.

SALIX.

Salix alba *L.* Saule blanc. (*Salicinées.*) — Arbre de 12 à 16 m.; rameaux grêles; feuilles lancéolées, argentées en dessous; fleurs jaunâtres, en chatons. Terre humide. Boutures en plançon.

S. Babylonica *L.* Saule de Babylone, Saule pleureur. — Arbre de 10 à 15 m.; rameaux très-grêles, flexibles, pendants; feuilles lancéolées-linéaires. Variété à feuilles contournées. Même culture.

S. Capræa *L.* Saule marceau. — Arbre de 8 à 10 m., à écorce grise; feuilles ovales, ridées, dentées, cotonneuses en dessous; fleurs jaune d'or, en chatons ovoïdes, paraissant avant les feuilles; février-mars. Variété à feuilles panachées. Tout terrain. Même culture.

S. purpurea, vitellina, viminalis, pentandra, etc.—Même culture.

SAMBUCUS.

Sambucus nigra *L.* Sureau commun. (*Caprifoliacées.*) — Tiges de 4 à 5 m., droites, rameuses; feuilles imparipennées, à cinq folioles ovales, dentées; fleurs blanches, odorantes, en larges ombelles terminales; juin-juillet. Fruits noirs. Variétés à fleurs doubles, à feuilles panachées de blanc ou de jaune, à feuilles lacinées ou très-découpées, à fruits blancs ou verts, etc. Exposition demi-ombragée. Tout terrain frais. Semis, boutures et rejetons.

S. Canadensis *Mich.* Sureau du Canada. — Il diffère surtout du précédent par ses ombelles plus larges et sa floraison de plus longue durée. Il a aussi une variété à fleurs doubles. Même culture.

S. racemosa *L.* Sureau à grappes. — Tige de 2 à 3 m.; fleurs jaunâtres, en grappe. Fruits rouges. Même culture.

SOLANUM.

Solanum pseudo-capsicum *L.* Morelle faux piment, Amomum, Cerisette. (*Solanées.*) — Arbrisseau à tige droite, de 1 m. à 1 m. 40; feuilles lancéolées, d'un beau vert, persistantes; fleurs blanches; juin-septembre. Fruits rouges, semblables à des cerises. Variété à fruits jaunes. Exposition chaude. Terre franche, légère. Semer sur couche tiède, au printemps. Arrosements modérés en hiver, abondants en été. Orangerie.

S. dulcamara, macrantherum. — Voy. *Plantes grimpantes.*

SOPHORA.

Sophora Japonica *L.* **Styphnolobium Japonicum** *Schott.* Sophora du Japon. (*Légumineuses.*) — Grand arbre à tige droite; rameaux grêles, à écorce vert foncé; feuilles pennées, à folioles ovales; fleurs blanc jaunâtre, en panicules; juillet-août. Variété à rameaux pleureurs. (*Sophora pendula*, Hort.) Exposition chaude. Tout terrain, et mieux terre franche. Culture des *Acacia* et des *Robinia.* Boutures de racines. La variété se greffe à haute tige sur le type.

SORBUS.

Sorbus aucuparia *L.* **Pyrus aucuparia** *Gaertn.* Sorbier des oiseleurs, Cochêne, Arbre à grives. (*Rosacées.*) (Pl. XXXII, fig. 5.) — Arbre de 10 à 12 m., à tige droite, couverte d'une écorce brunâtre; feuilles pennées, élégamment découpées, d'un beau vert; fleurs blanches, en corymbes; mai-juin. Fruits rouges, persistant fort avant dans l'hiver. Variété à rameaux pleureurs. Exposition demi-ombragée. Tout terrain, et mieux terre franche, légère, sèche, profonde, mélangée d'humus. Semer les graines, au printemps ou mieux aussitôt après leur maturité, en pépinière, dans des rigoles remplies de terre douce et substantielle; recouvrir légèrement, arroser et abriter par un paillis dans les premiers temps, du moins dans le nord. Repiquer la seconde année, et mettre en place deux ou trois ans après. Boutures, drageons et marcottes. Greffe en fente ou en écusson, à haute ou basse tige, sur alisier, néflier, poirier, et mieux sur cormier ou aubépine.

S. hybrida *L.* Sorbier de Laponie. — On le regarde comme un hybride du précédent et de l'allouchier. Tige de 12 à 14 m., à écorce brun cendré; feuilles moins découpées. Fleurs et fruits moins nombreux. Variété à fruits jaunâtres. Même culture.

S. domestica *L.* **Pyrus sorbus** *Gaertn.* Sorbier cultivé, Cormier. — Tige de 18 à 20 m., à écorce grise; feuilles pennées, un peu velues; fleurs blanches, en corymbe; mai-juin. Fruit semblable à une petite poire, vert jaunâtre d'un côté, rouge de l'autre, brunissant à l'automne. Variété à feuilles panachées. Même culture.

S. aria *Crantz.* **Cratægus aria** *L.* Alisier, Allier, Allouchier, Drouillier. — Arbre de 10 à 12 m.; feuilles ovales, dentées, cotonneuses, blanchâtres en dessous; fleurs blanches, en corymbe; fruits rouges. Variété à feuilles très-longues. Même culture.

S. latifolia *Pers.* Alisier de Fontainebleau. — Arbre de 8 à 10 m.; feuilles larges, arrondies, pointues, sinuées, dentées, cotonneuses et blanchâtres en dessous. Fleurs blanches, en corymbe. Fruits rouges. Même culture.

S. torminalis *Crantz.* Alisier ou sorbier des bois. — Arbre de 10 à 12 m.; feuilles grandes, à lobes aigus, dentés; fleurs blanches, en corymbe; mai-juin. Fruits rouges. Même culture.

S. Americana, Polweria, etc. — Même culture.

SPIRÆA.

Spiræa opulifolia *L.* Spirée à feuilles d'obier. (*Rosacées.*) — Arbuste de 2 à 3 m.; feuilles trilobées, dentées; fleurs blanches, en corymbes compactes; mai-juin. Exposition demi-ombragée. Terre franche, légère, fraîche. Boutures, marcottes et éclats enracinés.

On cultive de la même manière les *Sp. ulmifolia, Fortunei, levigata, Reevesiana, ariæfolia, Lindleyana, sorbifolia, pubescens,* et un grand nombre d'autres charmantes espèces à riche floraison.

STAPHYLEA.

Staphylea pinnata *L.* Staphilier à feuilles ailées, Nez coupé, Faux pistachier. (*Staphyléacées.*) — Arbrisseau de 4 à 5 m., à écorce rayée; feuilles imparipennées, à folioles ovales, dentées; fleurs blanches, en grappe; avril-juin. Fruits renflés, vésiculeux. Toute exposition. Terre légère, fraîche. Semis sur couche ou en pépinière. Rejetons.

S. colchica, trifoliata. — Même culture.

STERCULIA.

Sterculia platanifolia *L.* Sterculia à feuilles de platane, Bupariti. (*Sterculiacées.*) — Arbre à tige très-droite, de 8 à 10 m.; feuilles larges, palmées, lobées; fleurs verdâtres. Exposition chaude et abritée. Terre franche, substantielle, fraîche. Semis sur couche. Orangerie, dans le nord.

STYRAX.

Styrax officinale *L.* Styrax officinal, Aliboufier. (*Styracées.*) —

Arbrisseau de 3 à 4 m.; feuilles ovales, velues et blanchâtres en dessous; fleurs grandes, blanches, en grappes axillaires; juillet-août. Exposition chaude. Terre légère, douce, substantielle. Semer les graines, aussitôt après leur maturité, en terrine, sur couche et sous châssis. Marcottes et rejetons. Couverture ou paillis, en hiver.

SYMPHORICARPOS.

Symphoricarpos racemosa *Mich.* Symphorine à grappes. (*Caprifoliacées.*) — Arbuste de 1 m. à 1 m. 50; feuilles ovales, entières; fleurs rosées; fruits blancs. Cette espèce et quelques autres du même genre se cultivent comme les *Lonicera.*

SYRINGA.

Syringa vulgaris *L.* Lilas commun. (*Jasminées.*) — Arbrisseau de 3 à 4 m.; feuilles ovales, en cœur, d'un beau vert; fleurs violet lilacé, en thyrse; avril-juin. Variétés à feuilles panachées de blanc ou de jaune; à fleurs violet bleuâtre; à fleurs blanc pur; à fleurs plus grandes, violet pourpré, en thyrses plus épais (*Lilas de Marly*); à fleurs plus nombreuses et plus colorées (*Lilas royal* ou *Charles X*); à fleurs bleu lilacé, à reflets ardoisés (*Lilas de Libert*); etc. Toute exposition. Terre franche, légère, un peu sèche. Semer les graines en automne, aussitôt après leur maturité, en terrines, sur couche et sous châssis, ou au printemps, après les avoir fait stratifier en hiver dans le sable. Marcottes et rejetons enracinés. Les variétés se greffent en fente sur le type, dans le courant de juin. Il faut avoir soin de tailler les lilas aussitôt qu'ils sont défleuris. On peut les forcer facilement en serre ou sous bâche.

S. Rothomagensis *H. P.* **S. dubia** *Pers.* Lilas Varin ou de Rouen. — Plus petit que le précédent; rameaux plus courts, dressés; fleurs plus colorées, en thyrses plus longs et mieux fournis. Même culture.

S. Josikæa *Jacq.* Lilas Josika. — Arbrisseau, à feuilles ovales-oblongues, acuminées; fleurs violacées, à limbe court et non étalé, en panicules lâches, paraissant quinze jours plus tard que dans les espèces précédentes. Même culture.

S. Persica *L.* Lilas de Perse. — Arbrisseau de 1 m. 50 à 2 m.; feuilles découpées; fleurs grêles, pourpre violacé clair. Variétés à feuilles de Persil; à fleurs blanches; à fleurs plus rouges et plus belles, en thyrses plus épais (*Lilas de Saugé*). Même culture.

S. Emodi *Wall.* Lilas d'Émodi. — Fleurs petites, blanchâtres. Même culture.

TAMARIX.

Tamarix Gallica *L.* Tamarix de Narbonne. (*Tamariscinées.*) (Pl. XXXVII, fig. 1.) — Arbrisseau de 3 à 4 m.; rameaux rougeâtres; feuilles linéaires, imbriquées, glauques, presque persistantes; fleurs petites, roses, très-nombreuses, en épis; mai-octobre. Exposition chaude. Terre légère, humide, bord des eaux. Il vient parfaitement dans les terrains salés. On le propage très-facilement de boutures et de marcottes.

T. Indica, tetrandra, Germanica, etc. — Même culture.

THEA.

Thea Sinensis *Sims.* **T. Bohea** *L.* Thé de la Chine, Thé Bou. (*Théacées.*) — Arbrisseau de 1 m. 50 à 2 m.; feuilles ovales-lancéolées, dentées, d'un beau vert, persistantes; fleurs blanches, très-nombreuses; août-septembre. Exposition demi-ombragée. Terre légère, fraîche. Semer les graines, aussitôt après leur maturité, sur une couche tiède et sous châssis. Boutures, rejetons, marcottes, faites au printemps de la même manière. Orangerie dans le nord. On cultive de même le Thé vert (*T. viridis* L.) et le *T. Sasanqua;* mais ce dernier en serre tempérée.

TILIA.

Tilia Europæa *L.* Tilleul d'Europe. (*Tiliacées.*) — Arbre à tige droite, de 15 à 20 m.; feuilles en cœur; fleurs jaunâtres, odorantes, en corymbe, accompagnées d'une bractée foliacée, longue, ovale, jaunâtre; juin-juillet. On distingue deux variétés, le Tilleul sauvage ou à petites feuilles (*T. microphylla*), et le Tilleul de Hollande ou à larges feuilles (*T. platyphyllos*). Cette dernière est plus recherchée et fleurit plus tôt. Toute exposition. Terre légère, sablonneuse, profonde, fraîche. Semer les graines, aussitôt après leur maturité, ou au printemps, après les avoir fait stratifier dans du sable pendant l'hiver. Boutures, marcottes et rejetons enracinés. Mettre en place à quatre ou cinq ans.

T. argentea *H. P.* Tilleul argenté. — Arbre à feuilles larges, cordées, dentées, couvertes en dessous d'un duvet cotonneux blanc argenté; fleurs jaunâtres, très-odorantes; juillet-août. Même culture, ou greffe en fente sur le précédent.

T. Americana, corallina, pubescens, etc. — Même culture.

ULEX.

Ulex Europæus *L.* Ajonc commun, Jonc marin. (*Légumineuses.*) — Arbrisseau de 2 à 3 m., à rameaux nombreux, épineux; feuilles simples, linéaires; fleurs très-nombreuses, d'un beau jaune d'or; mars-avril, et quelquefois à l'automne. Variétés à fleurs doubles, sans épines. Toute exposition. Tout terrain, et mieux terre légère, sablonneuse, sèche. Semer en place, en automne ou au printemps. Éclats de pied.

ULMUS.

Ulmus campestris *L.* Orme champêtre. (*Ulmacees.*) — Arbre à tige de 30 m., droite, régulière, à écorce épaisse; rameaux distiques; feuilles dentées, rudes, épaisses, vert foncé; fleurs pourprées, paraissant en avril-mai, avant les feuilles; fruit aplati, arrondi (*samare*). Variétés à feuilles larges ou étroites, crépues, pourpres ou panachées, à écorce subéreuse, à rameaux dressés, etc. Toute exposition. Tout terrain, et mieux terre franche, légère, profonde. Semer en pépinière, en juin-juillet, aussitôt après la maturité des graines; recouvrir d'une mince couche de terre franche et de bon terreau. Arroser, si le temps est sec. Repiquer en pépinière, la seconde ou la troisième année, et mettre en place deux ans après. Boutures, marcottes et drageons enracinés. Les variétés se greffent en fente, et mieux en écusson, sur l'orme commun. Élaguer modérément et ne pas étêter.

U. pedunculata, Americana, rubra, etc. — Même culture.

VACCINIUM.

Vaccinium Myrtillus *L.* Airelle anguleuse, Myrtille. (*Éricinées.*)— Arbuste de 40 à 50 cent.; feuilles ovales, finement dentées; fleurs en grelot, blanc rosé, en bouquets; mai-juin. Baies noir bleuâtre. Exposition fraîche et ombragée. Terre de bruyère, mélangée de sable et de terreau de feuilles. Culture des *Andromeda* et des *Erica*.

V. vitis Idæa, amœnum, arboreum, etc. — Même culture.

V. uliginosum, oxycoccos, macrocarpum, etc. — Même culture, mais en terre tourbeuse, humide.

VIBURNUM.

Viburnum Opulus *L.* Viorne obier, Boule de neige, Rose de Gueldres, Sureau aquatique. (*Caprifoliacées.*) (Pl. XXXIV, fig. 3.) — Arbrisseau de 2 à 3 m.; feuilles cordées, trilobées, dentées, un peu velues; fleurs blanches, légèrement odorantes, en cyme globuleuse; mai-juin. Fruits rouges. Variétés à fleurs doubles, très-blanches, à feuilles panachées, à rameaux rougeâtres luisants. Exposition au soleil. Terre légère, fraîche; bord des eaux. Semis, rejetons et marcottes. Tondre après la floraison.

V. tinus *L.* Viorne Laurier-tin. (Pl. XXXVII, fig. 5.) — Arbrisseau de 3 à 6 m.; feuilles ovales, pointues, vert foncé, persistantes; fleurs rougeâtres au dehors, blanches en dedans, en corymbes terminaux; mars-avril, et quelquefois en hiver. Fruits noir bleuâtre. Variétés à feuilles larges, panachées; à fleurs plus grandes, roses, blanches, etc. Exposition ombragée et abritée. Terre franche, légère, un peu sèche. Graines et boutures. Tailler en boule. Arroser modérément en été. Couverture en hiver, dans le nord, ou mieux orangerie bien éclairée.

V. Lantana, Lentago, rigidum, etc. — Même culture.

VITEX.

Vitex Agnus-castus *L.* Gattilier, Arbre au poivre. (*Verbénacées.*) (Pl. XXXVII, fig. 2.) — Arbrisseau de 3 à 4 m.; feuilles digitées, à folioles lancéolées, blanchâtres en dessous; fleurs petites, violettes, en épis terminaux; juillet-septembre. Variétés à fleurs blanches ou gris de lin; à folioles plus larges, à fleurs plus grandes et plus colorées. Exposition chaude. Terre légère. Semis, boutures et marcottes.

V. negundo, incisa, etc. — Même culture.

ZIZYPHUS.

Zizyphus vulgaris *Lam.* **Rhamnus Zizyphus** *L.* Jujubier. (*Rhamnées.*) — Arbre de 3 à 6 m., à tige tortueuse; rameaux épineux; feuilles ovales-oblongues, d'un beau vert; fleurs jaune pâle; juin-juillet. Fruit ovoïde, brun rougeâtre. Exposition chaude. Terre franche, légère, fraîche. Semer les graines, aussitôt après leur maturité, sur couche et sous châssis. Rejetons ou drageons. Boutures de racines. Couverture ou orangerie, dans le nord.

CHAPITRE IX.

ARBRES RÉSINEUX.

ABIES.

Abies excelsa *D. C.* **Picea excelsa** *Linck.* **Pinus picea** *Du Roy.* Épicéa, Pesse, Sapin de Norwége (1). — Arbre à tige droite et élancée, de 35 à 40 m.; rameaux verticillés, horizontaux; feuilles linéaires, pointues, à quatre angles mousses, vert foncé; fleurs en chatons; mai-juin. Fruits en cônes allongés, pendants, très-nombreux. Variétés à feuilles panachées, à rameaux pendants, naine, etc. Toute exposition. Tout terrain, et mieux terre légère, fraîche. Semer en pépinière, en planches ou en terrines; recouvrir légèrement et abriter avec des paillassons. Repiquer au printemps suivant, en avril-mai, et arroser si le temps est sec. On peut semer aussi en pots ou en caisses, que l'on recouvre de mousse, pour entretenir la fraîcheur. Abriter les jeunes plants contre les fortes gelées. Planter à demeure, la quatrième ou la cinquième année, au printemps, dans les sols humides ou frais, et à l'automne, dans les terrains secs.

A. pectinata *D. C.* **A. taxifolia** *Desf.* Sapin blanc, argenté ou à feuilles d'If, Sapin de Normandie. (Pl. XL, fig. 4.) — Arbre de 35 à 40 m. feuilles distiques, vert foncé en dessus, blanches en dessous; cônes dressés, à écailles caduques. Même culture, mais avec beaucoup plus de soins, les jeunes plants étant plus délicats.

On cultive de la même manière un grand nombre d'espèces exo-

(1) Les arbres décrits dans ce chapitre, et connus sous le nom vulgaire d'*Arbres verts*, appartiennent tous à la famille des Conifères; leurs feuilles sont persistantes, sauf dans quelques espèces que nous indiquerons en leur lieu.

tiques, parmi lesquelles on remarque les *A. balsamea* Mill. (Sapin baumier), *Fraseri, grandis, Pindrow, Pinsapo, Cephalonica, Canadensis, alba* (Sapinette blanche), *nigra* (S. noire), *rubra* (S. rouge), etc.

ARAUCARIA.

Araucaria imbricata *Ruiz.* **Colymbea quadrifaria** *Salisb.* Araucaria du Chili. — Arbre de 40 à 50 m., à tige droite, à cime pyramidale; rameaux verticillés, étalés; feuilles sessiles, longues, ovales-lancéolées, pointues; cônes très-gros. Exposition chaude. Terre de bruyère pure ou mélangée de terre franche. Semis en terrine, sur couche chaude et sous châssis. Boutures étouffées. Abriter contre les grands froids.

A. Brasiliensis, excelsa, etc. — Même culture.

CEDRUS.

Cedrus Libani *Barr.* **Pinus cedrus** *L.* Cèdre du Liban. (Pl. XL, fig. 3.) — Arbre atteignant une très-grande hauteur, et surtout un énorme diamètre; rameaux étalés et un peu pendants; feuilles linéaires, aiguës, d'un beau vert, fasciculées sur le vieux bois et éparses sur les pousses de l'année; fleurs en chatons; cônes cylindriques, ovoïdes, dressés. Exposition chaude. Terre substantielle, profonde, un peu sèche. Semer, aussitôt après la maturité des graines (qui a lieu chez nous au printemps), en pépinière, ou mieux en terrines, en caisses ou en pots remplis de terre de bruyère, ou, à défaut de celle-ci, de terreau mélangé de sable et très-divisé; recouvrir légèrement, et arroser de temps en temps, si la saison est sèche. Les jeunes plants exigent une température douce et humide; il faut les abriter contre les rayons du soleil, les rentrer en hiver et les repiquer en pépinière quand ils ont trois ou quatre ans. Pour les planter à demeure, on attendra l'âge de six à huit ans; on fera cette opération au printemps, et on aura soin de choisir des sujets dont la flèche ne soit ni rompue ni endommagée. Il faut supprimer, pendant les premières années qui suivent la plantation, les branches qui se développeraient aux dépens de la pousse terminale, et recouvrir la plaie de mastic ou de cire à greffer. On propage encore cette espèce par boutures et par marcottes, faites en juillet ou en septembre.

C. argentea *Roxb.* **C. Atlantica** *Manett.* Cèdre argenté ou de l'Atlas. — Espèce semblable à la précédente, dont elle se distingue par sa cime pyramidale, ses rameaux étalés, ses feuilles glauques et ses cônes plus petits. Même culture, ou greffe en fente herbacée sur le Cèdre du Liban.

C. Deodara *Roxb.* Cèdre Déodar ou de l'Himalaya. — Grand arbre à rameaux flexibles inclinés et à feuilles tout à fait glauques et blanchâtres. Plus délicat que les précédents. Même culture.

CRYPTOMERIA.

Cryptomeria Japonica *Don.* **Cupressus Japonica** *L. f.* Cryptomérie ou Cyprès du Japon. — Grand arbre à tige droite, de 30 à 35 m.; rameaux inclinés; feuilles linéaires, aiguës, élargies à la base. Culture des *Cupressus.*

CUPRESSUS.

Cupressus sempervirens *L.* **C. fastigiata** *D. C.* Cyprès pyramidal, Cyprès femelle. — Tige droite, de 10 à 15 m.; rameaux dressés, formant une cime pyramidale très-étroite; feuilles petites, imbriquées, vert foncé; fleurs en chatons; cônes petits, ovoïdes-globuleux. Variété à rameaux étalés (Cyprès mâle des jardiniers, *C. horizontalis* ou *expansa*). Exposition chaude. Terre légère, graveleuse, sèche. Semer au printemps, en terrines remplies de terre légère, mises sur couche tiède et sous châssis ou sous cloche; repiquer en pots remplis de terre de bruyère, et rentrer pendant deux ans en orangerie pour fortifier les jeunes plants; mettre ensuite en pleine terre en garantissant du froid humide les premières années. Telle est la culture que le *Bon Jardinier* conseille, sous le climat de Paris, pour cet arbre, qui se propage aussi par boutures.

C. thuioïdes, pendula, funebris, etc. — Même culture.

DACRYDIUM.

Dacrydium elatum *Wall.* Dacrydion élevé. — Grand arbre à branches obliques, formant une cime pyramidale; jeunes rameaux pendants; feuilles petites, linéaires, aiguës. Terre de bruyère. Boutures étouffées. Serre tempérée ou froide, dans le nord. Le *D. cupressinum* se cultive de la même manière.

EPHEDRA.

Ephedra altissima *Desf.* Éphédra élevé. — Arbrisseau de 4 à 8 m., dépourvu de feuilles et ayant le port d'une Prêle; tiges nombreuses, touffues; rameaux grêles, pendants; fleurs en chatons; baies rouges. Exposition chaude et abritée. Terre franche, légère. Rejetons enracinés. Couverture en hiver.

E. monostachya, distachya. — Même culture.

GINKGO.

Ginkgo biloba *L.* **Salisburya adianthifolia** *Sm.* Ginkgo, Arbre aux quarante écus. — Arbre à tige droite, de 25 à 30 m.; rameaux étalés, formant une cime pyramidale; feuilles cunéiformes, en éventail, bilobées, fasciculées sur le vieux bois, alternes sur les pousses de l'année, vert jaunâtre, caduques; fleurs mâles, en petits chatons jaunâtres; fruit charnu, jaunâtre, ressemblant à une prune mirabelle. Exposition chaude, ombragée et abritée. Tout terrain, et mieux terre franche, profonde, un peu humide. Semer en terre franche, mélangée de terreau ou de terre de bruyère; repiquer la troisième année. Boutures de rameaux et de racines. Marcottes. Greffe sur racines. Abriter pendant les premiers hivers.

JUNIPERUS.

Juniperus communis *L.* Genévrier commun. (Pl. XL, fig. 2.) — Arbre de 3 à 6 m., à écorce rougeâtre; rameaux diffus; feuilles linéaires, pointues; fruits petits, noir bleuâtre. Variétés à rameaux plus droits (*J. Suecica*), à rameaux pleureurs, etc. Toute exposition. Tout terrain. Semer les graines, aussitôt après leur maturité, en terre de bruyère exposée au nord, et arroser. Repiquer l'année suivante dans les mêmes conditions, et mettre en place à quatre ans. Boutures faites à l'ombre, sous cloche et en serre chaude. Élaguer les branches inférieures, en laissant des chicots de 10 cent., que l'on coupe rez tronc deux années après.

J. Oxycedrus *L.* Genévrier Cade, Cèdre piquant. — Arbre de 4 à 8 m.; rameaux un peu pendants, surtout chez les vieux individus; feuilles linéaires, aiguës; fruits gros, rougeâtres. Même culture.

J. Virginiana *L.* Genévrier ou Cèdre de Virginie, Cèdre rouge. — Arbre de 12 à 15 m., à écorce rougeâtre; feuilles petites et imbriquées, ou linéaires-aiguës et étalées; fruits petits, bleuâtres. Même culture.

J. sabina, Phœnicea, Capensis, excelsa, etc. — Même culture, ou greffe sur le Genévrier de Virginie.

LARIX.

Larix Europæa *D. C.* **Pinus larix** *L.* Mélèze. — Arbre de 30 à 40 m.; feuilles longues, linéaires-subulées, molles, d'un vert clair, fasciculées sur le vieux bois, éparses sur les pousses de l'année, caduques; fleurs en chatons; cônes petits, dressés, persistants. Exposition du nord. Terre légère, profonde, fraîche. Culture des *Abies*.

L. Americana *Mich.* **Pinus microcarpa** *Willd.* — Arbre de 30 m.; feuilles menues, courtes; cônes très-petits. Même culture.

PINUS.

Pinus sylvestris *L.* Pin sylvestre, de Genève, de Russie, de Riga, Pin de mâture, de Pinasse. — Arbre de 25 à 30 m., à tige droite, couverte d'une écorce rougeâtre se détachant par plaques; bourgeons obtus, résineux; feuilles longues de 6 à 8 cent., roides, vert glauque grisâtre, réunies par deux à la base dans la même gaîne. Fleurs en chatons. Cônes ovoïdes-coniques, de la longueur des feuilles. Variétés d'Écosse, de Haguenau, de Riga, de Genève, de l'Altaï, à rameaux étalés, etc. Culture des *Abies*.

P. Laricio *L.* **P. altissima** *Lam.* Pin Laricio ou de Corse. — Arbre de 25 à 30 m., à cime pyramidale; rameaux étalés; feuilles de 10 à 15 cent., un peu contournées; bourgeons aigus, résineux; fleurs en chatons; cônes deux fois plus gros que dans l'espèce précédente. Variétés de Caramanie, d'Autriche, de Calabre, de Tauride, etc. Même culture, ou greffe herbacée sur le Pin sylvestre.

P. pinaster *Lamb.* **P. maritima** *D. C.* Pin sauvage, Pinastre, Pin maritime, de Bordeaux ou des Landes. — Arbre de 15 à 25 m.; rameaux ascendants; feuilles de 15 à 20 cent., d'un vert gai; cônes très-gros, longs de 12 à 16 cent. Variétés à feuilles panachées, à trochets, etc. Même culture.

P. pinea *L.* **P. domestica** *Matth.* Pin pignon ou pinier, Pin cultivé, Pin parasol. — Arbre de 20 à 22 m., à tige droite et nue dans une grande partie de sa longueur, torse dans les vieux arbres; rameaux très-développés et étalés à la partie supérieure, formant une large cime en parasol; feuilles longues de 12 à 15 cent., plus larges que dans la plupart des pins; fleurs en chatons; cônes très-gros, longs de 12 à 18 cent. Exposition chaude. Terre légère, sablonneuse, profonde, fraîche. Semer en pots ou en terrines, qu'on abrite en hiver sous châssis ou en orangerie. Planter à demeure, la cinquième année. Greffe sur les pins sylvestre ou maritime. Élaguer, pendant la jeunesse de cet arbre, les branches inférieures.

P. Halepensis *Ait.* **P. maritima** *L.* Pin d'Alep ou de Jérusalem. — Arbre de 10 à 15 m.; rameaux un peu étalés, à écorce lisse et grisâtre; feuilles de 10 à 12 cent., fines, d'un vert gai; cônes ovales, réguliers, longs de 8 à 10 cent. Même culture.

P. palustris *H. K.* **P. australis** *Mich.* Pin des marais ou austral.— Arbre de 25 à 30 m.; feuilles nombreuses, longues de 25 à 30 cent., lisses, d'un beau vert, réunies par trois dans une longue gaîne; cônes de 20 à 25 cent. de longueur, à écailles terminées par un crochet recourbé. Terre légère, humide. Orangerie, dans le nord.

P. strobus *L.* Pin du Lord. (Pl. XL, fig. 5). — Arbre de 40 à 45 m.; cime pyramidale; feuilles de 8 à 10 cent., fines, glauques, réunies par cinq dans la même gaîne; cônes cylindriques-ovoïdes, allongés, grêles, longs de 10 à 12 cent., à écailles écartées. Culture du Pin sylvestre.

P. Cembra *L.* Pin Cembro, Alvier, Tinier. — Arbre de 10 à 12 m.; rameaux serrés; cime pyramidale; feuilles de 6 à 8 cent., fines, serrées, d'un vert glauque, réunies par cinq; cônes ovoïdes-rougeâtres, longs de 8 à 12 cent. Culture du Pin pignon.

P. excelsa, Lambertiana, insignis, mitis, etc. — Même culture.

PODOCARPUS.

Podocarpus elongata *L'Hér.* **Taxus elongata** *H. K.* Podocarpe effilé. — Arbrisseau à rameaux grêles, verticillés, inclinés; feuilles étroites, linéaires-lancéolées, lisses; fleurs en chaton; fruits charnus. Exposition chaude. Terre de bruyère, mélangée de terreau ou de terre franche. Boutures, marcottes et rejetons. Orangerie dans le nord.

P. nucifer, sinensis, latifolius, etc. — Même culture.

SEQUOIA.

Sequoïa sempervirens *Endl.* **Taxodium sempervirens** *Lamb.* Séquoïa toujours vert. — Arbre à tige droite, de 60 à 80 m., couverte d'une écorce gris rougeâtre; branches étalées; rameaux nombreux, distiques; feuilles linéaires-lancéolées, vert foncé en dessus, glauques ou blanchâtres en dessous; fleurs en chatons; cône ovoïde, de moyenne grosseur. Toute exposition. Tout terrain, et mieux terrain sec, siliceux, profond. Semer les graines aussitôt après leur maturité. Boutures faites en pleine terre, sous cloche, à l'exposition nord, en automne; ou en serre, depuis septembre jusqu'en mars. Marcottes et drageons.

S. gigantea *Endl.* **Wellingtonia gigantea** *Lindl.* Séquoïa gigantesque. — Tige atteignant 80 à 100 m. de hauteur; feuilles courtes, ovales, imbriquées; cônes ovoïdes, assez gros. Même culture.

TAXODIUM.

Taxodium distichum *Rich.* **Schubertia disticha** *Mirb.* **Cupressus disticha** *L.* Cyprès chauve ou distique. — Arbre à tige droite, de 35 à 40 m.; racines traçantes, émettant des exostoses hautes de 40 cent. à 1 m. 20; feuilles petites, linéaires, pointues, molles, caduques; fleurs en chatons; cônes petits, arrondis. Toute exposition. Terre légère, humide, bord des eaux. Semer en terrines remplies de terre de bruyère, repiquer en pots et mettre en place à l'âge de trois ou quatre ans. Marcottes.

TAXUS.

Taxus baccata *L.* If commun. (Pl. XL, fig. 1.) — Arbre de 15 à 18 m., très-rameux; feuilles lancéolées-linéaires, distiques, vert foncé; fleurs en chatons; fruits très-petits, entourés d'une cupule rouge, charnue. Variétés pyramidale, à feuilles panachées, à larges feuilles, à rameaux verticillés, à feuilles en faux, etc. Exposition ombragée. Terre franche, légère. Semer à l'ombre, en terre bien divisée, et arroser de temps en temps si la saison est sèche; repiquer en pépinière, la deuxième année, et mettre en place, deux ans après, au printemps. Boutures et marcottes. Cet arbre supporte parfaitement la taille et la tonte, et prend toutes les formes qu'on veut lui donner.

T. Canadensis, tardiva, etc. — Même culture.

THUIA.

Thuia occidentalis *L.* Thuia occidental ou du Canada, Arbre de vie. — Arbre de 8 à 10 m.; rameaux flexibles, étalés ou pendants, formant une cime pyramidale; feuilles petites, imbriquées, glanduleuses; cônes petits, lisses, oblongs. Exposition ombragée. Terre légère, fraîche. Semer à l'ombre, au commencement du printemps, en terreau léger et bien divisé, ou mieux en terre de bruyère. Bou-

20

tures, faites au commencement de l'automne. Propre à faire des palissades ou des brise-vents.

T. orientalis *L.* **Biota orientalis** *Endl.* Thuia oriental ou de la Chine. — Tige de 8 à 9 m.; rameaux dressés, en cime pyramidale étroite; feuilles très-petites, vert foncé. Même culture.

T. gigantea, pyramidalis, filiformis, etc. — Même culture.

T. articulata *Desf.* **Callitris quadrivalvis** *Vent.* Thuia articulé ou à sandaraque. — Tige de 8 à 10 m.; rameaux articulés, comprimés; feuilles petites, lancéolées, aiguës, imbriquées. Cette espèce se cultive comme les autres; mais elle exige l'orangerie, en hiver, dans le nord de la France.

CHAPITRE X.

PLANTES DE SERRE (1).

ACHIMENES.

Achimenes longiflora *D. C.* Achiménès à longues fleurs. (*Gesnériacées.*) (Pl. XLI, fig. 4.) — Plante vivace, à rhizome tubéreux, écailleux; tige grêle, de 20 à 30 m.; feuilles ovales, dentées, rugueuses, velues, pourpre vif en dessous, verticillées; fleurs solitaires, axillaires, à tube long, courbé, à gorge blanc bleuâtre, à limbe large, d'un beau bleu; juillet-septembre. Variété à feuilles plus larges et fleurs plus grandes. Serre chaude ou tempérée. Terre légère, fine, mélangée d'un tiers de terreau consommé. Tubercules ou rhizomes, plantés en pots en avril, exposés à une chaleur constante de 15 à 25 degrés, abrités du soleil et arrosés. On propage aussi cette plante par boutures. On cesse d'arroser en hiver, et on place les pots au sec. On rempote tous les ans au printemps.

A. grandiflora *D. C.* Achiménès à grandes fleurs. — Tige courte; feuilles ovales, dentées, velues, à face inférieure marquée de nervures d'un rouge vif; fleurs à gorge blanche, à limbe rose-violacé. Même culture.

A. patens *Benth.* Achiménès à fleurs ouvertes. (Pl. XLI, fig. 5.) — Tige pubescente; feuilles à face inférieure blanchâtre et parsemée de points transparents; fleurs d'un beau violet-pourpre. Même culture.

A. Skinneri *Lindl.* Achiménès de Skinner. — Tige et dessous des

(1) Nous ferons observer que déjà nous avons donné beaucoup de plantes de serre, particulièrement aux chapitres *Plantes grasses*, *Plantes bulbeuses*, *Arbres et arbustes*. Les plantes du chapitre X, chapitre en quelque sorte complémentaire, sont plus spécialement de serre chaude, quoique l'on en rencontre encore quelques-unes de serre tempérée.

feuilles rougeâtres; fleurs à gorge jaune-citron, à limbe rose-violacé. Même culture.

A. Liebmannii, Kleei, cupreata, etc. — Même culture.

ALLAMANDA.

Allamanda neriifolia *Hort.* Allamanda à feuilles de laurier-rose. (*Apocynées.*) (Pl. XLI, fig. 3.) — Arbrisseau à tige dressée, un peu sarmenteuse, de 1 m. à 1 m. 50; feuilles oblongues, ternées, acuminées, vert foncé en dessus, pâles en dessous, persistantes; fleurs campanulées, grandes, à tube verdâtre, gorge jaune, limbe jaune vif strié d'orangé, en panicules terminales. Serre chaude, humide. Mélange de terre grasse et de terreau de feuilles. Propagation facile par boutures. Arrosements copieux pendant la végétation. Cette plante se place avec avantage contre les murs et les piliers; elle fleurit encore très-bien quand on la cultive en pots, les rameaux étant supportés par de petits tuteurs ou fixés sur un treillage.

A. cathartica, Schottii. — Même culture.

ARDISIA.

Ardisia paniculata *Roxb.* Ardisie paniculée. (*Myrsinées.*) (Pl. XLI, fig. 2.) — Arbrisseau à rameaux divergents; feuilles lancéolées, longues de 30 à 50 cent., fasciculées; fleurs rose-violacé, en longue grappe terminale; presque toute l'année Fruits rouges. Serre chaude. Terre de bruyère mélangée. Graines et boutures.

A. crispa, solanacea. — Même culture.

A. Japonica *Decne.* **Bladhia Japonica** *Thunb.* Ardisie du Japon. (Pl. XLI, fig. 1.) — Petit arbrisseau, à racines traçantes et drageonnantes; fleurs blanc-rosé; fruits rouges; janvier-juillet. Orangerie. Terre légère, meuble, fraîche. Boutures et drageons.

ARECA.

Areca oleracea *Jacq.* Arec, Chou palmiste. (*Palmiers.*) — Arbre à tige très-élevée, droite, régulière, nue, terminée par un bouquet de huit à dix feuilles longues de 2 à 3 m., pennées, à folioles aiguës; les jeunes étroitement imbriquées, formant un gros bourgeon ou chou; fleurs blanchâtres, en grappes longues de 1 m., renfermées dans une spathe; fruits charnus, bleus, oblongs, de la grosseur d'une olive. Serre chaude. Terre légère, substantielle.

A. rubra, crinita, humilis, etc. — Même culture.

BANKSIA.

Banksia serrata *R. Br.* Banksia à feuilles en scie. (*Protéacées.*) (Pl. XLII, fig. 1.) — Arbuste de 2 à 3 m.; feuilles linéaires, à sommet tronqué et terminé en épine; fleurs petites, en entonnoir, à tube jaune, gorge jaunâtre, limbe violet en dedans et bleu en dehors. Culture des *Protea.*

B. Cunninghami, grandis. — Même culture.

BEGONIA.

Begonia semperflorens *Link.* Bégonia toujours fleuri. (*Bégoniacées.*) (Pl. XLII, fig. 4.) — Plante vivace, à tiges courtes; feuilles ovales, en cœur, presque régulières, penchées; fleurs blanches, en petites panicules; juin-septembre. Serre tempérée. Semer sur place. Arrosements fréquents durant la végétation, nuls pendant le repos.

B. minor *Jacq.* **B. nitida** *Ait.* Bégonia luisant. — Feuilles en cœur, très-obliques, luisantes, à pétiole pourpre; fleurs rose pâle, en panicules terminales; mai-décembre. Même culture.

B. diversifolia *Grah.* Bégonia à feuilles variables. (Pl. XLII, fig. 5.) — Feuilles vertes, lisses, dentées irrégulièrement; fleurs larges, rouge-cerise, à étamines jaune d'or. Même culture, et mieux serre chaude.

B. incarnata *Link.* Bégonia rose. — Tiges charnues, de 1 m.; feuilles longues, étroites, pointues, sinuées, vert tendre; fleurs rose tendre, en panicules élégantes; toute l'année. Serre chaude. Boutures et éclats. Rempoter tous les ans à l'automne.

B. maculata *Rodd.* **B. argyrostigma** *Fisch.* Bégonia maculé, à taches argentées. — Tiges de 60 cent. à 1 m.; feuilles ovales, obliques, charnues, vert marbré de jaune, taches blanc d'argent en dessus, carmin en dessous; fleurs petites, blanches. Même culture.

B. coccinea, marmorea, Rex, etc. — Même culture.

BOUGAINVILLEA.

Bougainvillea fastuosa *Hér.* **B. spectabilis** *Hort.* Bougainvilléa fastueux. (*Nyctaginées.*) (Pl. XLII, fig. 3.) — Arbrisseau à tiges grêles, épineuses, couvertes de poils roussâtres, ainsi que les pétioles et les nervures; feuilles ovales aiguës, vert foncé. Bractées rose-violacé; fleurs tubuleuses, grêles, jaune-soufre; avril-mai. Serre chaude. Multiplication par boutures.

B. spectabilis *Willd.* **B. splendens** *Hort.* — Même culture.

BROMELIA.

Bromelia ananas *L.* **Ananassa edulis** *Lindl.* Ananas (*Broméliacées.*) — Plante vivace, à racines fibreuses; feuilles radicales, ensiformes, roides, glauques, épineuses sur les bords; tiges de 35 à 70 cent., terminées par un bouquet de feuilles, au-dessous desquelles sont des fleurs bleuâtres, en épi. Fruit ovoïde, jaunâtre, en forme de cône de pin. Serre chaude. Les détails de la culture des ananas appartiennent à l'Horticulture maraîchère.

B. bracteata, vittata, etc. — Même culture.

CALADIUM.

Caladium bicolor *Vent.* Caladium bicolore. (*Aroïdées.*) (Pl. XLII, fig. 2.) — Plante vivace, à rhizome tubéreux; feuilles presque peltées, rouge vif au centre, vertes sur les bords; fleurs en spadice terminal, entouré d'une spathe. Serre chaude. Graines et rejetons (Culture des *Arum*). Arroser souvent pendant la végétation. Dépoter tous les ans, au printemps.

C. cordifolium, odorum, seguinum, etc. — Même culture.

CAROLINEA.

Carolinea insignis *Sw.* **Pachira insignis** *Sav.* Carolinéa superbe. (*Sterculiacées.*) (Pl. XLVI, fig. 5.) — Arbre de 10 à 12 m.; feuilles digitées, à folioles ovales, très-longues, luisantes en dessus, glauques en dessous; fleurs larges, à étamines blanc-jaunâtre, formant une grande aigrette. Serre chaude. Terre douce, substantielle, fraîche. Boutures.

C. princeps *Willd.* **Pachira aquatica** *Aubl.* Carolinéa de Cayenne. (Pl. XLVI, fig. 4.) — Arbre de 10 m.; fleurs moins grandes, mais plus belles que dans l'espèce précédente. Étamines formant une aigrette dont le sommet est d'un rouge-pourpre éclatant. Même culture.

CARYOPHYLLUS.

Caryophyllus aromaticus *L.* Giroflier. (*Myrtacées.*) (Pl. XLVI, fig. 1.) — Arbre de 8 à 10 m., à cime pyramidale; feuilles ovales, pointues, lisses, persistantes; fleurs roses, en corymbes terminaux. Haute serre chaude. Terre forte, profonde, fraîche. Semer en place, et recouvrir légèrement. Boutures, coupées à l'époque où la séve commence à monter.

Dans nos serres cet arbre ne dépasse pas 2 à 3 m.; il demande beaucoup de soins.

CEROXYLON.

Ceroxylon Andicola *Humb.* Céroxylon des Andes. (*Palmiers.*) — Grand arbre à tige renflée vers le milieu, marquée d'anneaux parallèles; feuilles longues, palmées. Serre tempérée. On espère que cet arbre pourra croître en plein air dans quelques parties de la France.

CHAMÆROPS.

Chamærops humilis *L.* Chamérops, Palmier nain, Palmier éventail. (*Palmiers.*) — Tige de 6 m., mais le plus souvent très-courte; feuilles palmées, digitées, en éventail, à pétioles épineux; fleurs jaunâtres; fruits petits, en grappes axillaires. Orangerie. Graines et rejetons.

C. excelsa, palmetto. — Même culture.

CISSUS.

Cissus discolor *Bl.* Cissus bicolore. (*Ampélidées.*) — Arbrisseau à tige grimpante; feuilles ovales-oblongues, pointues, cordées à la base, vert sombre à reflets métalliques et chatoyants en dessus, pourpre-violacé en dessous. Variétés à feuilles veloutées, panachées de blanc. Serre chaude. Boutures et marcottes.

C. antarctica, vitigena. — Orangerie. Même culture.

CLERODENDRON.

Clerodendron flagrans *Willd.* **Volkameria Japonica** *Thunb.* Clérodendron du Japon. (*Verbénacées.*) — Arbuste de 70 cent. à 1 m.; feuilles en cœur, persistantes, à odeur forte; fleurs blanches en dedans, rouges en dehors, très-odorantes; mai-septembre. Serre tempérée ou châssis chaud. Terre franche, légère. Rejetons, bouture de rameaux ou de racines. On cultive de même le *C. Bungei.*

COCCOLOBA.

Coccoloba uvifera *L.* Raisinier à grappes. (*Polygonées.*) — Arbre à feuilles rondes, épaisses, rougeâtres, très-larges; fleurs blanchâtres, en grappes dressées, longues de 30 cent.; fruits petits, rouges, en grappes pendantes. Serre chaude. Boutures étouffées.

C. pubescens *L.* Raisinier pubescent. — Même culture.

COCOS.

Cocos nucifera *L.* Cocotier nucifère. (*Palmiers.*) — Tige de 20 à 30 m., cylindrique, droite, régulière, nue, marquée d'anneaux; feuilles pennées, longues de 1 m. 50 m. à 2 m., réunies en bouquet au sommet de la tige; fleurs jaune verdâtre, en grappes pendantes, renfermées dans des spathes longues de 1 m. et plus; fruit très-gros, à enveloppe fibreuse. Serre chaude. Multiplication de graines.

C. flexuosa *Mart.* Cocotier flexueux. — Même culture.

COFFEA.

Coffea Arabica *L.* Caféier d'Arabie. (*Rubiacées.*) — Arbre de 2 à 5 m.; feuilles ovales, lancéolées, aiguës, d'un beau vert brillant, persistantes; fleurs blanches, en petits bouquets à l'aisselle des feuilles, à odeur agréable; juillet-août. Fruits rouges, contenant deux graines cornées. Serre chaude. Terre à orangers. Exposition aérée. Semer les graines, aussitôt après leur maturité, en petits pots qu'on met sur couche chaude ou dans la tannée. Arroser copieusement en été, peu en hiver. Rempoter tous les ans.

C. odorata *Forst.* **Ixora odorata** *Hook.* Caféier odorant. — Arbrisseau de 1 m. à 2 m.; feuilles très-grandes; fleurs blanc rosé, odorantes. Même culture.

CORYPHA.

Corypha umbraculifera *L.* Corypha à ombrelle, Talipot de Ceylan. (*Palmiers.*) — Arbre à tige droite, nue, de 20 à 30 m.; feuilles en éventail, larges de 2 à 3 m.; fruits lisses, verdâtres, en longues grappes, renfermées dans des spathes. Serre tempérée ou orangerie. Culture ordinaire des Palmiers.

C. australis, rotundifolia. — Même culture.

CRINUM.

Crinum amabile *Don.* Crinole aimable. (*Narcissées.*) — Bulbe de 30 à 40 cent. de hauteur sur 15 cent. de diamètre, couvert d'écailles membraneuses très-nombreuses; feuilles lancéolées, longues de 1 m et plus, larges de 10 cent., épaisses, un peu glauques, dressées, persistantes, fortement pliées sur la nervure médiane; hampe latérale, de 1 m. environ; fleurs roses, grandes, très-odorantes, en ombelle terminale; mars-juillet. Refleurit souvent en septembre-octobre. Serre chaude ou bâche à ananas. Terre sèche et substantielle; terreau de feuilles, ou terre de bruyère renouvelée tous les ans. Pots plus profonds que larges. Multiplication par caïeux, dont on favorise la formation en brûlant avec un fer chaud la partie centrale du bulbe, après la floraison. Arrosements copieux, lumière très-vive et chaleur très-intense, surtout de fond, pendant la végétation.

C. Americanum, Broussonetii, Moluccanum, latifolium, etc. — Espèces à fleurs très-belles. Même culture.

CYCAS.

Cycas circinalis *L.* Cycas des Indes. (*Cycadées.*) — Tige de 1 à 2 m. (rarement davantage dans nos cultures), couverte d'écailles rudes; feuilles pennées, longues de 1 m. et plus, à folioles linéaires-lancéolées, épaisses, coriaces, d'un beau vert brillant. Fleurs jaune-verdâtre. Serre chaude ou tempérée. Semis en pots. Rejetons.

C. revoluta, Riedlei. — Même culture.

DESMODIUM.

Desmodium gyrans *D. C.* **Hedysarum gyrans** *L.* Sainfoin oscillant. (*Légumineuses.*) (Pl. XLVI, fig. 3.) — Plante bisannuelle; tige de 60 à 80 cent.; feuilles à trois folioles, les deux latérales plus petites, en oscillation continuelle; fleurs bleuâtres, teintées d'orangé. Serre chaude. Terre légère. Semer sur couche chaude et sous cloche.

DICHORISANDRA.

Dichorisandra thyrsiflora *Mik.* Dichorisandre à fleurs en thyrse. (*Commélinées.*) — Tige frutescente et charnue; feuilles oblongues, engaînantes. Belles fleurs bleues diposées en thyrse terminal. Serre chaude; terre légère. Boutures ou éclats.

D. ovata *Paxt.* — Vivace. Tige de 1 m.; bel épi de fleurs bleu-indigo. Serre chaude.

DIONEA.

Dionea muscipula *L.* Dionée attrape-mouche. (*Droséracées.*) (Pl. XLVI, fig. 2.) — Plante bisannuelle; tige très-courte; feuilles bordées de longs cils, se repliant sur elles-mêmes et emprisonnant les insectes qui viennent s'y poser. Serre chaude, ayant une chaleur constante de 7 à 8 degrés. Pots, remplis de terre tourbeuse, humide, recouverte de mousse. Semer les graines aussitôt après leur maturité. Boutures de feuilles. Mettre le pot sur une assiette pleine d'eau et le recouvrir d'une cloche.

DIOSMA.

Diosma uniflora *L.* **Adenandra uniflora** *Willd.* Diosma uniflore. (*Diosmées.*) (Pl. XLIII, fig. 1.) — Arbuste à rameaux jaunâtres, pubescents; feuilles ovales, étroites, ponctuées en dessous; fleurs étoilées, roses en dehors, blanches et marquées d'une ligne rouge en dedans; mai-juin. Serre tempérée; exposition éclairée. Culture des *Erica*.

D. ericoïdes, ovata, speciosa, etc. — Même culture.

DIPLADENIA.

Dipladenia Rosa campestris *Hort.* Dipladénie rose des champs. (*Apocynées.*) (Pl. XLIII, fig. 3.) — Tige de 50 à 60 cent.; feuilles ovales, veloutées, à nervures parallèles; fleurs grandes, d'un beau rose, carmin vif au centre, en bouquets; juillet-août. Serre chaude, sèche et bien éclairée. Terre légère. Boutures et rejetons. Arrosements modérés.

D. atropurpurea, vincæflora, etc. — Même culture.

DRACOENA.

Dracœna draco *L.* Dragonnier, Sang-dragon. (*Liliacées.*) — Grand arbre, à tige peu rameuse; feuilles ensiformes, aiguës, réunies en faisceau au sommet des rameaux; fleurs blanches, striées de rouge, en épis. Serre chaude. Graines semées en place. Rejetons.

D. umbraculifera *Jacq.* Dragonnier parasol. — Arbre, à feuilles longues de 1 m., réfléchies; fleurs pourprées en dehors, blanches en dedans, en panicule courte, compacte. Même culture.

D. ferrea, fragrans, reflexa, etc. — Même culture.

Le *D. terminalis* L. est de serre tempérée.

DRACONTIUM.

Dracontium polyphyllum *L.* Dracontium à feuilles multiples. (*Aroïdées.*) (Pl. XLIII, fig. 5.) — Plante vivace, à rhizome tubéreux; tige très-courte; feuilles longuement pétiolées, à limbe digité, crénelé; fleurs jaunes, en spadice cylindrique, court, renfermé dans une spathe pourpre-violacé, allongée et creusée en nacelle. Serre chaude. Terre substantielle. Éclats de souche. Arroser souvent pendant la végétation.

DURANTA.

Duranta Plumieri *L.* Durante de Plumier. (*Verbénacées.*)(Pl. XLIII, fig. 4.) — Arbrisseau de 1 à 2 m.; feuilles ovales, dentées; fleurs bleues, en grappes; juin-août. Fruits rouge-orangé. Serre tempérée. Terre légère, substantielle, mélangée de terreau. Boutures sur couche et sous cloche. Pendant l'été, on peut mettre cette plante à l'air libre.

DYCKIA.

Dyckia remotiflora *Ott.* Dyckie à fleurs distantes. (*Broméliacées.*) (Pl. XLIII, fig. 2.) — Plante vivace, à tige très-courte; feuilles longues, étroites, pointues, charnues, vertes et lisses en dessus, rayées de blanc et de vert en dessous, épineuses sur les bords, groupées en rosette radicale; fleurs orangées, en grappe. Serre chaude. Culture des *Bromelia.*

ERANTHEMUM.

Eranthemum nervosum *Nees.* Éranthème à feuilles nervées. (*Acanthacées.*) (Pl. XLIV, fig. 1.) — Arbrisseau de 40 à 65 cent.; feuilles ovales, aiguës, à nervures saillantes; fleurs pourpres en dehors, bleues en dedans; janvier-mai. Serre chaude. Terre légère, substantielle. Boutures.

EUGENIA.

Eugenia Michelii *Lam.* **Myrtus Brasiliana** *Spr.* Eugénie de Micheli, Cerisier de Cayenne. (*Myrtacées.*) — Arbrisseau à feuilles ovales; fleurs petites, blanches, en grappes axillaires; fruits rouges, cannelés, semblables à des cerises. Serre chaude. Culture des *Myrtus.*

E. Brasiliensis *Lam.* **M. Dombeyi** *Spr.* Eugénie du Brésil. — Petit arbre à feuilles grandes, ovales; fleurs blanches, en fascicules axillaires; fruits noirâtres. Même culture.

E. Pimenta *D. C.* **M. aromatica** *Poir.* Eugénie piment, Piment de la Jamaïque. — Arbre à feuilles ovales, odorantes, d'un beau vert brillant, persistantes; fleurs petites, blanches, en panicules; juillet-août. Même culture. Cette espèce demande beaucoup de soins.

E. Jambos *L.* **Jambosa vulgaris** *D. C.* Jambose, Pomme rose. (Pl. XLIV, fig. 4.) — Arbre de 10 m.; feuilles longues, lancéolées, d'un beau vert brillant; fleurs grandes, blanc jaunâtre, en panicules; mai-septembre. Fruit jaunâtre, à saveur de rose. Même culture.

E. Malaccensis *L.* **J. Malaccensis** *D. C.* Jambose de Malacca. (Pl. XLIV, fig. 5.) — Grand arbre à feuilles larges; fleurs rouges, en fascicules; juillet-août. Fruits blancs d'un côté, rouges de l'autre. Même culture.

E. australis *Wendl.* **J. australis** *D. C.* Jambose austral ou à feuilles de myrte.—Arbrisseau de 1 à 3 m., rameux; feuilles petites, lancéolées; fleurs blanches; juin-septembre. Fruits rouges. Serre tempérée.

E. Ugni *Hook.* Ugni.—Port et feuillage du myrte; fleurs grandes, rosées. Fruits savoureux. Orangerie. Plein air dans le Midi.

FICUS.

Ficus elastica *Roxb.* Figuier élastique, Arbre à caoutchouc. (*Morées.*)—Grand arbre, tige droite; feuilles grandes, ovales, acuminées, d'un vert foncé et brillant, enveloppées, avant leur développement, d'une stipule rose. Serre chaude. Terre franche, légère. Boutures en pots, sur couche chaude et sous châssis. Arrosements modérés.

F. Bengalensis, Benjamina, religiosa, etc. — Même culture.

GESNERIA.

Gesneria umbellata *Decne.* Gesnérie en ombelle. (*Gesnériacées.*) (Pl. XLIV, fig. 2.) — Plante vivace, à rhizome tubéreux; feuilles cordées, crénelées, velues, violacées en dessous; fleurs tubuleuses, amarantes, à calice brun-rougeâtre, en ombelles. Serre chaude. Culture des *Achimenes* et des *Gloxinia.*

G. tuberosa, verticillata, etc. — Même culture.

GLOBBA.

Globba nutans *L.* **Alpinia nutans** *Roxb.* Globba penchée. (*Scitaminées.*) (Pl. XLIV, fig. 3.) — Plante vivace, à rhizome tubéreux; tige de 2 à 3 m., nue à la base, portant à la partie supérieure des feuilles lancéolées, longues de 1 m.; fleurs nombreuses, rougeâtres, en grappes terminales pendantes; juillet-août. Serre chaude. Terre franche, légère, mélangée de terre de bruyère. Multiplication de rejetons, plantés en pots, arrosés et mis en couche, sous bâche ou en serre.

Rempoter tous les ans, à l'automne, et renouveler la terre. Laisser très-peu de rejetons au pied, si l'on veut que la plante fleurisse bien. Arrosements modérés en hiver et abondants pendant la végétation.

GLOXINIA.

Gloxinia maculata *L'Hér.* **Martynia perennis** *L.* Gloxinie maculée. (*Gesnériacées.*)(Pl. XLVII, fig. 5.) — Plante vivace, à rhizome tubéreux, écailleux; tige de 30 à 35 cent., rayée de pourpre; feuilles cordées, dentées, glauques en dessous; fleurs grandes, bleu-violacé, en grappes terminales; septembre-octobre. Serre chaude. Culture des *Achimenes.*

G. caulescens, speciosa, etc. — Même culture.

GREVILLEA.

Grevillea robusta *Cun.* **Cycloptera robusta** *R. Br.* Grévillée robuste. (*Protéacées.*) (Pl. XLVII, fig. 2.) — Grand arbre, à écorce lisse; feuilles longues, bipennées; fleurs grêles, mêlées de vert et de jaune-orangé, en panicules lâches. Serre froide ou tempérée. Terre de bruyère humide. Boutures. Greffe en fente sur l'espèce suivante.

G. Manglesii *Hort.* **Manglesia cuneata** *Endl.* Grévillée de Mangles. — Arbrisseau de 2 à 3 m., à écorce verte; feuilles en coin, à trois lobes lancéolés aigus; fleurs petites, blanches, en épis terminaux; juin-septembre. Graines et boutures.

G. rorismarinifolia *Cunn.* Grévillée à feuilles de romarin. (Pl. XLVII, fig. 1.) -- Arbrisseau de 1 m. à 1 m. 50; feuilles longues, linéaires, aiguës, velues et blanchâtres en dessous; fleurs roses, en petits bouquets; juin-septembre. Culture du *G. robusta.* On cultive encore de même les *G. acanthifolia* et *Thelemanni.*

G. sericea *R. Br.* **Embothryum sericeum** *Sm.* Grévillée soyeuse. — Arbrisseau à feuilles lancéolées; fleurs petites, pourpre-lilacé, en bouquets; presque toute l'année. Culture des *Banksia.*

GUZMANNIA.

Guzmannia tricolor *R.* et *Pav.* Guzmannie tricolore. (*Broméliacées.*) (Pl. XLVII, fig. 4.) — Plante vivace, à rhizome tubéreux; feuilles larges, en glaive, canaliculées, recourbées en dehors; hampe de 30 à 35 cent., droite, couverte d'écailles ovales, lancéolées; fleurs sessiles, blanches, en épi terminal, à l'aisselle de bractées, dont les inférieures sont vertes, les moyennes striées de violet, les supérieures rouge-vermillon ; juillet-août. Serre chaude. Culture des *Bromelia*.

GYMNOGRAMMA.

Gymnogramma chrysophylla *Spr.* **Ceropteris chrysophylla** *Link.* Gymnogramme doré. (*Fougères.*) — Plante vivace, à rhizome tubéreux ; tige herbacée, très-courte ; frondes bipennées, longues de 30 à 35 cent., les jeunes et la face inférieure des adultes couvertes d'une poussière farineuse dorée. Serre chaude, humide. Exposition ombragée. Cette plante se resème abondamment d'elle-même dans la terre de bruyère des vases ou sur les mottes des orchidées. On peut aussi semer les sporules dans de petits pots et les mettre sous cloche. On transplante les jeunes sujets quand ils ont atteint la taille de 5 à 6 cent. Enfin on peut multiplier cette espèce par la division des touffes. Elle fait très-bien dans les vases à suspension.

G. calomelanos *Kaulf.* **Ceropteris calomelana** *Link.* Gymnogramme argenté. — Tige courte ; frondes bipennées, longues de 65 cent. et plus, les jeunes et la face inférieure des adultes couvertes d'une poussière farineuse blanche.

G. hybrida *Mart.* **Ceropteris Martensii** *Link.* Gymnogramme hybride. — Paraît provenir des deux précédents ; frondes à poussière jaune pâle. Même culture.

HABROTHAMNUS.

Habrothamnus elegans *Ad. Brong.* Habrothamne élégant. (*Solanées.*) (Pl. XLVII, fig. 3.) — Arbrisseau à rameaux grêles, flexibles, penchés ; feuilles lancéolées, velues en dessous ; fleurs tubuleuses, pourpres, en corymbes paniculés terminaux, pendants ; octobre-décembre. Serre tempérée. Grands vases. Terre douce, renouvelée tous les ans en rempotant la plante. Boutures sous cloche. Plein air, durant la belle saison.

H. roseus, corymbosus, cyaneus, etc. — Même culture.

HEDYCHIUM.

Hedychium coronarium *Koen.* Gandasuli à bouquets. (*Scitaminées.*) — Plante vivace, à tige simple, de 80 cent. à 1 m. 30 ; feuilles ovales-aiguës, velues en dessous ; fleurs tubuleuses, blanc-jaunâtre, odorantes, en épi terminal ; septembre-octobre. Serre chaude. Culture des *Globba*. On peut aussi propager cette plante par graines.

H. angustifolium *Bot. Mag.* **H. aurantiacum** *Rosc.* Gandasuli orangé ou à feuilles étroites. (Pl. XLV, fig. 2.) — Fleurs rouge orangé foncé, en long épi terminal; juin-juillet. Même culture.

H. Gardnerianum *Wall.* Gandasuli de Gardner. (Pl. XLV, fig. 1.) — Tige de 1 m. 20 à 2 m.; fleurs grandes, jaunes, en thyrse. Même culture.

HELICONIA.

Heliconia Bihai *Sw.* **Musa Bihai** *L.* Bihaï des Antilles. (*Musacées.*) — Plante vivace, à tige de 2 m.; feuilles longues de 1 m. 30, larges de 40 cent., à pétioles engaînants; fleurs en épis, renfermés dans des spathes lisérées de vert, de jaune et de rouge; avril-mai. Serre chaude. Terre tourbeuse. Culture des *Musa*.

INGA.

Inga anomala *Kunth.* **Acacia grandiflora** *Willd.* Inga anomal ou à grandes fleurs. (*Légumineuses.*) (Pl. XLV, fig. 4.) — Arbrisseau de 1 à 2 m.; feuilles bipennées, très-élégantes; fleurs verdâtres, en grappes terminales, à étamines longues et nombreuses, pourpre-violacé foncé, formant de superbes aigrettes; juillet-août. Serre chaude ou tempérée. Terre de bruyère. Boutures et rejetons.

I. pulcherrima *Cerv.* Inga superbe. (Pl. XLV, fig. 5.) — Port et feuillage du précédent. Fleurs rouge-cramoisi, à étamines brunes. Même culture.

IPOMOEA.

Ipomœa digitata *L.* Ipomée à feuilles digitées. (*Convolvulacées.*) (Pl. XLV, fig. 3.) — Plante vivace, à rhizome tubéreux; tiges volubiles; feuilles digitées, à lobes lancéolés-linéaires; fleurs nombreuses, grandes, lilacées, axillaires; septembre-octobre. Serre chaude. Terre substantielle. Boutures.

I. venosa *Rœm.* Ipomée veinée. — Feuilles à segments ovales, à nervures saillantes; fleurs blanches; octobre-décembre. Même culture.

I. Lindleyi *Chois.* Ipomée de Lindley. — Feuilles en cœur; fleurs rose-carmin. Même culture. Se propage aussi de graines ou de tubercules, et supporte la serre tempérée.

JASMINUM.

Jasminum Sambac *Ait.* **Nyctanthes Sambac** *L.* Jasmin d'Arabie,

Mogori, Sambac (*Jasminées.*) (Pl. XLVIII, fig. 1.) — Arbrisseau, à tige volubile, de 3 à 4 m.; feuilles cordées, persistantes; fleurs d'un beau blanc, à odeur suave, surtout le soir. Variétés à fleurs doubles, à fleurs plus grandes, plus odorantes. Serre chaude ou châssis chaud. Terre franche, et mieux terre de bruyère. Boutures et marcottes sur couche chaude et sous châssis; abriter contre le soleil et beaucoup arroser. Greffe sur jasmin blanc. Tailler pour le faire ramifier et fleurir.

J. angustifolium, Mauritianum. — Même culture.

J. pubescens, gracile. — Même culture, en serre tempérée.

J. Azoricum, grandiflorum. — Même culture, en orangerie.

JATROPHA.

Jatropha acuminata *Lam.* Médicinier. (*Euphorbiacées.*) (Pl. XLVIII, fig. 3.) — Tige de 1 à 2 m.; feuilles pointues, à bords échancrés; fleurs écarlate vif, en corymbe; juillet-août. Serre chaude. Terre légère, substantielle. Semis en pots. Boutures sous cloche.

J. Manihot *L.* **Manihot edulis** *Plum.* Cassave, Manioc. (Pl. XLVIII, fig. 2.) — Tige de 2 à 3 m., noueuse; feuilles lobées, glauques en dessous; fleurs rougeâtres, en grappes; juillet-août. Même culture.

JUSTICIA.

Justicia picta *W.* Carmantine peinte. (*Acanthacées.*) (Pl. XLVIII, fig. 5.) — Arbrisseau de 2 à 3 m.; feuilles ovales-aiguës, persistantes; fleurs écarlate vif, en épis; mars-avril. Variété à feuilles panachées de jaune. Serre chaude. Terre légère, fraîche. Semis en pots. Boutures sous cloche.

J. coccinea, flavicoma, speciosa. — Même culture.

J. quadrifida *Vahl.* Carmantine rouge. (Pl. XLVIII, fig. 4.) — Arb. de 80 cent. à 1 m. 30; feuilles lancéolées-linéaires; fleurs solitaires, axillaires, écarlate vif; juin-septembre. Même culture, mais serre tempérée.

KÆMPFERIA.

Kæmpferia longa *Jacq.* Kempférie à feuilles longues. (*Scitaminées.*) (Pl. XLIX, fig. 1.) — Pl. vivace, à rhizomes tuberc.; feuilles grandes, ovales, rougeâtres en dessous, roulées en cornet avant leur développement; fleurs radicales, blanches et purpurines, entourées de spathes striées de pourpre, odorantes; mai-juin. Serre chaude. Culture des *Globba* et des autres plantes de la même famille.

KENNEDYA.

Kennedya rubicunda *Vent.* Kennédie à grandes fleurs. (*Légumineuses.*) — Arbuste à tige grimpante, de 5 à 7 m.; feuilles à trois folioles ovales, soyeuses; fleurs grandes, pourpre foncé, en grappes axillaires; mai-juin. Serre tempérée. Culture des *Chorozema.*

K. ovata, eximia, nigricans, etc. — Même culture.

LANTANA.

Lantana Camara *L.* Lantana à feuilles de mélisse. (*Verbénacées.*) — Arbrisseau à tige de 1 m. à 1 m. 50; feuilles ovales, crénelées, rudes, à odeur forte; fleurs jaunes, passant au rouge, en petits corymbes terminaux; juin-septembre. Serre chaude ou tempérée, bien éclairée. Terre franche. Semis en place. Boutures sur couche et sous châssis. Arroser fréquemment en été. On peut mettre en plein air durant cette saison.

L. flava, nivea, odorata, etc. — Même culture.

LAURUS.

Laurus camphora *L.* **Persea camphora** *Spr.* Laurier camphrier. (*Laurinées.*) — Grand arbre, exhalant dans toutes ses parties une odeur de camphre; feuilles ovales, aiguës; fleurs blanchâtres; juillet-août. Fruits pourpre foncé. Serre tempérée. Semis sur couche tiède et ombragée. Boutures par incision.

L. Cinnamomum *L.* **Cinnamomum Zeylanicum** *Nees.* Laurier Cannelier. — Arbre de 6 à 10 m.; feuilles ovales, pointues; fleurs petites, blanchâtres, en panicule. Serre chaude. Même culture.

MARANTA.

Maranta zebrina *Sims.* **Calathea zebrina** *Lind.* Galanga zébrée. (*Scitaminées.*) — Plante vivace, à rhizome tubéreux ; feuilles longues de 50 à 60 cent., larges de 20 à 25 cent., veloutées, à bandes vertes alternativement pâles et foncées en dessus, violettes en dessous; hampe de 20 à 30 cent. ; fleurs blanc violacé lavé et rayé de blanc, en gros épi, entouré de bractées violacées; mars-avril. Serre chaude. Culture des *Globba.*

MUSA.

Musa paradisiaca *L.* Bananier du paradis, Figuier d'Adam. (*Musacées.*) — Grande plante vivace, à rhizome fibreux; tige de 4 à 5 m., formée en grande partie par les gaînes des pétioles; feuilles ovales, longues de 1 m. 50 à 2 m., sur 40 à 50 cent. de largeur; fleurs jaunâtres, à l'aisselle de grandes bractées violacées, en grappe ou régime terminal; fruits longs de 15 à 20 cent., verts, devenant jaunâtres à la maturité. Serre chaude. Mélange, par parties égales, de bonne terre franche, de terre de bruyère et de terreau consommé. Multiplication de rejetons, enlevés très-jeunes et avec beaucoup de soin. Arrosements modérés en hiver, fréquents et copieux en été.

M. coccinea, rosea, Sinensis, etc. — Même culture.

NEPENTHES.

Nepenthes distillatoria *L.* Népenthès distillatoire. (*Népenthées.*) — Arbrisseau à tige de 2 à 3 m., rameuse, grimpante; feuilles oblongues-lancéolées, terminées par une vrille longue de 20 à 30 cent., portant à son extrémité une utricule longue de 13 cent. et large de 4 cent., recouverte d'un opercule. Serre chaude. Terre tourbeuse, très-humide. Rejetons.

N. Magadascariensis *Br.* Népenthès de Madagascar. — Même culture.

ORCHIS.

La famille des Orchidées renferme un très-grand nombre d'espèces, indigènes ou exotiques, cultivées pour la beauté et la bizarrerie de leurs fleurs; malheureusement cette culture, par les soins et les dépenses qu'elle exige, ne peut convenir qu'à un petit nombre d'amateurs. Nous ne donnerons ici ni la longue liste des espèces cultivées, ni les détails minutieux de leur culture. Disons néanmoins que, pour les espèces indigènes, il faut les lever en motte aux endroits où elles croissent naturellement (et cela au printemps, lorsque les feuilles commencent à pousser), les mettre en pots dans la même terre, et placer ceux-ci à la même exposition. On dépote tous les deux ou trois ans, pour renouveler la terre ou relever les tubercules. Quant aux Orchidées exotiques, elles sont pour la plupart grimpantes et épiphytes. On les cultive dans une serre chaude, humide et peu éclairée, et on les multiplie par boutures de tiges ou par division des racines;

on les met dans la mousse, sur de la terre de bruyère, des morceaux de liége, des lames d'écorce, dans des paniers suspendus, etc. On a soin de maintenir une température constante de 15 à 25 degrés.

PANDANUS.

Pandanus odoratissimus *L. f.* Vaquois odorant. (*Pandanées.*) — Arbre à tige de 3 à 4 m., un peu rameuse au sommet, et d'où descendent de nombreuses racines aériennes qui vont se fixer en terre ; feuilles longues de 1 à 2 m., étroites, à nervure médiane et à bords épineux ; fleurs en spadices pendants, entourés de spathes blanches ; fruits globuleux, très-gros. Serre chaude. Terre franche, légère, mélangée de terreau consommé. Graines et boutures. Arroser fréquemment durant la végétation.

P. edulis, sylvestris, utilis, etc. — Même culture.

PASSIFLORA.

Passiflora coccinea *Aubl.* Passiflore écarlate. (*Passiflorées.*) (Pl. XLIX, fig. 2.) — Arbrisseau à tiges très-longues, striées, grimpantes ; feuilles ovales-cordées, dentées, glabres ; fleurs larges de 5 à 6 cent., brunâtres en dessus, écarlates en dessous, à couronne orangée ; juin-septembre. Serre chaude. Terre légère, substantielle. Semer sur couche chaude, au printemps. Boutures étouffées. Marcottes et rejetons. Greffe en fente herbacée ou sur racines. Arrosements fréquents en été, rares en hiver. Rabattre les tiges tous les ans, à la fin de l'automne. Renouveler la terre tous les deux ans, et mettre les plantes dans des vases plus larges.

P. amabilis, punctata, racemosa, etc. — Même culture.

PELARGONIUM.

Ce beau genre, appelé encore quelquefois *Geranium*, renferme un très-grand nombre d'espèces et surtout de variétés, recherchées pour la beauté de leurs fleurs. On les cultive en serre tempérée, bien éclairée et sèche. Terre franche, légère, douce, mélangée de terreau bien consommé. Semer en terrines, au printemps, ou aussitôt après la maturité des graines, et repiquer les jeunes plants séparément dans de petits pots. Boutures faites en toute saison et à l'air libre, mais mieux en août et septembre, sous cloche ou sous châssis, et repiquées en pots au bout de trois semaines à un mois. Rempoter tous les ans, en août, pour renouveler la terre et augmenter la capacité des vases. Rentrer à la fin de septembre, dans la serre tempérée, ou même dans une orangerie ou un appartement, et mettre à l'air libre du 15 au 30 mai, à moins qu'on ne veuille les faire fleurir en serre; pour cela, il faudrait, dès le commencement d'avril, élever la chaleur à 12 ou 15 degrés. Il est bon de renouveler les pieds, dès qu'ils dépassent l'âge de quatre à cinq ans.

PHOENIX.

Phœnix dactylifera *L.* Dattier. (*Palmiers.*) — Arbre de 15 à 20 m., à tige droite, nue, annelée; feuilles longues de 3 à 4 m., réunies au sommet de la tige, pennées, à folioles linéaires, aiguës; fleurs en spadices, renfermées dans des spathes axillaires; fruits ovoïdes, allongés, jaunâtres. Serre chaude ou tempérée. Terre légère, substantielle. Semer sur couche, sous cloche. Rejetons.

PLUMERIA.

Plumeria rubra *L.* Frangipanier. (*Apocynées.*) (Pl. XLIX, fig. 3.) — Arbrisseau de 4 à 5 m.; feuilles ovales-oblongues; fleurs grandes, rouges, odorantes; juillet-août. Serre chaude. Terre légère, sableuse, et mieux terre de bruyère. Boutures étouffées sur couche chaude, repiquées en pots qu'on met dans la tannée.

PROTEA.

Protea argentea *L.* **Leucadendron argenteum** *R. Br.* Protée argentée, Arbre d'argent. (*Protéacées.*) (Pl. XLIX, fig. 4.) — Arbrisseau à tige droite, de 3 à 4 m.; feuilles lancéolées, soyeuses, argentées; fleurs jaunes, en panicules terminaux, accompagnés de grandes bractées. Serre tempérée, bien éclairée. Terre sableuse, et mieux terre de bruyère. Semer en petits pots, sur couche tiède et sous châssis; remettre ensuite dans des pots plus grands, bien drainés. Boutures et marcottes. Arroser régulièrement, mais peu à la fois. Éviter soigneusement l'excès d'humidité.

P. cristata *Lam.* **P. longifolia** *And.* Protée à grandes feuilles. — Arbrisseau de 2 à 3 m.; feuilles longues, lancéolées-linéaires; fleurs panachées de pourpre, de jaune et de blanc, noires au sommet, formant par leur réunion une houppe violet-noirâtre. Même culture.

P. Lagopus *And.* Protée lagopède. (Pl. XLIX, fig. 5.) — Arbrisseau de 1 à 2 m.; feuilles bipennées; fleurs blanches au dehors, rouges en dedans, en épis terminaux; juin-juillet. Même culture.

P. glomerata, spicata, pinifolia, etc. — Même culture.

PSIDIUM.

Psidium pyriferum *L.* Goyavier. (*Myrtacées.*) (Pl. L, fig. 5.) — Arbre de 6 à 7 m., à tige tortueuse, rameuse, couverte d'une écorce rougeâtre; feuilles ovales, vert clair en dessus, pâles en dessous; fleurs blanches, odorantes, en petites grappes; fruit jaune, de la forme et de la grosseur d'un œuf de poule. Serre chaude ou tempérée dans le Nord; orangerie dans le Midi. Semer sur couche tiède. Arrosements modérés.

QUISQUALIS.

Quisqualis Indica *L.* Quisqualis de l'Inde. (*Combrétacées.*) (Pl. L, fig. 4.) — Arbrisseau à tige grimpante, de 4 à 7 m.; feuilles ovales, aiguës; fleurs blanches, passant au rose, puis au rose vif, odorantes, en corymbes terminaux; juillet-août. Serre chaude. Terre douce, substantielle. Semis sur couche. Boutures étouffées. Marcottes.

RAVENALA.

Ravenala Madagascariensis *Poir.* **Urania speciosa** *Willd.* Ravenale de Madagascar. (*Musacées.*) — Plante vivace, de 1 à 2 m.; feuilles ovales, longues de 2 à 3 m., à pétioles engaînants; fleurs entourées de spathes, en grappes terminales dressées; fruits formant une sorte de houppe. Culture des *Musa.*

RIVINA.

Rivina humilis *L.* Rivine cotonneuse. (*Phytolaccées.*) (Pl. L, fig. 1.) — Petit arbuste, à feuilles ovales, aiguës; fleurs petites, blanches, en grappes; fruits petits, nombreux, rouge vif. Serre chaude. Terre franche, légère. Semer sur couche tiède et sous châssis, et repiquer de même; ombrer et arroser jusqu'à parfaite reprise. Le plant fleurit la même année; on peut le mettre en plein air durant l'été.

RUSSELIA.

Russelia juncea *Zucc.* Russélie jonc. (*Personées.*) (Pl. L, fig. 2.) — Arbrisseau à tiges nombreuses, grêles, pendantes, à feuilles très-petites ou presque nulles; fleurs tubuleuses, écarlates, en panicules terminales; juin-septembre. Serre chaude. Semis, boutures et éclats. Vient bien en vases suspendus.

SACCHARUM.

Saccharum officinarum. *L.* Canne à sucre. (*Graminées.*) — Plante vivace, à rhizomes traçants; tiges droites, cylindriques, de 4 à 6 m.; feuilles lancéolées, aiguës, longues de 1 m., engaînantes; fleurs blanchâtres, en grande panicule pyramidale, soyeuse, terminale. Variété à tige rubanée de jaune et de violet rougeâtre (*Canne rubanée* ou *d'Otaïti*). Serre chaude. Terre franche, légère, riche en humus, un peu humide. Boutures avec des tronçons de tige, placés horizontalement. Éclats de pied.

S. Ravennæ *L.* — Même culture, en serre tempérée.

SARRACENIA.

Sarracenia purpurea *L.* Sarracénie pourpre. (*Sarracéniées.*) — Plante vivace, à tige très-courte, presque nulle; feuilles radicales, en cornets de 15 cent. de longueur, à nervures et bords lavés de rouge; fleurs larges, vertes en dedans, rouge-pourpre en dehors; juin-juillet. Serre tempérée, humide. Terre tourbeuse, mélangée de terreau de feuilles ou de mousse pourrie. Semer sur couche et sous châssis.

S. flava, rubra, variolaris, etc. — Même culture.

STRELITZIA.

Strelitzia reginæ *Ait.* **Heliconia strelitzia** *Gmel.* Strélitzia de la Reine. (*Musacées.*) (Pl. L, fig. 3.) — Grande plante vivace; feuilles ovales, à longs pétioles; hampe de 1 m. à 1 m. 40; fleurs bleu de ciel et jaune d'or, renfermées dans une spathe naviculaire pourpre orangé. Serre tempérée. Éclats de touffes. Culture des *Musa*. Arroser fréquemment en été.

TAMUS.

Tamus elephantipes *Burc.* Tamne pied d'éléphant. (*Dioscorées.*) — Plante vivace, à souche volumineuse, grisâtre, arrondie, fendillée, couverte d'écailles saillantes, taillées à facettes; tiges annuelles, herbacées, verdâtres, sarmenteuses; feuilles réniformes, pointues; fleurs dioïques, axillaires, petites, verdâtres. Serre tempérée, sèche et bien clairée. Terre légère, substantielle. Arrosements modérés, surtout pendant l'hiver.

TIDÆA.

Tidæa picta *Decne.* **Gesneria picta** *Bot. Mag.* Tidéa peint, Gesnérie bigarrée. (*Gesnériacées.*) — Plante vivace, herbacée, velue; tiges dressées, charnues, hautes de 50 à 60 cent.; feuilles ovales, cordiformes, dentées, marbrées de blanc; fleurs en entonnoir, à cinq lobes étalés, rouges en dessus, jaunes en dessous, ponctués de pourpre; juillet-août. Variétés à nervures argentées, vertes, à feuilles bordées de violet. Serre chaude, humide. Terre de bruyère pure ou mélangée d'un tiers de bonne terre ou de terreau de feuilles bien consommé. Graines. Boutures de tiges. Petits bulbes ou tubercules écailleux radicaux, enlevés vers la fin d'avril, et repiqués en pots sous châssis chaud, ou dans une serre offrant une température constante de 20 degrés environ; maintenir la terre toujours humide, et ombrer les plants quand le soleil est trop ardent. Vers le commencement d'octobre, rentrer les pots en serre tempérée, dans un endroit sec, et cesser les arrosements. Rempoter tous les ans, au mois d'avril.

On cultive de même les *T. amabilis, Warscewiczii, ocellata, Hillii*, et leurs nombreuses variétés ou hybrides.

VICTORIA.

Victoria regia *Lindl.* Victoria royale. (*Nymphéacées.*) — Superbe plante vivace, à rhizome court, vertical; feuilles rondes, atteignant jusqu'à 2 m. de diamètre, échancrées à la base, d'un beau vert glauque en dessus, rouge vineux à la face inférieure, qui présente un réseau de nervures fortement saillantes et armées d'aiguillons crochus, flottantes à l'extrémité de longs pédoncules; fleurs larges de 20 à 30 cent., à pétales très-nombreux, qui passent successivement, en allant de la circonférence au centre, du blanc le plus pur, par des teintes roses de plus en plus foncées, au rouge cramoisi; fruit épineux. Serre chaude. Terre franche, placée au-dessus d'un lit de charbon de bois. Eau de pluie ou de rivière, constamment chauffée à 21 degrés, et renouvelée. Cette plante se multiplie de graines ou de rhizomes, comme les *Nelumbium*, et demande les mêmes soins de culture. On la cultive généralement comme annuelle; ses graines mûrissent bien dans nos serres.

YUCCA.

Yucca Aloefolia *L.* Yucca à feuilles d'Aloès. (*Liliacées.*) — Arbuste à tige droite, de 2 à 3 m.; feuilles roides, linéaires-lancéolées, épaisses, à bords dentelés; fleurs blanches, prenant une légère teinte violacée, en grande panicule rameuse, terminale; août-septembre. Variétés à feuilles étroites, panachées, pendantes, etc. Orangerie en serre tempérée. Terre ordinaire. Graines et rejetons.

Y. Draconis *L.* Yucca Dragon. — Tige de 3 à 4 m.; feuilles lancéolées-linéaires, vert-roussâtre, en touffe lâche, souvent retombante; fleurs blanches, à divisions extérieures pourprées à l'extrémité et verdâtres en dehors; août-septembre. Même culture.

Ce genre renferme encore plusieurs autres espèces, qui se cultivent les unes en serre tempérée ou orangerie, les autres en pleine terre. Ces dernières toutefois exigent une exposition chaude; elles ne sont pas difficiles sur la nature du sol. Il faut couvrir leurs pieds de feuilles sèches ou de litière durant les froids.

ZINGIBER.

Zingiber officinale *Rosc.* **Amomum Zingiber** *L.* Gingembre. (*Scitaminées.*) — Plante vivace, à rhizome volumineux, charnu, rameux, feuilles oblongues-lancéolées, d'un beau vert; hampe florale de 50 à 65 cent.; fleurs jaunes, maculées de pourpre foncé, naissant à l'aisselle de larges bractées imbriquées, lavées de pourpre sur les bords, et réunies en long épi terminal. Serre chaude. Culture des *Globba* et des autres Scitaminées.

TABLE

OU

CATALOGUE ALPHABÉTIQUE DES PLANTES

DONT LA DESCRIPTION ET LA CULTURE SONT DONNÉES DANS CE VOLUME.

Les noms de divisions sont en PETITES CAPITALES ; les noms latins ou scientifiques en *italique ;* les noms français ou vulgaires en romain.

FIN DE LA TABLE OU DU CATALOGUE ALPHABÉTIQUE DES PLANTES D'ORNEMENT.

CLEF

DES ABRÉVIATIONS DES NOMS D'AUTEURS

CITÉS DANS LE COURS DU VOLUME COMME AYANT DÉNOMMÉ DES VÉGÉTAUX D'ORNEMENT.

Adans.	Adanson.
Ad. Brong.	Adolphe Brongniart.
A. D. C. Al. D. C Alp. D. C.	Alphonse de Candolle.
Ag.	Agardh.
A. Gr.	Asa Gray.
Ait.	Aiton.
All.	Allioni.
Anders.	Anderson.
Andr.	Andrews.
Aubl.	Aublet.
Auct.	Auctorum, des auteurs.
Barr.	Barrelier.
Bart.	Barton.
Bartl.	Bartling.
Baumg.	Baumgarten.
Bell.	Bellardi.
Benth.	Bentham.
Bernh.	Bernhardi.
Bertol.	Bertoloni.
Bess.	Besser.
Bieb.	Bieberstein.
Billb.	Billberg.
B. J.	Bernard de Jussieu.
Bl.	Blume.
Black.	Blackwell.
Boerh.	Boerhaave.
Boiss.	Boissier.
Boj.	Bojer.
Bonpl.	Bonpland.
Borkh.	Borkhausen.
Bosc	Bosc.
Bot. Mag. B. M.	Botanical Magazine.
Bot. Reg. B. Reg.	Botanical Register.
Boub.	Boubani.
Bouch.	Bouché.
Br. (Alex.)	Braun (Alexandre).
Brong.	Brongniart.
Brot.	Brotere.
Br. (R.) Brown.	Robert Brown.
Bung.	Bunge.
Burc.	Burchell.
Burm.	Burmann.
Cass.	Cassini.
Catesb.	Catesby.
Cav.	Cavanille.
Chaix.	Chaix.
Cham.	Chamisso.
Chaub.	Chaubard.
Chois.	Choisy.
Coll.	Colladon.
Coss. et Germ.	Cosson et Germain.
Crantz.	Crantz.
Cun. Cunn.	Cunningham.
Curt.	Curtis.
Cyrill.	Cyrille.
D. C.	De Candolle.
Decne. Dne.	Decaisne.
Del.	Delile-Raffenau.

Delaun	Delaunay.
Desf.	Desfontaines.
Desp.	Desportes.
Desr.	Desrousseaux.
Desv.	Desvaux.
Diet.	Dietrich.
Don.	Don.
Doug.	Douglas.
Dub.	Duby.
Duch.	Duchesne.
Dun.	Dunal.
Duv.	Duval.
Eckl.	Ecklon.
Ehrh.	Ehrhard.
Ell.	Elliot.
E. Mey.	Ernest Meyer.
Endl	Endlicher.
Eng.	Engelmann.
Eng. Bot.	English Botany.
Fée	Fée.
Fenzl.	Fenzl.
Ferd. Müll.	Ferdinand Müller.
Feuzl.	Feuzler.
Fisch.	Fischer.
F. et M.	Fischer et Meyer.
Forst.	Forster.
Fouger.	Fougeroux.
Fres.	Fresenius.
Fries.	Fries.
Funck.	Funck.
Gærtn.	Gærtner.
Gaud.	Gaudin.
Gawl.	Gawlan.
Ghiesb.	Ghiesbregth.
Gill.	Gillies.
Gill. et Arnolt.	Gillies et Arnolt.
Gill. et Hook.	Gillies et Hooker.
Gled.	Gleditsch.
Glox.	Gloxin.
Gmel.	Gmelin.
Gouan.	Gouan.
Goup.	Goupil.
Grah.	Graham.
Gr. (A.)	Gray (Asa).
Gr. (A.) et Engel.	Gray et Engelmann.
Gren.	Grenier.
Gren. et Godr.	Grenier et Godron.
Gron.	Gronovius.
Guss.	Gussone.
Hænke.	Hænke.
Hamilt.	Hamilton.
Harv.	Harvey.
Haw.	Haworth.
H. et B.	Humboldt et Bonpland.
Heist.	Heister.
Hénon.	Hénon.
Herb.	Herbert.
Heuff.	Heuffel.
Hochst.	Hochstetter.
Hoffm.	Hoffmann.
Hook.	Hooker.
Hopp.	Hopp.
Horn.	Hornemann.
Hort. Berol.	Jardin de Berlin.
Hort. Kiew. / H. K.	Jardin botanique de Kiew.
H. P.	Jardin des plantes de Paris.
Hort.	Hortulanorum, des Jardiniers.
H. Angl	Jardiniers anglais.
Huds.	Hudson.
Humb.	Humboldt.
Humb. et Kunth.	Humboldt et Kunth.
Jacq.	Jacquin.
J. Backh.	J. Backhouse.
J. Gay.	Jacques Gay.
J. St. Hil.	Jaume Saint-Hilaire.
Jord.	Jordan.
Jung.	Jungermann.
Juss.	Jussieu.
Kauff.	Kauffmann.
Ker.	Kerr.
Kit.	Kittaibel.
Koch.	Koch.
Kœn.	Kœnig.
K. / Kth. / Kunth.	Kunth.
Kth et Bché.	Kunt et Bouché.
L.	Linné.
L. C. Richard.	Louis-Claude Richard.
La Bill. / Lab.	Labillardière.
Lag.	Lagasca.
Lall.	Lallemand.
Lam.	Lamouroux.

Abréviation	Auteur
Sab	Sabine.
St. Am.	Saint-Amans.
St. Hil.	Saint-Hilaire.
Sal. / Salisb.	Salisbury.
Salm.	Salm-Dick.
Sav.	Savi.
Sche.	Scheelle.
Schimp.	Schimper.
Schm.	Schmidt.
Schnee.	Schneevoogt.
Schnitz.	Schnitzpahn.
Schott.	Schott.
Schousb.	Schousboe.
Schrad.	Schrader.
Schr.	Schrank.
Schrb. / Schreb.	Schreber.
Schul.	Schulze.
Schult.	Schultze.
Scop.	Scopoli.
Ser. / Sering.	Seringe.
Sibth.	Sibthorp.
Sibth. et Sm.	Sibthorp et Smith.
Sieb.	Siebold.
Sieb. et de Vr.	Siebold et de Vriese.
Sieb. et Zucc.	Siebold et Zuccarini.
Siev.	Sieven.
Sims.	Simson.
Sm. / Smith.	Smith.
Sol. / Soland.	Solander.
Sond.	Sonder.
Sower.	Sowerby.
Spach.	Spach.
Spr. / Spreng.	Sprengel.
Steetz.	Steetz.
Steinh.	Steinhel.
Steud.	Steudel.
Stev. / Steven.	Stevens.
Stemp.	Stempel.
Suter.	Suter.
Sw. / Swartz.	Swartz.
Swt. / Sweet.	Sweet.
Tausch.	Tausch.
Ten.	Tenore.
Thuil.	Thuillier.
Thunb.	Thunberg.
Torr.	Torrey.
T. et Gr.	Torrey et Grey.
Tourn.	Tournefort.
Traut.	Trautvetter.
Trev.	Treviranus.
Trin.	Trinius.
Turcz.	Turczaninow.
Turp.	Turpin.
Vahl.	Vahl.
Vaill.	Vaillant.
Val.	Valentin.
Var.	Variorum, de divers.
Vell.	Velloz.
Vent.	Ventenat.
Verl.	Verlot.
Vig.	Viguiér.
Vill.	Villars.
Vilm.	Wilmorin.
Wahl.	Wahlemberg.
Wald.	Waldstein.
Wallr.	Wallroth.
Walp.	Walpers.
Walt.	Walter.
Warsz.	Warszewicz.
Wats.	Watson.
Wender.	Wenderoth.
Wendl.	Wendland.
Will. / Willd.	Willdenow.
Wimm.	Wimmer.
With.	Withering.
Wulf.	Wulfen.
Zucc.	Zuccarini.

TABLE DES MATIERES

CONTENUES

DANS L'HORTICULTURE FLORALE ET ORNEMENTALE.

FIN DE LA TABLE DES MATIÈRES.

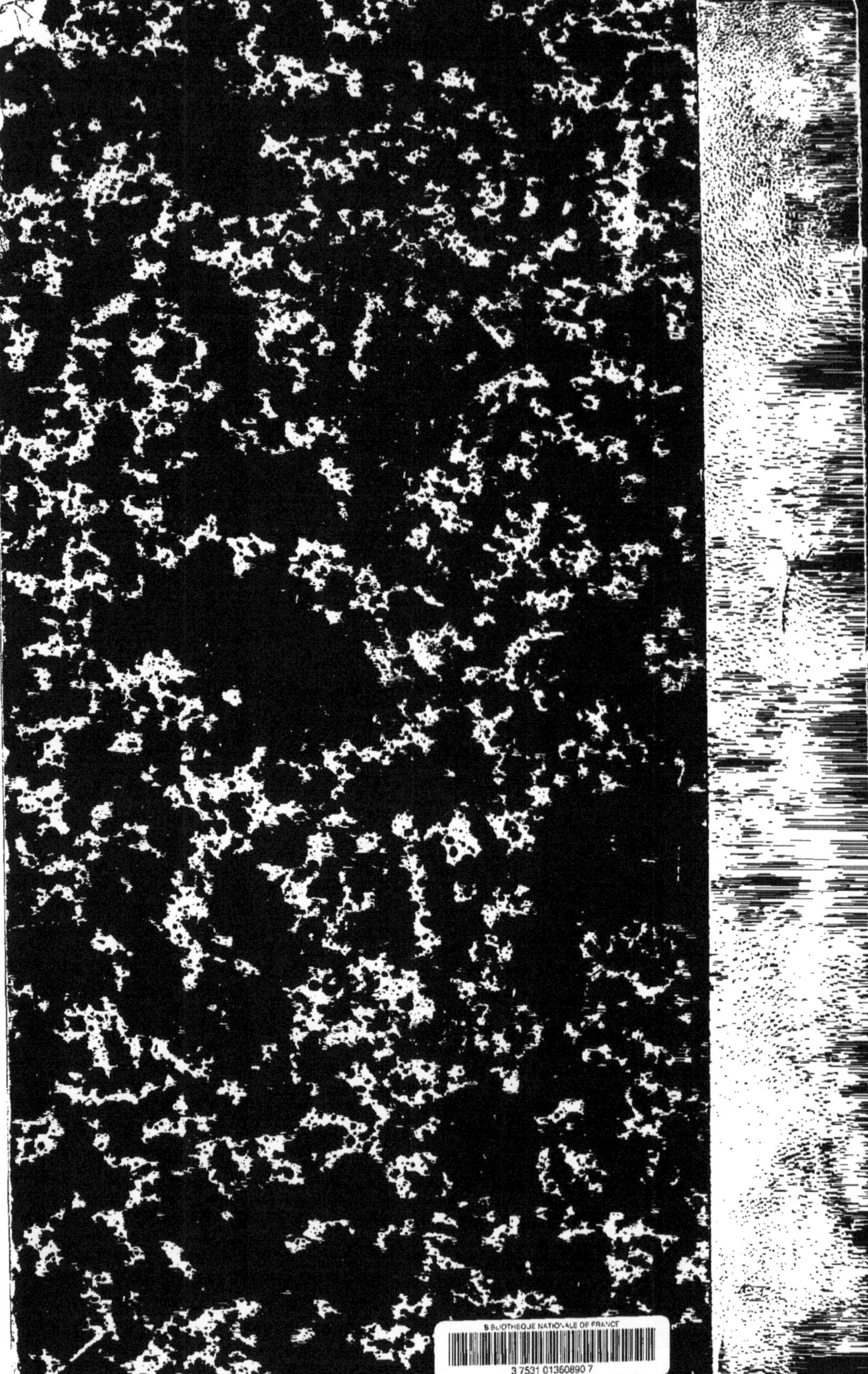

www.ingramcontent.com/pod-product-compliance
Ingram Content Group UK Ltd.
Pitfield, Milton Keynes, MK11 3LW, UK
UKHW020151250726
13967UKWH00002B/995